"十二五"普通高等教育本科国家级规划教材

科学出版社"十四五"普通高等教育本科规划教材

大学物理实验教程

（第五版）

主　编　杨玲珍　王云才

科学出版社

北　京

内 容 简 介

本书是"十二五"普通高等教育本科国家级规划教材. 全书共 9 章, 包括测量误差、数据处理、物理实验基本测量方法、物理实验基本器具使用、基本物性的测量、基本物理常量的测量、电磁学专题实验、波动光学专题实验和其他专题实验等不同层次的内容. 全书以物理测量量为主线, 突出实验设计思想, 强调实验物理学科的系统性和完整性, 借鉴和采用相应的国内国际标准与规范, 在数据处理方面体现严谨性与科学性. 全书实验内容丰富, 为不同层次的教学需要提供了一个灵活的平台.

本书可作为高等院校非物理类各专业的物理实验教材或教师参考书.

图书在版编目(CIP)数据

大学物理实验教程 / 杨玲珍, 王云才主编. — 5 版. — 北京: 科学出版社, 2022.8

"十二五"普通高等教育本科国家级规划教材　科学出版社"十四五"普通高等教育本科规划教材

ISBN 978-7-03-072786-2

Ⅰ. ①大… Ⅱ. ①杨… ②王… Ⅲ. ①物理学－实验－高等学校－教材 Ⅳ. ①O4-33

中国版本图书馆 CIP 数据核字(2022)第 133674 号

责任编辑: 罗　吉 / 责任校对: 杨聪敏
责任印制: 霍　兵 / 封面设计: 蓝正设计

科学出版社 出版

北京东黄城根北街 16 号
邮政编码: 100717
http://www.sciencep.com

保定市中画美凯印刷有限公司印刷

科学出版社发行　各地新华书店经销

＊

2001 年 2 月第　一　版　　开本: 720×1000　1/16
2022 年 8 月第　五　版　　印张: 22
2025 年 1 月第三十五次印刷　字数: 444 000

定价: 59.00 元

(如有印装质量问题, 我社负责调换)

前　　言

本书是"十二五"普通高等教育本科国家级规划教材. 本书是在第四版基础上进行的进一步修订, 在全书的整体结构上仍然沿用第四版的模式, 将内容划分为九个章节、四个层次、六大模块. 与第四版相比, 本书重点突出了以下几方面的内容:

(1) 推进实验教学内容数字化: 基于 SPOC(small private online course)模式的教学方法的改革与实践, 对教材进行信息化建设, 实现实验内容微课化, 激发学生的学习兴趣, 引导学生主动学习. 积极探索线上线下混合式教学方法的改革, 从而实现物理实验课堂翻转, 促使学生探索物理实验中实验设计的巧妙之处.

(2) 注重创新能力培养, 提升学生思维能力: 物理实验教学内容中包含了非常丰富的物理思想, 书中增加了部分实验的导读内容, 尝试用简单的语言, 启发学生了解实验的设计思想和构思方法, 培养学生的创造性思维与创造力.

(3) 融入课程思政内容, 引导学生树立正确的科学观: 增加了科学素养培养专题, 将科学家精神贯穿到物理实验中, 旨在体现大学物理实验教材应具备的人文精神, 使学生充分认识到物理实验发展中的趣事, 激发学生的学习兴趣和创新精神.

(4) 开发了实验数据处理微信小程序, 创新育人功能新载体: 将实验测得的数据程序化, 为学生进行数据处理提供方便, 促使学生将注意力放在实验数据的误差来源分析, 培养学生建立数据分析概念提高分析问题的能力.

物理实验是一门能体现集体智慧的课程. 本书的内容是太原理工大学从事物理实验教学的教师的教学积累, 也是十多年来我们编写的各种版本实验教材的演化结果. 自第四版出版以来, 我们不断地对其进行修改和校正. 本次编写中, 王云才对本书编写提供了详细的指导, 杨玲珍负责第 1 章的编写和修订, 张晨曦负责第 2 章的编写和修订, 李辉负责第 3 章的编写和修订, 李向前负责第 4 章的编写和修订, 陈波负责第 5 章的编写和修订, 薛林负责第 6 章的编写和修订, 孙礼负责第 7 章的编写和修订, 韩燕负责第 8 章的编写和修订, 张龙龙负责第 9 章的编写和修订.

教材建设与课程建设密不可分, 太原理工大学"MOOC[①]教学背景下的大学物理实验课程'112'教学模式探索与实践"在 2019 年获山西省教学成果奖 (高等教育) 一等奖, 该教学以培养学生大学物理实验理论和实践创新能力为主线, 建立 MOOC 教学背景的物理实验理论和实践的网络教学平台, 实现大学物理实验课程教学线上线下混合教学的模式. 该课程在 2020 年获批国家级线上线下混合式一流课程. 希望对本

---

① massive open online courses, 简称 MOOC.

书和大学物理实验线上教学平台感兴趣的老师与我们联系，共同建设大学物理实验课程，相互学习和支持，共同促进大学物理实验教学的改革与创新.

第四版出版以来，许多同行和使用教材的学生通过各种方式对本书提出了宝贵的意见和建议，在此深表谢意. 特别感谢在本书不断修订过程中，为此付出艰辛劳动的老师. 在后续的修改和修订中，我们会邀请有志于参与物理实验教学改革，挖掘物理实验课程思政理念的教师参加教材的编写，以使内容更加严谨和科学，从而使本书不断完善.

由于时间和技术的限制，书中还会存在不足，恳请读者指正，可以发送邮件到 office-science@tyut.edu.cn. 如您有意愿合作，请与我们取得联系.

杨玲珍

于太原理工大学

2022 年 1 月 14 日

2023 年 7 月修改

数据处理小程序

目　录

绪　　论

科学实验是自然科学研究的主要手段，以探索、预测或验证自然科学新现象、新规律为目的. 而以教学为目的的大学物理实验具有丰富的实验思想、方法、手段，同时能提供综合性很强的基本实验技能训练，体现了大多数科学实验的共性，是科学实验的基础. 为此，大多数高等学校将大学物理实验课程设置为理工科大学生的必修基础课程，用于培养学生系统的实验方法和实验技能. 大学物理实验课程内容的基本要求可概括为以下几个方面.

(1) 掌握测量误差与不确定度的基本知识，学会用不确定度对测量结果进行评估. 掌握处理实验数据的一些常用方法，如列表法、作图法和最小二乘法，以及用科学作图软件处理实验数据的基本方法.

(2) 掌握基本物理量的测量方法. 例如，长度、质量、时间、热量、压强、压力、电流、电压、电阻、磁感应强度、光强度、折射率、电子电荷、普朗克常量等常用物理量及物性参数的测量.

(3) 了解常用的物理实验方法. 例如，比较法、转换法、放大法、模拟法、补偿法、平衡法和干涉、衍射法，以及在近代科学研究和工程技术中广泛应用的其他方法.

(4) 能够正确使用常用的物理实验仪器. 例如，长度测量仪器、计时仪器、测温仪器、变阻器、电表、交/直流电桥、通用示波器、低频信号发生器、分光计、光谱仪、常用电源和光源等常用仪器.

(5) 掌握常用的实验操作技术. 例如，零位调整、水平/铅直调整、光路的共轴调整、消视差调整、逐次逼近调整、根据给定的电路图正确接线、简单的电路故障检查与排除，以及在近代科学研究与工程技术中广泛应用的仪器的正确调节.

大学物理实验是一门实践性很强的课程，是培养和提高学生科学素质和能力的重要课程之一. 通过为期一年对以上内容的训练，学生应逐步实现以下能力的培养.

独立实验的能力：能够通过阅读实验教材、查询有关资料和思考问题，掌握实验原理及方法，做好实验前的准备，正确使用仪器及辅助设备，独立完成实验内容，撰写合格的实验报告.

分析与研究的能力：能够融合实验原理、设计思想、实验方法及相关的理论知识，对实验结果进行分析、判断、归纳与综合.

理论联系实际的能力：能够在实验中发现问题、分析问题，并学习解决问题的科学方法.

创新能力：能够完成符合规范要求的设计性、综合性的实验，进行初步的具有研究性或创意性的实验.

要实现以上能力的培养，就需要主动认真地完成每一个实验. 一般来讲，每个实验均可分为实验预习、实验过程和撰写实验报告三个环节. 也就是说，在以上三个环节中均需要保持主动、严谨和认真的态度. 具体来讲就是：

1. 实验预习

实验预习的内容可概括为三个问题：做什么？怎么做？为什么？实验预习过程包括以下三方面的内容.

(1)要清楚：本次实验的目的和内容是什么？实验原理是什么？用什么途径去测量?为什么这样做？还有无其他的测量途径？

(2)要明确自己在本次实验中存在哪些不清楚待解决的问题，了解本次实验的注意事项.

(3)要事先拟定实验步骤和数据表格(如果需要的话).

2. 实验过程

实验过程是整个实验教学中最核心的环节. 在这个过程中要独立完成实验仪器的安装或调整，按正确步骤完成测量全过程，并完整记录实验数据. 在这个过程中应注意以下几点.

(1)不要急于记录数据. 在实验过程中建议先观察或练习后再进行测量，也可以先粗测再细测，否则可能在测量进行到一半或快结束时才发现，由于某个调节参数的初始值选择不合理而超出量程或无法调节，从而导致无法完成整个实验，只好再重新进行测量.

(2)要注意掌握实验中所采取的实验方法，特别是一些基本的测量方法. 因为它是复杂测量的基础，在今后的学习与工作中可能会经常用到. 我们在学习时不仅要掌握它的原理，而且要知道它的适用条件及优、缺点，这些只有通过亲身实践才能真正体会到.

(3)要有意识地培养良好的实验习惯. 例如，正确记录原始数据和处理数据，注意记录实验的客观条件，如温度、气压、日期等. 认真学习操作程序、培养良好的习惯，甚至包括操作姿势. 良好的实验习惯是科学素质的具体表现，也是保证实验安全、避免差错的基础.

(4) 不要单纯追求实验数据的正确性. 实验能力的快速提高往往发生在实验过程不顺利时，要逐步学会分析、排除实验中出现的某些故障. 当实验结果不理想时，要考虑实验方法是否正确，仪器可能带来多大误差，实验环境等因素对实验有多大影响.

(5) 要注意实验室操作规程和安全规则. 随着实验项目的进行，学生会逐步接触到各种测量仪器，它们有不同的使用要求与工作环境，操作不当可能会造成对身体的伤害及损坏仪器. 因此要求学生遵守实验室的具体操作规程，养成良好的实验习惯.

3. 撰写实验报告

撰写实验报告的过程实际上是对学生的综合思维能力和文字表达能力的训练过程，是学生今后在工作中撰写标书、项目申请书、研究报告、学术论文的基础训练. 撰写一份合格的实验报告应注意以下几方面.

(1) 注意实验报告的完整性. 一份完整的实验报告应包括：实验名称、实验目的、简要的实验原理、实验设备及型号、实验步骤、实验数据、数据处理与误差分析、实验结果、分析与讨论等九个方面.

(2) 实事求是是撰写实验报告的基本要求. 在撰写实验报告中不得随意对实验数据及其有效数字进行增删.

(3) 对实验数据的处理及对实验结果的分析与讨论是撰写实验报告的重点，也是学生归纳与分析问题能力的具体体现.

大学物理实验课程上所涉及的实验项目，绝大多数在物理学发展史上具有重要的地位，这些实验经过多年的改进与调整，已非常适合锻炼学生对某一实验技术或某一重要的物理实验概念的掌握. 从统计学的角度来看，学生在进行物理实验的过程中，利用现有实验设备而发现新的物理现象或规律的概率是非常小的. 但是，具有批判与怀疑精神是科学工作者的一个基本素质. 我们期望每个学生都能以研究者的姿态去探讨最佳实验方案、组装实验装置、分析操作步骤、注意实验条件，几乎所有的物理实验项目都可以按照设计性、研究性实验来完成，而主动分析与独立解决问题的能力是大学物理实验课程追求的最主要目标.

第 1 章

测 量 误 差

本章包含四节内容. 在 1.1 节"测量与误差"中,介绍了诸如测量、误差、精密度、正确度和准确度等常用概念,并对测量和误差分别进行了分类. 在 1.2 节"误差处理"中,分别就随机误差计算和仪器误差的判断进行了讲解. 对于随机误差,特别引入了有限测量次数下的 t 分布概念,因为物理实验中所有的实验都是有限次测量;同时引入狄克逊检验法和格拉布斯准则两种方法来判断是否可对个别测量数据进行取舍;对于仪器误差,重点强调了仪器误差与置信概率的关系,而不同的仪器会有不同的误差分布函数. 在 1.3 节"测量不确定度"中,详细说明了 A 类和 B 类不确定度的评估与表示,并讲解了如何在直接测量和间接测量两种不同的测量条件下对测量不确定度进行估算;同时给出了微小误差的可忽略准则,以及简单介绍了不确定度分析在实验设计中的作用. 在 1.4 节"实验数据的数值修约"中,按照实验过程,分别介绍了在原始数据记录、数据运算和结果表示时如何进行实验数据修约.

1.1 测量与误差

1.1.1 测量及分类

测量就是通过一定的实验方法、借助一定的实验器具将待测量与选作标准的同类量进行比较的实验过程. 测量结果应包括数值、单位及结果可信赖的程度(不确定度)三部分.

按照测量方法来划分,测量分为直接测量和间接测量.

直接测量是指可以用测量仪器或仪表直接读出测量值的测量. 如用米尺测长度,用温度计测温度,用电表测电流、电压等都是直接测量.

间接测量是指通过一个或几个直接测得量,利用已知函数关系计算出的物理量. 如用单摆法测量重力加速度 g 时,$g=4\pi^2 L/T^2$,周期 T、摆长 L 是直接测量值,而 g 是间接测量值.

随着实验技术的进步,很多原来只能间接测量的物理量,现在也可以直接测量,如电功率、速度等量的测量.

按照测量条件来划分,测量又可分为等精度测量和不等精度测量.

等精度测量是指在相同的测量条件下对同一物理量进行多次测量. 例如,同一个人用同样的方法、使用同样的仪器对同一待测量进行多次重复测量. 尽管每次的测量值可能不相等,但每次测量的可靠性都是一样的,没有理由认为哪一次(或几次)的测量值更可靠或更不可靠.

不等精度测量是指在不同的测量条件(如使用仪器的不同、测量方法的改变或者测试人员的变更)下对同一物理量进行多次测量. 不等精度测量的每次测量结果的可靠性都不同.

实际上,一切物质都在运动中,没有绝对不变的人和事物,只要其变化对实验的影响很小乃至可以忽略,就可以认为是等精度测量. 以后说到对一个量的多次测量,如无特别说明,都是指等精度测量.

1.1.2 误差及分类

物理实验就是对一些物理量进行测量的过程. 任何待测的物理量在一定客观条件下总存在着一个真实的值,称之为该物理量的**真值**(true value). 但是,由于实验理论的近似性、实验仪器灵敏度和分辨能力的局限性、环境的不稳定性等因素的影响,待测量的真值实际上是不可能通过测量准确复现的,我们永远无法准确得知. 测量结果和真值之间总有一定的差异,这种差异定义为**测量误差**. 测量误差可以用绝对误差表示,也可以用相对误差表示. 设测量值 x 的真值为 a,则

$$绝对误差(\delta) = x - a \tag{1.1.1}$$

$$相对误差(E_r) = \frac{|绝对误差(\delta)|}{真值(a)} \times 100\% \tag{1.1.2}$$

由于真值是不能确知的,所以测量值的误差也不能确切测量出来,因此测量的任务就是给出被测真值的最佳估计值,并估算出被测量值最佳估计值的可靠程度. 被测量值最佳估计值的可靠程度通过测量误差来体现.

测量误差的来源主要有三个方面:测量仪器的精度,观测者的技术水平,外界条件的影响. 这三个条件相同的观测称为等精度观测.

根据误差的性质和产生原因将误差分为系统误差、随机误差和异常值三种.

1. 系统误差

系统误差(systematic error)是指在等精度的重复测量中误差保持恒定,或以可预知的方式变化的误差.

系统误差的来源主要有以下几方面:

(1) 由于仪器本身的缺陷或没有按规定的条件使用仪器而造成的误差. 例如, 仪器的零点不准造成的误差; 等臂天平两臂不等长造成的误差; 在 20℃ 的条件下标定的标准电阻在 30℃ 的条件下使用造成的误差等.

(2) 由于测量所依据的理论公式本身的近似性, 或实验条件不能达到理论公式所规定的要求, 或测量方法所带来的误差. 例如, 利用单摆测量重力加速度 g, 所依据的公式为 $g = 4\pi^2 L/T^2$, 此公式成立的条件是单摆的摆角趋于零, 而在测量周期时又必须要求有一定的摆角, 这就决定了测量结果中必然含有系统误差.

(3) 由于测量者本人的生理或心理特点所造成的误差. 例如, 测量时间时, 测量者可能有计时超前或落后的偏好; 在对准标记时, 可能存在总是偏左或偏右的习惯.

系统误差通常是实验误差的主要分量. 在测量条件不变时, 系统误差基本上具有确定的大小和方向. 当测量条件改变时, 系统误差通常会按照一定的规律变化. 增加测量次数并不能减小系统误差.

在测量过程中, 根据具体实验条件及系统误差的特点, 我们可以找出产生系统误差的原因, 采取适当的措施降低甚至消除它的影响. 例如, 天平只有在两臂严格等长时, 砝码的质量才等于被测物体的质量, 而事实上不可能做到天平两臂严格等长. 为了消除这种系统误差, 可以采用所谓复称法称衡, 从而抵消天平两臂不等长引起的系统误差.

2. 随机误差

随机误差(random error)是指在相同的测量条件下, 多次测量同一物理量时, 误差时大时小、时正时负, 以不可预定的方式变化着的误差. 它是由于人的感官灵敏度和仪器精度的限制、周围环境的干扰及一些偶然因素的影响而产生的, 其典型的特征是随机性. 例如, 用毫米刻度的米尺去测量某物体的长度时, 往往将米尺对准物体的两端并估读到毫米的下一位, 这个估读出的数值就存在着一定的随机性, 也就带来了随机误差.

虽然随机误差无法控制和排除, 但是, 当在相同的实验条件下对被测量进行多次测量时, 其大小的分布服从一定的统计规律, 可以利用这种规律对实验结果的随机误差作出估算, 这就是在实验中往往要对某些物理量进行多次测量的原因.

3. 异常值

异常值(outlier)又称为粗大误差或过失误差, 是由于观测者不正确地使用仪器, 观察错误或记录错误等不正常情况引起的误差. 它会明显地导致测量结果异常, 在数据处理中应将其剔除. 所以, 在作误差分析时, 要估算的误差通常只有系统误差和随机误差.

1.1.3 精密度、正确度和准确度

即使是对同一物理量进行等精度测量，其测量结果也可能有很大的不同，图 1.1.1 显示了打靶过程中弹点的三种典型分布. 这里引入精密度、正确度和准确度三个概念，在一些文献中有时会用这三个概念来定性描述测量结果.

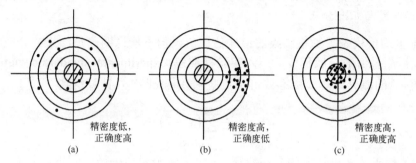

图 1.1.1　精密度、正确度和准确度示意图

精密度(precision)是对测量结果的分散性或重复性的评价，反映随机误差大小的程度. 精密度高即测量结果的重复性好，测量值密集分散性小，随机误差小，但精密度这一词已不常用.

正确度(trueness)是反映测量结果中系统误差大小的程度. 正确度高是指测量数据的算术平均值偏离真值小. 它与精密度是两个不同的概念，正确度高并不能确定测量结果的分散性及重复性的程度. 图 1.1.1(a)表示正确度高但数据分散，精密度低；图 1.1.1(b)表示正确度低但精密度高. 正确度也是一个不常用的概念.

准确度(accuracy)是表征测量结果与被测真值之间的一致程度，它也是一个定性的概念，反映系统误差与随机误差的综合大小的程度. 准确度高意味着系统误差与随机误差都很小，测量结果既精密又正确. 在图 1.1.1(c)中，精密度与正确度均高，即准确度高.

1.2　误　差　处　理

1.2.1　随机误差

1. 算术平均值(最佳值)

在相同的测量条件下，对某一物理量 X 进行 n 次重复测量. 假设系统误差已被减弱到可以被忽略的程度，由随机误差的存在得到包含 n 个测量值 $x_1, x_2, \cdots, x_n$ 的一个测量列. 因为是等精度测量，我们无法确定哪个值更可靠，但当测量次数足够多时，随机误差为正的数据与随机误差为负的数据可大致抵消，**算术平均值**(arithmetic mean)可作为被测量的最佳估计值.

$$\overline{x} = \frac{1}{n}\sum_{i=1}^{n}x_i \tag{1.2.1}$$

算术平均值并不是真值，但它比任意一次测量值的可靠性都高，因此，在大学物理实验中，我们总是用多次测量结果的算术平均值来表示被测物理量的值.

2. 标准差与正态分布

算术平均值代表了测量结果的最佳估计值，但不能说明测量结果的分散性或重复性. 表征测量值的分散程度要引入**实验标准差**(experimental standard deviation，常用 s 来表示)的概念，实验标准差可由贝塞尔(Bessel)公式计算得到

$$s = \sqrt{\frac{1}{n-1}\sum_{i=1}^{n}(x_i - \overline{x})^2} \tag{1.2.2}$$

s 的值代表了随机误差的分布特征，s 大表示测量值分散，随机误差大；s 小表示测量值密集，随机误差小，测量精密度高.

当测量次数趋于无穷多时，绝对误差 $\delta_i = x_i - \overline{x}$ 的概率密度分布服从统计规律，在此重点介绍正态分布，其数学形式为

$$f(\delta) = \frac{1}{\sqrt{2\pi}\sigma}e^{-\frac{\delta^2}{2\sigma^2}} \tag{1.2.3}$$

$f(\delta)$ 概率密度分布如图 1.2.1 所示，横坐标为绝对误差 $\delta = x - \overline{x}$，纵坐标为绝对误差的概率密度分布函数 $f(\delta)$，σ 为标准差，其数学表达式为

$$\sigma = \lim_{n\to\infty}\sqrt{\frac{\sum_{i=1}^{n}(x_i - \overline{x})^2}{n}} \tag{1.2.4}$$

概率密度分布函数的意义为：在误差 δ 值附近，单位误差间隔内误差出现的概率.

一般而言，若某个待测量 X 是很多随机因素之和，而每个因素所起的作用均很微小，则 X 为服从随机分布的变量. 多次等精度独立测量即满足正态分布. 例如，在工业生产线上，当设备、技术、原料、工艺、操作等可控制的生产条件都相对稳定，不存在明显的系统误差影响时，同一生产线上生产出的大量相同产品的质量指标近似服从正态分布.

正态分布具有以下特点.

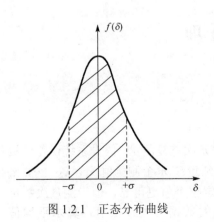

图 1.2.1   正态分布曲线

(1)对称性：符号相反，但绝对值相等的绝对误差，其出现的概率相等.

(2)单峰性：绝对误差为零处的概率密度最大.

(3)有界性：非常大的正误差或负误差出现的可能性几乎为零.

(4)抵偿性：当测量次数非常多时，正误差和负误差相互抵消，误差的代数和趋向于零.

按照概率理论，任何一次测量值与平均值之差（$\delta_i = x_i - \bar{x}$）出现在区间$(-\infty, +\infty)$的事件是一个必然事件，即$\int_{-\infty}^{+\infty} f(\delta)\mathrm{d}\delta = 1$，表示概率分布曲线与横轴所包围的面积恒等于 1，当$\delta = 0$时，由式(1.2.3)得

$$f(0) = \frac{1}{\sqrt{2\pi}\sigma} \tag{1.2.5}$$

若标准差σ很小，则必有$f(0)$很大，即测量值的离散性小，重复测量所得的结果接近，测量结果的精密度高；相反，如果σ很大，则测量值的离散性大，测量结果的精密度低. 这两种情况的正态分布曲线如图 1.2.2 所示.

根据概率理论，正态分布曲线在$(-\sigma, +\sigma)$区间所围成的面积占总面积的 68.3%，即
$P(|\delta| < \sigma) = \int_{-\sigma}^{+\sigma} f(\delta)\,\mathrm{d}\delta = 0.682689 \approx 68.3\%$，
也就是说，如果测量次数n很大，将有占总数 68.3%的测量数据的误差落在区间$(-\sigma, +\sigma)$之内；或者说，在所测得的数据中，任一个测量值的绝对误差δ_i落在区间$(-\sigma, +\sigma)$

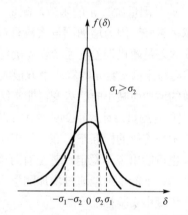

图 1.2.2 不同 σ 值所对应的正态分布曲线

之内的概率为 0.683，即**置信概率**为 68.3%. 误差分布的区间称为**置信区间**（confidence interval）. 表 1.2.1 给出了正态分布一些典型的置信概率所对应的置信区间.

表 1.2.1 正态分布典型的置信概率与置信区间的关系

置信概率 P	0.683	0.900	0.950	0.952	0.975	0.990	0.995	0.9973
置信区间	σ	1.645σ	1.96σ	2σ	2.241σ	2.576σ	2.807σ	3σ

3. 平均值的标准差

实验标准差s说明了测量数据的离散特性，而我们更关心的是测量结果（算术平均值）的离散程度. 如对同一物理量不同次数的测量，其结果有多大的误差. 假设对一物理量X进行了有限的n次（n仍然足够大）测量，得到一个最佳值$\bar{x}$和相应的实验

标准差 s. 如果我们增加测量次数，如$(n+m)$ 次，则可得到另一个最佳值 $\overline{x}'$ 和相应的实验标准差 s'，$\overline{x}$ 与 $\overline{x}'$、s 与 s' 一般不会相同. 继续增加测量次数，可以发现 $\overline{x}$ 也是一个随机变量. 那么，随着测量次数的增加，算术平均值 $\overline{x}$ 本身的可靠性如何呢?为此需要引入**算术平均值标准差**(standard deviation of the arithmetic mean)的概念. 由概率论可以证明算术平均值 $\overline{x}$ 的实验标准差 $s_{\overline{x}}$ 为

$$s_{\overline{x}} = \frac{s}{\sqrt{n}} = \sqrt{\frac{\sum\limits_{i=1}^{n}(x_i - \overline{x})^2}{n(n-1)}} \qquad (1.2.6)$$

$s_{\overline{x}}$ 的统计意义为：待测物理量落在 $(\overline{x} - s_{\overline{x}}, \overline{x} + s_{\overline{x}})$ 区间内的概率为 68.3%，落在 $(\overline{x} - 2s_{\overline{x}}, \overline{x} + 2s_{\overline{x}})$ 区间内的概率为 95.5%，落在 $(\overline{x} - 3s_{\overline{x}}, \overline{x} + 3s_{\overline{x}})$ 区间内的概率为 99.7%.

$s_{\overline{x}}$ 是测量次数 n 的函数，测量次数越多，算术平均值的标准差越小. 但不是测量次数越多越好，因为增加测量次数只对随机误差的减小有作用，对系统误差并无影响，而测量误差是随机误差与系统误差的综合，所以，增加测量次数对减小误差的作用是有限的. $s_{\overline{x}}$ 与测量次数 n 的算术平方根成反比，s 一定时，当测量次数大于 10 后，$s_{\overline{x}}$ 随测量次数的增加而减小的趋势变得非常缓慢. 例如，如果某测量值的实验标准差 $s=0.2$ mm，50 次重复测量后计算得到的算术平均值的标准差 $s_{\overline{x}} = 0.028$ mm，而 100 次重复测量得到的算术平均值的标准差 $s_{\overline{x}}$ 仅为 0.020 mm. 另外，若测量次数过多，观测者将疲劳，测量条件也可能出现不稳定，甚至有可能出现增加随机误差的趋势. 实际上，要想减小实验标准差，不能单纯地通过增加测量次数实现，只有改进实验方法和仪器，才能从根本上进一步减小实验标准差.

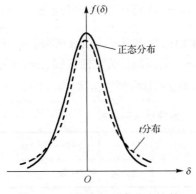

图 1.2.3　t 分布与正态分布比较

4. 有限次测量与 t 分布

测量次数趋于无穷只是一种理想情况，这时物理量的概率密度服从正态分布. 当次数减少时，概率密度曲线变得平坦(图 1.2.3)，称为 **t 分布**，也叫**学生分布**[①](t-distribution, student distribution).

对有限次测量的结果，要保持与无穷次测量同样的置信概率，即概率分布曲线下相等的面积，显然要扩大置信区间，需将随机误差乘以一个大于 1 的因子 t. t 因子与测量次数和置信概率密度有关. 表 1.2.2 给出不同置信概率下 t 因子与测量次数的关系. 从

---

① 这一名称来源于 1908 年 William S. Gosset 以 "student" 的笔名匿名发表的关于这一问题的研究文章.

表中可以看出，对于 68% 的置信概率，当次数 $n>6$ 以后，t 因子与 1 的偏离并不大，故在物理实验进行中，多次测量的次数可取 6～10.

表 1.2.2　t 因子与测量次数 n 的关系

P \ n	3	4	5	6	7	8	9	10	15	20	∞
0.68	1.32	1.20	1.14	1.11	1.09	1.08	1.07	1.06	1.04	1.03	1.00
0.90	2.92	2.35	2.13	2.02	1.94	1.89	1.86	1.83	1.76	1.73	1.645
0.95	4.30	3.18	2.78	2.57	2.45	2.36	2.31	2.26	2.14	2.09	1.960
0.99	9.92	5.84	4.60	4.03	3.71	3.50	3.36	3.25	2.98	2.86	2.576

可疑数据的剔除

5. 可疑数据的剔除

1）3σ 准则

根据表 1.2.1，误差落在 $(-3\sigma，+3\sigma)$ 置信区间的置信概率为 $P(|\delta|<3\sigma)=0.9973\approx99.7\%$. 这表明在 1000 次测量中，随机误差超过 $\pm 3\sigma$ 置信区间的测量数据大约只出现 3 次. 也就是说，对于通常重复测量次数仅为几次或十几次的测量，测量误差超过 $\pm 3\sigma$ 的情形几乎不可能出现. 在重复测量中，可依据这一点剔除由于过失引起的可疑数据，这种剔除可疑数据的方法称为 **3σ 准则**.

例 1　对某一长度量进行了 20 次等精度测量，对测量数据列表（表 1.2.3），试根据 3σ 准则判断其中是否有异常数据需剔除.

表 1.2.3　数据记录表

次数	1	2	3	4	5	6	7	8	9	10
L/cm	2.20	2.25	2.30	2.15	2.10	2.15	2.25	2.10	2.20	2.20
次数	11	12	13	14	15	16	17	18	19	20
L/cm	2.10	2.15	2.25	2.20	2.20	2.15	2.25	2.20	2.20	3.50

解　用 3σ 准则判断异常数据的过程如下：

首先求出被测量的最佳估计值

$$\bar{x}=\sum_{i=1}^{20}\frac{x_i}{20}=2.255\,\text{cm}$$

根据式（1.2.2）计算出测量值的实验标准差

$$s=\sqrt{\frac{\sum_{i=1}^{20}(x_i-2.255)^2}{20-1}}=0.298\,\text{cm}$$

实验标准差 s 为标准差 σ 的标准值，在此取 $s=\sigma$，应用 3σ 准则，因为 $\bar{x}+3\sigma=3.119\,\text{cm}<3.50\,\text{cm}$，所以第 20 次的测量数据 3.50 cm 应舍去，然后再重新

计算测量数据，得

$$\bar{x} = \sum_{i=1}^{19} \frac{x_i}{19} = 2.189 \text{ cm}$$

$$\sigma = 0.056 \text{ cm}$$

$$3\sigma = 0.168 \text{ cm}$$

在这 19 个数据中，没有一个测量值与平均值的差大于 3σ，所以这 19 个数据中没有异常数据.

需要说明的是，3σ 准则只适用于测量次数 n 足够大的重复测量. 在大学物理实验中，我们简单约定：对于测量次数大于 10 次的重复测量，可采用 **3σ 准则**对实验中的异常数据进行剔除.

2) 狄克逊(Dixon)检验法

狄克逊检验法，是 1951 年狄克逊(Dixon)与迪安(Dean)一起提出的. 利用狄克逊检验法进行可疑数据判断的具体规则和步骤如下：

(1) 将测量数据按照大小次序排列，即 $x_1 \leqslant x_2 \leqslant x_3 \leqslant \cdots \leqslant x_{n-1} \leqslant x_n$，则可疑数据最有可能出现在数据两端.

(2) 根据表 1.2.4 所列的公式分别计算测量数据最大值 x_n 和最小值 x_1 的狄克逊上统计量 D_n 和狄克逊下统计量 D'_n，由于大学物理实验的测量次数一般不大于 10，因此表 1.2.4 中只列出测量次数为 3～10 的统计量的计算公式.

表 1.2.4　狄克逊检验法统计量计算表

n	D_n（狄克逊上统计量）	D'_n（狄克逊下统计量）
3～7	$D_n = \dfrac{x_{(n)} - x_{(n-1)}}{x_{(n)} - x_{(1)}}$	$D'_n = \dfrac{x_{(2)} - x_{(1)}}{x_{(n)} - x_{(1)}}$
8～10	$D_n = \dfrac{x_{(n)} - x_{(n-1)}}{x_{(n)} - x_{(2)}}$	$D'_n = \dfrac{x_{(2)} - x_{(1)}}{x_{(n-1)} - x_{(1)}}$

(3) 确定置信概率 P，在表 1.2.5 中查出 $D_P(n)$ 值，$D_P(n)$ 值是与置信概率和测量次数有关的系数.

表 1.2.5　狄克逊检验法 $D_P(n)$ 值表

P \ n	3	4	5	6	7	8	9	10
0.90	0.885	0.679	0.557	0.484	0.434	0.479	0.441	0.410
0.95	0.941	0.765	0.642	0.562	0.507	0.554	0.512	0.471
0.99	0.988	0.889	0.782	0.698	0.637	0.681	0.635	0.597
0.995	0.994	0.920	0.823	0.744	0.680	0.723	0.676	0.638

(4) 检验测量数据的最大值 $x_{(n)}$，当 $D_n > D_P(n)$ 时，判定 $x_{(n)}$ 为可疑数据；检验测量数据的最小值 $x_{(1)}$，$D'_n > D_P(n)$，判定 $x_{(1)}$ 为可疑数据；对检出的可疑数据进行修正或者剔除.

例 2　一位田径运动员在一次田径比赛中，有六名裁判对其 400 m 田径竞赛成绩分别记录如下：44.18 s、44.02 s、44.20 s、44.14 s、44.18 s、44.16 s，试分析记录的数据中是否有可疑数据.

解　根据狄克逊检验法判断可疑数据的过程如下.

(1) 将测量数据按照由小到大的顺序排列如下：

$$44.02、44.14、44.16、44.18、44.18、44.20$$

(2) 最有可能存疑的数据为 44.02 和 44.20，根据表 1.2.4 所列公式计算狄克逊上统计量 D_n 和狄克逊下统计量 D'_n，本次样本数为 6：

$$D_n = \frac{x_{(n)} - x_{(n-1)}}{x_{(n)} - x_{(1)}}，\quad \text{其中 } x_{(6)} = 44.20，\; x_{(5)} = 44.18，\; x_{(1)} = 44.02，\; D_6 = 0.111$$

$$D'_n = \frac{x_{(2)} - x_{(1)}}{x_{(n)} - x_{(1)}}，\quad \text{其中 } x_{(2)} = 44.14，\; x_{(1)} \doteq 44.02，\; x_{(6)} = 44.20，\; D'_6 = 0.667$$

(3) 确定置信概率 P 为 0.95，使用表 1.2.5 查出 $D_{0.95}(6)$ 值为 0.562；

(4) $D_6 < D_{0.95}(6)$，判定 $x_{(6)}$ 不是可疑数据；$D'_6 > 0.562$，判定 $x_{(1)}$ 为可疑数据，剔除该测量数据.

3) 格拉布斯 (Grubbs) 检验法

格拉布斯检验法是判断可疑数据的又一方法. 当测量次数 n 较小时，格拉布斯检验法具有判断可疑数据的最优功效. 利用格拉布斯检验法判定可疑数据的具体步骤如下.

(1) 将测量数据按照大小次序排列，即 $x_1 \leqslant x_2 \leqslant x_3 \leqslant \cdots \leqslant x_{n-1} \leqslant x_n$.

(2) 测量数据最大值 x_n 的判定.

① 根据式 (1.2.7) 计算 x_n 的统计量 G_n 的值

$$G_n = (x_n - \bar{x})/s \tag{1.2.7}$$

其中，$\bar{x}$ 和 s 分别为测量数据的算术平均值和测量数据的标准差.

② 确定置信概率 P，在表 1.2.6 中查出 $G_P(n)$，$G_P(n)$ 是与测量次数 n 和置信概率 P 有关的系数. 当 $G_n > G_P(n)$ 时，判定 x_n 为可疑数据，剔除该数据；否则，判定 x_n 不是可疑数据，保留该数据.

(3) 测量数据最小值 x_1 的判定.

① 根据式 (1.2.8) 计算 x_1 的统计量 G'_n 的值

$$G'_n = (x_1 - \bar{x})/s \tag{1.2.8}$$

②确定置信概率 P，在表 1.2.6 中查出 $G_P(n)$，当 $G'_n > G_P(n)$ 时，判定 x_1 为可疑数据，剔除该数据；否则，判定 x_1 不是可疑数据，保留该数据.

表 1.2.6　格拉布斯检验法 $G_P(n)$ 值表

P \ n	3	4	5	6	7	8	9	10
0.90	1.148	1.425	1.602	1.729	1.828	1.909	1.977	2.036
0.95	1.153	1.463	1.672	1.822	1.938	2.032	2.110	2.176
0.99	1.155	1.492	1.749	1.944	2.097	2.221	2.323	2.410
0.995	1.155	1.496	1.764	1.973	2.139	2.274	2.387	2.482

1.2.2　仪器误差

物理实验是依靠测量仪器来进行的，测量结果的误差大小在很大程度上取决于测量仪器是否准确.

1. 最大允许误差

最大允许误差(limits of permissible error)又称为允许误差限，是反映测量仪器准确度的重要指标，是指仪器测量到的值(仪器示值)与被测量的真值之间可能的最大误差. 最大允许误差通常是由制造厂或计量部门使用更精密的仪器、量具或更准确的测量手段，与要检验的仪器进行比对得到的. 最大允许误差一般标注在仪器的标牌上或说明书中.

最大允许误差是测量误差的主要来源，我们用最大允许误差 $\Delta_{仪}$ 代表仪器误差，最大允许误差 $\Delta_{仪}$ 大则代表系统误差大. 最大允许误差与仪器的等级有关. 如指针式电表分为 2.5 级、1.5 级、1.0 级、0.5 级等多种级别，它的最大允许误差由量程和级别共同决定

$$\Delta_{仪}=量程 \times 级别\% \tag{1.2.9}$$

数字式电表、电阻箱、显微镜等仪器的最大允许误差的确定较为复杂，但都可表示为式(1.2.10)的形式

$$\Delta_{仪}=常数 + 读数 \times 某百分数 \tag{1.2.10}$$

分度值(scale division)是指测量仪器所标示的最小值，是两相邻最小刻度值之差. 一般而言，有刻度的仪器、量具的最大允许误差大约对应于最小分度值所代表的物理量(为简明计，有的教材中推荐仪器的最大允许误差一律取分度值的一半).

应当说明，最大允许误差是指制造的同型号同规格的所有仪器中可能产生的最大误差，并不表明每一台仪器的每个测量值都有如此大的误差，它既包括仪器在设计、加工、装配过程中乃至材料选择中的缺欠所造成的系统误差，也包括正常使用

过程中测量环境和仪器性能随机涨落的影响. 表 1.2.7 给出了一些常用仪器的最大允许误差.

表 1.2.7　常用仪器(量具)的主要技术指标和最大允许误差

仪器(量具)	量程	最小分度值	最大允许误差
钢板尺	150 mm	1 mm	±0.10 mm
	500 mm	1 mm	±0.15 mm
	1000 mm	1 mm	±0.20 mm
钢卷尺	1 m	1 mm	±0.8 mm
	2 m	2 mm	±1.2 mm
游标卡尺	125 mm	0.02 mm	±0.02 mm
	300 mm	0.05 mm	±0.05 mm
螺旋测微器 (千分尺)	0～25 mm	0.01 mm	±0.004 mm
	25～50 mm	0.01 mm	±0.004 mm
物理天平	500 g	0.05 g	通常取最小分度值(感量)的一半
	200 g	0.1 mg	
普通温度计 (水银或有机溶剂)	0～100℃	1℃	±1℃
精密温度计 (水银)	0～100℃	0.1℃	±0.2℃

实验时，选取仪器有两个最基本的指标：测量范围和等级. 当被测量超过仪器的测量范围时，不仅测量误差增大，而且可能会损坏仪器；在满足测量误差的条件下，从测量成本的角度考虑，应尽量选用等级较低的仪器.

2. 仪器误差的标准差

根据 $\Delta_{仪}$ 的定义，测量值与真值的误差在 $(-\Delta_{仪}，+\Delta_{仪})$ 内的置信概率为 1，那么在置信概率小于 1 的某一确定的概率下，如在 68% 的置信概率下，最大允许误差表示的置信区间 $(-\Delta_{仪}，+\Delta_{仪})$ 必然减少至 $\left(-\dfrac{\Delta_{仪}}{C},\dfrac{\Delta_{仪}}{C}\right)$，其中 C 为大于 1 的正数.

前面用标准差 s(即置信概率为 68% 的误差区间)来估算随机误差. 相应地，对于仪器误差(系统误差最主要的组成部分)，我们一样定义如下：置信概率为 68% 的仪器误差称为**仪器误差的标准差**，则

$$s_{仪} = \frac{\Delta_{仪}}{C} \quad (C \text{ 为包含因子}) \tag{1.2.11}$$

实验仪器不同，仪器误差的分布函数也不同，如秒表、千分尺、米尺的仪器误差分布为正态分布，而游标卡尺的仪器误差分布为均匀分布，有的仪器的误差分布可能是三角分布，如图 1.2.4 所示.

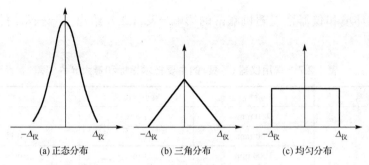

(a) 正态分布　　　(b) 三角分布　　　(c) 均匀分布

图 1.2.4　几种仪器误差的分布曲线

误差分布形式不同,导致相同置信概率下包含因子 C 的取值也不同. 表 1.2.8 给出几种不同的误差分布下,仪器的最大允许误差 $\Delta_{仪}$ 与仪器误差的标准差 $s_{仪}$ 转换的包含因子 C 的取值.

表 1.2.8　不同误差分布下包含因子 C 的取值

分布	正态	三角	矩形	两点	梯形
C	3	$\sqrt{6}$	$\sqrt{3}$	1	$\dfrac{\sqrt{6}}{\sqrt{1+\beta^2}}$,$\beta$ 为上下底边之比

1.3　测量不确定度

在所有测量中,测量结果是否有价值取决于测量结果的可信程度. 在过去,人们习惯用误差来评定测量结果的可信程度. 由于误差定义为测量结果减去被测量的真值,其大小反映测量结果偏离真值的程度,而真值是未知的理想概念,使得误差在实际应用中难以确切求得. 为此国际标准化组织(International Organization for Standardization,ISO)和我国质量技术监督局均建议在表示与评估测量结果时使用**不确定度**(uncertainty)这一概念,目的是规范测量结果的表示形式,为国际比对提供基础. 不确定度(又称为测量不确定度)的定义为:表征合理赋予被测量之值的分散性,是与测量结果相关联的参数. 它表示由于测量误差的存在而对测量值不能肯定的程度,不确定度越小,测量结果的可靠程度越高,实用价值越大. 用不确定度来评估测量结果,适用于工业、农业、商业等领域的一切测量或应用测量结果的工作.

不确定度与误差的关系是:误差表示测量结果相对真值的差异大小,可能是正值,也可能是负值;而不确定度指测量结果的不肯定程度,其值总是不为零的正值. 误差是经典误差理论的核心,是主观不可知的,而不确定度则是现代误差理论的核心,是主观可知的. 同时,误差与不确定度都是与测量结果相关联的参数,均由测量结果导出,从不同角度对测量结果进行评价;都具有定量描述的数值,量纲均与被测量相同;来源都是对测量值的认识不足和测量手段不完善.

1.3.1 测量不确定度的分类

根据评定方法的不同，不确定度可分为两大类.

A 类不确定度：通过多次重复测量用统计学方法估算出的不确定度.

B 类不确定度：用其他方法估算出的不确定度.

1. A 类不确定度

在 68% 的置信概率下，A 类不确定度 u_A 与算术平均值的标准差 $s_{\bar{x}}$ 和 t 分布有关. 算术平均值的标准差 $s_{\bar{x}}$ 为

$$s_{\bar{x}} = \frac{s}{\sqrt{n}} = \sqrt{\frac{\sum_{i=1}^{n}(x_i - \bar{x})^2}{n(n-1)}} \tag{1.3.1}$$

在物理实验课程中，测量次数一般在 5~10 次的有限次，其概率密度分布服从较为平坦的 t 分布，这样，要保持同样的置信概率，显然要扩大置信区间，则有限次测量下，A 类不确定度 u_A 为

$$u_A = t \cdot s_{\bar{x}} \tag{1.3.2}$$

式中，t 是与测量次数、置信概率有关的因子. 不同置信概率下 t 因子与测量次数的关系见表 1.2.2.

例 3 测量某一长度得到 9 个值，见表 1.3.1. 求该测量列的平均值、标准差和置信概率分别为 0.68、0.95、0.99 时的 A 类不确定度.

表 1.3.1　某一长度测量值

次数	1	2	3	4	5	6	7	8	9
L/mm	42.35	42.45	42.37	42.33	42.30	42.40	42.48	42.35	42.29

解　(1) 测量列的平均值　$\bar{x} = \frac{1}{9}\sum_{i=1}^{9} x_i = 42.369 \text{ mm} \approx 42.37 \text{ mm}$（修约）.

(2) 标准差　$s = \sqrt{\frac{\sum_{i=1}^{9}(x_i - \bar{x})^2}{9-1}} = 0.064 \text{ mm}$.

(3) 计算平均值的标准差　$s_{\bar{x}} = \frac{s}{\sqrt{9}} = 0.021 \text{ mm}$.

(4) 各置信概率下的 A 类不确定度 $u_A = t \cdot s_{\bar{x}}$，查表 1.2.2，可知测量次数为 9 次时，0.68，0.95 及 0.99 置信概率下的 t 因子分别为 1.07、2.31 和 3.36，得

$$u_A = 1.07 \times 0.021 \approx 0.022 \text{ mm} \quad (P=0.68)$$

$$u_A = 2.31 \times 0.021 \approx 0.048 \text{ mm} \quad (P=0.95)$$

$$u_A = 3.36 \times 0.021 \approx 0.070 \text{ mm} \quad (P=0.99)$$

2. B 类不确定度

A 类不确定度可用平均值的标准差表示(此时置信概率为 68%);类似地,B 类不确定度 u_B 可以用仪器的最大允许误差来表示(注意,此时置信概率 $P=1$).

$$u_B = \Delta_仪 \quad (P=1) \tag{1.3.3}$$

根据本章中"仪器误差的标准差"的内容,在 68%的置信概率下,B 类不确定度应等于仪器误差的标准差(此时 B 类不确定度称为 B 类标准不确定度).

$$u_B = \frac{\Delta_仪}{C} \quad (P=0.68) \tag{1.3.4}$$

C 为表 1.2.8 中的包含因子. 在实验中,当我们不能确定所使用仪器的误差分布时,根据中国合格评定国家认可委员会的建议[5],一律视为正态分布(仪器误差分布呈现正态分布的概率最大,但若不是正态分布,则可能低估了误差).

1.3.2 合成不确定度

如前所述,测量不确定度可分为 A 类不确定度和 B 类不确定度,而且它们还可能包含许多分量. 合成标准不确定度即为受多个不确定度来源影响的测量结果的标准不确定度,用 u_C 表示.

测量结果所含不确定度分别来源于 A 类不确定度 u_{Ai} ($i=1,2,\cdots,m$) 和 B 类不确定度 u_{Bj} ($j=1,2,\cdots,n$). 当 A 类不确定度 u_A 与 B 类不确定度 u_B 多个分量彼此独立时(在物理实验教学中,假定这一条件总成立),则它们的合成不确定度为

$$u_C = \sqrt{\sum_{i=1}^{m}(u_{Ai})^2 + \sum_{j=1}^{n}(u_{Bj})^2} \tag{1.3.5}$$

合成不确定度表示测量结果不确定度的绝对大小,其相对大小用相对不确定度表示,相对不确定度 u_{crel} 表示为

$$u_{crel}(x) = \frac{u_C(x)}{\bar{x}} \tag{1.3.6}$$

测量结果可表示为

$$x = \bar{x} \pm u_C \quad (P=\rho) \tag{1.3.7}$$

式中,$\bar{x}$ 为被测物理量 x 测量值的算术平均值,u_C 为合成不确定度,括号内的 P 代表概率,ρ 为具体的置信概率,如 0.68、0.95 等. 结果表达式的含义是:测量值 x 的真值落在 $(\bar{x}-u_C, \bar{x}+u_C)$ 区间内的概率为 ρ. $(\bar{x}-u_C, \bar{x}+u_C)$ 又称为**置信区间**.

1.3.3 扩展不确定度

在大学物理实验中，如不做特殊说明，合成不确定的置信概率为 68%. 如何利用 68%的置信概率值获得如 95%、99%或者 99.7%等较高的置信概率呢?这可以通过将合成不确定乘以一个与置信概率相联系的扩展因子 K，得到增大置信概率的**扩展不确定度**(expanded uncertainty). 扩展不确定度的定义为

$$u_P = Ku_{\text{C},0.68} \tag{1.3.8}$$

当不确定度服从正态分布时(在物理实验中，除非另有说明，我们总认为不确定度服从正态分布)，K 的取值如下：

当 P=68%时，K=1

当 P=95%时，K=1.96

当 P=95.5%时，K=2

当 P=99%时，K=2.576

当 P=99.7%时，K=3

今后会有越来越多的测量仪器标明不确定度和相应的置信概率(注意不是最大允许误差 $\Delta_\text{仪}$). 当一个仪器仅给出测量不确定度而没有给出置信概率时，可认为是95%的置信概率.

1.3.4 直接测量不确定度的估算

直接测量数据
的误差处理

1)单次测量的不确定度

由于无法采用统计方法来计算单次测量的不确定度，因此单次测量的合成不确定度就等于 B 类不确定度.

2)多次测量的不确定度

对于等精度的多次测量，A 类不确定度分量与算术平均值的标准差由与测量次数和置信概率有关的 t 因子共同决定.

$$s_{\bar{x}} = \sqrt{\frac{\sum_{i=1}^{n}(x_i - \bar{x})^2}{n(n-1)}}$$

$$u_\text{A} = t \cdot s_{\bar{x}}$$

B 类不确定度分量主要由仪器误差 $\Delta_\text{仪}$ 决定

$$u_\text{B} = \frac{\Delta_\text{仪}}{C} \quad (C \text{ 的具体取值参数见表 1.2.8})$$

对于有限次的测量，合成不确定度表示为

$$u_C = \sqrt{(u_A)^2 + (u_B)^2} \qquad (P = 0.68)$$

扩展不确定度为

$$u_P = K \cdot u_C \qquad (P\ 和\ K\ 代表的具体取值参见扩展不确定度)$$

例 4　用量程为 0～25 mm 的一级螺旋测微器对编号为 21# 的某一物体的线径进行了 8 次测量，测量的数据见表 1.3.2，已知螺旋测微器的最大允许误差 $\Delta_{仪}=$ 0.004 mm，并发现有–0.003 mm 的零点误差，试给出测量结果.

表 1.3.2　21#物体线径的测量数据

千分尺零点误差: –0.003 mm				千分尺的最大允许误差: 0.004 mm			
次数	1	2	3	4	5	6	7	8
D/mm	3.784	3.779	3.786	3.781	3.778	3.782	3.780	3.778

解　(1)由于千分尺存在已知的零点误差(像这样符号及数值均已知的系数误差又称为已定系统误差)，首先要修订测量数据中的已定系统误差.

依据 $D_i' = (D_i - (-0.003))$ mm 将原始测量数据逐个修正后，得到一组新的数据 D_i，见表 1.3.3.

表 1.3.3　修正后测量数据

次数	1	2	3	4	5	6	7	8
D/mm	3.784	3.779	3.786	3.781	3.778	3.782	3.780	3.778
D'/mm	3.787	3.782	3.789	3.784	3.781	3.785	3.783	3.781

(2)用新的修正后的数据求出算术平均值 $\bar{D} = 3.784$ mm .

(3)利用标准差计算公式(1.2.2)计算

$$s = \sqrt{\frac{\sum\limits_{i=1}^{n}(x_i - \bar{x})^2}{n-1}} = 0.0029\ \text{mm}$$

(4)对原始实验数据进行判断，发现并剔除可疑数据. 对可疑数据的判断方法有很多种，这里我们运用格拉布斯检验法进行判断. 在本例中，测量次数 $n=8$，将测量的数据重新排序后，测量数据的最大值 $x_8 = 3.789$ mm，根据公式 $G_8 = (x_{(8)} - \bar{x})/s$，其中 $\bar{x} = 3.784$ mm，$s = 0.0029$ mm，计算得 $G_8 = 1.724$，确定置信概率 P 为 0.95，查表 1.2.6，得 $G_{0.95}(8) = 2.032$. $G_8 < G_{0.95}(8)$，判定 $x_{(8)}$ 不是可疑数据. 测量数据的最小值 $x_1 = 3.781$，根据公式 $G_8' = (\bar{x} - x_{(1)})/s$，计算得 $G_8' = 1.034$，$G_8' < G_{0.95}(8)$，判定 $x_{(1)}$ 不是可疑数据. 根据格拉布斯检验法判定测量数据中没有可疑数据.

(5)计算 A 类不确定度. 对于有限次测量，它等于平均值的标准差乘以与测量次

数和置信概率有关的 t 因子，即

$$u_A = t \times s_{\bar{D}} = t \times \frac{s}{\sqrt{n}}$$

对于 68.3% 的置信概率，8 次测量时查表 1.2.2 得，$t=1.08$，故

$$u_A = 0.0011 \text{ mm} \qquad (P=0.68)$$

(6) 计算 B 类不确定度(螺旋测微器的仪器误差分布为正态分布)

$$u_B = \frac{\Delta_{仪}}{3} = 0.0013 \text{ mm}$$

(7) 计算合成不确定度

$$u_C = \sqrt{u_A^2 + u_B^2} = 0.0017 \text{ mm}$$

(8) 测量结果可表示为

$$D = (3.784 \pm 0.002) \text{ mm} \qquad (修约间隔为 0.001)$$

相对不确定度为

$$u_{cerl} = \frac{u_C}{D} = 0.04\%$$

例 5　用一数字电压表测电源 7 次，得到的测量结果见表 1.3.4. 已知电压表的量程为 1 V，最大允许误差 $\Delta_{仪}=15$ μV，试处理测量结果.

表 1.3.4　电源的测量数据

次数	1	2	3	4	5	6	7
V/V	0.948570	0.948534	0.948606	0.948599	0.948572	0.948591	0.948585

解　(1) 由题意知电压表的已定系统误差为零，不用对测量数据进行修正.

(2) 算术平均值　$\bar{V} = \frac{1}{7}\sum_{i=1}^{7} V_i = 0.9485796$ V.

(3) 标准差　$s = \sqrt{\sum_{i=1}^{7} \frac{(V_i - \bar{V})^2}{7-1}} = 24$ μV.

(4) 判断异常数据并剔除，无异常数据(省略判断步骤).

(5) A 类不确定度　$u_A = t \cdot \frac{s}{\sqrt{7}} = 22$ μV.

(6) B 类不确定度(视为均匀分布)　$u_B = \frac{\Delta_{仪}}{\sqrt{3}} = 8.6$ μV.

(7) 合成不确定度　$u_C = \sqrt{u_A^2 + u_B^2} = 23.6$ μV.

(8)测量结果表示为

$$V = (0.948580 \pm 0.000024) \ \mathrm{V} \qquad (P = 0.68)$$

(9)相对不确定度

$$u_{\mathrm{crel}} = \frac{u_{\mathrm{C}}}{\overline{V}} = 0.002\%$$

从以上两例可以看出,对于多次直接测量,合成不确定度的评估可以按以上九个固定步骤进行. 但有时会根据实际情况,省略其中的第(1)步和第(4)步.

1.3.5 间接测量不确定度的估算

在很多实验中,我们进行的测量都是间接测量. 因为间接测量量是各直接测量量的函数,所以直接测量量的误差必定会给间接测量量带来误差,这称为误差的传递(propagation of uncertainty).

间接测量数据
的误差处理

设间接测量量 y 是各相互独立的直接测量量 x_1,x_2,$\cdots$,x_m 的函数,其函数形式为

$$y = f(x_1, \ x_2, \ \cdots, \ x_m) \tag{1.3.9}$$

则间接测量量 y 的最佳估计值为

$$\overline{y} = f(\overline{x}_1, \ \overline{x}_2, \ \cdots, \ \overline{x}_m) \tag{1.3.10}$$

由于不确定度都是微小的量,因此间接测量量的不确定度可借鉴数学中的全微分形式来进行计算. 所不同的是:①要用不确定度 u_{x_1} 等替代微分 $\mathrm{d}x_1$ 等;②要考虑到不确定度合成的统计性质. 具体做法如下.

首先对函数式(1.3.9)求全微分

$$\mathrm{d}y = \frac{\partial f}{\partial x_1}\mathrm{d}x_1 + \frac{\partial f}{\partial x_2}\mathrm{d}x_2 + \cdots + \frac{\partial f}{\partial x_m}\mathrm{d}x_m \tag{1.3.11}$$

然后用不确定度 u_y,u_{x_1},u_{x_2},$\cdots$,u_{x_m} 替代 $\mathrm{d}y$,$\mathrm{d}x_1$,$\mathrm{d}x_2$,$\cdots$,$\mathrm{d}x_m$,并对等式右端进行方和根合成,得到间接测量量的不确定度方和根合成公式

$$u_y = \sqrt{\left(\frac{\partial f}{\partial x_1}u_{x_1}\right)^2 + \left(\frac{\partial f}{\partial x_2}u_{x_2}\right)^2 + \cdots + \left(\frac{\partial f}{\partial x_m}u_{x_m}\right)^2} \tag{1.3.12}$$

对于积商形式的函数,为计算方便,可先对函数式(1.3.9)取对数,得

$$\ln y = \ln f(x_1, x_2, \cdots, x_m) \tag{1.3.13}$$

再对上式求全微分

$$\frac{\mathrm{d}y}{f} = \frac{\partial f}{\partial x_1}\frac{\mathrm{d}x_1}{f} + \frac{\partial f}{\partial x_2}\frac{\mathrm{d}x_2}{f} + \cdots + \frac{\partial f}{\partial x_m}\frac{\mathrm{d}x_m}{f} \tag{1.3.14}$$

用不确定度替代后，再进行方和根合成，得到的是间接测量量的相对不确定度的方和根合成公式

$$\frac{u_y}{y} = \sqrt{\left(\frac{\partial f}{\partial x_1}\frac{u_{x_1}}{f}\right)^2 + \left(\frac{\partial f}{\partial x_2}\frac{u_{x_2}}{f}\right)^2 + \cdots + \left(\frac{\partial f}{\partial x_m}\frac{u_{x_m}}{f}\right)^2} \qquad (1.3.15)$$

用式(1.3.12)估算间接测量量的不确定度时,应保证式中各测量量的不确定度具有相同的置信概率. 表 1.3.5 给出了常用函数的不确定度传递公式.

表 1.3.5　常用函数的不确定度传递公式

函数表达式	传递(合成)公式
$f = x \pm y$	$u_f = \sqrt{u_x^2 + u_y^2}$
$f = x \cdot y$	$\dfrac{u_f}{f} = \sqrt{\left(\dfrac{u_x}{x}\right)^2 + \left(\dfrac{u_y}{y}\right)^2}$
$f = x / y$	$\dfrac{u_f}{f} = \sqrt{\left(\dfrac{u_x}{x}\right)^2 + \left(\dfrac{u_y}{y}\right)^2}$
$f = \dfrac{x^k y^n}{z^m}$	$\dfrac{u_f}{f} = \sqrt{k^2\left(\dfrac{u_x}{x}\right)^2 + n^2\left(\dfrac{u_y}{y}\right)^2 + m^2\left(\dfrac{u_z}{z}\right)^2}$
$f = kx$	$u_f = ku_x , \quad \dfrac{u_f}{f} = \dfrac{u_x}{x}$
$f = k\sqrt{x}$	$\dfrac{u_f}{f} = \dfrac{1}{2}\dfrac{u_x}{x}$
$f = \sin x$	$u_f = |\cos x| f_x$
$f = \ln x$	$u_f = \dfrac{u_x}{x}$

例 6　通过分别测量某一物体在空气中的质量 m 和在一已知密度 ρ_0 的液体中的质量 m_1，可以求得该物体的密度 ρ，这一方法称为流体静力称衡法. 被测物体的密度 ρ 可表示为 $\rho = \dfrac{m}{m - m_1}\rho_0$，求 ρ 的不确定度表达式.

解　(1)密度 ρ 的表达式为积商形式，两边求对数

$$\ln \rho = \ln\left(\frac{m}{m - m_1}\rho_0\right)$$

(2)求全微分，得

$$\frac{\mathrm{d}\rho}{\rho} = \frac{\mathrm{d}m}{m} - \frac{\mathrm{d}(m - m_1)}{m - m_1} + \frac{\mathrm{d}\rho_0}{\rho_0}$$

$$\frac{d\rho}{\rho} = \frac{-m_1 dm}{m(m-m_1)} + \frac{dm_1}{m-m_1} + \frac{d\rho_0}{\rho_0}$$

(3)用不确定度代替微分号，并进行方和根合成，得到相对不确定度的表达式

$$\frac{u_\rho}{\rho} = \sqrt{\left(\frac{m_1 u_m}{m(m-m_1)}\right)^2 + \left(\frac{u_{m_1}}{m-m_1}\right)^2 + \left(\frac{u_{\rho_0}}{\rho_0}\right)^2}$$

例 7   用单摆法测量重力加速度，$g = \dfrac{4\pi^2 L}{T^2}$，摆长 L 和周期 T 在置信概率 0.68 下测量的结果分别为 L=(120.51±0.03) cm 和 T=(2.206±0.001) s. 试求重力加速度的测量结果.

解   (1)求出重力加速度的最佳值

$$\overline{g} = \frac{4\pi^2 \overline{L}}{\overline{T}^2} = 9.7762 \text{ m} \cdot \text{s}^{-2}$$

(2)根据间接测量不确定度合成公式，有

$$u = \sqrt{\left(\frac{4\pi^2 u_L}{T^2}\right)^2 + \left(-\frac{2\times 4\pi^2 L u_T}{T^3}\right)^2} = 0.0051 \text{ m} \cdot \text{s}^{-2}$$

(3) $g = (9.776 \pm 0.005) \text{ m} \cdot \text{s}^{-2}$ (P=0.68)(修约间隔为 0.001).

例 8   用流体静力称衡法测量一不规则金属块的密度，用天平测得 m 与 m_1 的数据见表 1.3.6. 同时已知天平的最大允许误差为 0.01 g，在测量过程中水的温度在 18~20℃变化，求测量结果.

表 1.3.6   金属块测量数据列表   (单位：g)

次数	1	2	3	4	5	6	7
m	78.459	78.450	78.450	78.454	78.455	78.449	78.453
m_1	68.459	68.448	68.453	68.460	68.459	68.450	68.455

解   依题意，应先求出各直接测量量的算术平均值及不确定度，再根据间接测量量不确定度的传递公式求出 ρ 的合成不确定度，最后写出不同置信概率下的不确定度表达式.

(1)水的密度随温度及大气压变化，查附表七，可知在标准大气压下 18℃时水的密度为 0.99862 g·cm^{-3}，19℃时为 0.99843 g·cm^{-3}，20℃时为 0.99823 g·cm^{-3}，取 19℃时水的密度为其平均值 $\overline{\rho}$ =0.99843 g·cm^{-3}. 实验期间，水密度的最大变化 Δ_{ρ_0}=±0.00021 g·cm^{-3}（即置信概率等于 1）. 假设实验过程中温度是随机变化的，其误差分布满足正态分布，借用仪器误差的概念，置信概率为 68%下 ρ_0 的不确定度为

$$u_{\rho_0} = \frac{\Delta_{\rho_0}}{3} = \pm 0.0007 \text{ g} \cdot \text{cm}^{-3}$$

(2) m 的算术平均值及不确定度分别为

$$\overline{m} = \frac{1}{7}\sum_{i=1}^{7} m_i = 78.4529 \text{ g} \qquad \text{(此时有效位数可多取一位甚至更多)}$$

$$s_m = \sqrt{\frac{\sum_{i=1}^{7}(m_i - \overline{m})^2}{7-1}} = 0.0035 \text{ g} \qquad \text{(用狄克逊检验法检验无可疑数据)}$$

测量的 A 类不确定度为

$$u_{\text{A},m} = t \cdot \frac{s_m}{\sqrt{7}} = 0.0015 \text{ g}$$

天平测量 m 的最大允许误差为 0.01 g,天平的误差分布属于正态分布,测量列 m 的 B 类不确定度为

$$u_{\text{B},m} = \frac{\Delta_{\text{仪}}}{3} = 0.003 \text{ g}$$

用 A 类不确定度与 B 类不确定度的方和根表示测量列 m 的合成不确定度

$$u_m = \sqrt{u_{\text{A},m}^2 + u_{\text{B},m}^2} = \sqrt{0.0015^2 + 0.003^2} = 0.0034 \text{ (g)}$$

(3) 类似地,m_1 的算术平均值及不确定度分别为

$$\overline{m}_1 = 68.4549 \text{ g}, \quad s_{m_1} = 0.0047 \text{ g}$$

m_1 的 A 类不确定度为

$$u_{\text{A},m_1} = t \cdot \frac{s_{m_1}}{\sqrt{7}} = 0.002 \text{ g}$$

m_1 的合成不确定度为

$$u_{m_1} = \sqrt{u_{\text{A},m_1}^2 + u_{\text{B},m_1}^2} = \sqrt{0.002^2 + 0.003^2} = 0.0036 \text{ (g)}$$

(4) 密度 ρ 的算术平均值为

$$\overline{\rho} = \frac{\overline{m}}{\overline{m} - \overline{m}_1}\overline{\rho}_0 = 7.8345 \text{ g} \cdot \text{cm}^{-3}$$

(5) 可得密度 ρ 的不确定度

$$\frac{u_\rho}{\rho} = \sqrt{\left(\frac{m_1 u_m}{m(m-m_1)}\right)^2 + \left(\frac{u_{m_1}}{m-m_1}\right)^2 + \left(\frac{u_{\rho_0}}{\rho_0}\right)^2} = 0.00084$$

或

$$u_\rho = 0.006 \ \text{g} \cdot \text{cm}^{-3}$$

(6)测量结果可表示为

$$\rho = (7.834 \pm 0.006) \ \text{g} \cdot \text{cm}^{-3} \quad (P=0.68)$$

从前面三个例子可以归纳出计算间接测量量不确定度的一般步骤：

(1)根据直接测量不确定度的评估步骤，分别计算各直接测量量的 A 类不确定度、B 类不确定度，并计算每个直接测量量的合成不确定度.

(2)通过各直接测量量的算术平均值得到间接测量量的算术平均值.

(3)用不确定度传递公式，求出间接测量量的合成不确定度或相对不确定度.

(4)写出包含置信概率、算术平均值、不确定度三要素的测量结果表达形式.

1.3.6 微小标准差可忽略准则

从上面的内容我们发现，当间接测量量是多个直接测量量的函数时，间接测量量合成不确定度的计算随着自变量的增多而越来越烦琐. 实际上，每个直接测量量的不确定度大小不同，对合成不确定度的贡献也不同，可能只有个别项起作用，其他一些项因为贡献小可忽略不计，这就是**微小标准差可忽略准则**(the criterion of negligible standard deviation)：当某一测量量的不确定度小于总的合成不确定度的 $1/3 \sim 1/6$ 时，这一小分量的不确定度可以忽略不计. 具体分数的取值取决于对测量结果准确度的要求. 当取 1/3 时，忽略微小量会引入 5%的误差；当取 1/6 时，引入的误差约为 1.4%. 中国合格评定国家认可委员会于 2006 年制定的《测量不确定度要求的实施指南》[5]中规定："对那些比最大分量的 1/3 还小的分量不必仔细评估(除非这种分量数目较多)." 因此在物理实验中我们统一简单约定：**当某项不确定度分量小于最大的不确定度分量的 1/3 时，就可以省略该微小项**. 如在例 8 中，ρ_0 引入的不确定度 u_{ρ_0} 可省略.

1.3.7 不确定度分析在实验设计中的作用

间接测量量的不确定度合成公式除了用来估算间接测量的不确定度之外，还有一个重要的功能，就是可以用它来分析各直接测量值的不确定度对间接测量结果不确定度的贡献，为合理选用测量仪器和实验方法提供依据.

在实际测量中通常要事先确定待测物理量的不确定度. 在对间接测量量不确定度的要求确定后，对各直接测量量的**不确定度的要求仍是不定的**，只能在某些假定条件下进行不确定度的分配. 本节只介绍比较简单的**不确定度等作用假设**. 它是假定各个不确定度分量对总不确定度有相同的贡献，由此得到各直接测量量的不确定度，进而确定测量各个直接测量量应选用的仪器.

例 9 根据公式 $\rho = \dfrac{4m}{\pi D^2 H}$ 测量圆柱体的密度，其中 m、D、H 分别是圆柱体的质量、底面直径和高. 现要求对物体密度测量的相对不确定度小于 0.5%，若 $m \approx 33$ g，$D \approx 12$ mm，$H \approx 35$ mm，那么 m、D、H 应选择何等级别的仪器进行测量？

解 间接测量量不确定度合成公式

$$\frac{u_\rho}{\rho} = \sqrt{\left(\frac{u_m}{m}\right)^2 + \left(\frac{2u_D}{D}\right)^2 + \left(\frac{u_H}{H}\right)^2}$$

根据不确定度等作用假设，令 m、D、H 三个直接测量量的不确定度具有相等的贡献

$$\frac{u_m}{m} = \frac{2u_D}{D} = \frac{u_H}{H} = \frac{1}{3}\frac{u_\rho}{\rho}$$

则

$$\frac{u_m}{m} \leqslant \frac{0.5\%}{3}, \qquad \frac{2u_D}{D} \leqslant \frac{0.5\%}{3}, \qquad \frac{u_H}{H} \leqslant \frac{0.5\%}{3}$$

将 m、D、H 的数值分别代入上面三式，计算得

$$u_m \leqslant 0.055 \text{ g}, \quad u_D \leqslant 0.010 \text{ mm}, \quad u_H \leqslant 0.058 \text{ mm}$$

由量具说明书可查得：感量为 0.05 g 的物理天平的仪器最大允许误差不会超过 0.05 g；0～100 mm 的一级千分尺的仪器最大允许误差为 0.004 mm；量程为 0～300 mm、分度值为 0.05 mm 的游标卡尺的仪器最大允许误差为 0.05 mm. 因此，称量圆柱体的质量可选用感量为 0.05 g 的物理天平；测量底面直径选用 0～100 mm 的一级千分尺；测量高度选用 0～300 mm、分度值为 0.05 mm 的游标卡尺便可满足要求.

按等作用假设对不确定度进行分配后，有可能对某些值的测量要求过于严格，有些则过于宽松. 这样，有时还需要根据具体情况进行调整，直至满足要求.

例 10 对电流、电压及电阻的测量精度分别为 $\dfrac{u_I}{I} = 2.5\%$、$\dfrac{u_V}{V} = 2.0\%$、$\dfrac{u_R}{R} = 1.0\%$，试给出间接测量电功率的最佳方案.

解 利用电流、电压及电阻的测量来间接测量功率的方法有三种：

(1) $P = VI$，则 $\dfrac{u_P}{P} = \sqrt{\left(\dfrac{u_I}{I}\right)^2 + \left(\dfrac{u_V}{V}\right)^2} = 3.2\%$；

(2) $P = \dfrac{V^2}{R}$，则 $\dfrac{u_P}{P} = \sqrt{\left(\dfrac{2u_V}{V}\right)^2 + \left(\dfrac{u_R}{R}\right)^2} = 4.1\%$；

(3) $P = I^2 R$，则 $\dfrac{u_P}{P} = \sqrt{\left(\dfrac{2u_I}{I}\right)^2 + \left(\dfrac{u_R}{R}\right)^2} = 5.1\%$.

第一种方法在测量电功率时的不确定度最小，因此是最佳测量方案.

1.4　实验数据的数值修约

测量结果的数
值修约

实验中总要记录很多测量值，并进行计算，但是，记录数据时
应取几位？运算后又应保留几位？这些问题均涉及实验数据的有
效位数与修约规则.

1.4.1　数值修约的概念

在本书以前的各种版本中，一直采用"有效数字"(significant figure)的概念.
现在，在大多数实验教材中，仍在沿用有效数字这一概念. 但是有效数字的定义没
有统一的标准. 常见物理实验教材中对有效数字的定义主要有以下两种：①保留一
位不准确数字，其余均为准确数字，称为有效数字；②从仪器上直接可以读出的数
字称为有效数字. 我们依据国家标准《数值修约规则》(GB8170—87)[6]，采用有效
位数的概念来替代有效数字的概念. 国家在 2008 年发布了新的国家标准(《数值修
约规则与极限数值的表示和判定》(GB/T 8170—2008)[7]，在新的国家标准中取消了
有效位数的概念，增加了数值修约、修约值、修约间隔的概念.

数值修约定义为：通过省略原数值的最后若干位数字，调整所保留的末位数字，
使最后所得到的值最接近原数值的过程.

修约值定义为：经过修约后的数值.

修约间隔定义为：修约值的最小数值单位. 并注明：修约间隔的数值一经确定，
修约值即为该数值的整数倍.

例 11　如指定修约间隔为 0.1，修约值应在 0.1 的整数倍中选取，相当于数值修
约到"个"数位.

例 12　如指定修约间隔为 100，修约值应在 100 的整数倍中选取，相当于数值
修约到"百"数位.

1.4.2　修约规则

修约(rounding off)就是通过化整或舍入等方式去掉数据中多余的位数. 修约规
则可简单归纳为"四舍六入五观察"，即要修约的数字若小于 5 则舍去，若大于 5
则进 1，若等于 5，则把尾数凑成偶数.

对数值进行修约时，需要知道修约间隔.

1)确定修约间隔

(1)指定修约间隔为 10^{-n}(n 为正整数)或指明将数值修约到 n 位小数.

(2)指定修约间隔为 1，或指明将数值修约到"个"数位.

（3）指定修约间隔为 10^n（n 为正整数），或指明将数值修约到 10^n 数位，或指明将数值修约到"十""百""千"……数位.

2）进舍规则

（1）拟舍弃的数字的最左一位数字小于 5，则舍去，保留其余各位数字不变.

例：将 12.1498 修约到个位数，得 12；将 12.1498 修约到一位小数，得 12.1.

（2）拟舍弃的数字的最左一位数字大于 5，则进一，即保留数字的末位数字加 1.

例：将 1268 修约到"百"数位，得 13×10^2.

（3）拟舍弃数字的最左一位数字是 5，且其后有非 0 时进一，即保留数字的末位数字加 1.

例：将 10.5002 修约到个数位，得 11.

（4）拟舍弃的数字的最左一位为 5，且其后无数字或皆为 0 时，若保留的末位数字为奇数（1、3、5、7、9）则进一，即保留数字的末位数字加 1；若所保留的末位数字为偶数（0、2、4、6、8）则舍去，即为凑偶过程.

例：修约间隔为 0.1

拟修约的数值	修约值
1.050	1.0
0.35	0.4

例：修约间隔为 1000

拟修约的数值	修约值
2500	2×10^3
3500	4×10^3

国家规定的最常用的修约间隔是 10 的整数次幂，即前面谈到的修约到个、十、百位或小数点后某几位. 当数据的修约间隔确定后，修约值也就确定了.

在修约时应该注意以下三点.

（1）负数修约时，先对其绝对值进行修约，再在修约前面加上负号.

（2）修约要一次完成，而不能多次连续修约. 如对 15.4546 按修约间隔为 1 进行修约的正确做法是：15.4546→15. 下面的多次连续修约是不正确的：15.4546→15.455→15.46→15.5→16.

（3）"四舍六入五凑偶"修约规则适用于一般情形. 拟舍弃数字的最左一位数字是 5，且其后有非 0 时，保留数字的末位数字加 1. 在一些事关安全极限等的情况下，如计算击穿电压、逃逸速度或警戒水位时，均只朝安全或保险的方向修约，即一律进位或舍去，而不能再简单地套用"四舍六入五观察"的规则.

1.4.3　原始数据的数值修约

如果知道修约间隔，按修约规则进行数值修约是非常简单的. 物理实验的难点之一是在读取、记录数据时修约间隔的确定. 为了能充分反映测量仪器的准确度, 要把能从仪器读出或估出的位数全保留下来, 对于不同的仪器, 读数规则略有不同.

(1)指针式仪表, 如各种电表及气压表, 读数时一般要估读到最小分度值的 1/4～1/10. 具体估读到几分之几, 受人眼及刻度、指针等因素制约. 因此, 指针式仪表的最小分度数是准确位, 而估读出的一位是存疑数字.

(2)数字式仪表或步进式标度盘仪表(如电阻箱), 不需要估读, 仪器所显示的最后一位即为存疑数字.

(3)游标类量具, 如游标卡尺、分光计上的刻度盘等, 一般不估读.

(4)当测量值恰好取整数时, 如用游标卡尺测量某一套筒内径, 若读数恰好为 30 mm, 应补零至存疑位, 记为 30.00 mm.

修约间隔的选取主要是为了保证测量结果的准确度, 不明显增加误差, 同时又便于计算. 例如, 对于指针式仪表, 如果仪器的最小分度值为 0.2, 那么 0.3、0.5、0.7 等都是估计的, 也可不再估读到下一位; 而当最小分度值较大时, 如 1 mm, 则通常估读到最小分度值的 1/10. 如在使用螺旋测微器或读数显微镜时, 习惯上估读到 1/10 分度.

1.4.4   运算过程中的数值修约

为了在不改变测量结果的情况下提高效率, 减小计算量, 通常采用以下运算规则:

(1)准确数字与准确数字进行四则运算时, 其结果仍为准确数字.

(2)准确数字与存疑数字及存疑数字与存疑数字进行四则运算时, 其结果均为存疑数字.

(3)常数 π、e 及 $\sqrt{2}$ 等修约间隔可任意选取, 但修约间隔比测量值多取一位参加运算. 例如, $S=\pi R^2$, $R=8.34$cm, 那么 π 可取 3.142 参加运算.

在计算机普及的今天, 修约值参与运算时, 在中间运算过程中可多取几位, 甚至不作取舍, 而全部参与运算, 在最后结果中再进行修约.

1.4.5   测量不确定度的数值修约

在完成测量并对数据进行处理后, 测量结果通常表示为

$$x = \overline{x} \pm u_{\mathrm{C}} \qquad (P=p)$$

$$x_{\mathrm{crel}} = \frac{u_{\mathrm{C}}(x)}{\overline{x}}$$

测量结果中包含算术平均值、不确定度和相对不确定度, 对测量结果进行数值修约, 首要的任务是确定修约间隔. 在大学物理实验中, 修约间隔的确定是通过不确定度(包含相对不确定度)来确定的.

我们建议在大学物理实验教学中，所有的测量结果的**不确定度的修约间隔从不确定度的最左一位向右数得到的位数取两位来确定**. 因为不确定度的非零数字的最左一位向右数得到的位数取两位的修约值更能直接反映不确定度的大小，而且国际科学技术数据委员会（CODATA）推荐使用的物理量的不确定度均取两位. 例如：CODATA 给出的基本电荷的推荐值为

$$e = (1.602176487 \pm 0.000000040) \times 10^{-19} \text{ C}，修约间隔为 } 10^{-9}$$

对于不确定度（含相对不确定度）在确定修约间隔后进行数值修约时，主要考虑不确定度不要估计不足，所以对于不确定度的修约规则为只进不舍.

对于算术平均值的数值修约，根据不确定度的修约间隔，按照"四舍六入五观察"的修约规则进行修约，这样测量结果修约和不确定度的末尾数对齐，算术平均值和不确定度具有相同的修约间隔. 如(9.372±0.03) s 是正确的表示，而(9.370±0.03) s 是不正确的表示.

对于间接测量不确定度的修约值，在当前大学物理实验教学中存在以下三种观点.

(1)规定所有间接测量结果的不确定度的修约值从非零数字最左一位向右数得到的位数取一位.

(2)要求所有间接测量结果的不确定度的修约值从非零数字最左一位向右数得到的位数取两位.

(3)要求不确定度的位数根据不同情况分别取一位或两位. 具体规定如下：当不确定度的首位数字较小（如 1、2 等）时取两位，其他情况取一位. 例如，对某一物体质量的测量结果可表示为

$$M = (25.2036 \pm 0.0012) \text{ g} \qquad (P = 0.95)$$

取修约值从非零数字最左一位向右数得到的位数，取两位比取一位更能直观地了解不确定度的大小. 对于不确定度（含相对不确定度）的修约值从非零数字最左一位向右数得到的位数统一取两位，测量结果的值与不确定度的末位数应对齐. 如(9.372±0.03) s 是正确的表示，而(9.370±0.03) s 则是不正确的表示.

思 考 题

1. 根据公式 $P = I^2 R$ 测电功率，要求 $u_P / P < 2\%$. 已知 $R = 100\ \Omega$，$I = 0.5$ A.

(1)按不确定度等精度作用假设确定 u_I / I 和 u_R / R 各为多少.

(2)若已确定 $u_I / I = 0.5\%$，R 的相对不确定度至少要小于多少才可以满足要求？

2. 对某物理量做 10 次等精度测量，以 mm 为单位，数据如下：1.58、1.57、1.55、1.56、1.55、1.59、1.56、1.54、1.57、1.56，假设仪器的最大允许误差 $\Delta_{仪} = 0.02$. 求平均值、标准差、A 类不

确定度、B 类不确定度、合成不确定度(P=0.68) 以及 P=0.95、P=0.99 的扩展不确定度.

3. 测凸透镜焦距所用的公式为 $f = \dfrac{L^2 - l^2}{4L}$，写出测量结果的表达式.

4. 计算函数 $N = \dfrac{mgrRT^2}{4\pi^2 l}$ 的结果. 已知：

$m = (2121.5 \pm 0.1)$ g, $R = (10.0 \pm 0.1)$ cm,

$g = 979.69$ cm·s^{-2}, $r = (6.0 \pm 0.1)$ cm,

$l = (58.8 \pm 0.5)$ cm, $T = (1.42 \pm 0.01)$ s.

参 考 文 献

[1] Dean R B, Dixon W J. Simplified statistics for small numbers of observations. Analytical Chemistry, 1951, 23(4): 636-638.

[2] Grubbs F E, Beck G. Extension of sample sizes and percentage points for significance tests of outlying observations. Technometrics, 1972, 14(4): 847-854.

[3] 朱鹤年. 基础物理实验教程: 物理测量的数据处理与实验设计. 北京: 高等教育出版社, 2003.

[4] 成正维. 大学物理实验. 北京: 高等教育出版社, 2002.

[5] 中国合格评定国家认可委员会. 测量不确定度要求的实施指南(CNAS—GL05). 北京: 中国标准出版社, 2006.

[6] 国家标准局. 中华人民共和国国家标准: 数值修约规则(GB8170—87). 北京: 中国标准出版社, 1988.

[7] 国家标准局. 中华人民共和国国家标准: 数值修约规则与极限数值的表示和判定(GB/T 8170—2008). 北京: 中国标准出版社, 2008.

[8] 国家标准局. 中华人民共和国计量技术规范: 测量不确定度评定与表示(JJF1059—1999). 北京: 中国计量出版社, 1999.

科学素养培养专题

有章可循，有规可依

在物理实验学习过程中需要测量数据和对实验数据进行处理. 所有测量的目的是确定被测量的量值. 在物理实验中测量不确定度就是对测量结果质量的定量表征, 测量结果的可信性很大程度上取决于其不确定度的大小. 测量结果表述必须同时包含赋予被测量的值及与该值相关的测量不确定度才是完整并有意义的. 对于实验结果的表述, 国内外都有相应的国家标准, 我国也针对测量制定了相应的国家标准.

1993 年, 国际标准化组织等七个国际组织先后出版了两部国际标准文件: International Vocabulary of Basic and General Terms in Metrology (《国际通用计量学基本术语》, 简称 VIM) 和 Guide to the Expression of Uncertainty in Measurement (《测量不确定度表示指南》, 简称 GUM93), 在国际上推广不确定度的概念, 并根据需要不断修改和更新, 形成新的国家标准. 在测量不确定度及有关术语定义、概念、评定方法和报告的表达方式上都作了更明确的统一规定, 它代表了当前国际上表示测量结果及其不确定度的约定做法, 从而使不同国家、不同学科、不同领域在表示测量结果及其不确定度时具有一致的含义.

1996 年, 中国计量科学研究院颁布了《测量不确定度规范》, 开始在计量基准、标准的研究和评价中实施测量不确定度评定方法. 1999 年, 国家质量技术监督局发布《通用计量术语及定义》和《测量不确定度评定与表示》(JFF1059—1999) 计量规范, 正式在全国推广应用测量不确定度的评定方法. 我国的相关认证部门也相继制定了相应的关于不确定度的规范应用条例, 如 2003 年中国实验室国家认可委员会 (CNAL) 制定了《测量不确定度政策》(CNAL/AR11: 2003), 2006 年中国合格评定国家认可委员会 (CNAS) 先后制定了《测量不确定度要求的实施指南》(CANS—GL05: 2006) 和《测量不确定度评估和报告通用要求》(CNAS—CL07: 2006).

随着科学技术的不断发展, 国家标准不断更新, 2017 年国家标准化管理委员会修订了 GB/T 27418—2017《测量不确定度评定和表示》的国家标准. 国际质量标准 ISO/IEC17025—2017 实验室管理体系中也明确规定开展检测和校准的实验室都应该评定测量不确定度. 中国合格评定国家认可委员会也发布了 CNAS—CL01—G003: 2019《测量不确定度的要求》.

以下为制定《测量不确定度表示指南》的七个国际组织.

ISO: International Organization for Standardization (国际标准化组织);

BIPM: Bureau International des Poids et Measures (国际计量局);

IEC:　International Electrotechnical Commission(国际电工委员会);

IFCC:　International Federation of Clinical Chemistry and Laboratory Medicine(国际临床化学和实验室医学联合会);

IUPAC: International Union of Pure and Applied Chemistry (国际理论化学与应用化学联合会);

IUPAP:　International Union of Pure and Applied Physics (国际理论物理与应用物理联合会);

OIML:　International Organization of Legal Metrology (国际法制计量组织).

第 2 章

数 据 处 理

数据处理是指对实验中测量到的原始数据进行记录、整理、分析的过程. 只有通过对实验数据的规范记录及科学分析, 才能从中得到被测物理量的最佳值, 揭示物理量之间的联系或内在规律. 因此, 掌握正确的实验数据处理方法对于学好物理实验课程是至关重要的. 本章首先对物理实验教学中常用的数据处理方法进行介绍, 然后针对计算机应用的日益普及, 介绍物理实验中常用的几种科学计算软件.

2.1 常用的数据处理方法

2.1.1 列表法

列表法就是在记录和处理数据时, 把测量所得数据和相关计算结果以一定规律分类列成表格来表示的方法. 这种方法可以简单明确、形式紧凑地表示出有关物理量之间的对应关系, 有利于检查对比、避免错误, 同时也为作图分析数据, 进而找出有关物理量之间的联系, 求出经验公式奠定了基础. 表 2.1.1 举例说明了利用自准法测量凸透镜焦距的列表内容.

表 2.1.1   自准法测量凸透镜焦距   (单位: cm)

次数	物的位置 X_0	凸透镜位置 X_1			$f_i = \|x_i - x_0\|$	Δf_i
		左	右	平均		
1	10.00	32.35	32.45	32.40	22.40	0.01
2	12.00	34.45	34.55	34.50	22.50	0.11
3	17.50	39.55	39.75	39.65	22.15	−0.24
4	21.00	43.40	43.55	43.48	22.48	0.09
5	25.00	47.35	47.45	47.40	22.40	0.01

注: 在所记录的数据中, 小数点后面最后一位为存疑位, 是系统误差所导致的.

先将原始数据填入表 2.1.1 中, 然后求出 $\bar{f}$ 和 σ_f, 如下:

$$\bar{f} = \frac{\sum_{i=1}^{n} f_i}{n} = 22.39 \text{ cm}$$

$$\sigma_f = \sqrt{\frac{\sum_{i=1}^{n} (\Delta f_i)^2}{n(n-1)}} = 0.06 \text{ cm}$$

最后结果表示为

$$f = \bar{f} \pm \sigma_f = (22.39 \pm 0.06) \text{ cm}$$

$$E_r = \frac{\sigma_f}{\bar{f}} = 0.27\%$$

列表法没有固定的格式,以方便清晰为原则. 但是在设计表格时,应遵循以下基本要求:

(1)表的上方应有表头,要写明所列表格的名称.

(2)列表要标明符号所代表物理量的意义(特别是自定义的符号).

(3)物理量的单位及量值的数量级要写于该符号的标题栏中,不要重复记在各个数值上.

(4)表中所列数据要正确反映测量结果的有效位数.

2.1.2　作图法

作图法是一种把一系列数据之间的关系和变化情况以图线的形式表示出的方法,它可以直观地反映出物理量之间的对应关系,揭示物理量之间的联系. 根据实验数据之间的关系,常用到如下两类图示.

1. 实验数据散布图

散布图常用来描述对同一被测量的多次测量结果. 例如,全班学生分别测量了某地的重力加速度,其所有的测量结果分布情况可用散布图表示出来,从而可以非常直观地看出是否有学生的测量数据偏离大多数的实验结果.

在散布图中,通常还要用误差棒(error bar)注明所测量数据的不确定度的大小. 误差棒是以被测量的算术平均值为中点,在表示测量值大小的方向上画出一个线段区间,区间长度的一半等于(标准或扩展)不确定度. 它表示被测量以某一概率(68%或95%)落在此区间之中. 图2.1.1表示历史上的不同时期不同单位对牛顿万有引力常数的测量结果,最下面的一个数据是国际科学技术委员会于2002年推荐的测量值[1].

2. 变量关系图

变量关系图是物理实验中最常用到的一种图示,用以揭示两组或多组物理量之间的关联. 该图要求把两组物理量的每一对数据(称为数据点)用"+"或"×"等特殊符号在坐标纸上表示出来,并用折线连接,再根据物理实验的具体要求将这些数据点拟合成直线或曲线,如图 2.1.2 所示.

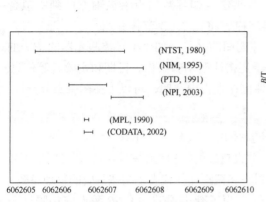

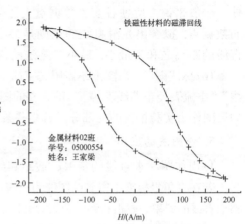

图 2.1.1　对牛顿万有引力常数的测量值　　　图 2.1.2　铁磁性材料的磁滞回线

3. 作图法处理实验数据的优点

(1)可以简洁、直观、全面地显示数据或规律,容易根据图线分布特点找到数据变量的极大值、极小值、拐点及一些特殊值.

(2)对于没有进行观测的数据点,可以通过"内插法"和"外推法"从图形上直接计算得到.

(3)能快速发现明显不正确或不服从规律的个别实验数据.

(4)能根据图线的分布趋势,研究物理量之间的变化规律,得出经验公式,预测实验结果.

4. 作图法的基本步骤

(1)选择坐标纸. 根据所测物理量,分析和确定所选坐标纸的类型,如直角坐标纸、对数坐标纸和极坐标纸等.

(2)选坐标轴. 横轴代表自变量,纵轴代表因变量,在轴的末端标明方向和所代表的物理量.

(3)定标尺. 适当选取坐标分度的比例和起点. 起点不必都从零点选取,在坐标轴上每隔一定间距均匀地标示出分度值. 坐标的分度要根据实验数据的最大范围来选取,坐标范围不仅要包含全部测量值,而且要留有适当余量. 对于特别大或特别小的数据,可以将乘积因子提到坐标轴上最大值的右边.

(4)标出实验点. 在坐标纸上用"+""×"等较细的标记标示各数据点的位置,交叉点应代表测量点的坐标位置. 同一曲线用同一标记符号,当坐标纸上表示不同的曲线时，要选用不同的标记符号区别，并在图纸的空白位置注明不同标记符号所代表的内容.

(5)画出平滑的关系曲线. 除了作校正曲线时需要将相邻两点用直线段连接之外，一般来说，应使各实验数据点大致分布于曲线的两侧，而不是让曲线经过所有的数据点. 拟合出光滑直线的原则是最小二乘法，即各数据点沿纵轴方向到所拟合直线的距离之和为最小. 最小二乘法的详细内容将在 2.1.3 节作介绍.

(6)标注图名. 在图上还需用文字简单注明图的名称，如"半导体激光器的 *P-I* 曲线""电流表校正曲线"等. 一份完整的图示还需注明实验条件、日期和实验者等信息. 如果图作为实验报告的一部分，若某些条件已在报告中注明，可以不在图中重复标注.

5. 作图法的应用

1)用作图法求直线的斜率、截距和经验公式

若在直角坐标纸上得到的图线为直线，并设直线的方程为 $y=kx+b$，则可用如下步骤求直线的斜率、截距和经验公式(直线的斜率和截距往往代表了某些重要的物理参数).

(1)在直线上选两点 $A(x_1,y_1)$ 和 $B(x_2,y_2)$. 为了减小误差，A、B 两点应相隔远一些，但仍要在实验范围之内，并且这两点一般不选实验点. 采用与表示数据点不同的符号将 A、B 两点在直线上标出，并在旁边标明其坐标值，如图 2.1.3 所示.

(2)由 A、B 两点的坐标值可计算出直线的斜率.

(3)将 A、B 两点的坐标值分别代入直线方程 $y=kx+b$，可得到截距.

(4)已知斜率与截距，可得到直线的经验公式.

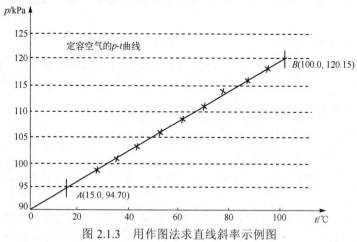

图 2.1.3　用作图法求直线斜率示例图

2)曲线的改直

在物理实验中所涉及的许多物理量之间的关系都不是线性的，但其关系大多可以用一个方程表示，与实验图线对应的方程一般称为经验公式. 常用的经验公式如表 2.1.2 所示.

表 2.1.2　实验中常用到的几个物理经验公式

图线类型	方程	物理实验	物理学经验公式
直线	$y = ax + b$	金属棒的热膨胀	$L_t = (L_0\alpha)t + L_0$
抛物线	$y = ax^2$	单摆的摆动	$L = \dfrac{g}{4\pi^2}T^2$
双曲线	$xy = a$	玻意耳定律	$pV=$常数
指数函数	$y = Ae^{-Bx}$	电容放电	$q = Qe^{\frac{t}{RC}}$

若用上述非线性函数直接作图，绘图和求值都非常困难，一个通常的做法是通过适当的数学处理，将非线性关系转变为线性关系，这种方法称为曲线的改直.

例 1　已知在电容的充放电过程中，物理量 x 和 y 按如下规律变化：

$$y = Ae^{-Bx}$$

式中，A 和 B 是未知常数，需要用作图法确定，则作如下处理.

解　先对公式两边取对数得到

$$\lg y = \lg A - Bx\lg e$$

如果在半对数坐标纸上以 $\lg y$ 作纵轴，以 x 作横轴，则上述方程可以看作是一条斜率为 $-B\lg e = -0.4343B$，在 $\lg y$ 轴的截距为 $\lg A$ 的直线. 由此进一步计算出常数 A 和 B，从而可以确定描述该物理现象的经验公式.

2.1.3　最小二乘法与线性拟合

虽然利用作图法处理数据可以形象直观地表示出物理规律，但是由于它是一种比较粗略的数据处理方法，同时绘制的图线具有一定的主观随意性，因此当用这种方法计算一些参数时会带来非常大的误差. 此时，就需要根据两个量的多次测量值 (x_i, y_i)，$i=1, 2, 3, \cdots, n$，来确定两个量 X、Y 之间所满足的函数关系 $Y=f(X)$，这类问题又分两种情况：

(1)两个量之间的函数关系可以根据理论分析或以往的经验给出，但一些参数需要用实验来确定.

(2)两个量之间的具体函数形式没有确定，需要通过实验估计其中的参数，这类问题往往用一个多项式进行拟合. 由实验数据求经验方程，称之为方程的回归. 下面仅就如何利用最小二乘法来确定线性函数的最佳参数值的方法进行介绍.

最小二乘法的原理：如果能够找到一条最佳的拟合直线，这条拟合直线上各 y 值与相应的测量点的纵坐标 y_i 的偏差的平方和是所有拟合直线中最小的，则此时的拟合方程就是回归方程，其表达式为

$$y = kx + b \tag{2.1.1}$$

同时 k、b 为最佳的线性回归系数. 最小二乘法原理的数学表达形式为

$$R = \sum_{i=1}^{n} [y_i - (kx_i + b)]^2 = \min \tag{2.1.2}$$

式中，各 x_i 和 y_i 是已知的测得值，所以解决直线拟合的问题就变成了由实验数据组 (x_i, y_i) 来确定 k 和 b 的过程.

令 R 对 k 的偏导数为零，即

$$\frac{\partial R}{\partial k} = -2 \sum_{i=1}^{n} (y_i - kx_i - b)x_i = 0$$

整理得

$$\sum_{i=1}^{n} x_i y_i - k \sum_{i=1}^{n} x_i^2 - b \sum_{i=1}^{n} x_i = 0 \tag{2.1.3}$$

令 R 对 b 的偏导数为零，即

$$\frac{\partial R}{\partial b} = -2 \sum_{i=1}^{n} (y_i - kx_i - b) = 0$$

整理得

$$\sum_{i=1}^{n} y_i - k \sum_{i=1}^{n} x_i - nb = 0 \tag{2.1.4}$$

由式(2.1.3)和式(2.1.4)解得

$$k = \frac{\sum_{i=1}^{n} x_i \sum_{i=1}^{n} y_i - n \sum_{i=1}^{n} x_i y_i}{\left(\sum_{i=1}^{n} x_i\right)^2 - n \sum_{i=1}^{n} x_i^2} \tag{2.1.5}$$

和

$$b = \frac{\sum_{i=1}^{n} x_i \sum_{i=1}^{n} x_i y_i - \sum_{i=1}^{n} x_i^2 \sum_{i=1}^{n} y_i}{\left(\sum_{i=1}^{n} x_i\right)^2 - n \sum_{i=1}^{n} x_i^2} \tag{2.1.6}$$

将得出的 k 和 b 的数值代入直线方程中，即得到回归方程.

以上计算过程中假定自变量 x_i 的误差很小，可以忽略，而只有 y_i 具有明显的随机误差，在此条件下，k 和 b 的标准偏差可以用式(2.1.7)和式(2.1.8)计算

$$s_k = \sqrt{\frac{\sum_{i}^{n} x_i^2}{n \sum_{i}^{n} x_i^2 - \left(\sum_{i}^{n} x_i\right)^2}} \times s_y \tag{2.1.7}$$

$$s_b = \sqrt{\dfrac{n}{n\sum\limits_{i}^{n} x_i^2 - \left(\sum\limits_{i}^{n} x_i\right)^2}} \times s_y \tag{2.1.8}$$

式中，s_y 为测量值 y_i 的标准偏差，即

$$s_y = \sqrt{\dfrac{\sum\limits_{i}^{n}(y_i - kx_i - b)^2}{n-2}} \tag{2.1.9}$$

其中，$n-2$ 是自由度.

必须指出，实际上只有当 x 和 y 之间存在线性关系时，拟合的直线才有意义. 为了检验拟合的直线有无意义，在数学上引进一个叫相关系数 r 的量，定义为

$$r = \dfrac{\sum\limits_{i=1}^{n}\Delta x_i \Delta y_i}{\sqrt{\sum\limits_{i=1}^{n}(\Delta x_i)^2}\sqrt{\sum\limits_{i=1}^{n}(\Delta y_i)^2}} \tag{2.1.10}$$

式中，$\Delta x_i = x_i - \bar{x}$，$\Delta y_i = y_i - \bar{y}$. r 表示两变量之间的函数关系与线性函数的符合程度. r 越接近 1，x 和 y 的线性关系就越好；如果它接近于零，就可以认为 x 和 y 之间不存在线性关系. 物理实验中，如果 r 达到 0.999，则说明实验数据的线性关系良好，各实验点聚集在一条直线附近.

例 2 已知某铜棒的电阻与温度关系为 $R_t = R_0 + \alpha t$. 实验测得 7 组数据如表 2.1.3 所示，试用最小二乘法求出参量 R_0、α.

表 2.1.3　实验原始数据

$t / {}^{\circ}\!C$	19.1	25.1	30.1	36.0	40.0	45.1	50.1
R_t / Ω	76.30	77.80	79.75	80.80	82.35	83.90	85.10

解 此例中只有两个待定的参量 R_0 和 α，为得到它们的最佳系数，所需要的数据有 n、$\sum x_i$、$\sum y_i$、$\sum x_i^2$、$\sum y_i^2$ 和 $\sum x_i y_i$，六个累加数可以通过列表的方式（表 2.1.4）进行计算.

根据表 2.1.4 中所求得的数据，分别代入式 (2.1.5) 和式 (2.1.6) 可得

$$\alpha = k = \dfrac{245.5 \times 566.00 - 7 \times 20060.8}{(245.5)^2 - 7 \times 9340.8} = \dfrac{1472.6}{5115.35} = 0.28788 \ (\Omega / {}^{\circ}\!C)$$

$$R_0 = b = \dfrac{245.5 \times 20060.8 - 9340.8 \times 566.00}{(245.5)^2 - 7 \times 9340.8} = 70.76083 \ (\Omega)$$

表 2.1.4　实验数据列表

i	$t/°C$ (x_i)	R_t/Ω (y_i)	$t×t$ (x_i^2)	$R_t×R_t$ (y_i^2)	$t×R_t$ (x_iy_i)
1	19.1	76.30	364.8	5821.7	1457.3
2	25.1	77.80	630.0	6052.8	1952.8
3	30.1	79.75	906.0	6360.1	2400.5
4	36.0	80.80	1296.0	6528.6	2908.8
5	40.0	82.35	1600.0	6781.5	3294.0
6	45.1	83.90	2034.0	7039.2	3783.9
7	50.1	85.10	2510.0	7242.0	4263.5
$n=7$	$\sum x_i = 245.5$	$\sum y_i = 566.00$	$\sum x_i^2 = 9340.8$	$\sum y_i^2 = 45826.0$	$\sum x_iy_i = 20060.8$

2.1.4　逐差法

在物理实验中，经常会遇到通过自变量等间隔变化来获取测量结果的实验，例如，在用拉伸法测量金属丝的弹性模量实验中，每次加载质量相等的砝码，光杠杆标尺读数记为 r_i，然后再逐次减砝码，对应光杠杆标尺读数为 r_i'. 若求每增加一个砝码(或每减少一个砝码)所引起读数变化的平均值 $\bar{r}$，则有

$$\bar{r} = \frac{1}{n-1}\sum_{i=1}^{n-1}(r_{i+1}-r_i)$$

$$= \frac{1}{n-1}[(r_2-r_1)+(r_3-r_2)+\cdots+(r_n-r_{n-1})]$$

$$= \frac{1}{n-1}(r_n-r_1) \tag{2.1.11}$$

从上式可以发现，由逐差项虽然可以得到每次增减砝码的变化量，但如果求每次拉力改变的平均值伸长量，则只有首末两次读数对结果有贡献，测量结果的误差只与这两个数值有关，达不到多次测量减小误差的目的，这两次读数误差将对测量结果的准确度产生很大影响. 所以，为了避免上述情况，可以将以上 $2P$ 个数据分为两组，即 $(r_1, \cdots, r_P)$ 和 $(r_{P+1}, \cdots, r_{2P})$，两组对应项相减求差，再求所有逐差量的算术平均值，如式(2.1.12)所示. 这样，中间的测量数据不再相互抵消，数据测量过程中用到所有的测量数据，保持了多次测量的优越性.

$$\overline{\Delta r} = \frac{1}{P}[(r_{P+1}-r_1)+\cdots+(r_{2P}-r_P)] \tag{2.1.12}$$

注意　逐差法应用的条件为自变量等间隔变化(如在丝杠或螺旋测微器上等间隔地读取数据)，且函数关系为线性. 当函数关系是非线性时,不能用逐差法处理. 另外，在运用逐差法时要将等间隔测量的数据前后对半分组.

例 3　用伏安法测电阻，得到一组数据如表 2.1.5 所示. 测量时电压每次增加 2.00 V. 现在要验证关系式 $U=IR$，并求出 R 值.

表 2.1.5　实验原始数据

序号 i	电压 U_i/V	电流 I_i/mA	$\Delta I_{1,i}=(I_{i+1}-I_i)$/mA	$\Delta I_{5,i}=(I_{i+5}-I_i)$/mA
1	0	0	3.95	20.05
2	2.00	3.95	4.05	20.10
3	4.00	8.00	4.05	20.00
4	6.00	12.05	4.05	20.05
5	8.00	16.10	3.95	20.05
6	10.00	20.05	4.00	
7	12.00	24.05	3.95	
8	14.00	28.00	4.10	
9	16.00	32.10	4.05	
10	18.00	36.15		

解　由表中逐项逐差所得的 $\Delta I_{1,i}$ 值可以看出它们基本相等，说明 I 与 U 之间存在着一次线性函数关系. 将数据分成高组 $(I_6、I_7、I_8、I_9、I_{10})$ 和低组 $(I_1、I_2、I_3、I_4、I_5)$ 两组，求得各 $\Delta I_{5,i}$，然后求平均值，得

$$
\begin{aligned}
\overline{\Delta I_5} &= \frac{1}{5}\times\big[(x_{10}-x_5)+(x_9-x_4)+(x_8-x_3)+(x_7-x_2)+(x_6-x_1)\big] \\
&= \frac{1}{5}\times[20.05+20.10+20.00+20.05+20.05] \\
&= 20.05\ (\text{mA})
\end{aligned}
$$

再除以 5 便得到电压每升高 2.00 V 时的电流增量值，即 $\overline{\Delta I}=4.01$ mA，电阻为

$$
R=\frac{\overline{\Delta U}}{\overline{\Delta I}}=\frac{2.00}{4.01}=0.499\ (\Omega).
$$

2.2　利用计算机处理实验数据

实验数据的处理和分析是大学物理实验课程的重要环节，但有时候在实验过程中需要记录大量的原始数据，使得学生必须投入大量的精力来进行数据分析、处理，偏离了开设大学物理实验课程的初衷；而且学生手工处理数据费时费力，主观随意性强，容易出错，会给实验带来较大的人为误差. 利用计算机软件可以有效避免上述问题. 下面将以两种最常用的数据处理软件为例，介绍计算机处理实验数据的方法和过程.

2.2.1　Excel 软件处理实验数据

Microsoft Excel 软件是微软公司出品的办公软件 Microsoft Office 的组件之一. Excel

可用来制作电子表格，完成复杂的数据运算、数据分析和数据预测，同时还具备强大的制作图表功能. Excel 的数据运算及曲线拟合功能可以用于物理实验数据的处理及分析，下面将对物理实验中常用的一些功能做简单介绍.

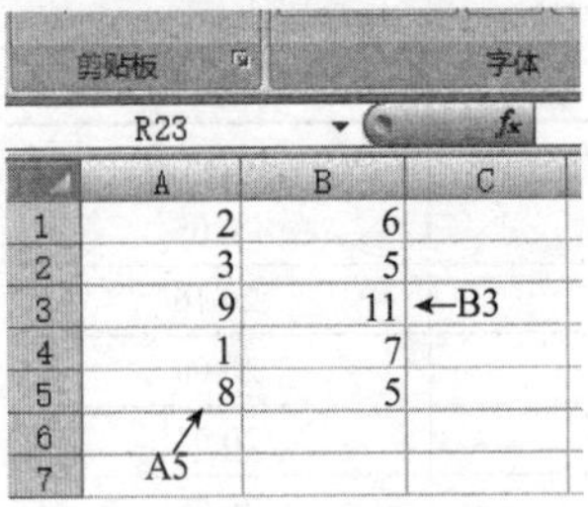

图 2.2.1　Excel 的窗口界面

打开 Excel 软件，创建一个新的工作簿. 每个工作簿默认包含 3 个工作表(sheet1、sheet2、sheet3)，每个工作表由行和列组成，列的序号用 A，B，C，…表示，行的序号用 1，2，3，…表示. 例如，A5、B3 分别表示 A 列中的第五个数和 B 列中的第三个数，如图 2.2.1 所示.

在 Excel 中，有着非常丰富的函数供我们使用，利用这些函数可以方便地对实验数据进行处理.

1. 物理实验中常用的 Excel 函数

1)求和函数 SUM
该函数用于计算单元格区域中所有数的和.

例如，SUM(A1:An) 表示计算 A 列中第 1 个数 A1 到第 n 个数 An 的总和 $\sum\limits_{i=1}^{n} A_i$.

2)求平均值函数 AVERAGE
该函数用于计算单元格区域中选定数的平均值.

例如，AVERAGE (B1:Bn) 或 AVERAGE (B1，B2，B3，…，Bn)表示计算第二列，即 B 列中第一个数到第 n 个数的算术平均值 $\bar{B} = \dfrac{1}{n}\sum\limits_{i=1}^{n} B_i$.

3)求标准偏差 STDEV
该函数用于计算得到数据的标准偏差. 其值反映了测量值相对于平均值的离散程度.

例如，STDEV(D2:Dn) 表示计算第 D 列中第二个数据到第 n 个数据相对于平均值的标准偏差. 在 Excel 软件中，对标准偏差 STDEV 函数的定义为

$$\text{STDEV}(X1{:}X n) = \sqrt{\dfrac{\sum\limits_{i=1}^{n}(x_i - \bar{x})^2}{n-1}}$$

注意　在 Excel 中，平均值的标准偏差函数 AVEDEV 的计算结果返回值为一组数据与其平均值的绝对偏差的平均值，该函数用于评测本组数据的离散度. 例如，$\text{AVEDEV}(C1{:}C n) = \dfrac{1}{n}\sum\limits_{i=1}^{n}\left|C_i - \bar{C}\right|$，表示计算第三列，即 C 列中第一个数到第 n 个数的平均值的标准偏差. 函数 AVEDEV 与物理实验中算术平均值的标准偏差 $\sigma_{\bar{x}}$ 的定义

是不同的. 本书中默认的算术平均值的标准偏差的定义等效于

$$\sigma_x = \frac{\text{STDEV(X1:X}n)}{\sqrt{n}}$$

4) 求两组数的相关系数 CORREL

该函数用于计算单元区域中两组数据之间的相关系数.

例如，$\text{COR} = \text{CORREL(A:B)} = \text{CORREL(A1:A}n, \text{B1:B}n)$，表示 A、B 两列数据的相关系数. 如果两列数据的数量不等，则返回的相关系数为空值.

2. Excel 程序中直线拟合的方法

物理实验中经常使用最小二乘法的线性回归处理实验数据. Excel 程序中提供了计算直线方程参数的现成函数，主要用到的有以下两种.

1) 直接利用函数求出拟合曲线参数

直线拟合中需要计算得到的参量有直线的斜率 k、截距 b、相关系数 r 和应变量的标准偏差 σ_y. 设 y_1、y_n、x_1、x_n 分别表示 Excel 数据表中应变量和自变量的数值，则可调用 Excel 软件中的以下函数来得到直线方程的参数.

SLOPE：该函数用于计算线性回归拟合直线方程的斜率 k，函数形式为

$$k = \text{SLOPE}(y_1:\ y_n,\ x_1:\ x_n)$$

INTERCEPT：该函数用于计算线性回归拟合直线方程的截距 b，函数形式为

$$b = \text{INTERCEPT}(y_1:\ y_n,\ x_1:\ x_n)$$

CORREL：该函数用于计算 x 和 y 的相关系数 r，函数形式为

$$r = \text{CORREL}(y_1:\ y_n,\ x_1:\ x_n)$$

STEYX：该函数用于计算应变量 y 的标准偏差 σ_y（在 Excel 软件中，用 s 来表示标准偏差），函数形式为

$$s_y = \text{STEYX}(y_1:\ y_n,\ x_1:\ x_n)$$

2) 插入图表后直接显示参数

直接显示参数的方法是在选定数据后，根据这些数据在 Excel 中插入图表. 在插入的图表中选择"标准类型"中的"xy 散点图"，再从所示的散点图中选择"平滑散点图"，即可得到带数据点的平滑曲线. 为了显示曲线相关参数，可以在菜单栏中"图表"的下拉菜单中选择"添加趋势线"中的"线性类型"，选中"显示公式"和"显示 R 平方值"，即可在图中显示方程 $y=kx+b$ 及相关系数 r^2. 示例如图 2.2.2 所示.

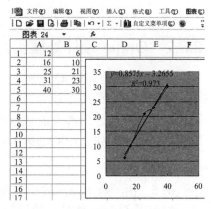

图 2.2.2　由图表直接得到经验公式

例 4　用 Excel 软件绘制小球做自由落体运动时下落位移 s 与时间 t 的关系曲线. 实验测量的数据如表 2.2.1 所示.

表 2.2.1　实验测量的数据表

s/m	0.00	0.20	0.40	0.60	0.80	1.00	1.20
t/s	0.000	0.196	0.295	0.339	0.418	0.444	0.505

	A	B	C
	0.000	0.0	
	0.196	0.2	
	0.295	0.4	
	0.339	0.6	
	0.418	0.8	
	0.444	1.0	
	0.505	1.2	

图 2.2.3　数据列表

解　打开 Excel 软件,将表 2.2.1 中数据输入数据工作表中,如图 2.2.3 所示. 选中数据表中的两列数据,单击主菜单"插入"中的折线图—所有图表类型—xy 散点图—仅带数据标记的散点图,即可绘出如图 2.2.4 所示的图表.

右击散点图,选择"添加趋势线",然后选择"多项式"并勾选"显示公式"和"显示 R 平方值",即可在图中出现拟合后的曲线和拟合多项式,如图 2.2.5 所示.

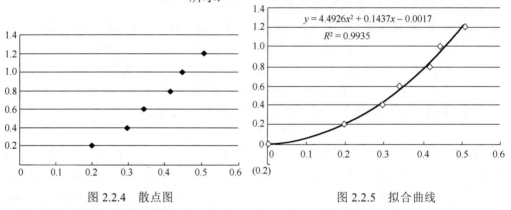

图 2.2.4　散点图

$y = 4.4926x^2 + 0.1437x - 0.0017$
$R^2 = 0.9935$

图 2.2.5　拟合曲线

2.2.2　Origin 软件处理实验数据

OriginLab 公司的 Origin 软件是国际科技出版界公认的标准作图软件,是科学和工程研究人员的必备软件之一. 其具有简单易学、操作灵活、功能强大等优点,可以满足物理实验所涉及的数据处理、误差计算、绘图和曲线拟合等工作的需求. 本节将通过几个实例介绍 Origin 9.0 软件在物理实验中的应用.

1. 数据处理

例 5　用一级千分尺对小球直径测量 8 次,测量结果如表 2.2.2 所示.

要求用 Origin 软件的数据处理功能计算小球的直径平均值 $\bar{D}$、标准偏差 σ_D 和平均值的标准偏差 $\sigma_{\bar{D}}$.

表 2.2.2　小球直径测量数据表

次数	1	2	3	4	5	6	7	8
D/mm	3.231	3.232	3.233	3.245	3.235	3.234	3.229	3.230

解　打开 Origin 软件，当新建一个工程时，软件将自动打开一个空的数据表，供输入数据，工作界面如图 2.2.6 所示. 将小球测量的次数输入 A(X) 列，将每次测量对应的直径数据输入 B(X) 列，选中 B(X) 列后单击工具栏上的"Statistics"菜单，在下拉菜单中选择"Statistics on Columns"后，软件会自动生成一份报告，报告中记录了小球直径的平均值（$\bar{D}$）Mean= 3.23363 mm、标准偏差（σ_D）Standard Deviation= 0.00501 mm，平均值的标准偏差（$\sigma_{\bar{D}}$）SE of mean=0.00177 mm，如图 2.2.7 所示.

图 2.2.6　Origin 的工作界面

	N total	Mean	Standard Deviation	SE of mean	Sum	Minimum	Median	Maximum
B	8	3.23363	0.00501	0.00177	25.869	3.229	3.2325	3.245

图 2.2.7　用 Origin 分析实验数据

2. 绘图及曲线的拟合

例 6　用 Origin 软件重新绘制例 4 中小球做自由落体运动的 *s-t* 关系曲线.

解　打开 Origin 软件，将例 4 中的数据输入数据工作表中，如图 2.2.8 所示. 选中数据表中的两列数据，单击主菜单 Plot 中的 Line+Symbol，也可单击左下角的图标，即可绘出 Graph1 图，如图 2.2.9 所示.

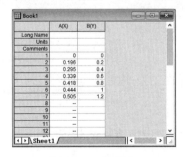

图 2.2.8　数据表

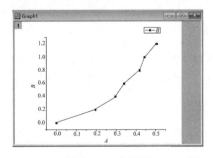

图 2.2.9　点线图

右击 Graph1 图中坐标轴外侧的"A"和"B"，选择"Properties"，并在弹出的对话框中分别将"A"和"B"修改为"时间 *t*/s"和"距离 *s*/m"，最后单击主菜单

Analysis 中的 Polynomial Fit(多项式拟合)，自动得出拟合曲线和拟合参数，如图 2.2.10 和图 2.2.11 所示，即 s 和 t 的关系为

$$s=4.49258t^2+0.14365t-0.00168\approx\frac{1}{2}gt^2$$

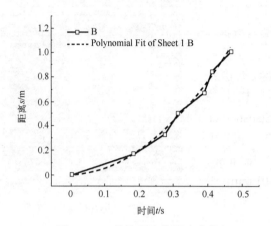

Equation	y=Intercept+B1*x^1+B2*x^2		
Weight	No Weighting		
Residual Sum of Squares	0.00723		
Adj.R-Square	0.99031		
		Value	Stand ard Error
B	Intercept	−0.00168	0.04169
	B1	0.14365	0.33963
	B2	4.49258	0.6452

图 2.2.10　软件得出的拟合曲线　　　　图 2.2.11　软件得出的拟合参数

Origin 软件的功能远不止以上几种，同学们可参考有关书籍[2]进一步学习.

实验 A1　时间测量中随机误差的统计分布

　　　随机误差是 A 类不确定度的重要内容，它具有数学上随机变量的所有特征. 对随机误差分布规律的研究在误差理论中具有非常重要的意义.

随机误差的
统计分布

实验目的

(1)了解一种测量随机变量的方法.

(2)计算随机变量的数学期望、测量列的标准差及平均值的标准差.

实验仪器

电子秒表或毫秒计、摆钟或节拍器等具有固定周期事件的装置.

实验原理

在近似消除系统误差的条件下，对某物理量 X 进行 N 次等精度测量，当测量次数 N 趋向无穷大时，各测量值出现的概率密度分布可用正态分布的概率密度函数表示

$$f(x) = \frac{1}{\sigma\sqrt{2\pi}} \exp\left[-\frac{(x - \overline{x})^2}{2\sigma^2}\right] \tag{A1.1}$$

式中，$\overline{x}$ 为测量的算术平均值，σ 为测量列的标准偏差.

1. 统计直方图方法

统计直方图方法是用实验研究某一现象统计分布规律的一种直观方法，在许多情况下，特别是当我们对被研究对象的规律一无所知时，是一种初步分析的手段.

在一组等精度测量所得 N 个结果 x_1，x_2，x_3，$\cdots$，x_N 中，先找出它的最小值 $x_{\min}$ 和最大值 $x_{\max}$，它们的差给出了实验数据的极差 $R = x_{\max} - x_{\min}$，将极差分为 K 个小区间，每个小区间的时间间隔(Δx)的大小为

$$\Delta x = \frac{R}{K} = \frac{x_{\max} - x_{\min}}{K} \tag{A1.2}$$

统计测量结果出现在某个小区域内的次数 n_i 称为频数，相对频数 n_i/N 称为测定值在该小区域内出现的频率，相应地把 $\sum \dfrac{n_i}{N}$ 称为累计频率，而把 $\dfrac{n_i}{N \cdot \Delta x}$ 称为频率密度. 若以 $\dfrac{n_i}{N \cdot \Delta x}$ 为纵坐标，测量值 x 为横坐标，便可得到如图 A1.1 所示的统计直方图.

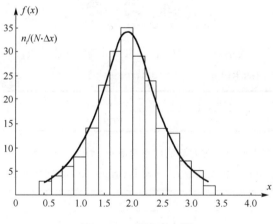

图 A1.1　统计直方图

2. 概率密度分布曲线

利用式(A1.1)求出各小区域中点的正态分布的概率密度值 $f(x)$，以 $f(x)$ 为纵坐标，x 为横坐标，可得概率分布曲线，如图 A1.1 中的光滑曲线. 若此密度分布曲线与统计直方图上端相吻合，则可以认为测量值基本符合正态分布. 当测量次数偏小或测量过程中系统误差较大时，会偏离正态分布.

实验内容

(1)用电子秒表或光电门等时间测试装置测量一个具有固定周期的时间事件,如节拍器的摆动周期、心脏的跳动等,数据应足够多(如 100 次以上),以使所测数据的统计特征明显.

(2)计算算术平均值、测量列的标准偏差及平均值的标准偏差.

(3)以合适的时间间隔将数据分组,作出统计直方图.

(4)作出测得数据的概率密度分布曲线并与直方图加以比较.

(5)计算误差出现在 $\pm\sigma$、$\pm 2\sigma$ 和 $\pm 3\sigma$ 置信区间内的概率.

(6)计算测量结果的不确定度,并写出测量结果的表达式.

(7)分别给出 20 次和 200 次测量的概率密度分布曲线,比较它们各自在 $(-\sigma, +\sigma)$ 置信区间内的概率.

思 考 题

(1)找出一种简单方法,以检验所测数据是否属于同一等精度测量列.

(2)当测量结果不满足正态分布时,分析可能是什么原因造成的.

练 习 题

1. 金属丝长度与温度关系为 $L = L_0(1+at)$,其中 a 为线膨胀系数,实验数据如下表所示,试用逐差作图法和线性回归法求出 a 值,并分析其不确定度.

温度 $t/℃$	10.0	15.0	20.0	25.0	30.0	35.0	40.0	45.0
长度 L/mm	1003	1005	1008	1010	1014	1016	1018	1021

2. 水的表面张力在不同温度时的数值如下表所示. 设 $F = aT - b$,其中 T 为热力学温度,试用最小二乘法求常数 a 和 b 及相关系数 r. 建议用 Origin 软件处理实验数据.

温度 T/K	283	293	303	313	323	333	343
表面张力 $F/(10^{-3}\,\text{N·m}^{-1})$	74.22	72.75	71.18	69.56	67.91	66.18	64.41

参 考 文 献

[1] Mohr P J, Taylor B N. CODATA recommended values of the fundamental physical constants. 2002. Review of Modern Physics, 2005, 77(4): 85-95.

[2] 方安平, 叶卫平, 等. Origin7.5 科技绘图及数据分析. 北京: 机械工业出版社, 2006.

天下兴亡，匹夫有责

1964 年 10 月 16 日，沉寂的罗布泊上空升腾起一个巨大的蘑菇状云朵. 张爱萍将军拿起电话，向千里之外通宵未眠的周总理报告：中国实现了核爆炸！这一历史性时刻让全中国人至今难忘. 科技兴则民族兴，科技强则国家强. 中国近代以来的科学发展，于挽救国家危亡而起，因挺立民族脊梁而兴. 中国科学界，天生蕴藏着浓烈而深厚的爱国主义基因与情怀.

周光召生于 1929 年，父亲周凤九曾是湖南大学教授. 1957 年春，周光召被国家派往莫斯科杜布纳联合核子研究所，从事高能物理等方面的基础研究. 在莫斯科学习的三年时间里，周光召在国际上首先提出著名的"粒子自旋的螺旋态"理论，又提出弱相互作用的"部分赝矢流守恒律"，直接促进了流代数理论的建立. 他的名字从此蜚声中外. 1959 年 9 月的一天，周光召知道了苏联撕毁合同的消息，他立即把在杜布纳联合核子研究所工作的部分中国专家召集到一起进行讨论：离开外国人的帮助，中国依靠自己的力量能不能研制成原子弹？回答是肯定的. 20 多人联名请缨：回国参战. 周光召说："科学无国界，但科学家却有自己的祖国."周光召，我国自己培养出的科技精英，从此被历史记住.

激流争溯，不进则退. 当今世界正处于百年未有之大变局，谁能引领世界科技革命发展的浪潮，谁就能赢得未来全球竞争的主动权. 近年来，我国外部环境的变化再次印证了，坚持科技自主创新乃国运所系. 但自主创新绝不是"关门创新"，为应对人类共同挑战，我们应在更加主动地对外开放与国际合作中体现出中国人的科学担当，这也是我们对"科学无国界"的最好诠释. 但是，科学家是有祖国的.

第3章

物理实验基本测量方法

　　物理实验需要以一定的物理规律和物理原理为依据，通过建立适合的物理模型来研究各个物理量之间的关系. 一切描述物质状态和运动的物理量都可以由几个最基本的物理量导出，国际单位制中共有 7 个基本物理量，即长度、质量、时间、电流、热力学温度、物质的量和发光强度，这些基本物理量只有通过直接测量才能得到. 而物理学领域中其他物理量都可以直接或间接地与上述七个基本物理量通过乘、除或积分等数学运算导出. 在本章中，我们对物理实验中常见的测量方法做一介绍，这些方法不仅是物理实验的基本测量方法，而且正在广泛地应用于科研与生产实践的各个领域.

　　测量结果与测量方法密切相关，而测量方法又与科学技术的发展相联系. 例如，对时间的测量，从远古时代人们"日出而作，日落而息"原始的计时单位"日"到人们做出摆钟，计时精度提高了 3 个数量级；随后人们用石英晶体振荡做出了石英钟，将计时精度提高了 6 个数量级；1955 年英国皇家物理实验室把铯原子用在时钟上，做成了世界上第一台铯原子钟(量子频标)，测时精度达到 10^{-9} s，到 1975 年铯原子钟的测量精度已达 10^{-13} s. 其他类型的原子钟也相继问世，从 14 世纪的机械钟到现代的原子钟，计时精度大约按指数规律在提高.

　　随着科学技术的不断发展，测量方法与手段也越来越丰富，待测的物理量也越来越广泛，人类对物质世界的认识也越来越深入. 同一物理量，在不同的量值范围，测量方法可能不同. 即使在同一量值范围，对测量不确定度的要求不同就需要选择不同的测量方法. 例如，对于长度的测量，从微观世界到宏观世界，可分别选用电子显微镜、扫描隧道显微镜、激光干涉仪、光学显微镜、螺旋测微器、游标卡尺、直尺、射电望远镜等不同的测量手段.

　　物理实验的测量方法有多种分类，按被测量取得的方法来划分，可分为直接测量法、间接测量法和组合测量法；按测量过程是否随时间变化来划分，可分为静态测量法和动态测量法；按测量数据是否通过对基本量的测量而得到来划分，可分为绝对测量和相对测量；按测量技术来划分，可分为比较法、补偿法、放大法、模拟法、干涉法、转换法等. 本章对按测量技术分类的几种方法作一概括介绍.

3.1 比 较 法

测量就是将被测物理量与一个被选作计量标准单位的同类物理量进行比较，找出被测量是计量标准单位多少倍的过程. 比较法就是将被测量与标准量进行比较而得到测量结果的方法. 可见，所有的测量广义上来讲都属于比较测量. 比较法是物理测量中最普遍、最基本、最常用的测量方法. 比较法又分为直接比较法和间接比较法.

3.1.1　直接比较法

直接比较法是将被测量与已知的同类物理量或标准量直接进行比较的方法，主要是指与以实物量具复现的同类量直接比较而获得被测量量的方法. 如用游标卡尺测量长度，用量杯测量液体体积，用砝码在等臂天平上测量质量等，均属于直接比较测量方法. 直接比较法具有以下特点.

（1）同量纲：被测量与标准量的量纲相同.

（2）同时性：被测量与标准量是同时发生的，没有时间的超前或

滞后.

比较法测量
直流电阻

（3）直接可比性：被测量与标准量直接比较而得到被测量的值.

直接比较法的测量不确定度受测量仪器或量具自身测量不确定度的制约，因此提高测量准确度的主要途径是减小仪器的测量误差.

3.1.2　间接比较法

多数物理量难于制成标准量具，无法通过直接比较法来测量，可以利用物理量之间的函数关系，先制成与被测量有关的仪器或装置，再利用这些仪器或装置与被测物理量进行比较. 这种借助于一些中间量，或将被测量进行某种变换，来间接实现比较测量的方法称为间接比较法. 在物理实验中，对于待测电阻的测量可以使用万用表直接读出电阻值，可视为直接测

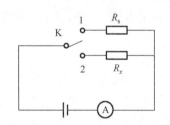

图 3.1.1　间接比较法测量电阻的阻值

量法，也可用图 3.1.1 的测量方法间接给出待测电阻的阻值. 在图 3.1.1 中，保持稳压电源输出电压 V 不变，调节标准电阻 R_s 的阻值，使得开关 K 在"1""2"位置时电流表的指示不变，可得到 $R_x=R_s=V/I$.

又如，对简谐变化的交流信号的频率测量有多种实现方式，如用频谱仪、示波器等仪器均可直接测量；也可以将待测信号与可调的标准信号同时输入示波器进行合成，通过观察合成信号的李萨如图形，由标准信号得到被测信号的频率.

3.2 放 大 法

在测量中有时由于被测量很小，甚至无法被实验者或仪器直接感觉和反应，如果直接用给定的某种仪器进行测量就会造成很大的误差. 此时可以借助一些方法将被测量放大后再进行测量. 放大法就是指将被测量进行放大的原理和方法. 常用的放大法有累积放大法、机械放大法、电学放大法和光学放大法等.

3.2.1 累积放大法

在物理实验中经常会遇到对某些物理量单次测量会产生较大误差的问题，如测量单摆的周期、等厚干涉相邻明条纹的间隔、纸张的厚度等，此时可将这些物理量累积放大若干倍后再进行测量，以减小测量误差、提高测量精度. 例如，如果用秒表来测量单摆的周期，假设单摆的周期为 $T=2.0$ s，而人操作秒表的平均反应时间为 $\Delta T=0.2$ s，则单次测量周期的相对误差为 $\Delta T/T=10\%$. 但是，如果将测量单摆的周期改为测量 50 次，那么因人的反应时间而引入的相对误差会降低到 $\Delta T/(50T)=0.2\%$.

又如测量干涉条纹的间距 l. l 的数量级为 10^{-2} mm，为了降低测量的相对误差，可以测量若干 (n) 个条纹的总间距 $L=nl$. 如果 $l=0.080$ mm，所用量具的误差为 $\Delta_{仪}=0.004$ mm，则测量一个间距 l 的相对误差为

$$\frac{\Delta_{仪}}{l} = \frac{0.004}{0.080} = 0.05$$

即为 5%.

若采用放大法测量 100 个条纹的总间距，则 $L=8.000$ mm，其相对误差减小为

$$\frac{\Delta_{仪}}{l} = \frac{0.004}{8.000} = 0.0005$$

即 0.05%，使得测量精度极大提高.

累积放大法的优点是对被测物理量简单重叠，不改变测量性质，但可以明显减小测量的相对误差，增加测量结果的有效位数. 使用累积放大法时应注意：①累积放大法通常是以增加测量时间来换取测量结果有效位数的增加，这要求在测量过程中被测量不随时间变化；②在累积测量中要避免引入新的误差因素.

3.2.2 机械放大法

利用机械部件之间的几何关系，使标准单位量在测量过程中得到放大的方法称为机械放大法. 游标卡尺与螺旋测微器都是利用机械放大法进行精密测量的典型仪器. 以螺旋测微器为例，套在螺杆上的微分筒被分成 50 格，微分筒每转动一圈，螺杆移动 0.5 mm，每转动一格，螺杆移动 0.01 mm. 如果微分筒的周长为 50 mm(即微

分筒外径约为 16 mm)，微分筒上每一格的弧长相当于 1 mm，这相当于螺杆移动 0.01 mm 时，在微分筒上却变化了 1 mm，即放大了 100 倍.

机械放大法的另一个典型例子是机械天平. 用等臂天平称量物体质量时，如果靠眼睛判断天平的横梁是否水平，很难发现天平横梁的微小倾斜，而如果借助一个固定于横梁且与横梁垂直的长指针，就可以将横梁微小的倾斜放大为较大的距离(或弧长)量.

3.2.3　电学放大法

电信号的放大是物理实验中最常用的技术之一，包括电压放大、电流放大、功率放大等. 例如，普遍使用的三极管就是对微小电流进行放大，示波器中也包含了电压放大电路.

由于电信号放大技术成熟且易于实现，所以也常将其他非电量转换为电量放大后再进行测量. 例如，在利用光电效应测普朗克常量的实验中，是将微弱光信号先转换为电信号再放大后进行测量；接收超声波的压电换能器是将声波的压力信号先转换为电信号，再放大进行测量. 但是，对电信号放大通常会伴随着对噪声的等效放大，该方法对信噪比没有改善甚至会有所降低. 因此电信号放大技术通常与提高信号的信噪比技术结合使用.

3.2.4　光学放大法

常见的光学放大仪器有放大镜、显微镜和望远镜等. 一般的光学放大法有两种，一种是被测物通过光学仪器(如测微目镜、读数显微镜等)形成放大的像，以增加现实的视角，便于观察；另一种是测量放大后的物理量. 光杠杆就是一种典型的仪器，对于微小的长度变化量 Δl，通过光杠杆转换为对一个放大了的量 ΔL 的测量，$\Delta L = (2D/b)\,\Delta l$ (具体原理参见实验 C6：弹性模量的测量)，如果 D/b 越大，则对 Δl 的放大倍数就越大. 其中，$(2D/b)$ 为光杠杆的放大倍数，通常为 $25\sim100$.

3.3　转　换　法

物理学中的能量守恒及相互转换规律早为人们所熟知. 转换法就是依据这些原理，将某些因条件所限无法直接用仪器测量的物理量，或者为了提高被测物理量的测量精度，将被测物理量转换成另一种形式的物理量的测量方法.

转换法通常应用于以下几个方面.

3.3.1　不可测量的转换

古代曹冲称象的故事，实际上是叙述了把不可直接测量的大象的质量转换为可直接测量的石块的质量. 再例如, 现在理论预言, 质子实际上是有寿命的, 它将衰变成正电子和介子, 其平均寿命为 10^{31} 年, 但现实中无法测量如此长的时间. 但是, 在 1 吨水中约有 10^{29} 个质子, 100 吨水中就有 10^{31} 个质子, 也就是说, 100 吨水平均一年会有 1 个质子发生衰变, 1000 吨水一年会有 10 个质子衰变, 这样就将原来根本无法实现的测量转换为可能实现的测量.

3.3.2　不易测准量的转换

有些物理量在某些实验方案下只能得到粗略的测量, 换一种实验方案, 转换为其他的物理量可能就会有更准确的结果. 例如, 我们很难直接测量出不规则物体的体积, 但是根据阿基米德原理, 可将其转换为液体的体积进行测量. 类似的例子有许多, 例如, 利用热敏元件将对温度的测量转换为对电压或电阻的测量; 利用压电陶瓷等压敏元件将压力信号转换成电信号(或反之, 将交流电信号转换为机械振动)的测量; 利用光电池或光电接收器等光敏元件将光信号转换为电信号的测量, 以及利用磁电元件(霍尔元件等)将磁学量转换成电流、电压等电学量的测量等.

3.4　模　拟　法

模拟法是依据相似性原理, 对一些特殊的研究对象(如过于庞大或微小, 十分危险或缓慢)人为地制造一个类似的模型来进行实验. 模拟法能方便地使自然现象重现, 可将抽象的理论具体化, 可进行单因素或多因素的交叉实验, 可加速或减缓物理过程. 利用模拟法可以节省时间和物力, 提高实验效率.

模拟法可分为物理模拟和类比模拟两种.

3.4.1　物理模拟

物理模拟是在模拟的过程中保持物理本质不变的方法. 在物理模拟中, 应满足几何相似或动力学相似的条件. 所谓几何相似条件是指按原型的几何尺寸成比例地缩小或放大, 在形状上模拟与原型完全相似. 例如, 在大型水槽中, 以一定流速模拟船舶和桥梁在河道中的动力学过程. 动力学相似是指模型与原型遵从同样的物理规律和动力学特性. 有时在满足几何相似的情况下, 反而不能够满足动力学相似的条件, 此时要首先考虑动力学相似性. 例如, 在研制飞机时, 为模拟风速对机翼的压力而构建的模型飞机, 其外表往往与真正的飞机有很大的不同.

3.4.2　类比模拟

类比模拟又称数学模拟, 这种模拟的模型与原型在物理形式和实质上一般不具有共同之处, 但是两者却遵循着相同的数学规律. 也就是两个完全不同性质的物理现象或过程,利用物质的相似性或数学方程形式的相似性类比进行实验模拟. 它既不满足几何相似条件,也不满足物理相似条件,而是用别的物质、材料或者别的物理过程,来模拟所研究的材料或物理过程. 如在模拟静电场的实验中,就是用电流场模拟静电场.

更进一步的物理量之间的代替,是原型实验和工作方式都改变了的特殊的模拟方法,应用最广泛的就是电路模拟. 例如,质量为 m 的物体在弹性力 $-kx$、阻尼力 $-\alpha\dfrac{\mathrm{d}x}{\mathrm{d}t}$ 和驱动力 $F_0\sin\omega t$ 的作用下,其振动方程为

$$m\frac{\mathrm{d}^2x}{\mathrm{d}t^2}+\alpha\frac{\mathrm{d}x}{\mathrm{d}t}+kx=F_0\sin\omega t$$

而对 RLC 串联电路,在交流电压 $V_0\sin\omega t$ 的作用下,电荷 Q 的运动方程为

$$L\frac{\mathrm{d}^2Q}{\mathrm{d}t^2}+R\frac{\mathrm{d}Q}{\mathrm{d}t}+\frac{1}{C}Q=V_0\sin\omega t$$

上面两个方程是形式上完全相同的二阶常系数微分方程,选择两方程中系数的对应关系,就可以用电学振动系统模拟力学振动系统.

3.5　平　衡　法

平衡法是利用物理学中平衡态的概念,将处于比较的物理量之间的差异逐步减小到零的状态,判断测量系统是否达到平衡态来实现测量. 在平衡法中,并不研究被测物理量本身,而是与一个已知物理量或相对参考量进行比较,当两物理量差值为零时,用已知量或相对参考量描述待测物理量. 利用平衡法,可将许多复杂的物理现象用简单的形式来描述,使一些复杂的物理关系简明化.

利用等臂机械天平称衡物体质量时,当天平指针处在刻度零位或在零位左右等幅摆动时,天平达到力矩平衡,此时待测物体的质量和砝码的质量(作为参考量)相等.

惠斯通电桥测电阻也是一个应用平衡法进行测量的典型例子,属于桥式电路的一种. 所谓桥式电路就是根据电流、电压等电学量之间的平衡原理而专门设计出的电路,可用来测量电阻、电感、介电常数、磁导率等电磁学参数. 平衡法在精密测量中有广泛的应用,如计量工作中直接复现电流单位定义的"安培天平"和实现电压单位定义的"电压天平",其不确定度可以达到 1×10^{-5}.

3.6　补　偿　法

补偿法就是在测量中,通过一个标准的物理量产生与被测物理量等量或相同的效应,用于补偿(或抵消)被测物理量的作用,使测量系统处于平衡状态,从而得到

被测量与标准量之间的确定关系. 补偿法通常与平衡法、比较法结合使用. 根据作用来划分, 补偿法分为补偿法测量和补偿法校正系统误差两个方面.

3.6.1　补偿法测量

补偿法用于测量实质上就是平衡法. 弹簧秤可以认为是一个简单的补偿测量装置. 补偿测量系统通常包含补偿装置和指零装置两部分. 补偿装置产生补偿效应, 并获得设计规定的测量精度. 指零装置是一个比较系统, 用于显示待测量与补偿量的比较结果.

3.6.2　补偿法校正系统误差

在测量中由于各种因素的制约, 往往存在着无法消除的系统误差, 利用补偿法引入相同的效应来补偿那些无法消除的系统误差, 是补偿法最主要的作用.

在迈克耳孙干涉仪中有一个补偿板, 正是为了补偿光在第一个分束镜上引入的光程差. 在图 3.1.1 所示间接比较法测量电阻的实验方案中, 实际上也是补偿法的一个应用, 通过标准电阻与待测电阻的比较, 可以消除电流表内阻等附加系统误差对测量精度的影响. 此外, 电势差计也是补偿法应用的典型实验.

3.7　干涉、衍射法

在精密测量中, 光的干涉、衍射法具有重要的意义. 无论是声波、水波还是光波, 只要满足相干条件, 相邻干涉条纹的光程差均等于相干波的波长. 因此, 通过计量干涉条纹的数目或条纹的改变量, 实现对一些相关物理量的测量. 例如, 物体的长度、位移与角度, 薄膜的厚度, 透镜的曲率半径, 气体或液体的折射率等. 当选用相干光波时, 可实现对以上物理量的微米量级甚至亚微米量级的精确测量.

在著名的牛顿环实验中, 通过对牛顿环等厚干涉条纹的测量可求出平凸透镜的曲率半径. 使用迈克耳孙干涉仪, 通过对干涉条纹的计量, 可准确地测定光的波长、透明介质的折射率、薄膜的厚度、微小的位移等物理量. 利用劈尖测细丝直径及检测表面的微凸或微凹球面也是等厚干涉法的重要应用之一.

用超声光栅测量声波在液体中的传播速度, 其原理就是利用声波形成的驻波, 构成一个液体光栅, 再测量特定波长的光通过此光栅的衍射角, 可测量出声波的波长及传播速度.

衍射法广泛地应用于对微小物体和晶体常数的测量, 如 X 射线衍射技术、透射电镜等均利用了衍射原理.

3.8　计算机仿真法

物理是一门实验科学, 物理定律的发现无不依赖实验. 在目前的物理实验教学中，由于受到各种条件的限制，往往不允许学生自行设计实验参数、反复调整仪器，这对学生剖析仪器性能和结构、理解实验的设计思想和方法是很不利的. 利用计算机仿真技术可以在一定程度上弥补上述缺陷.

计算机仿真法是通过计算机把实验设备、教学内容、教师指导和学生的操作有机地融合为一体，通过营造一个虚拟的实验环境，逼真地模拟出学生进行实验操作的整个过程，并可以实时显示测量结果. 计算机仿真法有利于加强学生对物理思想、仪器结构及原理的理解，培养其设计思考能力和比较判断能力，可以达到一般课堂讲解难以达到的效果.

计算机仿真法的优点如下：

(1)通过对实验环境的模拟，使未做过实验的学生通过仿真软件对实验的整体环境、所用仪器的整体结构有直观的认识，增强学生熟悉仪器功能和使用方法的训练；

(2)在实验中实现了仪器模块化，学生可对提供的仪器进行选择和组合，用不同的方法完成同一实验目标，培养学生的设计思考能力和对不同实验方法的优劣、误差大小的比较、判断能力；

(3)通过对实验的相关理论进行演示和讲解，学生对实验的历史背景和意义有基本了解，可使实验教学的内涵在时间和空间上得到延伸.

对于计算机仿真法来说，虽然具有上述优点与特点，但它毕竟是根据实验内容人为设计的，实验条件、过程和结论都需要事先给出，因此具有一定的局限性，无法真正取代传统物理实验的地位.

参 考 文 献

[1]　李平. 大学物理实验. 北京: 高等教育出版社, 2004.

[2]　吴泳华, 霍剑青, 浦其荣. 大学物理实验. 北京: 高等教育出版社, 2005.

[3]　成正维. 大学物理实验. 北京: 高等教育出版社, 2002.

科学素养培养专题

量入计出，事半功倍

——虚拟仪器技术简介

　　传统测量仪器的发展经历了模拟仪器、数字仪器、智能仪器和虚拟仪器四个阶段. 1985 年，杰夫·考度斯基(Jeff Kodosky)在美国国家仪器(National Instruments，NI)公司开发了图形化软件编程平台(LabVIEW)，并发表在苹果计算机上，LabVIEW 率先引入了特别的虚拟仪表的概念，用户可透过人机界面直接控制自行开发之仪器. 虚拟仪器(virtual instrument，VI)是计算机技术介入测控仪器领域所形成的一种新型的、富有生命力的仪器，是当今科学研究、工业实时和远程控制等领域重要的计算机辅助测量手段.

　　一般地，要完成某个测量任务，需要很多仪器协同配合，如示波器、电压表、频率分析仪、信号发生器等，对于复杂的数字电路系统，还需要逻辑分析仪、IC 测试仪等. 如此多的专业仪器，不仅价格昂贵、体积大、占空间，相互连接费时费力，而且经常由于仪器之间的连接、信号带宽等方面的问题给测量带来很多麻烦，使原本并不复杂的测量任务变得异常困难.

　　虚拟仪器的出现可以有效解决上述问题. 虚拟仪器就在计算机平台上通过配备相应的硬件和专用软件，使用户可以自行定义和设计仪器的功能，从而实现复杂的测量. 虚拟仪器应用软件集成了仪器的所有采集、控制、数据分析、结果输出和用户界面等功能，使传统仪器的某些硬件乃至整个仪器都可以被计算机软件所替代. 虚拟仪器最重要、最核心的技术是其软件开发环境，与传统程序语言不同，这类软件一般采用强大的图形化语言编程(又称为 G 语言)，使用这种语言编程时，基本上不需要写程序代码，取而代之的是借鉴了技术人员、科学家、工程师所熟悉的术语、图标和概念等设计的流程图或框图. 目前，虚拟仪器通用的软件开发环境是 LabVIEW，它是由一种基于图形的程序设计语言 G 语言构成的，可用来进行数据采集和控制、数据分析及数据表达. 它是一种结构化解释型开发平台.

　　单纯利用普通计算机所构建的虚拟仪器测量系统性能不可能很高，目前发展的一个重要方向是插卡式的仪器，即每一种仪器是一个插卡，这些插卡可以集成到一个卡式仪器中，其操作面板仍然用虚拟的方式在计算机屏幕上出现. 虚拟仪器具有强大的分析和控制能力，由于它的核心是软件，只要修改软件再配上相应的硬件就可以改变仪器功能，故虚拟仪器不仅可以用于测量、测试、分析、计量等领域，而且还可以用于设备监控、工业过程自动化控制等各个方面. 在理论上，只要用到的仪器都可用虚拟仪器来替代.

第 4 章

物理实验基本器具使用

在物理实验中，无论是进行物理量的测量还是观察验证实验现象，都离不开实验设备. 实验设备包括各种测量仪器、装置和器件. 对于这些设备，我们需要明确：

(1)用途. 它是用来做什么的.

(2)怎样用. 仪器的工作条件、调整、使用方法和注意事项.

(3)怎样读. 仪器读数规则与精度.

物理实验中所用的基本器具多属于常用的测量仪器. 通常由一些通用的术语或参数来表征测量仪器的使用条件、量程及测量误差等. 下面给出了一些常用的测量仪器的术语.

标称范围(nominal range)　测量仪器可测量出示值的上限和下限,如 100～200 ℃. 若下限为零,标称范围一般只用其上限表明,如 0～100 V 的标称范围可表示为 100 V.

量程(range)　仪表标称范围的上下两极限之差. 如对于−10～+10 V 的标称范围,其量程为 20 V.

标称值(nominal value)　测量仪器上表明其特征或指导其使用的量值，该值为圆整值或近似值. 例如，标称为 100 Ω 的电阻值，标称为 1 L 的量杯.

额定操作条件(rated operating conditions)　测量仪器的规定计量特性处于给定极限内的使用条件. 额定操作条件一般规定被测量和影响量的范围或额定值. 超过该条件使用测量仪器，仪器误差甚至仪器寿命可能均得不到保证.

响应特征(response characteristic)　在确定条件下,输入与输出的对应关系. 例如,热电偶的电动势与温度的函数关系.

灵敏度(sensitivity)　某方法对单位浓度或单位量待测物质变化所致的响应量变化程度，它可以用仪器的响应量或其他指示量与对应的待测物质的浓度或量之比来描述.

鉴别力阈(灵敏阈)(discrimination threshold)　使仪器仪表产生一个可觉察变化响应的最小输入变化. 例如，使天平指针产生可见位移的最小负载变化为 90 mg 时，则天平的鉴别力阈是 90 mg.

最大允许误差(或允许误差限)(maximum permissible errors)　对给定的测量仪器，规范、规程等所允许的误差极限值.

分辨率(resolution)　显示装置能有效辨别的最小示值差. 对于数字式显示装置,

就是指最末位数字的最小示值变化量.

准确度(accuracy of a measuring instrument)　测量仪器给出接近于真值的响应的能力. 注意：准确度是一个定性的概念.

准确度等级(accuracy class)　使误差保持在规定极限以内的测量仪器的等别、级别. 准确度等级通常按约定注以数字或符号，并称为等级指标.

本章根据测量对象的不同分类介绍各种常用实验仪器，并且安排一些初步的实验项目进行练习.

4.1　长度测量基本器具

长度是一个基本物理量，历史上曾经用铂铱合金米原器作为 1 m 的标准，后来改用 Kr_{86} 原子 $2p^{10}$ 至 $5d^5$ 能级间跃迁光辐射在真空中波长的 1650763.73 倍作为 1 m 的标准. 但是跃迁谱线也是有宽度的，所以按此方法定义的长度单位相对不确定度限制在 $\pm 4 \times 10^{-9}$. 1983 年国际计量大会重新定义光在真空中 1/299792458 s 时间间隔内所经路径的长度为 1 m，2018 年的国际计量大会进一步限定这里的 s 经由铯-133 原子的能级跃迁频率 $\Delta \nu_{Cs}$ 来定义. 如此定义的长度单位不依赖于复现方法. 随着科学技术的发展，米的复现相对不确定度不断提高.

长度测量是最基本的测量之一，在生产和科学实验中有广泛的应用，许多其他物理量的测量也常常转化为长度测量. 在测量长度时，需要根据测量对象及测量要求的不同，选用不同的测量仪器.

米尺、游标卡尺和螺旋测微器是最常用的测量长度的仪器. 这些仪器的主要规格可用量程和分度值来表征. 量程是测量范围，分度值是仪器所标示的最小量度单位，分度值的大小反映仪器的准确程度.

1. 游标卡尺

1)结构原理

如图 4.1.1 所示，游标卡尺主要由两部分组成，一部分是与量爪 A、A′相连的主尺 D；另一部分是与量爪 B、B′及深度尺 C 相连的游标 E. 游标可紧贴在主尺上滑动，量爪 A、B 用来测量内径，量爪 A′、B′用来测量外径或厚度，深度尺 C 用来测量槽的深度. F 为固定螺钉. 利用游标尺 E 可以把米尺估读的那一位准确地读出来，因此游标卡尺比米尺的精度高.

2)读数方法

下面说明游标卡尺的读数原理. 设主尺的分度值为 a，将游标分成 n 个分度，分度值为 b，使游标上 n 个分度的长度与主尺的($vn-1$)个分度的长度相等(v 为游标模数，等于 1 或 2)，则有

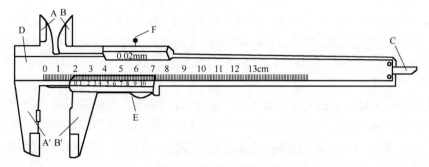

图 4.1.1　游标卡尺

$$nb = (vn - 1)a \qquad (4.1.1)$$

或变形为

$$b = \left(v - \frac{1}{n}\right)a \qquad (4.1.2)$$

若主尺上 v 个分度值 va 与游标尺最小分度值 b 的差用 δ 表示，则有

$$\delta = \frac{a}{n} \qquad (4.1.3)$$

式中，δ 是游标尺准确读数的最小单位.

如图 4.1.2 所示，$n=10$ 的游标称为"十分游标"，$\delta=0.1$ mm，它由主尺上一分度与游标上一分度的差值给出，是游标尺能读准的最小值. 如果游标上的第 m 条刻线与主尺上的某一条刻线重合，如图 4.1.3 所示，$m=2$，即第二条线重合，则读数的小数部分为 ($\delta \times m$)，读为 0.2 mm（即 0.1×2 mm），整个读数为：整数部分加小数部分. 如果不能准确判断相邻两条刻线中哪一条更接近或更重合，就认为是前一条刻线重合.

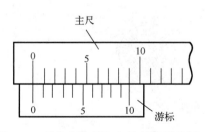

图 4.1.2　"十分游标"卡尺刻度示意图

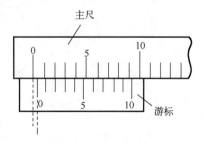

图 4.1.3　"十分游标"卡尺读数示意图

$n=20$ 的游标称为"二十分游标"，$\delta = \left(\frac{1}{20}\right)$ mm = 0.05 mm.

$n=50$ 的游标称为"五十分游标"，$\delta = \left(\frac{1}{50}\right)$ mm = 0.02 mm.

综上所述，无论多少分游标，游标卡尺的读数方法如下：先读出游标零线前主尺的毫米刻度数(即整数部分)，再看游标上第 m 条刻线与主尺某线对齐(或最接近对齐)，然后用 $\delta \times m$ 的数值(即小数部分)加到主尺读数(整数部分)上，即为测量的长度.

3) 注意事项

使用游标卡尺时，首先，把量爪 A、B(A′、B′)合拢，检查游标的"0"刻线是否与主尺"0"刻线重合，如果不重合，应记下零点读数 L_0，并加以修正，L_0 可正可负，得测量值 $L=L_1-L_0$，L_1 为未作零点修正前的读数值；其次，当量爪接触被测物时，切忌用力过大而引入测量误差. 最后应先松开量爪，再取出被测物，以免磨损量爪.

2. 螺旋测微器

1) 结构原理

螺旋测微器又名千分尺，它是比游标卡尺更精密的测量长度的仪器，能准确地读到 0.01 mm. 螺旋测微器的量程和分度值都比游标卡尺小，故常用于对测量误差要求较高的小尺寸物体的测量.

螺旋测微器的结构如图 4.1.4 所示. 它由弓形架 G、测量螺杆 A 与旋钮 E 紧密连在一起，固定套筒 D 的尾部加工成螺母，与测量螺杆 A 和螺旋柄连着，转动棘轮 F 可带动测量螺杆 A 前进或后退. 旋钮 E 沿圆周划分有刻线，共 50 个等分格. 当旋钮 E 旋转一周，即旋转 50 个等分格时，测量螺杆 A 沿轴线移动一个螺距，通常螺距为 0.5 mm，所以旋转一个等分格时，沿轴线位移为 0.5 mm/50=0.01 mm，因此旋钮上的最小分度为 0.01 mm，可估读到 0.001 mm 位.

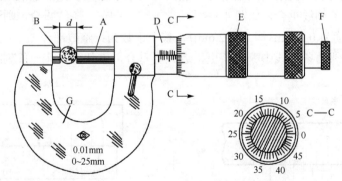

图 4.1.4　螺旋测微器

A. 测量螺杆；B. 测砧；C. 可动刻度；D. 套筒；E. 旋钮；F. 棘轮；G. 弓形架

固定套筒 D 中央沿轴线方向的一条刻线称为准线，上方有毫米刻度，下方有半毫米刻度，这是主尺. 当测量螺杆 A 与测砧 B 密合时，校准好螺旋测微器，使旋钮的零刻线与准线重合. 此时表示待测长度为 0.000 mm，称为初读数. 有时由于调整不当，初读数并不为零.

2) 读数方法

下面介绍螺旋测微器的读数方法. 测量前对仪器进行零点校准，记下初读数. 若初读数不为零，如图 4.1.5 所示，表示仪器有零点误差，测量时应从末读数中减去初读数，注意初读数的正负.

用棘轮 F 带动测量螺杆 A 后退，在测量螺杆 A、测砧 B 间放待测物体，然后再用棘轮 F 旋进测量螺杆 A，测量螺杆 A 接近待测物时，应缓慢转动测量装置，当听到"咔，咔"的响声时，即可读数. 物体长度 d 可由套筒 D 和可动刻度 C 上的刻度数读出. 0.5 mm 以上的部分由主尺套筒 D 读出；0.5 mm 以下的部分由旋钮 E 周边上的刻度数读出. 如图 4.1.6(a)所示的读数为 6.457 mm，其中 0.007 mm 是估读的. 图 4.1.6(b)中读数为 6.957 mm，最后一位是估读的.

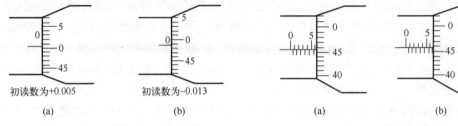

初读数为+0.005   初读数为-0.013

(a)   (b)   (a)   (b)

图 4.1.5 螺旋测微器零点读数示意图   图 4.1.6 螺旋测微器

3）注意事项

使用螺旋测微器时，首先要在测量前核对零点读数，测量时应先记录零点 0.007 mm 读数，并对测量数据作零点校正. 其次，测量螺杆接近待测物时，应缓慢转动测量装置，当听到"咔，咔"的响声时，即可读数. 用完后将螺杆退离测砧，以免受热膨胀时损坏仪器.

图 4.1.7 读数显微镜

3. 读数显微镜

读数显微镜特别适于测量细孔内径、刻痕宽度、刻痕间距等用卡尺、螺旋测微器难以测量的对象.

读数显微镜是综合利用光学放大和螺旋测微原理测量长度的一种仪器. 图 4.1.7 就是实验室常用的一种读数显微镜. 它的镜筒可以通过螺旋机构左右移动(有的读数显微镜的镜筒与测量件之间可以在二维平面上相对移动或转动). 移动距离可以通过以 1 mm 为分度的主尺和螺旋盘读出. 其中，螺旋盘的读数原理与螺旋测微器一样，它的螺距为 1 mm，盘上有 100 个分度，每转动一个刻度，镜筒移动 0.01 mm. 新型读数显微镜镜筒的相对移动距离还可以更方便地用 4 或 5 位数字显示.

读数显微镜上的目镜与物镜间装有十字叉丝，测量时转动螺旋盘，左右移动镜筒，当叉丝像与待测物像的某点重合时读下第一个数；继续沿同一方向移动镜筒，当叉丝像与待测物像的另一点重合时读下第二个数；两个读数之差就是待测物像上两点间的距离.

测量中必须保证两次计数时叉丝像是沿同一方向移动的,如果不小心使叉丝像移动过大,超过了测量点,不能立即反方向移动退回读数,这时必须退回较大距离后,再沿原方向移动到测量点进行读数. 这样做是为了消除螺杆与螺母间空隙引起的"空程"误差.

4. 测微目镜

测微目镜又称测微头,一般用作光学仪器的附件. 例如,在读数显微镜和内调焦平行光管上都装有这种目镜. 它也可以单独使用,直接测量非定域干涉条纹的宽度或由光学系统所形成的实像大小等. 它的量程较小,但准确度较高,其典型结构如图 4.1.8 所示. 带有目镜的镜筒与本体盒相连,利用螺丝,即可将接头套筒与另一带有物镜的镜筒(图中未画出)相套接,以构成一台显微镜. 靠近目镜焦平面的内侧,固定了一块量程为 8 mm 的刻线玻璃标尺,其分度值为 1 mm. 与该尺相距 0.1 mm 处平行地放置着一块分划板,分划板由薄玻璃片制成,其上刻有十字准线和一组双线. 人眼贴近目镜筒观察时,即可在明视距离处看到玻璃尺上放大的刻线像及与其相叠的准线像(图 4.1.9). 因为分划板的框架与由读数鼓轮带动的丝杆通过弹簧(图中未画出)相连,故当读数鼓轮顺时针旋转时,丝杆就会推动分划板沿导轨垂直于光轴而向左移动,同时将弹簧拉长. 鼓轮逆时针旋转时,分划板在弹簧的恢复力作用下向右移动. 读数鼓轮每转动一圈,分划板上的测量准线移动 1 mm.

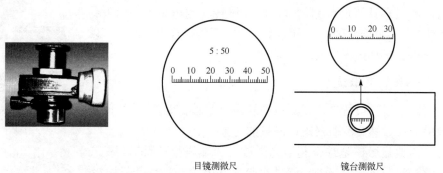

图 4.1.8 测微目镜   图 4.1.9 测微目镜中的像

在读数鼓轮轮周上均匀刻有 100 条线,分成 100 小格,所以每转过 1 小格,准线相应地移动 0.01 mm. 当准线对准待测物上某一标志(如长度的起始线、终止线等)时,该标志的位置读数应等于主尺上准线所指示的整数毫米值加上鼓轮上小数位读数值.

测量时,先调节目镜与分划板的间距,直到观察者能看清楚测量准线为止. 然后,再调节整个目镜筒与被测实像的间距(简称调焦),使在视场中看到的被测像也最清晰;并须仔细调节到准线像与被测像无视差为止,亦即两者处在同一平面上. 判断无视差的方法是当左右或上下稍微改变视线方向时,两个像之间没有相对移动,这是测微目镜已调节好的标志. 只有无视差地调焦, 才能保证测量精度. 在测量过程中, 由于丝杆与螺母的螺纹间有空隙, 故只能沿着同一方向依次移动测量准线来进行测量, 以免引入丝杆的螺距误差(又称空程误差); 否则, 会出现鼓轮开始反向转动(读数变化), 而分划板(准线)却尚未被带动的现象. 由于真实物体不可能移到分划板所在的平面上, 故测微目镜不能用来直接观测微小物体.

实验 B1　测量物体的几何尺寸

大学物理实验中经常进行的长度测量范围为 $10^{-6} \sim 10$ m. 在准确度要求不高的情况下可以用米尺(钢卷尺、钢板尺等)测量长度, 其分度值为 1 mm. 在准确度要求稍高时可采用游标卡尺和螺旋测微器测量长度.

测量物体的几何尺寸

实验目的

(1)掌握游标卡尺、螺旋测微器的测量原理及正确使用方法.

(2)运用误差知识, 合理选择测量仪器.

(3)掌握不确定度和有效位数的概念, 学会正确记录和处理数据.

实验仪器

米尺、游标卡尺、螺旋测微器、读数显微镜、长方体铁板条、金属圆筒、小钢球、玻璃毛细管.

实验原理

1. 长方体的体积及不确定度

(1)长方体体积的平均值为

$$\overline{V} = \overline{a}\,\overline{b}\,\overline{c}$$

(2)各直接测量量的标准不确定度为

$$u_a = \sqrt{u_A^2(a) + u_B^2(a)}$$

其中, $u_A(a) = \dfrac{t_p}{\sqrt{n}}\sqrt{\dfrac{1}{n-1}\sum_{i=1}^{n}(a_i - \overline{a})^2}$; $u_B(a) = \dfrac{\Delta_{仪}}{\sqrt{3}}$.

$$u_b = \sqrt{u_A^2(b) + u_B^2(b)}$$

其中，$u_A(b) = \dfrac{t_p}{\sqrt{n}}\sqrt{\dfrac{1}{n-1}\sum_{i=1}^{n}(b_i - \bar{b})^2}$ ；　$u_B(b) = \dfrac{\Delta_仪}{\sqrt{3}}$.

$$u_c = \sqrt{u_A^2(c) + u_B^2(c)}$$

其中，$u_A(c) = \dfrac{t_p}{\sqrt{n}}\sqrt{\dfrac{1}{n-1}\sum_{i=1}^{n}(c_i - \bar{c})^2}$ ；　$u_B(c) = \dfrac{\Delta_仪}{\sqrt{3}}$.

(3)长方体体积的标准不确定度. 先求相对不确定度，再求标准不确定度比较方便.

$$\frac{u_v}{\bar{V}} = \sqrt{\left(\frac{u_a}{\bar{a}}\right)^2 + \left(\frac{u_b}{\bar{b}}\right)^2 + \left(\frac{u_c}{\bar{c}}\right)^2}$$

$$u_V = \frac{u_V}{\bar{V}}\bar{V}$$

2. 小球的体积及不确定度

(1)小球体积的平均值为

$$\bar{V} = \frac{\pi\bar{d}^3}{6}$$

(2)小球直径的不确定度为

$$u_d = \sqrt{u_A^2(d) + u_B^2(d)}$$

其中，$u_A(d) = S_d = \sqrt{\dfrac{1}{n-1}\sum_{i=1}^{n}(d_i - \bar{d})^2}$ ；　$u_B(d) = \dfrac{\Delta_仪}{\sqrt{3}}$.

(3)小球体积的标准不确定度. 先求相对不确定度，再求标准不确定度较方便.

$$\frac{u_v}{\bar{V}} = \sqrt{3^2 \times \left(\frac{u_d}{\bar{d}}\right)^2} = 3\frac{u_d}{\bar{d}}$$

$$u_V = \frac{u_V}{\bar{V}}\bar{V}$$

实验内容

1. 熟悉仪器

熟悉米尺、游标卡尺、螺旋测微器、读数显微镜的使用方法，记录仪器的量程、分度值、仪器误差和零点读数等有关数据.

2. 测量铁板条的体积(仅考虑仪器误差时，要求测量相对不确定度小于 0.6%)

(1)用米尺分别粗测铁板的长、宽、厚，根据不确定度的等分原则，选用不同仪器精确测量铁板条的长、宽、厚.

(2)在待测物不同位置上测长、宽、厚各 6 次，计算各量的平均值、测量值(指经零点修正后的值)和 A 类不确定度. 根据不确定度的合成原则，分别计算长、宽、厚的总不确定度.

(3)计算铁板条的体积及不确定度，正确表示间接测量量体积的测量结果. 测量结果的相对不确定度如不满足小于 0.6% 的要求，试分析其原因.

3. 用游标卡尺测量金属圆筒的体积

(1)测量金属圆筒的内、外径及高，在不同的位置上分别测量 6 次.
(2)计算金属圆筒的体积及不确定度，写出测量结果.

4. 用螺旋测微器测量小钢球的体积

(1)测量小钢球的直径，在不同的位置测量 6 次.
(2)计算小钢球的体积及不确定度，写出测量结果.

5. 用读数显微镜测毛细管内、外径

移动读数显微镜至主尺刻度的不同位置，分别测毛细管内、外径共 6 次.

注意事项

对读数显微镜进行调焦时，必须自下而上移动显微镜镜筒，不得由上而下移动，以防压坏被测物和物镜. 测量时须注意消除空程误差，每组数据均应为显微镜同方向移动的读数.

思考题

(1)如果以 a 表示主尺上最小刻度的长度，以 n 表示游标的总格数，试证明游标卡尺的分度值为 a/n.

(2)欲测量半径为 2 cm 左右的钢球体积，要求单次测量的相对不确定度不大于 0.5%，应使用什么仪器测量才能满足精度要求?为什么?

4.2　质量测量基本器具

国际单位制中质量的单位是千克(kg)，1889 年国际计量大会确定由铂铱合金制成的国际千克原器的质量为 1kg，2018 年举办的第 26 届国际计量大会借助三个基本物理常数，即普朗克常量 h、光速 c 和铯-133 原子跃迁频率 $\Delta\nu$，对千克(kg)进行了重新定义. 物理实验室常用的质量测量器具是天平.

1. 机械天平

物理实验室常用的机械天平是物理天平，它是一种利用杠杆称量物体质量的等臂双盘天平. 天平的横梁下装有长指针，指针上有一个感量砣，是用来调节天平的灵敏度的. 当天平秤盘平衡时，指针垂直向下，指向读数标尺的零点；天平失去平衡时指针发生偏转.

天平的主要技术参数有称量、感量等. 称量是指天平所能称量的最大质量值(满载值，亦称为极限负载)，常以"克"(g)为单位表示. 感量是使天平指针从平衡位置偏转到刻度盘一分度所需的最大质量，所以感量也叫做"分度值"，常以"毫克"(mg)为单位. 感量反映了天平的灵敏程度. 常用 TW02 和 TW05 型物理天平的分度值分别为 20 mg 和 50 mg.

对测量误差要求更高的场合可以使用分析天平和精密分析天平. 它们有等臂双盘结构的，也有不等臂单盘结构的，基本工作原理和物理天平大致相同. 称量时，为了使秤盘尽快停止摆动，分析天平通常装有空气阻尼装置. 另外，较高精度的分析天平不采用手拨动的游码，而是用专门的机械装置加载 1 g 以下的砝码. 在光电分析天平中，通过光学系统放大指针的偏转，读出最小砝码以下的读数. 分析天平的分度值一般小于 1 mg，精密分析天平的分度值为 0.1 mg，而微量天平的分度值最小可以达到 0.001 mg.

1) 物理天平的结构

物理天平如图 4.2.1 所示，天平的横梁上装有三个刀口：中间刀口安置在支柱顶

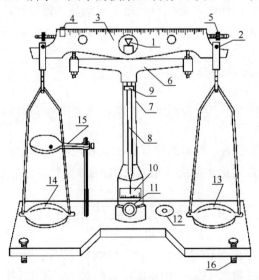

图 4.2.1　物理天平

1. 主刀口；2. 边刀；3. 横梁；4. 游码；5. 平衡螺母；6. 制动架；7. 支柱；8. 指针；9. 重心调节螺丝；10. 标尺；
11. 制动旋钮；12. 水准器；13. 砝码托盘；14. 载物托盘；15. 托盘；16. 底脚螺钉

端的玛瑙刀垫上，作为横梁的支点；两侧刀口上各悬挂一秤盘. 横梁下面装有一读数指针，当横梁摆动时，指针尖端就在支柱下方的标尺前摆动. 支柱下端的制动旋钮可以使横梁上升或下降，横梁下降时，制动架就会把它托住，以保护刀口. 横梁两端的两个平衡螺母是天平空载时调平衡所用. 每台物理天平都配有一套砝码. 因为 1 g 以下的砝码太小，用起来很不方便，所以在横梁上附有可以移动的游码. 支柱左边的托盘可用来放置不被称衡的物体.

2) 物理天平的规格

物理天平的规格是由以下两个参量决定的：

(1) 最大称量，是天平允许称量的最大质量. 使用时被称物体的质量不能大于天平的最大称量，否则会使物理天平横梁产生变形，并使天平的刀口、刀承受损而降低天平原有的准确度.

(2) 感量 s，是指使指针从标尺上的平衡位置转 1 分度时在某一秤盘上所添加(或减少)的最小砝码质量，即 $s = \dfrac{\Delta m}{\Delta \theta}$ (天平的灵敏阈等于感量乘以 0.2)，其中 Δm 为所添加的砝码质量，$\Delta \theta$ 为沿标尺相应的移动分度数. 它的倒数 $c = 1/s$ (分度/g) 称为天平的分度灵敏度. 感量的大小应与游码读数的最小值相等，若有差异，也不会超过一个数量级. 灵敏度与天平的载重量有一定的关系，载重量增加，灵敏度降低. 一般地，灵敏度高，天平最大称重小.

3) 砝码组

一般地，天平所有砝码的总值等于(或稍大于)天平的最大称量，砝码一般按 5、2、2、1 的比例组成. 对于最大称重量为 500 g 的物理天平，其 1 g 以下的砝码由横梁上的游码来替代. 当游码移至横梁的最右端(第 50 分度)处，相当于 1 g 砝码加在天平的右盘内. 使用前游码应置于横梁的最左端零刻线处，此时游码不起作用. 游码在横梁上每移动 1 分度，相当于在右盘上增加 0.02 g 砝码.

4) 物理天平的调节和使用

(1) 调水平. 调整天平的底脚螺钉，使底盘上圆形水准器的气泡处于中心位置(有的天平是使铅锤和底盘上的准钉正对)，以保证天平的支柱垂直，刀垫水平.

(2) 调零点. 先观察各部位是否正确，如托盘是否挂在刀口上. 然后调准零点，即先将游码置于横梁左端零线处，启动天平(支起横梁)，观察指针是否停在零位处(或左右小幅度摆动不超过一分格时是否等偏). 若不平衡，先制动天平，调节平衡螺母，再启动天平，反复数次，调至横梁成水平，制动后待用.

(3) 称衡. 将待测物体放在左盘，用镊子取砝码放在右盘，增减砝码(包括游码)，使天平平衡.

(4) 记录. 将制动旋钮向左旋动，放下横梁制动天平，记下砝码和游码读数. 把待测物从盘中取出，砝码放回盒中，游码移回零位，最后把秤盘架上刀垫摘离刀口，将天平完全复原.

使用物理天平必须遵守以下规则:

(1)天平的负载不能超过量程.

(2)在调节天平、取放物体、取放砝码、移动游码及不用天平时,都必须将天平制动,以免损坏刀口. 只有在判断天平是否平衡时才能启动天平. 天平启动、制动时动作要轻,制动时最好在天平指针接近标尺中线刻度时进行.

(3)待测物体和砝码要放在秤盘正中. 不允许用手直接拿取砝码,只准用镊子夹取. 称量完毕,必须将砝码放回盒内一定位置,不得随意乱放.

(4)称衡后,一定要检查横梁是否落下,两秤盘的吊挂是否摘离刀口、挂于横梁刀口内侧.

5)天平的精密称衡方法

如果天平横梁臂长不等,则天平平衡时,砝码的质量与待测物体的质量不相等. 为了更精密地称衡质量,可采用以下两种方法.

(1)复称法. 设天平横梁左、右两臂的长度分别为 l_1 和 l_2,先把待测物体放在左盘,平衡时砝码质量为 m_1. 设待测物体的质量为 m, 则

$$ml_1 = m_1 l_2$$

然后将待测物体和砝码互换位置,平衡后砝码称量值为 m_2, 则

$$m_2 l_1 = ml_2$$

由上两式可得

$$m = \sqrt{m_1 m_2} \approx \frac{1}{2}(m_1 + m_2)$$

复称法也称为交换称衡法,适用于各种等臂天平,是物体质量精密测量和砝码检验的基本方法之一,可对横梁不等臂误差进行计算和修正.

(2)替换法. 先将待测物体放置在天平右盘中,左盘中放替代物(常用小颗粒),增加或减少替代物的质量,直至天平平衡. 然后取下天平右盘中的待测物体,放入砝码,直到砝码与替代物平衡,此时砝码的总质量就等于待测物体的质量.

在本章实验 B2 固体与液体密度的测定中将进行物理天平的使用练习.

2. 电子天平

电子天平使用各种压力传感器将压力变化转变为电信号输出,放大后再通过 A/D 转换直接用数字显示出来. 电子天平使用方便,操作简单. 现在市售电子精密天平的分度值为 1 mg,电子分析天平的分度值达到 0.1 mg.

1)电子天平的基本结构

随着现代科学技术的不断发展,电子天平产品的结构设计一直在不断改进和提高,向着功能多、平衡快、体积小、质量轻和操作简便的趋势发展. 但就其基本结构

和称量原理而言，各种型号的电子天平都是大同小异.

常见电子天平的结构是机电结合式的，核心部分是由载荷接受与传递装置、载荷测量及补偿控制装置两部分组成.

载荷接受与传递装置由称量盘、盘支承、平行导杆等部件组成，它是接受被称物和传递载荷的机械部件. 从侧面看平行导杆是由上下两个三角形导向杆形成一个空间的平行四边形结构，以维持称量盘在载荷改变时进行垂直运动，并可避免称量盘倾倒.

载荷测量及补偿控制装置是对载荷进行测量，并通过传感器、转换器及相应的电路进行补偿和控制的部件单元. 该装置是机电结合式的，既有机械部分又有电子部分，包括示位器、补偿线圈、电力转换器的永久磁铁，以及控制电路等部分.

2) 电子天平的称量原理

电子装置能记忆加载前示位器的平衡位置. 所谓自动调零就是记忆和识别预先调定的平衡位置，并能自动保持这一位置. 称量盘上载荷的任何变化都会被示位器察觉并立即向控制单元发出信号. 当秤盘上加载后，示位器发生位移并导致补偿线圈接通电流，线圈内就产生垂直的力，这种力作用于秤盘上，使示位器准确地回到原来的平衡位置. 载荷越大，线圈中通过电流的时间越长，通过电流的时间间隔是由通过平衡位置扫描的可变增益放大器进行计算和调控的. 这样，当秤盘上加载后，即接通了补偿线圈的电流，计算器就开始计算冲击脉冲，达到平衡后，就自动显示出载荷的质量值.

目前的电子天平多数为上皿式(即顶部记载式)，悬盘式已经很少见，内校式(标准砝码预装在天平内，触动校准键后由马达自动加码并进行校准)多于外校式(附带标准砝码，校准时加到秤盘上)，使用非常方便.

自动校准的基本原理是，当人工给出校准指令后，天平便自动对标准砝码进行测量，而后微处理器将标准砝码的测量值与存储的理论值(标准值)进行比较，并计算出相应的修正系数，存于计算器中，直至再次进行校准时方可改变.

3) 电子天平称量的一般程序

在检查天平的水平、洁净等情况后打开电源，待稳定后只要将被称量物体放于天平盘中即可读取数据. 要注意的是：

(1)由于电子天平的称量速度快，在同一个实验室中将有多个同学共用一台天平，在一次实验中，电子天平一经开机、预热、校准后，即可一个个一次连续称量，前一位同学称量后不必关机，但称量后必须保持天平内部及称量盘洁净. 电子天平开机、预热、校准均由实验室工作人员负责，学生除"去皮"键外一般不需要按其他按键.

(2)电子天平自重较轻，使用中容易因碰撞而发生位移，进而可能造成水平改变，故使用过程中动作要轻.

(3)最后一位同学称重后要关机再离开.

实验 B2　固体与液体密度的测定

　　不同的物质由于成分或组织结构不同而具有不同的密度，相同的物质由于所处的状态不同也具有不同的密度. 物质通常有三态: 固态、液态和气态. 对不同的状态，我们选择不同的测量方法测其密度. 本实验介绍几种测量固体和液体密度的方法.

固体与液体密度的测定

实验目的

　　(1)熟悉物理天平的使用方法.

　　(2)学习用流体静力称衡法测固体和液体的密度.

　　(3)掌握用比重瓶法测量液体的密度.

实验仪器

　　物理天平、烧杯、比重瓶、待测固体、待测液体、蒸馏水等.

实验原理

　　若物体的质量为 m，所占有的体积为 V，则该物质的密度为

$$\rho = \frac{m}{V} \tag{B2.1}$$

可见，测出物质质量和体积后，便可间接测得物质的密度. 质量可用天平测量，对于外形规则的固体，可测出它的外形尺寸，通过数学计算得到其体积. 但是对于外形不规则的固体，因为计算它的体积比较困难，所以需采用其他方法测其密度.

　　1. 流体静力称衡法测量不规则固体密度

　　用天平称量待测固体(如钢块)，在空气中称得相应砝码质量为 m；将物体完全浸入但悬浮在水中，称得相应砝码质量为 m_1，根据阿基米德原理有

$$mg - m_1 g = \rho_0 V g \tag{B2.2}$$

式中，ρ_0 为水的密度，V 为物体的体积，即排开水的体积.

　　将式(B2.2)代入式(B2.1)可得

$$\rho = \frac{m}{m - m_1} \rho_0 \tag{B2.3}$$

若待测物体密度 $\rho' < \rho_0$ (如石蜡)，物体不能自行浸入水中，在单独测钢块得到式(B2.2)

的基础上,将该物体(石蜡)与前述物体(钢块)拴在一起,分别按图 B2.1(a)和图 B2.1(b)进行两次称衡,得相应砝码质量分别为 m_3 和 m_4,则

$$\rho' = \frac{m_3 - m_1}{m_3 - m_4} \rho_0 \qquad (B2.4)$$

以上方法适用于浸入液体后其性质不发生变化的物体的测量.

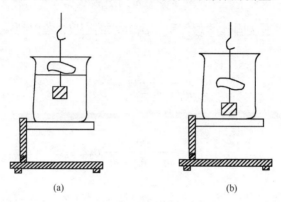

(a)   (b)

图 B2.1 待测固体放入液体中

2. 流体静力称衡法测量液体密度

在上述测量的基础上,将固体放入待测密度为 ρ'' 的液体中称衡,得相应的砝码质量为 m_2,则有

$$mg - m_2 g = \rho'' V g \qquad (B2.5)$$

将式(B2.2)代入式(B2.5)得

$$\rho'' = \frac{m - m_2}{m - m_1} \rho_0 \qquad (B2.6)$$

式中, ρ_0 为水的密度.

3. 比重瓶法测量液体的密度

比重瓶的形状如图 B2.2 所示,瓶塞的中间有一个毛细管,当比重瓶装满液体后,塞紧瓶塞,多余的液体就从毛细管溢出,从而保证比重瓶内液体的体积固定不变. 比重瓶的容积即为待测液体的体积. 比重瓶的容积可以用已知密度的液体测出. 比重瓶测液体密度的方法为:先测出空比重瓶的质量 m_0;再测比重瓶装满待测液体后的质量 m_1;将待测液体倒出,再装满密度为 ρ_0 的水,并测出其质量为 m_2;则待测液体的密度为

图 B2.2 比重瓶

$$\rho = \frac{m_1 - m_0}{m_2 - m_0} \rho_0 \qquad (B2.7)$$

4. 比重瓶法测量固体小颗粒的密度

用比重瓶测量不溶于液体的小块固体(大小要能放入瓶内)的密度 ρ 时，可依次称出待测固体在空气中的质量 m_1，比重瓶装满水的质量 m_2，以及装满水的比重瓶内投入小块固体后的总质量 m_3，显然

$$m_1 + m_2 - m_3 = \rho_0 V$$

式中，V 为投入瓶内小块固体的总体积，ρ_0 为水的密度. 考虑到 $m_1 = \rho V$，ρ 是待测固体的密度，所以

$$\frac{m_1}{m_1 + m_2 - m_3} = \frac{\rho}{\rho_0}$$

即待测固体的密度为

$$\rho = \frac{m_1}{m_1 + m_2 - m_3} \rho_0 \tag{B2.8}$$

实验内容

1. 用流体静力称衡法测量固体和液体密度

1)测量钢块的密度

(1)用天平称量钢块在空气中的质量.

(2)用天平称量钢块在水中的质量，室温下纯水的密度可由附表七查出(注意：物体完全浸入但悬浮在水中时不要接触杯子). 由式(B2.3)可计算出钢块的密度.

2)测量石蜡的密度

因石蜡密度较小，不能自行浸入水中，故将石蜡与钢块拴在一起，分别按图 B2.1(a)和图 B2.1(b)进行两次称衡，由式(B2.4)可以计算出石蜡的密度.

3)测量液体的密度

用天平称量钢块在待测液体中的质量，由式(B2.6)可以计算出待测液体的密度.

4)计算

计算上面测得密度的不确定度，写出测量结果.

2. 用比重瓶法测量液体的密度

(1)将比重瓶内外洗净，且内外烘干，测出空比重瓶的质量.

(2)将比重瓶装满待测液体，塞紧瓶塞，使待测液体充满到瓶塞顶端，用吸水纸吸干溢到瓶外的液体，测出比重瓶装满待测液体后的质量.

(3)将待测液体倒出，再次将比重瓶内外洗净，且内外烘干. 再装满水，且塞紧瓶塞，使水充满到瓶塞顶端，用吸水纸吸干溢到瓶外的水，测出比重瓶装满水后的质量.

(4)计算待测液体的密度及其不确定度，写出测量结果.

3. 用比重瓶测量固体小颗粒的密度

自行设计实验步骤.

注意事项

(1) 在调节天平、取放物体、取放砝码及不用天平时, 都必须将天平制动, 以免损坏刀口. 只有在判断天平是否平衡时才将天平启动. 天平启动、制动时动作要轻, 制动时最好在天平指针接近标尺中线刻度时进行.

(2) 待测物体和砝码要放在秤盘正中. 不要直接用手拿取砝码, 而要用镊子夹取. 称量完毕必须将砝码放回盒内固定位置, 不要随意乱放, 并盖好盒盖.

(3) 每测量一种待测物的质量前, 都应对天平进行调零.

(4) 必须将测量质量时所用的小玻璃珠全部放入比重瓶, 不得漏掉任何一粒.

(5) 用细金属条赶走比重瓶中小玻璃珠的表面气泡时, 动作应轻缓, 不能碰破比重瓶的薄壁.

(6) 实验结束后, 将比重瓶清洗干净, 擦干外表面, 并用电吹风把比重瓶内部吹干.

(7) 比重瓶的瓶塞与瓶口密合, 二者是经研磨而相配的, 不可"张冠李戴".

(8) 比重瓶中装有液体之后, 应避免用手握着瓶身, 以免使液体温度发生改变, 可握住瓶口的位置.

(9) 实验结束后将小玻璃珠晾干.

思考题

(1) 用流体静力称衡法、比重瓶法测量物体密度的原理各是什么?两种方法各有什么优点和缺点?

(2) 试分析此实验的相对误差是否在仪器造成的误差范围之内.

(3) 假如某待测固体能溶于水, 但却不能溶于某种液体, 若用比重瓶法测量该固体的密度, 应如何进行测量?

4.3　时间测量基本器具

时间是物理学中的基本概念之一, 在现代科学中是不可缺少的基本量, 特别是在当今的无线电广播、计量技术、雷达测距、卫星发射与回收、计算机应用、自动控制等方面都需要精确的时间和时钟标准. 国际单位制中时间的单位是秒 (s), 2018 年国际计量大会将秒的定义表述为: 将铯-133 原子不受扰动的基态超精细能级跃迁频率 $\Delta \nu$ 的值固定为 9192631770Hz, Hz 即为 s^{-1}. 在时间测量中, 按测量内容可分为时段测量和时刻测量. 物理实验中常涉及的是时段的测量, 多使用机械秒表、电子秒表及数字毫秒计等.

1)机械秒表

机械秒表(图 4.3.1)可以分为单针和双针两种. 单针秒表只能测量一个过程所经历的时段,双针秒表可分别测量两个同时开始但不同时结束的过程所经历的时段. 机械秒表由频率较低的机械振荡系统、锚式擒纵调速器、操纵秒表启动、制动和指针回零的控制机构(包括按钮、发条及齿轮)等机械零件组成.有的秒表还有暂停按钮,用来进行累加计时. 一般秒表的表盘最小分度值为 0.1 s 或 0.2 s,测量范围是 15 min 或 30 min.

图 4.3.1　机械秒表

在使用机械秒表时,应先上紧发条(转动带滚花的按钮,不宜过紧);然后按一下按钮开始计时,再按一下停止计时,这时秒表指示的时间为终止时刻到起始时刻的差值. 对于无暂停设置的秒表,按一下,指针又复位到零.

秒表工作时的准确与否对计时影响很大,短时间测量(几十秒内),误差主要来源于启动、制动时的操作误差,其值约为 0.2 s,有时还会更大一些. 长时间测量,测量误差除了掐表操作误差外,还有秒表的仪器误差. 所以在实验前,需将秒表与标准电子计时仪进行校对.

2)电子秒表

电子秒表是以石英振荡器的振荡频率作为时间基准来实现计时的,并采用 6 位数的液晶显示器,具有精度高、显示清楚、使用方便、功能较多等优点. 使用过程中通过控制 S_1 和 S_3 按钮可以实现基本秒表显示、累加器计时和取样等常用功能.

在实现基本秒表显示时,若 S_3 处于秒表功能,应先使其复零,按 S_1 秒表计时开始,再按 S_1 秒表计时停止,再按 S_3 秒表复零;在累加计时时,按一下 S_1 秒表计时开始,再按一下 S_1 即累加计时,如此可以重复继续累加;在取样时,按一下 S_1 秒表计时开始,再按一下 S_3 液晶显示器上的数字立刻停止,并在右上角出现"□"的记录信号,冒号仍在闪动,这时读数数字即为取样计时,要取消"□"再按一下 S_3 即可.

3)数字毫秒计

数字毫秒计(图 4.3.2)又称电子计时仪,它利用高精度的石英振荡器输出的方波作为计时信号,因而计时准确度较高、测量范围较广. 数字毫秒计一般由整形电路计数门、计数器、译码器、振荡器、分频器、复原系统、触发器等组成. 数字毫秒计工作时,石英振荡器输出的信号频率可以为 1 MHz、100 kHz 和 10 kHz,则数字毫秒计的标准时间单位可以是 0.001 ms、0.01 ms 或 0.1 ms.

图 4.3.2　数字毫秒计

在工作原理上,首先由光电元件产生控制自动计时器开始计时和停止计时的信号,然后由脉冲信号在开始计时到停止计时的时间间隔内推动计数器计数,计数器所显示的脉冲个数就是以标准时间为单位的被测时间. 在上述过程中,"光控"有两种计时方法：一种是记录光敏二极管的光照被遮挡时间；另一种是记录两次遮光信号的时间间隔，即遮挡一下光敏二极管开始计时，再遮挡一下计数器停止计时，两次遮光信号的时间间隔由数码管显示出来.

实验 B3　刚体转动惯量的测定

转动惯量是刚体转动惯性的量度，它不仅与刚体的质量和转轴的位置有关，而且与刚体的质量分布、形状和大小有关. 对于形状简单的均匀刚体，测出其外形尺寸和质量，就可以计算其转动惯量. 对于形状复杂、质量分布不均匀的刚体，通常利用实验来测定其转动惯量. 本实验用三线摆法、复摆法和扭摆法测刚体的转动惯量. 为了便于与理论计算相比较，实验中仍采用形状规则的刚体.

I　三线摆法测刚体转动惯量

实验目的

(1) 加深对转动惯量概念的理解.
(2) 掌握用三线摆法测转动惯量.
(3) 利用三线摆验证平行轴定理.

刚体转动惯量
的测定

实验仪器

三线摆装置、多功能微秒仪、钢卷尺、待测刚体、游标卡尺等.

实验原理

1. 测量物体的转动惯量

图 B3.1 是三线摆实验装置的示意图. 上、下圆盘均处于水平，悬挂在横梁上. 三个对称分布的等长悬线将两圆盘相连. 拨动转动杆就可以使上圆盘小幅度转动，从而带动下圆盘绕中心轴 OO' 做扭摆运动. 转动的同时下圆盘的质心 O 将沿着转动轴线上下移动，下圆盘的能量发生了势能与动能的转化. 若下圆盘扭转角度最大为 θ_0，其上升的高度为 h，势能改变量为 $m_0 g h$，其中 m_0 为下圆盘质量. 当下圆盘恢复到平衡位置时，其动能为 $(I_0 \omega_0^2)/2$，其中 I_0 为下盘对 OO' 轴的转动惯量，ω_0 为下盘在平衡位置的角速度，不考虑摩擦阻尼，则根据机械能守恒定律有

$$m_0 g h = (I_0 \omega_0^2)/2 \tag{B3.1}$$

当下盘转动角度很小、悬线很长时，扭摆的运动可近似看作简谐运动. 角位移 θ、角速度 ω 和时间 t 的关系可以表示为

$$\theta = \theta_0 \sin \frac{2\pi}{T_0} t \tag{B3.2}$$

$$\omega = \frac{d\theta}{dt} = \theta_0 \frac{2\pi}{T_0} \cos \frac{2\pi}{T_0} t \tag{B3.3}$$

由此可知

$$\omega_0 = \frac{2\pi}{T_0} \theta_0 \tag{B3.4}$$

如图 B3.2 所示

$$h = \frac{2Rr(1-\cos\theta_0)}{H+(H-h)} = \frac{4Rr\sin^2\frac{\theta_0}{2}}{2H-h} \tag{B3.5}$$

由于 $2H \gg h$，故

$$h = \frac{2Rr}{H} \sin^2 \frac{\theta_0}{2} \tag{B3.6}$$

联立 (B3.1)、(B3.4)、(B3.6) 三式可得

$$I_0 = \frac{m_0 Rr g T_0^2}{\pi^2 H \theta_0^2} \sin^2 \frac{\theta_0}{2} \tag{B3.7}$$

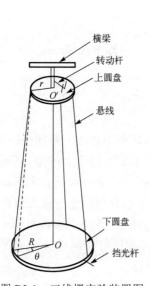

图 B3.1　三线摆实验装置图

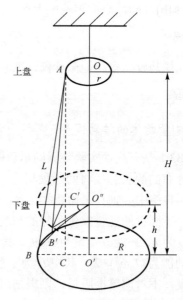

图 B3.2　三线摆实验示意图

当 θ_0 足够小时，上式可近似为

$$I_0 = \frac{m_0 gRr}{4\pi^2 H} T_0^2 \tag{B3.8}$$

式中，m_0 为下盘的质量；r、R 分别为上下悬点离各自圆盘中心的距离；H 为平衡时上、下盘间的垂直距离；T_0 为下盘作简谐运动的周期；g 为重力加速度.

将质量为 m 的待测物体放在下盘上，并使待测刚体的转轴与 OO' 轴重合，测出此时摆运动周期 T_1 和上、下圆盘间的垂直距离 H. 同理可求得待测刚体和下圆盘对中心转轴 OO' 的总转动惯量为

$$I_1 = \frac{(m_0 + m)gRr}{4\pi^2 H} T_1^2 \tag{B3.9}$$

如不计因重量变化而引起的悬线伸长，则有 $H \approx H_0$. 那么，待测物体绕中心轴的转动惯量为

$$I = I_1 - I_0 = \frac{gRr}{4\pi^2 H}[(m+m_0)T_1^2 - m_0 T_0^2] \tag{B3.10}$$

因此，通过长度、质量和时间的测量，便可求出刚体绕某轴的转动惯量.

2. 验证平行轴定理

平行轴定理指出，如果一刚体对通过指定的某一转轴的转动惯量为 I_C，则此刚体对于平行于该轴且相距为 d 的另一轴的转动惯量 I_X 为

$$I_X = I_C + md^2 \tag{B3.11}$$

式中，m 为刚体的质量. 实验中，首先将质量为 m 的圆柱体放在下盘的中心，测量出其转动惯量 I_C，然后将两个质量、形状相同的圆柱体对称分布于半径为 d 的圆周上，如图 B3.3 所示，测出两个圆柱体对于中心轴 OO' 的转动惯量 $2I_X$，如果测得的 I_X 值与由式 (B3.11) 右边计算的结果比较时的相对误差在测量误差的允许范围内，则平行轴定理得到验证.

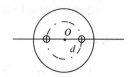

图 B3.3　平行轴定理验证示意图

实验内容

1. 读取质量

读取并记录下圆盘质量 m_0（悬盘上有标记）及圆柱体和圆环的质量 m_1、m_2.

2. 测量尺寸

用游标卡尺测量下圆盘的直径 D，圆柱体的直径 D_0 和圆环的内外直径 D_1、D_2，在不同位置共测三次. 用钢板尺测量上圆盘、下圆盘之间的垂直距离 H，在不同位置

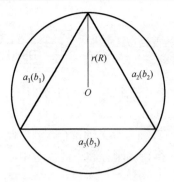

图 B3.4　圆盘尺寸示意图

共测三次. 用游标卡尺测量上圆盘和下圆盘的悬点到盘中心的距离 r 和 R, 如图 B3.4 所示, 用钢板尺分别测出 a_1、a_2、a_3 及 b_1、b_2、b_3, 算出 $\bar{a}$ 和 $\bar{b}$, 则上圆盘半径 $\bar{r} = \dfrac{\sqrt{3}}{3}\bar{a}$, 下圆盘半径 $\bar{R} = \dfrac{\sqrt{3}}{3}\bar{b}$.

3. 测周期 T_0

(1)首先调上圆盘水平, 再调下圆盘水平.

(2)将多功能微秒仪的光电门对准下盘的小杆, 开启设备.

(3)设置测量周期数, 利用微秒仪测量周期. 计时从第一次挡光开始, 截止最后一次挡光, 挡一次光 C 加 1 次, 到记满设定值, 并显示测量结果.

4. 根据转动惯量的计算公式分别计算出圆盘和待测刚体对中心轴的转动惯量并与理论值比较

5. 根据转动惯量的计算公式分别计算出单个圆柱和两个圆柱同时对称放在圆盘上的转动惯量, 并验证平行轴定理

注意事项

(1)下圆盘启动后应复原到起始位置.

(2)下圆盘悬盘扭转角小于 5°.

(3)下圆盘悬盘只能扭转不能晃动, 晃动会引起周期记录错误.

(4)圆环和圆柱置于圆盘上时, 不得放偏, 否则会造成较大误差.

思考题

(1)试分析本实验有哪些主要的系统误差.

(2)三线摆在摆动过程中受空气的阻力, 振幅会越来越小, 问周期是否会随着时间而改变?

(3)三线摆加上待测物后, 摆动周期是否一定比空盘时的周期大?说明原因.

II　复摆法测刚体的转动惯量

实验目的

(1)掌握复摆的物理模型和使用方法.

(2)利用复摆测量物体的转动惯量.

(3)利用复摆模型验证平行轴定理.

实验仪器

复摆装置、多功能微秒仪、钢卷尺、待测刚体、游标卡尺等.

实验原理

1. 测量物体的转动惯量

复摆是一刚体绕固定的水平轴在重力的作用下作微小摆动的动力运动体系. 如图 B3.5 所示，刚体绕固定轴 O 在竖直平面内作左右摆动，G 是物体的质心，与该轴 O 的距离为 h，θ 是其摆动角度，若规定右转为正，此时刚体所受力矩与角位移方向相反，有

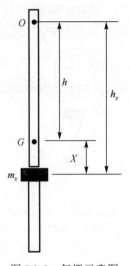

$$M = -mgh\sin\theta \qquad (\text{B}3.12)$$

根据转动定律，又有

$$M = I\ddot{\theta} \qquad (\text{B}3.13)$$

其中，I 为该物体的转动惯量. 由以上两式可得

$$\ddot{\theta} = -\omega^2 \sin\theta \qquad (\text{B}3.14)$$

其中，$\omega^2 = \dfrac{mgh}{I}$. 若 θ 很小，近似有

$$\ddot{\theta} = -\omega^2\theta \qquad (\text{B}3.15)$$

图 B3.5　复摆示意图

说明复摆在小角度且忽略阻尼的影响时作简谐振动，摆动周期 T 为

$$T = 2\pi\sqrt{\frac{I}{mgh}} \qquad (\text{B}3.16)$$

设复摆绕固定轴 O 转动时的转动惯量 $I = I_0$，质心到转轴的距离为 $h = h_0$，对应的周期为 $T = T_0$，则有

$$I_0 = \frac{mgh_0 T_0^2}{4\pi^2} \qquad (\text{B}3.17)$$

又设待测物体的质量为 m_x，回转半径为 k_x，绕自己质心的转动惯量为 $I_{x0} = m_x k_x^2$，绕 O 转动时的转动惯量为 I_x，则 $I_x = I_{x0} + m_x h_x^2$. 当待测物体的质心与物体的质心重合时，即 $h_x = h_0$，物体质心到复摆质心之间的距离 $x = 0$，有

$$T = 2\pi\sqrt{\frac{I_x + I_0}{Mgh_0}} \qquad (\text{B}3.18)$$

式中，$M = m_0 + m_x$. 将上式平方后，得

$$I_x = \frac{Mgh_0 T^2}{4\pi^2} - I_0 \tag{B3.19}$$

将待测物的质心调节到与复摆质心重合，测出周期为 T，代入上式，可求转动惯量为 I_x 和 I_{x0}.

2. 验证平行轴定理

取质量和形状完全相同的两个摆锤 A 和 B，对称地固定在复摆质心 G 的两边，设 A 和 B 的位置距离复摆质心的距离为 x，如图 B3.6 所示，由式(B3.16)可得

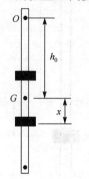

图 B3.6　复摆增加重物

$$T = 2\pi \sqrt{\frac{I_A + I_B + I_0}{Mgh_0}} \tag{B3.20}$$

式中，$M = m_A + m_B + m = 2m_A + m$，$m_A$ 和 m_B 分别为摆锤 A 和 B 的质量，m 为复摆的质量. 根据平行轴定理有

$$I_A = I_{A0} + m_A (h_0 - x)^2 \tag{B3.21}$$

$$I_B = I_{B0} + m_B (h_0 + x)^2 \tag{B3.22}$$

式中，I_{A0} 和 I_{B0} 分别为摆锤 A 和 B 绕质心的转动惯量. 二式相加得

$$\begin{aligned} I_A + I_B &= I_{A0} + I_{B0} + m[(h_0 - x)^2 + (h_0 + x)^2] \\ &= 2[I_{A0} + m_A (h_0^2 + x^2)] \end{aligned} \tag{B3.23}$$

将式(B3.23)代入式(B3.20)得

$$T^2 = \frac{8\pi^2 m_A}{Mgh_0} x^2 + \frac{8\pi^2}{Mgh_0}(I_{A0} + I_0/2 + m_A h_0^2) \tag{B3.24}$$

以 x^2 为横轴，T^2 为纵轴，作 x^2-T^2 图像，应是直线，直线的截距 a 和斜率 b 分别为

$$a = \frac{8\pi^2}{Mgh_0}(I_{A0} + I_0/2 + m_A h_0^2) \tag{B3.25}$$

$$b = \frac{8\pi^2 m_A}{Mgh_0} \tag{B3.26}$$

如果实验测得的 a 和 b 值与由式(B3.25)和式(B3.26)计算的理论值相等，则由平行轴定理推导的式(B3.24)成立，即证明了平行轴定理.

实验内容

1. 测量刚体的转动惯量

(1)读取质量. 读取并记录下复摆质量 m 和待测摆锤的质量 m_1.

(2)测量复摆绕固定轴 O 转动时的转动惯量 I_0. 测量复摆质心到转轴 O 的距离, 将多功能微秒仪的光电门对准下盘的小杆, 开启设备, 调节计时仪的预置次数. 转动复摆且转角小于 5°, 记录多周期对应时间并计算周期 T_0.

(3)测量待测物体转动惯量 I_{x0} 及其绕固定轴 O 的转动惯量 I_x. 将待测摆锤安装到复摆上, 调节质心与复摆质心重合, 测出周期为 T_1.

2. 验证平行轴定理

将两个质量和形状完全相同的待测物对称地固定在复摆质心 G 的两边, 改变它们与复摆质心的距离 x, 测对应各 x 值的周期 T_x, 作 x^2-T^2 图像. 以 x^2 为横轴, T^2 为纵轴, 作 x^2-T^2 图像, 计算直线的截距 a 和斜率 b, 并与 a 和 b 的理论值做比较.

注意事项

(1)测周期时, 复摆扭转角小于 5°.

(2)将待测物安装到复摆上, 调节质心与复摆质心重合, 不得放偏, 否则会造成很大误差.

(3)验证平行轴定理时两个相同的待测物体要对称地固定在复摆质心 G 的两边, 若不对称会引入较大误差.

思考题

(1)在验证平行轴定理时, 若作出惯量仪转动部分与小圆柱的转动惯量 J-d^2 曲线, 此图线是什么形状?与 J_x-d^2 图线相比较, 有何区别?由 J-d^2 图线能否求出惯量仪的转动惯量?

(2)若砝码的加速度 a 远小于重力加速度 g, 本实验的计算公式可作何简化?如作了此种简化, 会对本实验的结果产生多大影响(用实验数据说明)?如忽略摩擦阻力矩 M_μ 的影响, 结果如何呢?

III　扭摆法测定物体转动惯量

实验目的

(1)用扭摆测定几种不同形状物体的转动惯量和弹簧的扭转常数, 并与理论值进行比较.

(2)验证转动惯量平行轴定理.

实验仪器

转动惯量测试仪及附件(包括扭摆、空心金属圆筒、实心高矮塑料圆柱体、木球、金属细杆及金属滑块)、数字式电子台秤、游标卡尺.

扭摆的构造如图 B3.7 所示, 在垂直轴 1 上装有一根薄片状的螺旋弹簧 2, 用以产

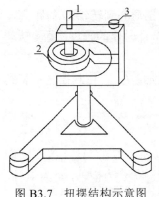

图 B3.7　扭摆结构示意图

生恢复力矩，在轴的上方可以装上各种待测物体，垂直轴与支座间装有轴承，以降低摩擦力矩，3 为水平仪，用来调整系统平衡.

实验原理

将物体在水平面内转过一角度 θ 后，在弹簧的恢复力矩作用下物体将开始绕垂直轴做往返扭转运动，根据胡克定律，弹簧受扭转而产生的恢复力矩 M 与所转过的角度 θ 成正比，即

$$M = -K\theta \tag{B3.27}$$

式中，K 为弹簧的扭转常数. 根据转动定律 $M = I\beta$ 可得

$$\beta = \frac{M}{I} \tag{B3.28}$$

式中，I 为物体绕转轴的转动惯量，β 为角加速度.

令 $\omega^2 = \dfrac{K}{I}$，忽略轴承的摩擦阻力矩，由式 (B3.27) 和式 (B3.28) 得

$$\beta = \frac{\mathrm{d}^2\theta}{\mathrm{d}t^2} = -\frac{K}{I}\theta = -\omega^2\theta \tag{B3.29}$$

上述方程表示扭摆运动具有角简谐振动的特性，即角加速度与角位移成正比，且方向相反. 此方程的解为

$$\theta = A\cos(\omega t + \phi) \tag{B3.30}$$

式中，A 为谐振动的角振幅，ϕ 为初相位角，ω 为角频率. 此谐振动的周期为

$$T = \frac{2\pi}{\omega} = 2\pi\sqrt{\frac{I}{K}} \tag{B3.31}$$

由式 (B3.31) 可知，只要实验测得物体扭摆的摆动周期，并且 I 和 K 其中一个量已知，即可计算出另一个量.

转动惯量的平行轴定理为：若质量为 m 的物体绕通过质心轴的转动惯量为 I_0，当转轴平行移动距离 d 时，此物体对新轴线的转动惯量变为 $I_0 + md^2$.

实验内容

(1) 调整扭摆基座底座螺丝，使水平仪的气泡位于中心.

(2) 在转轴上装上金属载物圆盘，并调整光电探头的位置使载物圆盘上的挡光杆处于缺口中央，使其不仅能遮住发射、接收红外光线的小孔，而且能自由地通过光电门. 多次测量摆动周期 T_0，将塑料圆柱体放在载物盘上测出摆动周期 T_1. 已知刚体的

转动惯量理论值为 T_0'，根据 T_0、T_1 可求出 K 及金属载物盘的转动惯量 T_0.

(3) 取下塑料圆柱体，在载物盘上放上金属筒，测出摆动周期 T_2.

(4) 取下载物盘，测定塑料球的摆动周期 T_3.

(5) 取下塑料球，将金属细杆和支架中心固定，测定其摆动周期 T_4，外加两滑块卡在细杆上的凹槽内，在对称时测出各自摆动周期，验证平行轴定理. 由于此时周期较长，可将摆动次数减少.

(6) 计算塑料圆柱体、空心金属圆筒、木球和金属细杆的转动惯量，并与理论值比较.

(7) 验证转动惯量平行轴定理. 将金属滑块对称放置在金属杆两边的凹槽内，选取不同的滑块质心与转轴的距离为 d，测量对应于不同距离时的摆动周期，验证转动惯量平行轴定理.

注意事项

(1) 弹簧有一定的使用寿命和强度，切勿随意玩弄，在测量各类物体的摆动周期时，摆角不宜过小或过大，摆幅也不宜变化过大.

(2) 光电探头宜放置在挡光杆平衡位置处，挡光杆不能和它相接触，以免增大摩擦力矩.

思考题

(1) 如何用转动惯量测试仪测定任意形状物体绕特定轴的转动惯量？

(2) 在用扭摆测定物体转动惯量实验中，弹簧扭转系数越大，摆动周期是否越大？

(3) 实验中测量物体摆动周期时，摆角为何要取确定值，你认为摆角取多少合适？

4.4　温度测量基本器具

温度是一个重要的物理量，微观上，它反映物体分子运动平均动能的大小，宏观上，它表示物体的冷热程度. 用来量度物体温度高低的标尺称为温标，如热力学温标、摄氏温标、华氏温标等，温度的国际单位制采用热力学温标确定，1 开尔文 (1 K) 的定义为"绝对零度到水的三相点的温度为 1/273.16". 我们日常生活中常用的摄氏温度 t (单位为℃) 与热力学温标的关系为

$$t = T - 273.15$$

式中，T 为热力学温度.

为了解决热力学温标在实际测量、校准温度上的困难，国际上采用"实用温标" (ITS-90 标准) 来制造和标定各种温度计，它定义了包括水的三相点、水银的三相点、锡的凝固点在内的 17 个固定点，并且规定了不同温度区间的测量方法. 例如，用铂电阻的

阻值来定义温度从 13.8 K(氢的三相点)至 961.78 ℃(银的凝固点)这一区间的温度.

各种测量方法大都是利用物体的某些物理化学性质(如物体的膨胀率、电阻率、热电势、辐射强度和颜色等)与温度具有一定关系的原理,当温度不同时,上述各量中的一个或几个随之发生变化,测出这些参量的变化,就可间接地知道被测物体的温度.

测量方法可分为接触式和非接触式两大类. 接触式温度测量器具有液体膨胀式温度计(水银温度计、酒精温度计)、热电偶温度计、热敏电阻温度计等. 接触式测温简单、可靠、测量精度高,但由于达到热平衡需要一段时间,因而会产生测温后的滞后现象. 非接触式测温器具有光学高温计、辐射高温计、红外探测器等. 通常是通过热辐射来测量温度,多用于测量高温物体. 这种方法虽然测量速度快,但受物体的辐射率、热辐射传递距离、烟尘和水蒸气的影响,测量误差较大.

物理实验室中常用的测温器有液体温度计、热敏电阻温度计、热电偶温度计和干湿球温度计.

1) 液体温度计

液体温度计是以液体为测温物质,利用液体的热胀冷缩性质来测量温度的. 常见的测温物质有水银和酒精等,以水银应用最为广泛,主要是因为水银在标准大气压和 $-38.87\sim356.58$ ℃的温度范围内,其热膨胀系数变化小,体积的改变量与温度改变量基本成正比,热传导性能良好,且与玻璃管壁不相黏附,是一种较精密的测温范围广的液体温度计.

常用水银温度计可分为标准汞温度计和普通汞温度计等规格. 标准汞温度计可分为一等标准汞温度计和二等标准汞温度计,主要用来校正其他各类温度计. 一等标准汞温度计测温范围为-30~300 ℃,其分度值为 0.05 ℃,每套由 9 支或 13 支测温范围不同的温度计组成,用于检定或校准二等标准汞温度计. 二等标准汞温度计测温范围也是-30~300 ℃,分度值为 0.1 ℃或 0.2 ℃,是校准各种常用玻璃体温度计的标准仪表. 标准汞温度计出厂时,每支温度计均有检定证书. 普通汞温度计测温范围有 0~50 ℃、0~100 ℃、0~150 ℃等多种,分度值一般为 1 ℃,在实验室和日常生活中多使用此种温度计.

测量温度时,应使温度计头部(充有液体部分)与被测物充分接触,避免由于热传递产生的滞后性给测温带来一定的影响. 读数时,注意采用正确的方法,即要正视玻璃管上的温度刻线. 由于玻璃管温度计易碎,所以使用完毕一定要保管好.

2) 热敏电阻温度计

热敏电阻是由对温度敏感的半导体材料构成的元件,包括正温度系数的热敏电阻(电阻随着温度增加而增加)和负温度系数的热敏电阻(电阻随着温度增加而减小). 常见的负温度系数热敏电阻的电阻与温度的关系式如下:

$$R = R_0 e^{\frac{B}{T}} \tag{4.4.1}$$

式中，B 为材料常数，其典型值为 2000～6000 K. 电阻的温度系数为

$$\alpha = \frac{1}{R}\frac{\mathrm{d}R}{\mathrm{d}T} = -\frac{B}{T^2} \tag{4.4.2}$$

3）热电偶温度计

热电偶是由两种不同材料的金属丝焊接而成，如图 4.4.1 所示，材料 A 和材料 B 构成一个具有两个结点的闭合回路，在实际使用中，结点 1 为工作端，放置于被测介质中，结点 2（自由端，又称为冷端或补偿端）置于冰水中. 若结点 1 和结点 2 所处的温度不同，就会在回路中产

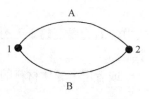

图 4.4.1　热电偶原理

生热电动势（Seebeck 电动势），当热电偶回路中接入第三种金属材料时，只要该材料两个结点的温度相同，热电偶所产生的热电动势保持不变. 因此，在用热电偶测温时，可接入测量仪表. 当测得热电动势后，可依据热电偶的分度表得到相应的温度. 分度表显示的是当自由端在 0 ℃时得到的热电动势与温度的函数关系.

热电偶的优点是温差电动势与热电偶端部的体积无关，探头可以很小，消除了探头的热容和温度测量的时间滞后性. 与普通温度计的测量范围相比，热电偶测量范围更大，可以测 1000 ℃以上的高温，因此常用于工业生产中.

实际中常用的热电偶有 NiCr-NiAl、Cu-CuNi（铜-康铜）和 PtRh-Pt. 它们有不同的灵敏度和工作范围，在实际应用中应注意选择.

4）干湿球温度计

干湿球温度计由两个相同的温度计 A 和 B 组成. 温度计 B 的储液球上包裹着纱布，纱布的下端浸在水槽内. 由于水蒸发的吸热作用，温度计 B 所指示的温度低于温度计 A 所指示的温度. 当环境空气的湿度小时，由于水蒸气蒸发得快，吸收得热就多，所以两温度计所指示的温度差就越大，反之则两温度计所指示的温度差就越小. 根据所指示的温度差，通过转动干湿球温度计中间的转盘便可以查找出该温度差对应的环境的相对湿度.

实验 B4　用热敏电阻测量温度

实验目的

（1）了解热敏电阻的电阻-温度特性.
（2）运用惠斯通电桥测热敏电阻的阻值.
（3）用热敏电阻分别测出室温和体温.

实验仪器

热敏电阻、用作校准的温度计（可以是水银温度计或其他温度传感器）、温度可调节的被测介质（如对水进行加热或冷却）、惠斯通电桥.

实验原理

热敏电阻由半导体材料制成，它的电阻与温度的关系为

$$R = R_0 e^{\frac{B}{T}} \tag{B4.1}$$

式中，R_0 为温度趋于无穷大时热敏电阻的阻值，B 为热敏电阻的材料常数，T 为热力学温标.

或者用半导体材料的电阻率 ρ 来表示

$$\rho = \rho_0 e^{\frac{B}{T}} \tag{B4.2}$$

电阻(或电阻率)的温度系数为

$$\alpha = \frac{1}{\rho} \frac{d\rho}{dt} = -\frac{B}{T^2} \tag{B4.3}$$

热敏电阻的典型值为-0.03～-0.06 K^{-1}.

热敏电阻的阻值随温度增加而呈指数减小(即对应于负的温度系数)，而金属(如铂电阻)的电阻-温度特性是线性增加，且金属的温度系数要比热敏电阻的温度系数低几十倍，故半导体材料的电阻对温度的敏感性要比金属电阻灵敏得多.

我们采用惠斯通电桥法来测热敏电阻的阻值，惠斯通电桥测电阻的原理与方法见本书第 7 章电磁学专题实验中的实验 E1 惠斯通电桥法测量电阻.

实验内容

(1)测量室温下热敏电阻的阻值. 首先选择惠斯通电桥的适合量程，调节电桥至平衡，再求出惠斯通电桥的灵敏度.

惠斯通电桥灵敏度可通过依次增大及减小比较臂电阻 R 为 $R + \Delta R$，使检流计分别正向、反向偏转一格，得到其两次平衡的灵敏度值.

(2)测量手心处的温度，用手握住热敏电阻几分钟后，再次调节惠斯通电桥使其平衡，测出此时的热敏电阻阻值.

(3)绘制出热敏电阻的电阻-温度曲线. 将热敏电阻浸入盛有热水的烧杯中，同时用水银温度计测量水温. 在水慢慢冷却过程中，每隔 5 ℃测量一次. 绘制出热敏电阻的电阻-温度特性曲线. 在40 ℃时作曲线的切线，求出该点切线的斜率 $\dfrac{dR}{dT}$ 及电阻温度系数 α.

(4)作 $\ln|R| - \dfrac{1}{T}$ 曲线，确定常数 R_∞ 和 B，再求出热敏电阻的温度系数 α.

(5)比较步骤(3)和步骤(4)的两个结果，试分析以上两种方法中哪种方法求出的材料系数 B 和电阻温度系数 α 更准确.

(6)制作出热敏电阻的阻值-温度分度表.

注意事项

(1) 因为人工所调平衡可能存在误差，而正反测量可以减小这种误差.

(2) 实验中温度计的温度示值与实际温度有差异会使实验结果不准确，从而产生较大的实验误差. 控制好加热电压，使温度在测量点处有更好的控制性，使实验者更为准确快速地在所测温度处测得数据.

思考题

(1) 在测量电阻-温度关系曲线时，哪些因素对测量结果有影响？

(2) 当电阻-温度分度表绘制完成后，如果所测出的阻值在分度表的两个阻值之间，如何得到分度表没有列出的温度？

实验 B5　pn 结正向压降的温度特性

pn 结构成的二极管和三极管的伏安特性对温度有很大的依赖性，利用这一点可制成 pn 结温度传感器（包括二极管的温度传感器、三极管的温度传感器和集成电路温度传感器等）. 这类传感器具有灵敏度高、响应快、体积小等特点，适合于自动温度检测等方面的应用.

实验目的

(1) 研究 pn 结正向压降随温度变化的关系.

(2) 学习用 pn 结温度传感器测温度的方法.

实验仪器

pn 结、用作校准的 DS1820 数字温度传感器、温度可调节的被测介质（如对水进行加热和冷却）、数字电压表.

实验原理

pn 结的正向电流 I_F 和正向电压 U_F 满足下面关系：

$$I_F = I_S\left[\exp\left(\frac{eU_F}{k_B T}\right) - 1\right] \tag{B5.1}$$

式中，e 为电子电量，k_B 为玻尔兹曼常量，T 为热力学温度，I_S 为反向饱和电流.

当 $U_F > 0.1\ V$ 时，$\exp(eU_F/k_B T) \gg 1$，由式 (B5.1) 有

$$I_F = I_S\exp\left(\frac{eU_F}{k_B T}\right) \tag{B5.2}$$

pn 结的反向饱和电流 I_S 与 pn 结材料的禁带宽度 E_g 及温度有关，可以证明

$$I_S = A\exp\left(\frac{-eU_g}{k_B T}\right) \tag{B5.3}$$

其中，禁带宽度 $E_g=eU_g$，U_g 是 pn 结材料的导带底和价带顶的电势差，A 是与结面积掺杂浓度等有关的常数.

将式(B5.3)代入式(B5.2)，两边取对数，可得

$$U_F = U_g + \left(\frac{k_B}{e}\ln\frac{I_F}{A}\right)T \tag{B5.4}$$

当 pn 结在小的恒定电流 I_F 驱动下，式(B5.4)近似满足线性关系，可写成

$$U_F = U_g + bT \tag{B5.5}$$

式中，$b \approx -2\ \text{mV}\cdot{}^{\circ}\text{C}^{-1}$，即 pn 结温度每升高 1 ℃，其正向压降约减小 2 mV.

实验内容

本实验内容分为两部分，首先是测量 pn 结的正向压降 U_F 与温度 T 的关系，需要用另外的温度传感器及电压表测出 pn 结的 U_F-T 的关系曲线，可称之为对 pn 结校准或标定；其次是依据 pn 结的 U_F-T 曲线，用 pn 结进行温度测量.

(1)测量 pn 结的 U_F-T 关系曲线，用 DS1820 数字温度传感器作为温度测量仪器，所测量的温度可从显示面板中读出.

将 pn 结与集成电路温度传感器浸入盛有水的烧杯或容器中，用数字电压表(或万用表)测量 pn 结的正向电压，当温度改变 5 ℃或 pn 结的正向电压改变 10 mV 时，记录 U_F 和 T.

(2)绘制 U_F-T 曲线.

绘制 U_F-T 曲线，并用作图法分析 pn 结作为温度传感器的灵敏度与线性度.

(3)用最小二乘法求灵敏度 S 与 U_g，并求出此材料的禁带宽度 E_g.

(4)用此 pn 结测量室温、体温及自来水的温度.

(5)用此 pn 结测量水的沸点，记录实验室的大气压，查出实际大气压应有的沸点，并分析误差产生的原因.

灵敏度 S 是指 pn 结正向压降随温度变化的显著程度，它定义为

$$S(\text{mV}\cdot\text{K}^{-1}) = \frac{\Delta U_F}{\Delta T}$$

线性度 L 是指 U_F-T 曲线与理想直线的非线性偏差程度

$$L = \frac{\Delta U}{\Delta U_F} \times 100\%$$

式中，ΔU 为 U_F-T 曲线与理想直线的最大电压偏差，ΔU_F 为测量起始至结束时对应的 U_F 的改变量.

注意事项

(1) 可同时测量水温升高及降温过程中的 U_F 和 T，取平均值后作出 U_F-T 曲线.

(2) 测量过程中使 pn 结管脚与水绝缘，防止短路.

(3) 测量过程中应缓慢升温或降温.

思考题

(1) 温度起点不同对 U_F-T 曲线是否有影响？

(2) 正向电流 I_F 的大小对 U_F-T 曲线有何影响？

(3) pn 结测量温度的范围大致是多少？能否用于测量 1000 ℃ 以上的高温？

4.5　电学实验常用器具

本节介绍电磁学实验中常用的一些仪器，如电源、电表(包括电流表和电压表)、变阻器及电阻箱，还将讲到电磁学实验中应遵循的操作规则.

1. 电源

电源是能够产生和维持一定的电动势并能够提供一定电流的设备. 电源分为直流和交流两类.

1) 直流电源

(1) 晶体管直流稳压电源. 这种电源稳定性好，内阻小，输出连续可调，功率较大，使用方便. 对电源稳定性要求更高时，可在公用稳压电源的基础上再加稳压电路.

(2) 蓄电池. 有铅蓄电池和铁镍电池两大类. 铅蓄电池的电动势为 2 V，额定电流为 2 A，输出电压比较稳定. 铁镍电池的电动势为 1.4 V，额定电流为 10 A，输出电压的稳定性较差，要经常充电，维护较麻烦，但坚固耐用，适于大电流下工作.

(3) 干电池. 每节干电池的电动势为 1.5 V，额定电流为 100 mA. 在功率小、稳定度要求不高时是很方便的直流电源. 干电池长时间使用后，内阻可增大到 1 Ω 以上，此时虽然能测得电压，却没有电流了.

(4) 标准电池. 标准电池是电动势的参考标准，不能作为电源用. 它是一种汞镉电池，按电解液的浓度可分为饱和与不饱和两种. 前者的电动势最稳定，但随温度变化比后者要显著得多. 若已知 20 ℃ 时的电动势 E_{20}，则 t 时的电动势可由下式算出：

$$E(t) \approx E_{20} - 4 \times 10^{-5}(t-20) - 10^{-6}(t-20)^2 \ (\text{V}) \tag{4.5.1}$$

含有不饱和电解液浓度的标准电池则不必作温度修正.

标准电池的结构有 H 型封闭玻璃管式的，也有单管式的，前者只能直立. 作为国际标准的是饱和 H 型管式的标准电池，按准确度分为 Ⅰ、Ⅱ、Ⅲ 三个等级. Ⅰ、Ⅱ 级的最大允许电流为 1 μA，内阻不应大于 1000 Ω；Ⅲ 级的最大容许电流为 10 μA，内阻

不应大于 $600\ \Omega$. 每个标准电池的电动势在 $1.018\ V$ 左右.

2) 交流电源

通常指 $50\ Hz$ 的正弦交流电，生活中常用的 $220\ V$ 交流电是一根相线(俗称火线)与地线之间的电压. 若要得到 $220\ V$ 以外的其他电压值，可通过变压器将 $220\ V$ 升压或降压到所需值. 生活中经常用自耦变压器进行调压. 改变转柄位置，可使输出电压在 $0\sim240\ V$ 连续改变. 在使用中必须根据所需的电压、电流(或功率)大小选择或设计合适的变压器.

3) 电源使用注意事项

(1) 必须注意电压的大小. 通常 $36\ V$ 以下对人身是安全的，可以直接操作，大于 $36\ V$ 的电压，人体不得随便触及，以免发生危险. 常用电网电压为交流 $220\ V$ 或 $380\ V$，必须使用绝缘工具或采取其他绝缘措施，人体任何部位不得直接触及.

(2) 直流电源正负极之间和交流电源的相线与地线之间不得短路. 使用中还要注意电源的最大输出电流不得超过允许值.

(3) 使用直流电源要注意正负极性不得接错.

2. 电表

按读数的显示方法不同，电表可分成数字式和偏转式两大类. 数字式电表，可将测量结果以多位数字形式直接显示出来. 偏转式电表，也就是靠指针或光点在刻度尺上的偏转位置来读数的电表. 按其工作原理可分为磁电式、电磁式、电动式等.

1) 偏转式电表

普通物理实验室所用电表基本上都是磁电式电表. 它的基本结构是：通电线圈在磁场中受到电磁力矩而偏转，电磁力矩和电流大小成正比，与此同时，与线圈转轴连接的游丝则产生反抗线圈偏转的力矩，反抗力矩与线圈转过的角度成正比. 因此，当线圈通过一定的电流，线圈转到一定角度时，电磁力矩与游丝的反抗力矩达到平衡，固定在线圈上的指针指示出转过的角度. 该转角与电流成正比，故磁电式电表的刻度是均匀的. 其特点是灵敏度高，但是它只能用来测量直流电或用来测量单向脉冲电流的平均值(由于正弦交流电的平均值为零，用磁电式电表测量时，电表指示永远为零，故其不能直接用来反映交流电的大小).

电表的主要规格有量程、准确度等级和内阻. 量程指电表可测得的最大电流或电压值. 电表内阻一般在仪表说明书上已给出，或由实验室测出，设计线路或使用电压表时必须了解电表的规格.

国家标准规定，电表一般分 7 个准确度等级，即 0.1、0.2、0.5、1.0、1.5、2.5、5.0. 其定义如下：

$$级数 = 仪器最大允许误差/量程 \tag{4.5.2}$$

由此可见，电表的最大允许误差决定于使用的量程和电表的准确度等级. 只要量程、级数一定,不论指针位于何处(示值多大),最大允许误差都相同. 因此,为了提高测量的准确度,选择电表量程时应使示值尽量靠近满刻度.

电气仪表盘上常用的一些符号表明电表的技术性能和规格,表 4.5.1 给出了一些常见电气仪表面板上的标记及意义. 数字式仪表的量程、准确度、输入电阻等都在仪器说明书或有关实验说明书中给出,使用前应先阅读这些材料.

表 4.5.1　常见电气仪表面板上的标记及意义

名称	符号	名称	符号
指示测量仪表的一般符号	○	磁电系仪表	∩
检流计	⊛	静电系仪表	=
安培表	A	直流	—
毫安表	mA	交流(单相)	∼
微安表	μA	交直流两用	∼
伏特表	V	以满度的百分数表示准确度等级,如 1.5 级	1.5
毫伏表	mV	以指示值百分数表示准确度等级,如 1.5 级	⑴.5
千伏表	kV	标度尺为垂直放置	⊥
欧姆表	Ω	标度尺为水平放置	⌐
兆欧表	MΩ	绝缘强度试验电压为 2 kV	☆2
负端钮	—	接地	⊥
正端钮	+	调零器	↰
公共端钮	*	Ⅱ级防外磁场及电场	‖ ‖

指针电表的使用注意事项:

(1)选择电表的准确度等级和量程. 选择电表时不应片面追求准确度越高越好,而是要根据被测量值的大小及对误差的要求,对电表准确度的等级及量程进行合理选择. 为了充分利用电表准确度,被测量值应大于量程的 2/3. 在不知被测电流或电压大小的情况下,应先用电表的最大量程,根据指针偏转情况逐渐调到合适的量程.

(2)电表的接入方法. 电流表使用时必须串联于被测电路中. 使用电压表测量电压时,电压表必须与被测电路并联.

(3)电表的正、负极不能接反,以防损坏电表.

(4)使用之前要根据电表面板上的标记,即"⌐"水平放置、"⊥"竖直放置使用.

(5)使用前要检查、调节电表外壳上的零点调节螺钉,使指针指零.

(6)读数时目光应垂直于刻度表面,对表盘上装有平面镜的电表,当指针与像重合时方可. 有效数字一般读到最小刻度值的下一位. 多量程电表,测量前应首先弄清楚所用量程每格代表的格值数,即每格的大小,读数时,从标尺上读出格数(应估读一位)再乘以格值数. 对于数字式电表,应直接记录,不估读.

图 4.5.1　数字式万用表

(7) 使用仪表时还要注意工作条件(如温度、湿度、工作位置等)，以尽量减少附加误差.

2) 数字式电表(万用表)

数字式电表(图 4.5.1)按显示位数来划分，可分为三位半、四位半、五位、六位、八位等，位数指能完整地显示数字的最大位数，能显示出 0~9 这十个数字的称为一个整位，不足的称为半位. 例如能显示"999999"时，称为六位；最大能显示"0999"或"1999"的称为三位半，半位都是出现在最高位.

数字电表在测量电压时的输入阻抗通常等于或大于 10 MΩ，因此数字电压表的内阻远远大于指针式电压表的电阻，然而当用电流挡测量电流时，电流量程各挡的内阻很小，根据量程的不同，其内阻在零点几欧姆到几百欧姆不等.

数字式电表的最大允许误差可以用极限误差表示为

$$\Delta_{仪} = \alpha\% V_x + \beta\% V_m \tag{4.5.3}$$

式中，V_x 是测量值，V_m 是满量程，α、β 的大小由仪器说明书中给出. 式中第一项表示读数的误差，第二项相当于指针式电表的级别误差.

使用数字万用表时应注意以下几点：

(1) 量程开关应置于正确的测量位置，过量程测量会损坏电表.

(2) 严禁在测量过程中改变量程开关挡位.

(3) 红、黑表笔应插在符合测量要求的插孔内，并留意测试电压或电流不要超过插孔旁边的指示数字. "COM"插口输入接地端.

3. 电阻器

电阻器分为可调电阻和固定电阻.

1) 可调电阻

可调电阻包括电阻箱(图 4.5.2)、变阻器和电位器，它们在电路中主要起控制调节作用. 标志一个可调电阻性能的指标有以下两个：

图 4.5.2　电阻箱

(1) 全电阻(最大电阻). 实验常用的电阻箱有五钮或六钮的，其全电阻为 9999.9 Ω 或 99999.9 Ω；变阻器的全电阻从几欧到几千欧；电位器的全电阻可达几兆欧.

(2) 额定功率. 电阻箱中每个电阻的额定功率一定，一般为 0.25 W. 必须注意的是使用不同挡时额定电流是不同的，变阻器的额定功率比较大，有几十瓦或几百瓦. 直接标出的是额定电流，一般是全电阻越大的额定电流越小；电位器的额定功率比较小，常用的碳膜电位器有 0.5 W、1 W、2 W 的；线绕电位器的功率大一些，常用的有 3 W

和 5 W. 电阻在使用时，不允许超过额定电流(额定功率)，即电阻允许通过的最大电流，否则电阻将被烧坏.

　　电阻箱　电阻箱一般是由电阻温度系数较小的锰铜线绕制的精密电阻串联而成，通过十进位旋钮可使阻值改变. 电阻箱的主要规格有总电阻、额定电流(或额定功率)和准确度等级. 如实验室常用的 ZX21 型六位十进式电阻箱，若它的六个旋钮下的电阻全部使用，则总电阻为 99999.9Ω. 如果只需要 0.1～0.9(或 9.9)Ω 的阻值变化，则应该接 "0" 和 "0.9"(或 "9.9Ω")两接线柱，这样可避免电阻箱其余部分的接触电阻对低电阻带来不可忽略的误差. ZX21 型电阻箱各挡阻值的额定电流如表 4.5.2 所示.

表 4.5.2　ZX21 型电阻箱各挡阻值的额定电流

步进电阻/Ω	0.1	1	10	100	1000	10 000
额定电流/A	1	0.5	0.15	0.05	0.015	0.005

　　有些电阻箱或变阻器上只标明了额定功率 P，其额定电流可用 $I = (P/R)^{1/2}$ 算出.

　　在通常教学实验条件下，0.1 级电阻箱的阻值不确定度用下式表示：

$$U_R = 0.1\%R + bM$$

式中，M 是所用的十进位电阻盘的个数，b 是每个旋钮允许的最大接触电阻，对 0.1 级电阻箱来说，要求每个旋钮的接触电阻不大于 0.002 Ω.

　　滑线变阻器　滑线变阻器是一种阻值可以连续调节的电阻器，由均匀密绕在瓷管上的电阻丝构成，它有两个固定的接线端 A 和 B 及一个在线圈上滑动的滑动端 C，如图 4.5.3 所示.

　　变阻器的规格是：全电阻，即 AB 间电阻；额定电流，即变阻器所允许通过的最大电流.

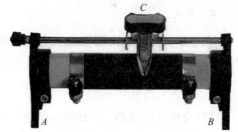

图 4.5.3　滑线变阻器

　　滑线变阻器在电路中经常用来控制电流或电压，用它可设计成两种基本电路，即限流电路和分压电路. 限流电路如图 4.5.4 所示，将 AC 段串联在电路中，B 端空着不用，当滑动 C 时，AC 段电阻可变，所以可以控制电路电流. 实验之前，变阻器的滑动端应放在电阻最大位置. 分压电路如图 4.5.5 所示，变阻器的两个固定端 A、B 分别与电源两电极相连，滑动端 C 和一个固定端 A(或 B)连接到用电部分去. 当电源接通时，电源电压全部加在 AB 上从 AC(或 BC)向负荷分出一部分电压，AC 电阻变化时可以控制负荷上的电压，所以输出电压 U_{AC} 在(0～E)中可调. 实验之前，变阻器的滑动端应放在分出电压最小位置.

　　使用限流电路选用变阻器时，首先根据实验要求的最大电流和负载 R，确定电源

电压 $E=R\cdot I_{max}$，之后根据限流时电流最小的情况算出变阻器全电阻值 $R_0\left(I_{min}=\dfrac{E}{R+R_0},R_0=\dfrac{E}{I_{min}}-R\right)$，选择变阻器的全电阻值要大于 R_0，注意变阻器的额定电流要大于实验所要求的最大电流.

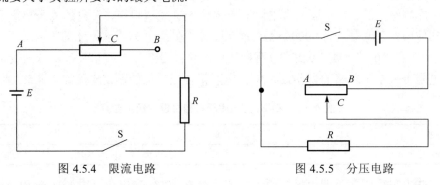

图 4.5.4　限流电路　　　　　　　　　　图 4.5.5　分压电路

使用分压电路时(一般在负载阻值较大时)，为兼顾分压均匀和减少电能消耗，一般取 $R_0\geqslant\dfrac{R}{2}$，并使变阻器额定电流大于 E/R'，R' 是 R 与 R_0 并联的电阻值.

电位器　电位器和变阻器基本相同，可把它看成圆形的滑线电阻，也有三个接头，特点是体积小，常用在电子仪器中.

2)固定电阻

它包括碳膜电阻、碳质电阻、金属膜电阻、线绕电阻等，广泛用于电子仪器仪表中.

4. 开关

在电学实验中，常用开关来实现电路的导通、断路或改变电流的方向. 实验室常用的开关有单刀单掷开关、单刀双掷开关、双刀双掷开关、换向开关和按钮开关等.

5. 电磁学实验接线规则

(1)合理安排仪器. 接线时必须有正确的线路图. 参照线路图，通常把需要经常操作的仪器放在近处，需要读数的仪表放在眼前. 根据走线合理、操作方便、实验安全的原则布置仪器.

(2)按回路接法接线和查线. 按线路图，从电源正极开始，经过一个回路回到电源负极，再从已接好的回路中某段的高电势点出发接下一个回路，然后回到低电势点. 这样，一个回路、一个回路地接线. 查线时也按回路查线. 这是电磁学实验和查线的基本方法. 接线时还要注意走线美观整齐.

(3)预置安全位置. 在接通电源前，应检查变阻器滑动端(或电位器旋钮)是否已放在安全位置，如使电路中电流最小或电压最低的位置. 有些电磁学实验还需要检查电阻是否已放到预估的阻值等. 自己检查线路和预置安全位置后，应请教师复查，才能接通电源.

（4）接通电源时作瞬态试验. 先试通电源，及时根据仪表示值等现象判断线路有无异常. 若有异常，应立即断电进行检查；若情况正常，就可以正式开始做实验，调节线路至实验的最佳状态.

（5）拆线时应先切断电源，严防电源短路. 最后将仪器还原，导线扎齐.

（6）在连线时还应注意利用不同颜色的导线表现出电路的电势高低，以便于检查. 通常用红色导线接正极或高电势，用黑色导线接负极或低电势.

实验 B6　常用电子元件参数测量

电子元件是组成电路的基本细胞，其质量的优劣直接影响系统和整机的性能. 在电子元件的生产和应用中，我们需要对其参数进行测量. 本实验采用电学基本器具对基本电子元件参数进行测量，使学生掌握电学仪器的使用方法，了解电子元件参数测量的原理及方法.

常用电子元件
参数测量

实验目的

（1）认识电阻、电容、二极管等电子元件，并掌握其基本参数测量方法.

（2）学习数字式万用表使用方法，利用其测量电阻、电流、电压等.

（3）测量二极管的伏安特性曲线，学会判断二极管极性.

（4）测量线性和非线性电阻的伏安特性曲线.

实验仪器

直流电源、滑线变阻器、数字式万用表、直流电流表、电压表、开关、电阻、电容、灯泡、二极管若干.

实验原理

1. 电阻的测量

电阻测量主要有直接读数法、伏安法、欧姆表或万用电表测量法及电桥法等.

1）直接读数法

常用电阻上面有彩色的色环，通过识别色环上的颜色，可以判断出该电阻的阻值. 色环颜色所表示的数字及意义见表 B6.1.

色环分为表示普通电阻的四色环和表示精密电阻的五色环两种（图 B6.1）.

（1）四色环电阻（普通电阻）. 电阻外表上有四道色环，标在金属帽上的那道环叫第一环，表示电阻值的最高位，也表示读值的方向，如黄色表示最高位为 4；紧挨第一环的叫第二环，表示电阻值的次高位，如紫色表示次高位为 7；第三环表示次高位后"0"的个数，如橙色表示后面有 3 个 0；最后一环叫第四环，表示误差范围，一般仅用金色或银色表示，如为金色，则表示误差在±5%之间，如为银色，则表示误差在±10%之间.

表 B6.1　电阻色环颜色所表示的数字和意义

意义	颜色												
	黑	棕	红	橙	黄	绿	蓝	紫	灰	白	金	银	无色
数字	0	1	2	3	4	5	6	7	8	9			
倍率	0	1	2	3	4	5	6	7	8	9	-1	-2	
误差等级/%		1	2			0.5	0.2	0.1			5	10	20

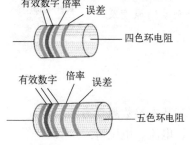

图 B6.1　电阻色环示意图

(2) 五色环电阻(精密电阻). 五色环电阻的阻值可精确到1%，电阻外表上有五道色环，增加了第三道色环表示阻值的低位，第五环表示误差范围.

注意：有些五色环电阻，两端的金属都有色环. 这种电阻都会有 4 道色环相对靠近，集中在一起，而另一道色环则远离那 4 道色环，单独标在金属帽上的色环表示误差的第五环.

四色环电阻和五色环电阻的读数方法大体相同，如果我们用 A、B、C 和 D 分别表示前四个环所代表的数字，那么，四色环电阻的阻值为

$$R = (10 \times A + B) \times 10^C \ \Omega \tag{B6.1}$$

五色环电阻的阻值为

$$R = (100 \times A + 10 \times B + C) \times 10^D \ \Omega \tag{B6.2}$$

例如，某电阻色环按颜色顺序为黄、紫、橙、银，则该电阻的阻值为$(4 \times 10 + 7) \times 10^3 \ \Omega = 47 \ \mathrm{k\Omega}$，第四环的银色表明该电阻的实际阻值与标称值有±10%的误差.

2) 伏安法

根据欧姆定律，通过一段导体的电流强度和导体两端的电压成正比，若能测得某电阻两端的电压 U 和通过它的电流 I，电阻 R 就可由下式测得：

$$R = \frac{U}{I} \tag{B6.3}$$

利用伏安法测量电阻有如图 B6.2 所示两种接法.

电阻还可以采用欧姆表或万用电表直接测得.

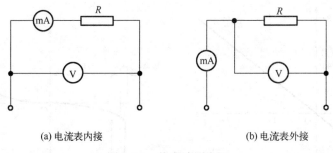

(a) 电流表内接　　　　　　　　　　(b) 电流表外接

图 B6.2　伏安法测电阻

2. 二极管伏安特性测量

在一个元件两端加上电压时，元件内部有电流流过，其电流随外加电压变化而变化. 如果以电压为横坐标，电流为纵坐标，作出元件的电压-电流变化关系曲线，这一关系曲线为该元件的伏安特性曲线. 若通过元件的电流与元件两端的电压成正比，则元件的伏安特性曲线是一条直线，称该元件为线性元件(如滑动电阻器、四色环或五色环电阻). 线性元件的特点是其参数不随电压或电流而变. 若通过元件的电流与元件两端的电压不成正比，则元件的伏安特性曲线不是直线，称该元件为非线性元件(如二极管、三极管、热敏电阻、光敏电阻等).

一般金属导体是线性元件，它的电阻值与外加电压的大小和方向无关，其伏安特性曲线是一条通过原点的直线，如图 B6.3 所示. 从图上可以看出，直线分布在一、三象限，随着电压电流的变化，金属导体的电阻值不变，其大小为该直线斜率的倒数，即 $R=U/I$.

二极管是非线性元件，其伏安特性曲线是一条曲线，如图 B6.4 所示. 二极管有两个极，一个为正极，另一个为负极. 若把二极管正极接到电路中的高电势端，负极接到电路中的低电势端，则为正向接法；反之，则为反向接法. 若采用正向接法，二极管是导通的，若采用反向接法，二极管是截止的，其在电路中表现为单向导电性. 当外加正向电压很低时，二极管电阻很大，电流很小；当正向电压超过一定数值以后，二极管电阻变小(一般为几十欧)，电流增加. 二极管电阻很大时的正向电压称为死区电压，其最大值与材料及环境温度有关. 通常，硅管的最大死区电压约为 0.5 V，锗管为 0.1 V. 当二极管在电路中反接时，反向电流很小. 一般锗管的反向电流是几十至几百微安，而硅管的反向电流在 1 μA 以下. 但当反向电压增大到一定值后，反向电流突然增大，二极管失去单向导电性，这种现象称为击穿. 二极管被击穿后，一般不能恢复原来的性能，便失效了. 对应反向电流突然增大的这一电压值为二极管的反向击穿电压. 因此，一般地二极管有一个最大的反向工作电压，这个值通常是反向击穿电压的一半. 使用二极管时要注意加在其上的反向电压不得超过最大反向工作电压.

二极管的单向导电性是由其内部结构决定的. 本征半导体虽然有自由电子和空穴两种载流子，但由于数量极少，导电能力很低. 如果在其中掺入适量的杂质(某种元

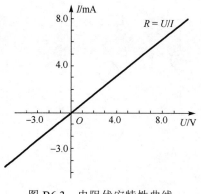

图 B6.3　电阻伏安特性曲线

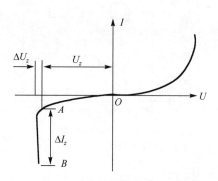

图 B6.4　二极管伏安特性曲线

素)，则在半导体中会产生大量的电子或空穴，形成 n 型或 p 型半导体. n 型半导体中电子的浓度远大于空穴的浓度，以电子导电为主；p 型半导体中空穴的浓度远大于电子的浓度，以空穴导电为主. 二极管就是由一块 p 型半导体和一块 n 型半导体"结合"而成的. 在两种半导体的交界处，由于 p 区中空穴的浓度比 n 区大，空穴由 p 区向 n 区扩散；同样，由于 n 区电子的浓度比 p 区大，电子便由 n 区向 p 区扩散. 这种扩散的结果是在交界处产生两个薄层：p 区薄层由于空穴少而带负电，而 n 区薄层由于电子少而带正电，如图 B6.5 所示. 由于在 A、B 之间形成电场，其方向与载流子扩散运动的方向相反，从而阻止电子和空穴的扩散，而使电子和空穴反向漂移，所以带电薄层又称为阻挡

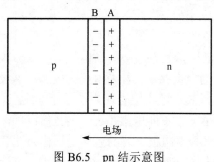

图 B6.5　pn 结示意图

层；当载流子的扩散和漂移达到动态平衡时，A、B 薄层的厚度使二极管具有单向导电性. 当 pn 结加上正向电压时，外电场与内电场方向相反，因而削弱了内电场，使阻挡层变薄，载流子就能顺利地通过 pn 结，形成比较大的电流，正向电阻很小. 当 pn 结加上反向电压时，外加电场与内电场方向相同，加强了内电场的作用，使阻挡层变厚，只有极少数载流子能够通过 pn 结，形成很小的反向电流，反向电阻很大.

实验内容

(1)测量电阻. 选定一电阻，分别用直接读数法、伏安法及欧姆表法对其进行测量，比较测量结果.

(2)测量电容. 利用数字式万用表测量给定电容的电容值.

(3)熟悉电感等基本电子元器件.

(4)判断二极管正负极，设计电路，测量二极管两端的电压及流过的电流，绘制二极管的伏安特性曲线.

(5)设计电路，测量线性电阻和非线性电阻两端的电压及流过的电流，绘制线性电阻和非线性电阻的伏安特性曲线.

注意事项

(1)注意晶体管引脚.
(2)集电极扫描电压不能太高，一般小功率管在几十伏，以免击穿晶体管.
(3)基极电流不能太大，一般小功率管在微安级.
(4)注意晶体三极管导电类型.

思考题

(1)分析实验中可能的误差来源及其对实验结果的影响.
(2)除了采用万用表及电容计，我们还可以采用什么方法测量电容？
(3)在二极管参数测量实验中，二极管在正反向电压时，其电阻值变化很大，我们设计电路中应如何考虑其影响.
(4)根据实验结果分析二极管应如何应用.

实验 B7　电表的改装和校准

　　电表是用来测量电流、电压的仪表，实验室使用的电表大部分是磁电式仪表，它具有灵敏度高、功率消耗小、受磁场影响小、刻度均匀、读数方便等优点. 未经改装的电表由于灵敏度高，满度电流(或电压)很小，只允许通过微安级或毫安级的电流，一般只能测量很小的电流和电压，如果想测量较大的电流或电压，就必须进行改装. 在生产和实验中，常常选用量程比较小的电表，并联一个电阻扩程为较大量程的电流表，或串联一个电阻改装成较大量程的电压表.

实验目的

(1)学会测量电表内阻的一种方法.
(2)掌握将电表改装成较大量程的电流表和电压表的原理和方法，以及校准的方法.
(3)掌握校正曲线的正确作图方法.

实验仪器

待改装表头、微安表、标准电流表、标准电压表、旋转式标准电阻箱、滑线变阻器、开关、直流电源(干电池)等.

实验原理

1. 改装成较大量程的电流表

用电流表测量电流时，应将电流表串联于待测电路中，使待测电流流过电流表，当电流表两端并联一电阻后，流入的电流只有一部分经过表头，另一部分经过并联电阻 R_P，如图 B7.1 所示. 并联电阻 R_P 称为分流电阻，由表头和 R_P 组成的整体可测量较大的电流. 若将量程为 I_g、内阻为 R_g 的电流表的量程扩大 n 倍，改为量程为 I 的电流表，则流过分流电阻 R_P 的电流为

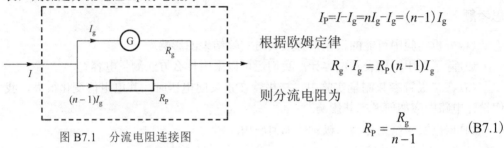

$$I_P = I - I_g = nI_g - I_g = (n-1)I_g$$

根据欧姆定律

$$R_g \cdot I_g = R_P(n-1)I_g$$

则分流电阻为

$$R_P = \frac{R_g}{n-1} \tag{B7.1}$$

图 B7.1 　分流电阻连接图

2. 改装成较大量程的电压表

在测量电压时，应将电表并联在待测电路的两端. 用量程为 I_g、内阻为 R_g 的表头测量电压，它的电压量程为 $V_g = I_g R_g$，但通常 R_g 数值不大，故其电压量程很小，一般为零点几伏. 为了测量较高的电压，可在表头上串联一适当电阻 R_s，如图 B7.2 所示，使一部分电压降落在表头上，超过部分电压降落在电阻 R_s 上，表头和串联电阻 R_s 所组成的整体可测量较大的电压. 串联电阻 R_s 称为分压电阻. 如果将原电流量程为 I_g、内阻为 R_g 的表头改装为量程为 V 的电压表，则根据欧姆定律，电压为

$$V = I_g(R_g + R_s)$$

则分压电阻为

$$R_s = \frac{V}{I_g} - R_g \tag{B7.2}$$

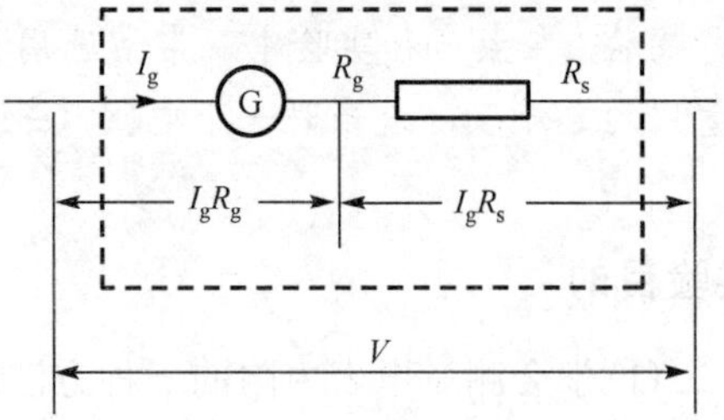

图 B7.2 　分压电阻连接图

一个表头可改装成多个量程的电流表或电压表，只需多装几个接头，在每个接头处分别并联或串联适当的电阻就行了. 使用多量程电表时，应注意每个接头处所标量程的数值，如果超过量程，就可能烧坏电表.

3. 电表的基本误差和校准

电表经过改装或长期使用后，必须进行校准. 其方法是用待校准的电表和一个准确度等级较高的标准表同时测量一定的电流或电压，分别读出被校准表各个刻度的值

I_{x_i} 和标准表所对应的值 I_{s_i}，得到各刻度的修正值 $\delta I_{x_i}=I_{s_i}-I_{x_i}$，以 I_x 为横坐标、δI_x 为纵坐标画出电表的校正曲线，两个校准点之间用直线连接，整个图形是折线状，如图 B7.3 所示. 以后使用这个电表时，根据校准曲线可以修正电表的读数，得到较准确的结果. 由校准曲线找出最大误差 δI_m，由此可知

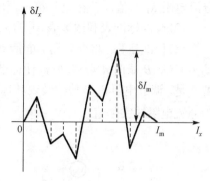

图 B7.3　校准曲线

$$\text{最大相对误差}=\frac{\text{最大绝对误差}}{\text{量程}}\times100\%$$

由此式可计算出待校准电表的准确度等级 K.

实验内容

1. 电表内阻的测定

要改装电表，必须首先知道电表的内阻 R_g，在没有其他测量仪器的情况下，可用半值法或替代法进行测量.

本实验采用半值法测量表头的内阻. 测量线路如图 B7.4 所示. 图 B7.4 中 Ⓖ 为待测量表头(量程为 100 μA)，Ⓖ₀ 为监控电表(量程为 150 μA)，r 为滑动变阻器，R 为电阻箱，E 为直流稳压电源. 合上开关 K_1，断开 K_2，将滑动变阻器的滑动头 C 从固定端 B 端逐渐向 A 端移动，改变输出电压，使 C 满度(或一定值)，这时由于监控表(又称校正电表)Ⓖ₀ 与 Ⓖ 串联，所以流过 Ⓖ₀ 和 Ⓖ 的电流相等，记下 Ⓖ₀ 和 Ⓖ 的读数. 合上 K_2，改变电阻箱 R 的阻值，这时由于整个电路的电阻发生变化，流过 Ⓖ₀ 和 Ⓖ 的电流也发生变化. 因此在调节电阻箱 R 的阻值的同时，应调节滑动变阻器 r 的滑动头 C 的位置，使 Ⓖ₀ 的读数保持原值不变，Ⓖ 的读数为原值的一半，这时流过电阻箱 R 的电流与流过表头 Ⓖ 的电流相等，则电阻箱 R 上的指示数 $R=R_g$.

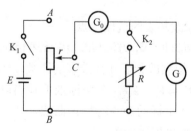

图 B7.4　半值法测量表头内阻

用替代法测量表头内阻的线路如图 B7.5 所示. 将开关 K_2 接向 1 端，接通电流，调节变阻器 r 的活动头 C，改变输出电压，使 Ⓖ 满度(或某适当值)，记下 Ⓖ₀ 的读数. 断开 K_1，将 K_1 倒向 2 端，把电阻箱 R 的值先调到 5000 Ω 左右，接通电源，再调 R 的值，使 Ⓖ₀ 保持原值不变，这时电阻箱 R 上的指示数 $R=R_g$.

2. 将量程为 100 μA 的表头扩程为 5 mA 的电流表，并校准

(1)按图 B7.6 连接线路(图中 Ⓐ₅ 是量程为 5 mA 的标准表). 根据式 (B7.1) 计算出

分流电阻 R_P 的值，并在电阻箱上调出 R_P 的值.

(2)校准标准表和改装表 Ⓖ 的机械零点.

(3)校准量程. 将变阻器 r 的滑动头 C 从 A 端滑动到 B 端，接通电源，调节 r 的滑动头 C(从 B 端向 A 端移动)，使标准表指针满量程，观察被改装表 Ⓖ 是否刚好满度，若不是，调节电阻箱 R 使改装表和标准表同时满度，记下此时电阻箱上的读数 R_P'，R_P' 为分流电阻的实际值.

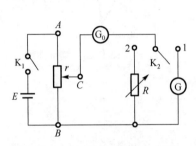

图 B7.5　替代法测量表头内阻

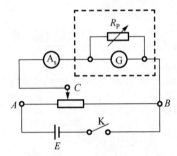

图 B7.6　电流表量程扩大线路

(4)校准刻度. 在被校准的刻度盘上，均匀选取 11 个校准点(包括零点)，从大到小依次在校准各点的刻度上记下标准表相应的示数 I_{s_i}'，再由小到大重复一遍，记下标准表示数 I_{s_i}''，取平均值 $I_{s_i} = (I_{s_i}' + I_{s_i}'')/2$. 根据 $\delta I_{x_i} = I_{s_i} - I_{x_i}$ 计算校准各点读数的修正值 δI_{s_i}.

(5) 作校正曲线. 根据改装表和标准表的对应值，计算出各点的修正值 $\delta I_{x_i} = I_{s_i} - I_{x_i}$，画出以 δI_x 为纵坐标、I_x 为横坐标的 δI_x-I_x 校正曲线，并计算出改装后电流表的准确度等级 K.

3. 将量程为 100 μA 的表头扩程为 1 V 的电压表，并校准

(1)按图 B7.7 连接线路(图中 Ⓥ$_s$ 是量程为 1 V 的标准电压表). 根据式(B7.2)计算出串联电阻 R_s 的值，并在电阻箱 R 上调出 R_s 的值.

(2)校准标准表和改装表的机械零点.

(3)校准量程、校准刻度等，方法与改装电流表相同.

(4)作校正曲线. 根据改装表和标准表的读数，计算出各点的修正值 $\delta V_{x_i} = V_{s_i} - V_{x_i}$，在坐标纸上画出以 δV_x 为纵坐标、V_x 为横坐标的 δV_x-V_x 校正曲线，并计算出改装后电压表的准确度等级 K.

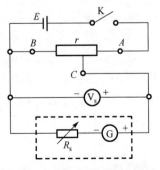

图 B7.7　电压表量程扩大线路

注意事项

每次实验前把电源输出旋钮调到最小位置，电阻旋钮调到最大位置，避免电流过大损坏仪器.

思考题

(1)用表头的准确度等级与改装后的量程计算电表的仪器误差，与校准时的修正值中最大值比较，你的电表的准确度等级是否达到表头的准确度等级要求?

(2)为什么校准电表时需要把电流(或电压)从小到大测一遍，又从大到小测一遍? 若两遍读数完全一致，说明什么? 若两者不一致，又说明什么?

(3)绘制校正曲线有何实际意义?

4.6　光学基本实验和器具

光学实验是物理实验的一个重要部分，它所使用的仪器、涉及的仪器操作及维护方法均有其特殊之处. 在做光学实验之前，必须对光学实验的有关基本知识有一定的了解.

1. 光学元件和仪器的维护

光学仪器除了要遵守一般的仪器使用规则外，在维护上有其特殊要求. 为了安全使用光学器件，必须遵守以下规则.

(1)轻拿轻放，勿使仪器或光学元件受到冲击或振动，特别要防止摔落. 不使用的光学元件应随时装入专用盒内并放在桌子的里侧.

(2)切忌用手触摸元件的光学面. 用手拿光学元件时，只能接触其磨砂面，如透镜的边缘、棱镜的上下底面等(图 4.6.1).

图 4.6.1　手持光学元件的方式
1. 光学面；2.磨砂面

(3)光学面上如有灰尘，用实验室专备的干燥脱脂棉轻轻拭去或用橡皮球吹掉. 光学面上若有轻微的污痕或指印，用清洁的镜头纸轻轻擦去. 若表面有较严重的污痕，应由实验室人员用丙酮或酒精清洗. 所有镀膜面均不能触碰或擦拭.

(4)防止唾液或其他溶液溅落在光学面上.

(5)对于光学狭缝，不允许狭缝过于紧闭，否则会造成刀刃口互相挤压而受损. 若狭缝处不清洁，可将狭缝调到适当宽度，用折叠好的软白纸在狭缝内由上而下滑动一次，切记不要往复滑动.

(6)调整光学仪器时，要耐心细致，一边观察一边调整，动作要轻、慢，严禁盲目及粗鲁操作.

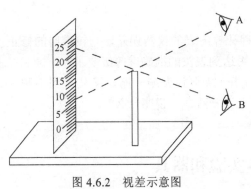

图 4.6.2　视差示意图

(7) 仪器用毕应放回盒内或加罩, 防止灰尘玷污.

2. 视差

要测准物体的大小, 必须将量度标尺与被测物体紧贴在一起. 如果标尺远离被测物体, 读数将随眼睛位置的不同而有所改变, 难以测准, 如图 4.6.2 所示.

在光学实验中经常要测量像的位置和大小, 为了使测量准确, 必须使像与标尺紧贴在一起. 可以利用有无视差来判断像与标尺是否贴紧.

3. 常用光源

光源的种类很多, 在普通物理光学实验中常用的有白炽灯、钠光灯、汞灯和激光光源等. 下面对它们的性能和使用作一简要介绍.

1) 白炽灯

白炽灯是以热辐射形式发射光能的电光源, 它通常用钨丝作为发光体. 为防止钨丝在高温下蒸发, 在真空玻璃泡内充进惰性气体, 通电后温度约 2500 K, 达到白炽发光. 白炽灯的光谱是连续的, 可用做白光光源和一般照明. 光学实验中所用的白炽灯多属于低电压类型, 常用的有 3 V、6 V、12 V. 若在白炽灯中加入一定量的碘、溴, 就成了碘钨灯和溴钨灯(统称卤素灯), 这种灯有其特别的优点: ①泡壳不发黑, 光较稳定; ②允许使用较高的稀有气体气压; ③灯的体积小, 可选用氪气达到高光效. 卤素灯常被用作强光源, 使用时除注意工作电压外, 还应考虑到电源的功率.

2) 汞灯

汞灯是一种气体放电光源. 它是以金属汞蒸气在强电场中发生游离放电现象为基础的弧光放电灯. 汞灯有低压汞灯与高压汞灯之分, 实验室中常用低压汞灯. 这种灯的水银蒸气压通常在一个大气压以下, 正常点燃时发出汞的特征光谱. 它的光谱在可见光范围内有十几条分立的强谱线.

在低压汞灯内壁上涂荧光粉, 可使汞灯中发生不可见辐射向可见辐射转变. 若选择适当的荧光物质, 则发出的光与日光接近, 这种荧光灯称为日光灯. 日光灯点燃时发出的光谱既有白光光谱又有汞的特征光谱线. 汞灯是强光源, 为了保护眼睛, 不要直接注视.

3) 钠光灯

钠光灯也是一种气体放电光源. 它是以金属钠蒸气在强电场中发生游离放电现象为基础的弧光放电灯. 实验室常用低压钠灯, 点燃后发出波长为 589.0 nm 和 589.6 nm

两种黄光谱线. 由于这两种单色黄光波长较接近, 一般不易区分, 故常以它们的平均值 589.3 nm 作为钠黄光的波长值. 钠光灯可作为实验室一种重要的单色光源. 钠光灯的使用方法与汞灯相同.

汞灯和钠灯的结构见图 4.6.3.

4) He-Ne 激光器

He-Ne 激光器是 20 世纪 60 年代发展起来的一种新型光源. 与普通光源相比, 它具有单色性好、发光强度大、干涉性强、方向性好 (几乎是平行光) 等优点. 它能输出波长为 632.8 nm、功率从 0.5mW 到几毫瓦的橙红色偏振激光.

实验室常用的 He-Ne 激光器由激光工作物质 (He、Ne 混合气体)、激励装置和光学谐振腔三部分组成. 放电管内的 He、Ne 混合气体, 在直流高压激励作用下产生受激辐射形成激光, 经谐振腔加强到一定程度后, 从谐振腔的一块反射镜发射出去. 激光器两端的两个反射镜构成激光器的谐振腔, 它是激光管的重要组成部分. 点燃时, 应先开低压电源, 后开高压电源; 熄灭时, 应先关高压电源, 后关低压电源. 由于激光管两端加有高压 (1200~8000 V), 操作时应严防触及. 即使激光器关闭后, 也不能马上触及两电极, 因为电源内电位器的高压还未完全放掉. 同时注意激光器正负极连接正确, 若正负极连接错误, 就会造成阴极溅射, 影响激光器两端反射镜的质量.

在光学实验中, 可以利用各种光学元件将激光管射出的激光束进行分束、扩束或改变激光束的方向, 以满足实验的不同要求.

由于激光管射出的激光束光波能量集中, 所以切勿迎着激光束直接观看激光, 未充分扩束的激光可造成人眼视网膜永久损伤.

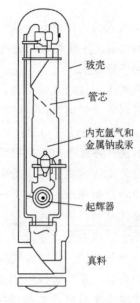

图 4.6.3　汞灯和钠灯的结构示意图

(玻壳 / 管芯 / 内充氩气和金属钠或汞 / 起辉器 / 真料)

实验 B8　薄透镜焦距的测定

透镜是一种由玻璃、水晶等透明物质制成的光学元件, 在医疗、工业生产和科学研究中有着广泛应用. 薄透镜可用于眼镜、显微镜、照相机、双筒望远镜和折射望远镜等产品或装置中. 显微镜包含一个焦距较小的凸透镜 (物镜) 和一个焦距较大的凸透镜 (目镜). 折射望远镜通常由双透镜物镜和目镜构成, 以凹透镜为目镜的称为伽利略望远镜, 以凸透镜为目镜的称为开普勒望远镜. 双透镜物镜由相距很近的一块冕

薄透镜焦距的测定

牌玻璃制成的凸透镜和一块火石玻璃制成的凹透镜组成,可以用来消除单透镜物镜引起的色差. 焦距是反映透镜特性的重要参数,测量透镜的焦距是一项基本却非常重要的实验技能.

　　利用薄透镜的成像规律,根据测量要求设计光路,通过观察成像情况,便可以计算得到薄透镜的焦距. 测定凸透镜焦距的具体方法包括自准法、物距像距法和共轭法. 自准法通过在凸透镜后方放置一与主光轴垂直的平面镜,物光经凸透镜后射向平面镜,再经平面镜反射回凸透镜,只有当物处在凸透镜焦平面上时,经凸透镜回射出的光线才能会聚成清晰的等大倒立实像;物距像距法则通过直接测量凸透镜成像的物距和像距,计算得到凸透镜的焦距;共轭法则通过观察移动物与像屏之间的凸透镜时的成像情况,进而计算凸透镜焦距. 共轭法相比自准法和物距像距法的优势在于它能避免由于透镜光心估计不准带来的测量误差. 测量凹透镜焦距时需要辅以一个凸透镜,将凹透镜置于凸透镜和光屏之间,则凸透镜原本的成像可作为凹透镜的虚物,在凹透镜同侧生成一个实像.

　　该实验是应用基本物理规律测量元器件参量的典型实验,学生通过该实验应掌握以下实验思想:简单物理规律的叠加应用可以实现较为复杂的物理量测量或者满足更为严格的实验要求. 当然,这需要对相关物理规律熟练掌握和灵活应用.

实验目的

　　(1)学会测量薄透镜焦距的几种方法.
　　(2)掌握分析简单光路和调节光学系统成共轴的方法.
　　(3)加深对薄透镜成像规律的理解.

实验仪器

　　光具座、光源(卤素灯)、平面镜、凸透镜、凹透镜、带箭矢孔的物屏.

实验原理

　　1. 薄透镜成像公式

　　在近轴光线条件下,薄透镜的成像规律可表示为

$$\frac{1}{u} + \frac{1}{v} = \frac{1}{f} \tag{B8.1}$$

式中,u 为物距,v 为像距,f 为透镜的焦距,u、v 和 f 均从透镜的光心算起. 物距 u 和像距 v 的正负由物和像的虚实来确定,实物、实像时 u、v 为正;虚物、虚像时 u、v 为负. 凸透镜的焦距,f 取正值;凹透镜的焦距,f 取负值. 公式(B8.1)中各量的正负号由上述统一的符号规则决定,但不同的书可能采用不同的符号规则,使得式(B8.1)的形式有所不同.

2. 凸透镜焦距的测量原理

1) 自准法

当光点(物)处在凸透镜的焦平面上时，它发出的光线通过透镜后成为一束平行光. 若用与主光轴垂直的平面镜将此平行光反射回去，反射光再次通过透镜后仍会聚于光点所在的焦平面上，且会聚点与光点相对于光轴位置对称，如图 B8.1 所示，OB 即为焦距 f.

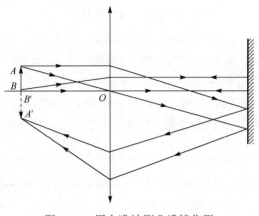

图 B8.1　用自准法测凸透镜焦距

2) 物距像距法

物体发出的光线经过凸透镜折射后成像，由薄透镜成像公式(B8.1)可得

$$f = \frac{uv}{u+v} \tag{B8.2}$$

测出物距 u、像距 v，代入式(B8.2)，即可求得焦距 f.

3) 共轭法

如图 B8.2 所示，使物与像屏相距 L(要求 $L>4f$)，并固定物与像屏的位置不变. 在物与像屏间移动透镜时，将会在屏上成像两次. 当透镜移到 O_1 处时，像屏上出现一个放大、倒立的实像；当透镜移到 O_2 处时，在像屏上出现一个缩小、倒立的实像. 如果 O_1 和 O_2 之间的距离为 l，则根据透镜成像公式可以证明

$$f = \frac{L^2 - l^2}{4L} \tag{B8.3}$$

根据共轭法，测得 L 和 l 即可求 f. 这样就避免了自准法和物距像距法中由于对透镜光心估计不准所带来的测量误差.

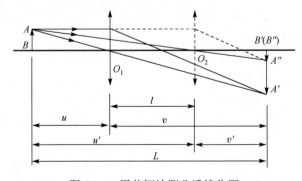

图 B8.2　用共轭法测凸透镜焦距

3. 凹透镜焦距的测量原理

由于凹透镜是发散透镜，实物成虚像，所以无法直接测量它的焦距. 测量凹透镜焦距时，需要用一个凸透镜作辅助透镜. 下面介绍一种测量凹透镜焦距的方法——组合法.

如图 B8.3 所示，物体 AB 经凸透镜 L_1 成像于 $A'B'$，然后将凹透镜 L_2 置于凸透镜与 $A'B'$ 之间，这时像 $A'B'$ 对于凹透镜而言相当于一个虚物，经凹透镜可生成一个实像 $A''B''$，分别测出物距 u 和像距 v，便可根据物像公式计算出凹透镜的焦距.

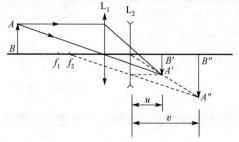

图 B8.3　用组合法测凹透镜焦距

实验内容

1. 光具座上各元件的共轴等高调节

(1)粗调：将光源、物和透镜靠拢，调节它们的取向和高低左右位置，凭眼睛观察，使它们的中心处在一条和光具座导轨平行的直线上，并且使物和像屏与导轨垂直.

(2)细调：借助仪器或者应用光学的基本规律来调整. 在本实验中，可利用透镜成像的共轭法进行调节，使两次成像的中心位置完全重合.

2. 测量凸透镜的焦距

1)自准法

(1)将光源照明物(带箭矢孔的屏)、凸透镜和平面镜依次装在光具座上，改变凸透镜与物之间的距离，直至屏上箭矢旁出现清晰的等大、倒立箭矢像为止，测出此时的物距，就是凸透镜之焦距.

(2)在实际测量时，由于对成像清晰程度的判断总不免有一定的误差，故常采用左右逼近法读数. 先使透镜由左向右移动，当像刚清晰时，记下透镜位置的读数；继续向右移动使像由清晰变为模糊，再使透镜由右向左移动，当像刚清晰时再记下读数. 取这两次读数的平均值作为成像清晰时凸透镜的位置，重复上述测量，共 5 次，求透镜焦距及其不确定度.

2)共轭法

(1)将物、凸透镜、光屏依次装在光具座上，取物和屏的间距 $L>4f(f$ 为透镜焦距). 注意 L 不能过大，否则将使像缩得很小，以致难以确定凸透镜在哪一个位置上成像最清晰.

(2)移动透镜，当白屏上出现清晰的放大像和缩小像时，记录透镜所在位置 O_1、

O_2(使用左右逼近法)，测出 O_1O_2 的长 l.

(3)多次(做 5 次)重复测量，但保持物与屏的间距 L 不变，重复步骤(2). 求得 L 及 l 的平均值后，依式(B8.3)求透镜焦距及其不确定度.

3. 用组合法测量凹透镜的焦距

1)凹透镜焦距测定仪的组合

(1)将物屏固定于靠近光源的 x_0 点，凸透镜固定于距物屏约 $2f$ 的 x' 处. 用左右逼近法确定像屏位置 x_1.

(2)保持 x_0 与 x' 的相对位置不变，按步骤(1)重复多次.

(3)记录像屏 x_1 与物屏 x_0 之间的相对距离，将像屏沿光具座向后移动一段距离至新位置 x_3，并保持 x_0、x' 与 x_3 的相对位置不变. 至此测定仪组合完毕.

2)凹透镜焦距的测定

(1)将凹透镜 L_2 置于凸透镜位置 x' 和原像屏位置 x_1 之间的 x_2 处，移动凹透镜使屏上成像清晰，用左右逼近法求出 x_2 的值.

(2)保持 x_0、x' 和 x_3 的相对位置不变，按步骤(1)重复测定 5 次，求出凹透镜焦距及其不确定度.

注意事项

(1)不能用手摸透镜的光学面.

(2)透镜不用时，应将其放在光具座的另一端，不能放在桌面上，避免摔坏.

(3)区分物光经凸透镜内表面和平面镜反射后所成的像，前者不随平面镜转动而后者移动.

(4)由于人眼对成像的清晰度分辨能力有限，所以观察到的像在一定范围内都清晰，加之球差的影响，清晰成像位置会偏离高斯像. 为使两者接近，减小误差，记录数值时应使用左右逼近法.

(5)用物距像距法测凹透镜焦距时不能找到像的最清晰位置，可能是:

①辅助凸透镜产生的像是放大的实像.

②辅助凸透镜与物的距离远大于凸透镜的二倍焦距.

(6)用三种方法测量凸透镜的焦距，从理论上讲共轭法误差最小，物像法次之，自准法误差最大，但自准法测量最简单，常用做粗测；物像法测量时，当物距和像距相等时，误差最小；共轭法测量时，当 D、L 较大，$D-L$ 较小时，误差小，如 $D=5f$.

思考题

(1)分析测焦距时存在误差的主要原因.

(2)在什么条件下，物点发出的光线通过由凸透镜和凹透镜组成的光学系统将得到一个实像?

实验 B9　分光计的调节和使用

分光计是精确测定光线偏转角的仪器. 光学中许多基本量(如波长、折射率等)都可以直接或间接地表现为光线的偏转角，因而利用分光计可测量波长、折射率，此外还能精确测量光学平面间夹角. 许多光学仪器(棱镜光谱仪、光栅光谱仪、单色仪等)都是以分光计为基本结构. 尽管分光计现在已被现代光谱测量仪器所替代，但分光计的调节方法与技巧在光学仪器中具有代表性，因此学习分光计的调节与使用有助于对许多现代光学仪器原理的理解和使用.

分光计实验

实验目的

(1)了解分光计的原理和构造，学会调节分光计.

(2)测定三棱镜的顶角和折射率.

实验仪器

分光计、汞灯、三棱镜、光学平行板.

分光计的结构如图 B9.1 所示，它主要由能产生平行光的平行光管、能接收平行光的望远镜和能承载光学元件的小平台三部分组成.

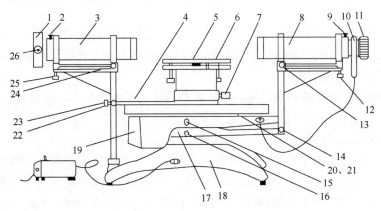

图 B9.1　分光计的结构

1. 狭缝装置；2. 狭缝装置锁紧螺钉；3. 平行光管；4. 制动架(二)；5. 载物台；6. 载物台调节螺钉(3 只)；7. 载物台锁紧螺钉；8. 望远镜；9. 目镜锁紧螺钉；10. 阿贝式自准直目镜；11. 目镜调节手轮；12. 望远镜俯仰调节螺钉；13. 望远镜水平调节螺钉；14. 望远镜微调螺钉；15. 转座与刻度盘制动螺钉；16. 望远镜制动螺钉；17. 制动架(一)；18. 底座；19. 转座；20. 刻度盘；21. 游标盘；22. 游标盘微调螺钉；23. 游标盘制动螺钉；24. 平行光管水平调节螺钉；25. 平行光管俯仰调节螺钉；26. 狭缝宽度调节手轮

1) 平行光管

平行光管由一个宽度可以调节的狭缝(1)和一个正透镜组成. 当狭缝位于透镜的焦平面上时,从狭缝进入准直管的某一波长的光通过透镜后即成为平行光,整个平行光管安装在与底座相联结的立柱上. 平行光管光轴的水平方位可以通过立柱上的调节螺钉(24)进行微调,其垂直倾斜度可用螺钉(25)来调节.

2) 望远镜

望远镜的详细结构如图 B9.2 所示. 它由物镜 E 和阿贝目镜系统 AB 组成. 阿贝目镜系统内装有玻璃分划板 T 和一个与光轴成 45° 反光面的玻璃棱镜 D. 在其一端装有目镜 C. 目镜可在镜筒内移动以改变分划板与目镜的相对位置,达到调焦(看清十字叉丝)的目的. 整个目镜系统又可在望远镜筒内移动,以调整物镜和目镜系统的相对位置,使被观测对象准确地成像于分划板面上. 在照明器内装有小灯泡 S,由 S 发出的光经毛玻璃均匀散射后再经棱镜 D 反射以照亮十字叉丝. 阿贝式自准望远镜安装在支臂上,支臂与转座固定在一起,套在刻度盘(20)的轴上,当松开制动螺钉(15)时,望远镜与刻度盘可以相对转动;拧紧制动螺钉(15)时,两者即一起转动. 望远镜光轴方位可以用水平调节螺钉(13)和俯仰调节螺钉(12)来调节. 望远镜的作用是把从平行光管发出的平行光束聚焦在物镜的焦平面上以形成狭缝的像,再通过目镜进行观察.

3) 读数系统和载物台

游标盘(21)及可随望远镜一起转动的刻度盘(20)组成读数系统. 刻度盘上有 720 条等分刻线,每格为 30′. 游标盘的对径方向刻有两个圆游标尺,利用游标可以准确读 1′. 测量时,读出两个游标所对应的数值,取其平均,可以消除偏心误差.

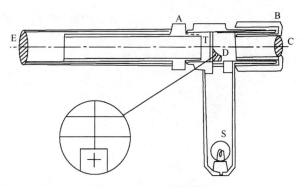

图 B9.2 望远镜的结构

为使测量准确,还设有望远镜制动架微调装置(亦即刻度盘微调装置). 它由制动架(一)(17)与主轴间的制动螺钉(15)和微调螺钉(14)组成. 拧紧制动螺钉,转动微调螺钉,即可对望远镜进行微调,使测量目标对准分划板上的中心竖线. 载物台(5)套在游标盘的主轴上,可绕轴旋转. 拧紧制动架(二)(4)与游标盘的制动螺钉(23),再转动微调螺钉(22),即可对游标盘(连同载物台)进行微调. 载物台的作用是放置被测物体或色散元件,它由下面三个小螺钉(6)调节水平. 用锁紧螺钉(7)可把载物台固定在中心轴的不同高度上,载物台上附有压片,可以固定被载物体.

实验原理

1. 自准法测量三棱镜的顶角

如图 B9.3 所示,利用望远镜自身产生的平行光,转动望远镜或载物台,使 AB 面反射的像与分划板上调整用叉丝重合,记下刻度盘上两边的读数 θ_1 和 θ_2,再转动望远镜或载物台,使 AC 面反射的像与分划板上调整用叉丝重合,记下读数 θ'_1 和 θ'_2,两次读数相减就得顶角 A 的补角 Ψ,由此得

$$A = 180 - \Psi \tag{B9.1}$$

$$\Psi = \frac{1}{2}\left(|\theta_1 - \theta'_1| + |\theta_2 - \theta'_2|\right) \tag{B9.2}$$

2. 反射法测量三棱镜的顶角

将三棱镜的顶角 A 对准平行光管,并使棱镜稍稍后退(不必放在载物台中心,为什么?). 如图 B9.4 所示,用平行光管射出的平行光照在棱镜的两个折射面上. 将望远镜转至 AB 面,使 AB 面反射回来的狭缝像与分划板上叉丝重合,记下读数 θ_1、θ_2. 然后将望远镜转至 AC 面,使 AC 面反射回来的狭缝像与分划板上叉丝也重合,记下读数 θ'_1、θ'_2,则棱镜的顶角

$$A = \frac{1}{4}\left(|\theta_1 - \theta'_1| + |\theta_2 - \theta'_2|\right) \tag{B9.3}$$

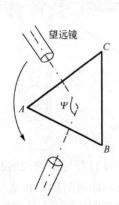

图 B9.3　用自准法测量三棱镜的顶角

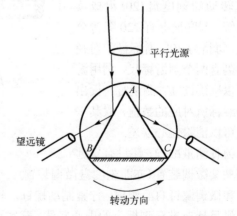

图 B9.4　用反射法测量三棱镜的顶角

实验内容

1. 分光计的调节

调节分光计的要求是:①平行光管发出平行光;②望远镜接收平行光;③ 平行光

管和望远镜的光轴与仪器的转轴垂直. 其调节步骤如下:

(1) 目测粗调, 使望远镜和平行光管的光轴及载物台面大致垂直于中心转轴.

将双面反射镜放在载物台上, 与望远镜筒垂直, 视场中能看到十字光标和它经平面镜反射回来的光斑. 将平台转过 180°, 视场中仍能看到十字光标反射回来的光斑.

(2) 望远镜调焦, 使之可以接收平行光; 分为目镜调焦和物镜调焦.

a. 目镜调焦

开启目镜上的小灯, 调节目镜调焦手轮, 使从目镜中能清晰地看到分划板上的叉丝刻线和十字光标.

b. 物镜调焦

在载物台上放上光学平行板, 为了便于调节, 将光学平行板放置于载物台任意两螺钉(如螺钉 b 和 c)的中垂线上, 如图 B9.5 所示.

物镜调节的目的是将分划板上十字光标调整到焦平面上, 即望远镜对无穷远聚焦. 原理是分划板固定在目镜套筒中, 分划板上刻有透明十字线, 利用光源照射使其成为发光体. 伸缩目镜套筒, 使分划板位于物镜焦平面上, 十字光标经物镜后成为平行光. 该平行光经反

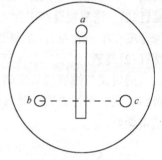

图 B9.5　光学平行板的放置

射镜反射后依然为平行光, 再经物镜会聚于焦平面(分划板平面), 形成十字光标的像. 若有视差, 则需反复调节, 予以消除, 确认无误后将螺钉(9)旋紧.

(3) 使望远镜光轴与分光计的中心轴垂直.

如果已清晰地看到叉丝和它的像, 但是, 绿色亮十字叉丝并不与分划板上方的十字叉丝重合, 这一情况说明望远镜光轴与分光计中心轴并不垂直. 为此需采用各半调节的方法作进一步调节.

若从望远镜中看到绿色叉丝的交点与分划板上方的十字叉丝交点在高低方向相差一段距离, 则调节望远镜的倾斜度, 即调节螺钉(12)使差距减少一半, 再调节载物台下螺钉. 如图 B9.5 所示放置的光学平行板, 可以调节载物台下螺钉 c 或 b(只需调节其中之一)消除另一半差距, 使分划板上方的十字的交点和绿色叉丝的像的交点重合. 然后将载物台旋转 180°, 使望远镜对准光学平行板的另一面, 用同样方法调节. 如此重复调节数次, 直至转动载物台时, 从光学平行板两个表面反射回来的像(绿色叉丝)与分划板上方十字叉丝完全重合为止. 至此望远镜已全部调整完毕. 在实验中, 不可再动望远镜.

当然, 上述调节只能保证望远镜的光轴垂直于分光计的转轴, 而不能保证望远镜的光轴与载物平台的法线方向垂直. 为此只需将光学平行板旋转 90°, 使光学平行板与螺钉 c 和 b 的连线平行, 再对螺钉 a 进行调节(注意: 不可再调节螺钉 b 和 c).

上面的调节只适合望远镜不动的实验. 但在我们的实验中, 望远镜是要转动的,

必须使望远镜的光轴和分光计中心轴处处垂直. 为此在上述基础上将载物平台与望远镜由原位转动 90°，再重复上述调节.

实际上，由于机械加工的精度有限，很可能在两个方向上不能同时得到满意的结果，在此情况下，我们只能调节到一个认为比较满意的结果为止.

(4)平行光管的调节. 用已调节好的望远镜(聚焦于无限远)作为标准，若平行光管出射的是平行光，则平行光管上狭缝将成像在望远镜的焦平面上，这时狭缝的像与分划板上十字叉丝之间无视差. 平行光管的调节方法是：首先用目测估计平行光管光轴大致与望远镜光轴一致，然后调节手轮(26)使狭缝打开，从望远镜中观察，同时旋松螺钉(2)，调节狭缝在平行光管中的前后位置，直到看见清楚的狭缝像为止. 调节狭缝像宽度在 1 mm 左右(在调节狭缝时，要注意不能将狭缝闭合，以免损坏刀口)，并将螺钉(2)旋紧.

通过调节螺钉(25)来调整平行光管轴的上下位置，使狭缝的像与目镜视场的中心对称，说明平行光管光轴与望远镜光轴平行，并与分光计中心轴垂直，至此分光计已基本调好.

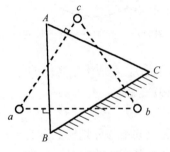

图 B9.6　三棱镜的放置

2. 测量三棱镜的顶角

将三棱镜如图 B9.6 放置，使三棱镜的三个边分别和载物台下三个螺钉 a、b、c 组成的三角形的三条边垂直. 转动载物台(不动望远镜)，使 AB 面正对望远镜，调节 a 使 AB 面与望远镜光轴垂直. 然后使 AC 面正对望远镜，调节 c 使 AC 面与望远镜光轴垂直，直到由两侧面(AB 和 AC，注意 BC 面是毛面)反射回来的像与分划板上调整用叉丝重合为止，这样三棱镜的主截面与仪器中心转轴已垂直.

3. 测量三棱镜的折射率

物质的折射率与通过该物质的光的波长有关，一般所指的物质的折射率是对钠黄光而言. 当光从空气射到折射率为 n 的介质分界面时发生偏折，入射角 α 和折射角 β 之间满足折射定律

$$n = \frac{\sin\alpha}{\sin\beta}$$

因此，只需测出入射角 α 和折射角 β 就可确定物质的折射率 n. 这样测量折射率的问题就转变为测量角度的问题.

若待测物体是固体，可做成正三角形——三棱镜，如图 B9.7 所示，入射光经两次折射后，出射光改变了方向，由折射定律得

$$\sin\alpha = n\sin\theta_1, \qquad \sin\beta = n\sin\theta_2$$

由几何关系可知

$$A=\theta_1+\theta_2$$

由上述三个方程，可以消去 θ_1 和 θ_2 得

$$n=\frac{1}{\sin A}\left[\sin^2\alpha\sin^2 A+(\sin\theta\cos A+\sin^2\beta)^2\right]^2$$

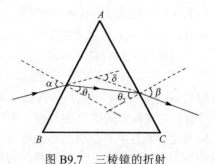

图 B9.7　三棱镜的折射

　　从原则上讲，利用上式，只要用分光计分别测出 α、β 和 A 就可算出物质的折射率 n. 但这种方法要测量的量很多，并且计算也麻烦，这样容易产生较大的误差. 为此，我们提出如下改进.

　　由图 B9.7，入射光线与出射光线的延长线之间的夹角 δ 称为偏向角

$$\delta=(\alpha-\theta_1)+(\beta-\theta_2)=\alpha+\beta-(\theta_1+\theta_2)=\alpha+\beta-A$$

所以偏向角 δ 是入射角 α 的函数. 可以证明：当 $\alpha=\beta$ 时，偏向角最小，称为最小偏向角，记作 $\delta_{\min}$.

　　由折射定律，当 $\alpha=\beta$ 时，$\theta_1=\theta_2=A/2$，所以

$$\delta_{\min}=2\alpha-A\quad 或\quad \alpha=(\delta_{\min}+A)/2$$

由此可得物质的折射率

$$n=\frac{\sin\left[\frac{1}{2}(\delta_{\min}+A)\right]}{\sin(A/2)}\tag{B9.4}$$

　　由此式可知，只需测出棱镜顶角 A 和最小偏向角 $\delta_{\min}$，就可以算出棱镜对于各种单色光的折射率，从不同的折射率就能知道各种单色光经棱镜折射后分布的位置. 各种棱镜光谱仪就是利用此原理制成的.

4. 测量三棱镜的色散曲线

　　当入射光不是单色光时，虽然入射角对各种波长的光都相同，但出射角并不相同，表明折射率也不相同. 对于一般的透明材料来说，折射率随波长的减小而增大. 折射率 n 随波长 λ 而变的现象称为色散. 对同一种玻璃材料所作出的折射率和波长的关系曲线称为色散曲线. 不同材料的色散曲线是不同的，一般采用平均色散 n_F-n_C 或色散本领 V 来表示某种玻璃色散的程度.

$$V=\frac{n_F-n_C}{n_D-1}\tag{B9.5}$$

式中，n_C、n_D 和 n_F 分别表示玻璃对夫琅禾费谱线中 C 线、D 线和 F 线的折射率. 这三条线的波长分别为 $\lambda_C=656.3$ nm、$\lambda_D=589.3$ nm 和 $\lambda_F=486.1$ nm.

　　不同的光学仪器对色散的要求也是不同的. 例如，照相机、显微镜等的镜头要求

色散小, 即色差小. 而摄谱仪和单色仪中的棱镜则要求色散大, 使各种波长的光分得较开, 以提高仪器的分辨本领.

具体的实验内容如下:

(1) 观察偏向角的变化. 用汞灯照亮狭缝, 入射到棱镜 AB 面, 按折射定律判断出射光线的出射方向. 然后缓慢转动载物台, 同时仔细观察谱线的移动情况及偏向角的变化. 选择偏向角减小的方向, 再缓慢转动载物台, 使偏向角逐渐变小. 继续沿此方向转动载物台, 可以看到诸线移至某一位置后将反向移动, 这说明偏向角存在一个最小值, 谱线移动方向发生逆转时的偏向角就是最小偏向角 δ_{min}.

(2) 用望远镜观察谱线. 在上述基础上, 将望远镜移至谱线位置, 并能从望远镜中清晰地看到谱线. 要细心缓慢地转动载物台, 望远镜要一直跟踪谱线, 并注意某一谱线的移动情况. 在该谱线逆转移动前, 旋紧游标盘制动螺钉(23)使载物台和游标盘固定在一起, 再利用游标盘微调螺钉(22)作微动, 使该谱线刚好停在最小偏向角位置.

(3) 测量谱线. 旋紧望远镜制动螺钉(16), 再用微调螺钉(14)作精细调节, 使分划板上叉丝交点位于该谱线中央, 从两个游标盘上读出角度 θ_1 和 θ_2. 重复步骤(1)与(2), 分别测出汞灯光谱中黄、绿、蓝、紫等谱线的相应读数.

(4) 测定入射光方向. 从载物台上移去棱镜, 并旋松望远镜制动螺钉(16), 将望远镜对准平行光管, 并微动望远镜使叉丝对准狭缝中央, 在两个游标盘上又读得角度 θ'_1 和 θ'_2.

(5) 由 $\delta_{min}=[|\theta_1-\theta_2|+|\theta'_1-\theta'_2|]/2$, 计算最小偏向角 δ_{min}.

(6) 将测出的顶角 A 和最小偏向角 δ_{min} 代入式(B9.4), 求出各单色光的折射率, 并画出色散曲线.

思考题

(1) 反射法测棱镜顶角时, 为什么要使得三棱镜顶角离平行光管远一些, 而不能太靠近平行光管呢?

(2) 根据本实验的原理怎样测量光波波长?

(3) 调节望远镜和分光计中心转轴垂直时, 为什么要采用"各半"调节法?

4.7 示波器的使用

示波器是用来测量电信号(特别是交流电信号)波形的常用电子测量仪器, 除了直接显示电信号的波形外, 还能测量电信号的频率(周期)、电压等信息. 一般来讲, 凡可以变为电效应的周期性物理过程都可以用示波器进行观测.

示波器分为数字示波器、模拟示波器、取样示波器、矢量示波器等. 物理实验中常见的示波器为数字示波器和模拟示波器. 模拟示波器采用的是模拟电路, 电子枪向屏幕发射电子，发射的电子经聚焦形成电子束打到屏幕上. 屏幕的内表面涂有荧光物质，被电子束打中的点就会发出荧光. 而数字示波器则是通过数据采集、A/D 转换、软件编程等技术制造出来的高性能示波器. 数字示波器一般支持多级菜单，能提供给用户多种选择，多种分析功能. 还有一些示波器可以提供存储，实现对波形的保存和处理.

实验 B10　模拟示波器的使用

模拟示波器是一种常用的电子测量仪器，被广泛地应用于工业、工程机械、石油等领域中. 1946 年第二次世界大战胜利后，在美国俄勒冈州的比弗顿(Beaverton)，两位年轻发明家 Howard Vollum 与 Jack Murdock 在所居住的地下室，成功研制出世界第一台商用示波器 Tek511，并由此建立了科技电子公司泰克(Tektronix). 模拟示波器内部会产生周期性的锯齿波信号来控制荧光屏电子枪信号的水平偏转，被测的电压信号经过放大后控制荧光屏电子枪的垂直偏转. 这样一来，光斑或者亮线就清楚地显示在荧光屏上了，这就是波形. 在实际工作中，需要根据测量任务来正确选用模拟示波器. 反映示波器适用范围的两个基本技术指标是垂直通道的频带宽度和水平轴的扫描速度. 这两个技术指标决定了示波器可以观察到的信号的最高频率或脉冲的最小宽度，是否能够"真实"地再现被测脉冲信号的跳变边沿. 实验的难点在于输入端的确定、读数的精确度和信号发生器的正确使用，这需要通过实验操作，培养学生具备基础的实验技能和一定的实验创新能力. 实验对培养学生严谨、细致的实验态度和耐心的实验习惯具有良好的作用. 学生通过对正弦信号幅值与频率的测量，不仅可以深入了解模拟示波器的工作原理，还可以对高等数学波的定义加深理解；另外，可通过完成实验快速适应未来不同专业或不同学科领域的工作.

模拟示波器

实验目的

(1)了解模拟示波器的基本原理及结构.

(2)掌握模拟示波器各旋钮的作用和调节方法.

(3)学会用模拟示波器观察待测电压的波形及电压、频率的测量方法.

(4)学会用李萨如图形测频率.

实验仪器

双踪模拟示波器、低频信号发生器、电路板、导线等.

实验原理

1. 模拟示波器的基本构造

模拟示波器一般由示波管、衰减器、放大系统、扫描与同步系统及电源等组成. 简单的原理方框图如图 B10.1 所示.

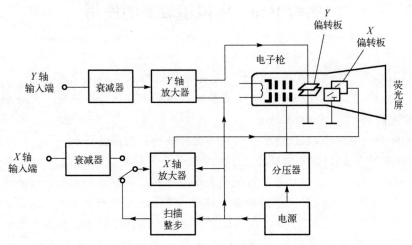

图 B10.1　模拟示波器的原理图

1)示波管

如图 B10.2 所示,示波管主要包括电子枪、偏转系统和荧光屏三部分,全都密封在玻璃外壳内,里面抽成高真空. 下面分别说明各部分的作用.

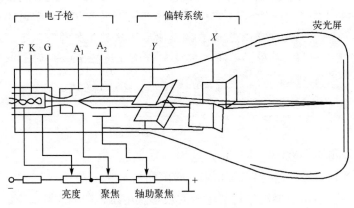

图 B10.2　示波管的结构简图

(1)荧光屏. 它是示波器的显示部分,当加速聚焦后的电子打到荧光屏上时,屏上涂的荧光物质就会发光,从而显示出电子束的位置.

(2)电子枪. 由灯丝 F、阴极 K、控制栅极 G、第一阳极 A_1、第二阳极 A_2 五部分组成. 灯丝通电后加热阴极发射电子. 控制栅极上加有比阴极更低的负电压, 用来控制阴极发射的电子数, 从而控制荧光屏上的光斑亮度(辉度). 第一阳极和第二阳极加有直流高压, 使电子在电场作用下加速, 并具有静电透镜的作用, 能把电子束会聚成一点(聚焦).

(3)偏转系统. 它由两对相互垂直的偏转板组成, 一对垂直偏转板 Y 和一对水平偏转板 X. 在偏转板上加以适当电压, 电子束通过时, 其运动方向发生偏转, 从而使电子呈现在荧光屏上的光斑位置也发生改变. 光斑偏移的距离与偏转板上所加的电压成正比, 因而可将电压的测量转化为屏上光点偏移距离的测量, 这就是示波器测量电压的原理.

2) 信号放大和衰减系统

示波器偏转系统的灵敏度不高($0.1 \sim 1~\text{mm·V}^{-1}$). 当加在偏转板上的信号电压较小时, 电子束不能发生足够的偏转, 致使荧光屏上光点位移过小, 不便观察, 故需先把微小的信号电压放大后再加到偏转板上, 为此设置 X 轴和 Y 轴电压放大器.

衰减器的作用是使过大的输入信号电压减小, 以适应放大器的要求, 否则放大器不能正常工作, 甚至损坏.

3) 扫描系统

扫描系统也称时基电路, 用来产生一个随时间作线性变化的扫描电压, 这种扫描电压随时间变化的关系如同锯齿, 故称锯齿波电压. 这个电压经 X 轴放大器放大后加到示波管的水平偏转板上, 使电子束产生水平扫描. 这样, 屏上的水平坐标变成时间坐标, Y 轴输入的被测信号波形就可以在时间轴上展开. 扫描系统是示波器显示被测电压波形必需的重要组成部分.

4) 同步系统

整步电路又称同步电路, 其作用是使锯齿波扫描电压与输入的被测电压信号同步. 模拟示波器的主要键钮功能见表 B10.1.

表 B10.1　模拟示波器主要键钮功能

	中文名	英文名	功能
电源与电子束的控制	电源开关	POWER	按下后接通 220 V 交流电
	辉度	INTEN	顺时针旋转, 光迹及亮度增加
	聚焦	FOCUS	调整光迹的清晰程度
	刻度	SCALE	调整屏幕上刻度线的亮度
	扫迹旋转	TRACE ROTATION	校正显示图形, 用于对显示图像作微小旋转
信号输入控制	Y_1、Y_2 通道	CH1、CH2	信号输入接口, 接入信号后相应通道工作
	偏转因数选择开关和微调	VOLTS/DIV	Y 通道偏转因数是指亮点在屏幕上 Y 方向偏转单位长度(一格)对应的电压值
	位移	POSITION	调节光迹垂直方向的位置

续表

	中文名	英文名	功能
信号输入控制	输入信号耦合开关	DC、AC	当被测信号频率较高且带有较大的交流分量时置"AC"，当被测信号为低频含直流分量时置"DC"
	接地	GND	放大器输入端输入信号与放大器断开，没有信号进入
	叠加	ADD	屏幕显示 CH1、CH2 波形的代数和
	X-Y 显示	X-Y	CH1 信号加到 X 轴，CH1、CH2 或 ADD 信号加到 Y 轴，用于观察李萨如图形或磁滞回线等
	双踪	DUAL	屏幕同时显示 CH1、CH2 波形
扫描与同步控制	扫描时间因数选择开关和微调	TIME/DIV	定量描述信号周期(或频率)的线性刻度，单位为 t/div，t 可取 μs、ms、s. 微调旋钮可以校准扫描时间因数各挡或估读信号的周期值
	触发电平	TRIG LEVEL	用于确定扫描起始点所对应的触发电平. 当"电平"旋钮从"0"调至"+"时，扫描从触发信号的正半周开始；"电平"旋钮从"0"调至"−"时，扫描从触发信号的负半周开始
	触发沿选择	SLOPE	选择触发沿，上升沿+，下降沿−
	触发源选择	SOURCE	CH1：以 CH1 通道输入的信号为触发源. CH2：以 CH2 通道的信号为触发源. 电源：以电源信号为触发源. 外接：用于以外输入信号为触发源
	触发耦合方式	COUPL	选择触发耦合方式，抑制触发信号中的无用分量
	视频触发模式	TV	视频触发模式有 TV-V、TV-H
	自动、正常	AUTO 或 NORM	AUTO：没有触发信号时，扫描电路自激，有扫线出现可用来观察扫描基线，检查示波器工作是否正常. 适用于 50 Hz 以上信号. NORM 适用于低频信号
	接地	⊥	仪器接地
	位移	POSITION	调节光迹水平方向的位置

2. 波形显示原理

通常情况下是要在示波器上观察从 Y 轴输入的周期性信号电压的波形，即必须是信号电压随时间的变化稳定地展现在荧光屏上. 但如果只在竖直偏转板上加一交变的正弦电压，则电子束的亮点将随电压的变化在竖直方向来回运动，如果电压频率较高，则看到的是一条竖直亮线. 要能显示波形，必须同时在水平偏转板上加一扫描电压，这种扫描电压即前面所说的"锯齿波电压". 如果在竖直偏转板上(简称 Y 轴)加正弦电压，同时在水平偏转板上(简称 X 轴)加锯齿波电压，电子受竖直、水平两个方向力的作用，电子的运动就是两相互垂直运动的合成. 当锯齿波电压的周期是正弦电压周期的整数倍时，在荧光屏上将显示出所加正弦电压的完整周期的波形图，如图 B10.3 所示.

3. 同步

如果锯齿波电压的周期不是正弦波电压周期的整数倍，屏上出现的是一移动着的不稳定图形，这种情形可用图 B10.4 说明. 若锯齿波电压的周期 T_x 比正弦波电压周期

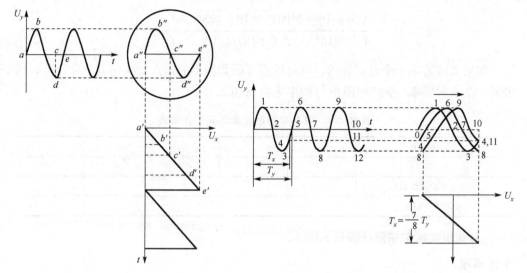

图 B10.3　示波器显示正弦波形的原理图　　　　　图 B10.4　$T_x = (7/8) T_y$ 显示的图形

T_y 稍小,屏上显示的波形每次都不重叠,波形像在向右移动. 同理,如果 T_x 比 T_y 稍大,则波形像在向左移动. 以上描述的情况在示波器使用过程中经常出现. 其原因是扫描电压的周期与被测信号的周期不相等或不成整数倍,以致每次扫描开始时波形曲线上的起点均不一样.

　　为了获得一定数量的波形,示波器上设有"扫描时间"(或"扫描范围")、"扫描微调"旋钮,用来调节锯齿波电压的周期 T_x(或频率 f_x),使之与被测信号的周期 T_y(或频率 f_y)成整数倍数的关系,从而在示波器屏上得到所需数目的完整的被测波形,即

$$\frac{T_x}{T_y} = n \quad \text{或} \quad \frac{f_x}{f_y} = n$$

　　输入 Y 轴的被测信号与示波器内部的锯齿波电压是互相独立的. 由于环境或其他因素的影响,它们的周期(或频率)可以发生微小的改变. 为此示波器内装有频率自动跟踪装置,在适当调节后,锯齿波电压的频率自动跟着被测信号的频率改变,称为同步.

实验内容

　　(1)调节示波器,观察扫描及波形,估测信号的电压及频率.

　　(2)观察李萨如图形并用其测信号频率.

　　在示波管的 X 偏转板上加上正弦波,在 Y 偏转板上加另一正弦波,则当两正弦波信号的频率比值 $f_x : f_y$ 为整数比时,合成运动的轨迹是一个封闭的图形,称为李萨如图形. 李萨如图形是两个相互垂直的简谐振动合成的结果.

　　李萨如图形与信号振动频率之间有如下简单的关系:

$$\frac{X\text{方向切线对图形的切点数}N_x}{Y\text{方向切线对图形的切点数}N_y}=\frac{f_y}{f_x}$$

如果 f_x 或 f_y 中一个是已知的，则可以由李萨如图形的切点数决定其频率比值，求出另一个未知频率. 李萨如图形与频率见表 B10.2.

表 B10.2 李萨如图形记录与频率计算表

李萨如图形						
$N_x : N_y$						
信号发生器读数/kHz						
被测频率/kHz						

(3)观察交流电整流滤波后的图形.

注意事项

(1)注意仪器的防水、防摔、防尘.

(2)示波器通过调节亮度和聚焦旋钮使光点直径最小，以使波形清晰，减小测试误差；不要使光点停留在一点不动，否则电子束轰击一点宜在荧光屏上形成暗斑，损坏荧光屏.

(3)热电子仪器一般要避免频繁开机、关机，示波器也是这样.

思考题

(1)示波器的扫描频率远大于或远小于 Y 轴正弦波信号的频率时，屏上的图形是什么情况？

(2)示波器上的正弦波形不断地向右跑或向左跑，这是为什么？什么情况下向左？什么情况下向右？应调节哪几个旋钮使其尽量稳定？

实验 B11　数字示波器的使用

数字示波器是数字存储示波器的简称，是模拟示波器技术、数字化测量技术、计算机技术的综合产物. 数字示波器具有波形触发、存储、显示、测量、数据分析处理及便于与计算机连接的独特优点，因此在各个相关领域的使用越来越广泛. 但是，由于数字示波器与模拟示波器之间存在较大的性能差异，如果使用不当，就会产生较大的测量误差，从而影响测试任务，因此本节结合 DS5000 数字示波器介绍如何正确使用数字示波器.

实验目的

　　(1)了解数字存储示波器的基本功能.

　　(2)学会使用数字存储示波器.

实验仪器

　　数字存储示波器、探头、信号发生器.

实验原理

1. 数字存储示波器原理简介

　　数字存储示波器原理结构如图 B11.1 所示. 采用实时取样技术, 模数变换器从被测信号的特定时间取出若干个样点, 由控制电路形成存储器的写入地址, 并将模数变换后的数据依次存入存储器中, 触发信号用于终止存储. 当需要观察信号时, 由控制电路产生读出地址, 依次从存储器中取出数据, 经过数模变换器转变为模拟信号, 加到示波管的 Y 偏转板. 读出的地址经数模变换器变成阶梯扫描信号, 加到示波管的 X 偏转板, 这样就可以在显示屏上显示出信号波形. 在数字存储示波器中, 信号处理功能和信号显示功能是分开的, 其性能指标完全取决于进行信号处理的模数、数模变换器. 示波器的屏幕显示的波形总是由所采集到的数据重建形成的, 而不是输入端上所加信号的立即的、连续的波形显示.

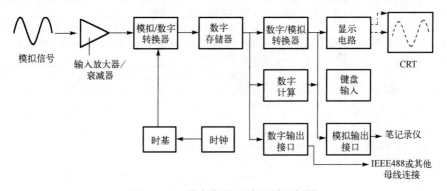

图 B11.1　数字存储示波器原理框图

2. 数字存储示波器面板介绍

　　图 B11.2 为数字存储示波器面板示意图(以 DS5000 系列数字示波器为例). 面板分成左右两大部分, 左边主要是单色液晶显示屏, 右边是接口和操作控制区. 单色液晶显示屏下方从左至右依次是: 商标、型号、仪器名称、带宽和采样频率; 左下方是数字存储示波器的电源开关; 右侧是菜单选择键.

　　数字存储示波器右边是由按键、旋钮、接口组成的操作控制区. 操作控制区分成

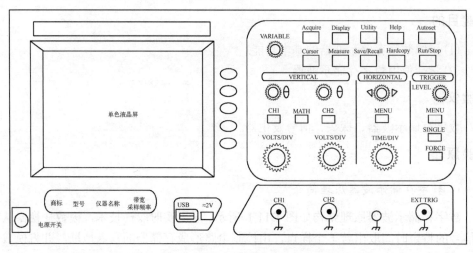

图 B11.2　DS5000 面板操作示意图

六个区:菜单区、运行控制区、垂直区、水平区、触发区和接口区(每个区内的按键和旋钮功能详见表 B11.1).

表 B11.1　数字存储示波器主要按键和旋钮功能

	中文名	英文名	功能
菜单区	变量调节旋钮	Variable	顺时针旋转以增加数值或移动到下一个参数,逆时针旋转为减小数值或回到前一个参数
	采样	Acquire	设置采样系统.使用 Acquire 按钮弹出采样设置菜单并进一步通过菜单选择键调整获取方式、采样方式、平均次数、亮度和混淆抑制等选项
	显示	Display	设置显示系统.使用 Display 按钮弹出显示设置菜单并进一步通过菜单选择键调整显示类型、屏幕网格、显示对比度、波形保持、菜单保持和正常/反相显示等选项
	应用	Utility	辅助系统功能按键.可进行接口、声音、频率计、语言、通过测试、波形录制、自校正和自测试等设置
	帮助	Help	操作辅助说明
	光标	Cursor	光标测量功能按键.光标测量分 3 种模式:手动方式、追踪方式和自动测量方式
	测量	Measure	自动测量功能按键.具有 20 种自动测量功能
	储存/读取	Save/Recall	储存/读取 USB 和内部存储器之间的图像、波形和设定
	硬拷贝	Hardcopy	用于带有扩展模块的示波器,可做数据传输和校正
运行控制区	自动设置	Autoset	自动设置按键.自动设定仪器各项控制值,以产生适宜观察的波形显示
	运行/停止	Run/Stop	数字存储示波器开始采样或停止采样并保留波形在屏上
垂直区	垂直位置旋钮	VERTICAL POSITION	将垂直信号向上(顺时针旋转)或向下(逆时针旋转)移动

续表

	中文名	英文名	功能
垂直区	1 通道/2 通道	CH1/CH2	显示 CH1/CH2 通道波形. 每个通道都有独立的垂直菜单, 每个项目都按不同的通道单独设置
	运算	MATH	数学运算功能. 可显示 CH1、CH2 通道波形相加、相减、相乘、相除以及 FFT 运算的结果
	伏特/格	VOLTS/DIV	改变每一通道波形垂直方向的分辨率
水平区	水平位置旋钮	HORIZONTAL POSITION	调整通道波形(包括数学运算)的水平位置. 这个控制钮的解析度根据时基而变化
	菜单	MENU	显示水平菜单. 在此菜单下可以开启/关闭延迟扫描或切换 X-T、X-Y 显示模式, 还可以设置触发位移或触发释抑模式
	时间/格	TIME/DIV	调整主时基或延迟扫描时基(时基即每格所代表的时间长度)
触发区	电平	LEVEL	触发电平, 设定触发点对应的信号电压
	菜单	MENU	触发方式设置. 含边沿触发、视频触发、脉宽触发
	单次触发	SINGLE	触发显示第一个满足触发条件的信号波形, 并停止采集, 也就是示波器停止捕获波形数据, 只有再次让示波器运行的时候(按 RUN/STOP), 示波器才进入下一次单次触发
	强制触发	FORCE	无论示波器是否检测到触发, 都可以用此按键完成当前波形采集. 主要应用于触发方式中的"正常"和"单次"
接口区	1 通道/2 通道	CH1/CH2	待测信号输入接口
	外触发	EXT TRIG	外触发输入接口

3. 数字存储示波器的技术指标

了解数字示波器的主要技术指标主要是为了正确使用示波器及合理选择示波器. 对于数字示波器, 要深入理解几个核心指标, 即带宽、采样速率、存储深度和波形捕获率.

1) 带宽

带宽是示波器最重要的核心技术指标之一. 带宽决定着示波器对信号的基本测量能力, 随着信号频率的增加, 如果示波器没有足够大的带宽, 示波器将无法分辨高频变化. 模拟示波器的带宽是一个固定的值, 而数字示波器的带宽有模拟带宽和数字实时带宽两种. 模拟带宽, 又称为-3dB 带宽, 是指测得的正弦信号幅度衰减-3dB(约为应测信号幅度的 70.7%)时所对应的频率, 单位是 Hz. 数字示波器对重复信号采用顺序采样或随机采样技术所能达到的最高带宽为示波器的数字实时带宽, 数字实时带宽与最高数字化频率和波形重建技术因子 K 相关(数字实时带宽=最高数字化速率/K), 一般并不作为一项指标直接给出. 从两种带宽的定义可以看出, 模拟带宽只适合周期信号的测量, 而数字实时带宽则同时适合重复信号和单次信号的测量. 厂家声称示波器的带宽能达到多少兆, 实际上指的是模拟带宽, 数字实时带宽要低于这个值, 因此在测量单次信号时, 一定要参考数字示波器的数字实时带宽, 否则会给测量带来意想不到的误差.

2) 采样速率

采样速率也称为数字化速率，是指单位时间内对模拟输入信号的采样次数. 采样速率是数字示波器的一项重要指标. 采样速率决定示波器对于信号细节的捕捉能力. 采样速率不够，容易出现混叠现象. 混叠就是屏幕上显示的波形频率低于信号的实际频率，或者即使示波器上的触发指示灯已经亮了，而显示的波形仍不稳定.

3) 存储深度

存储深度表征数字滤波器可以存储的样本点数，也称为记录长度，这个指标直接影响数字示波器捕获波形的时间长度. 存储深度由采样速率和采样时间共同决定，即存储深度=采样速率×采样时间.

4) 波形捕获率

波形捕获率体现了数字示波器对随机信号的捕获能力，即示波器在单位时间内捕获的波形数.

实验内容

1. 准备工作

熟悉数字存储示波器的使用方法, 检查示波器状态, 完成实验测量前的准备工作, 包括:

(1) 探头的设置和与示波器的连接;

(2) 示波器垂直控制区的设置;

(3) 波形显示;

(4) 探头的调节.

2. 测量信号

观测电路中一未知信号, 显示和测量信号的峰峰值和频率.

1) 迅速显示该信号

将通道探头连接到电路被测点, 利用示波器的自动测量功能使波形显示达到最佳. 在此基础上, 可进一步调节垂直、水平挡位, 直至波形的显示符合要求. 图 B11.3 为自动测量示意图.

2) 进行自动测量

利用菜单区和显示屏右侧的菜单选择键, 自动测量显示屏当前所显示波形的峰峰值和频率等参数, 并记录数据.

3) 了解全部测量功能

除了进行逐项测量外, 也可以同时进行全部测量.

屏幕上显示的全部测量项由表 B11.2 列出:

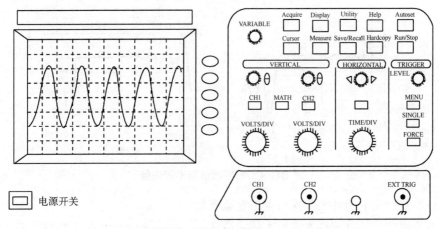

图 B11.3　自动测量示意图

表 B11.2　屏幕上显示的全部测量项列表

V_{max} 最大值	V_{avg} 平均值	Rise 上升时间
V_{min} 最小值	V_{rms} 均方根值	Fall 下降时间
V_{pp} 峰峰值	V_{ovr} 过冲	+Wid 正脉宽
V_{top} 顶端值	V_{pre} 预冲	−Wid 负脉宽
V_{base} 底端值	Prd 周期	+Duty 正占空比
V_{amp} 幅度	Freq 频率	−Duty 负占空比

3. 捕捉单次信号并保存

方便地捕捉脉冲、毛刺等非周期性信号是数字存储示波器的优势和特点.

若捕捉一个单次信号,首先需要对此信号有一定的先验知识,才能设置触发电平和触发沿. 如果对信号的情况不确定,可以通过自动或普通触发方式先进行观察,以确定电平和触发沿.

操作步骤:捕捉信号→保存波形→调出波形.

4. 应用光标测量

本示波器可以自动测量 18 种波形参数,所有的自动测量都可以通过光标进行测量. 练习利用光标模式测量显示波形的频率和幅值等参数.

图 B11.4 为测量脉冲上升沿处振铃(ring)的频率和幅值的示意图.

5. X-Y 功能的应用

查看两通道信号的相位差.

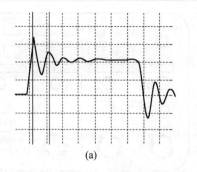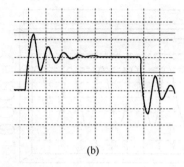

(a)　　　　　　　　　　　　　　(b)

图 B11.4　光标测量频率和幅值

(1)设置探头上的开关和探头菜单衰减系数.

(2)将两个信号分别接入通道 1 和通道 2.

(3)调整两个通道的电路信号，使其显示的幅度大约相等. 利用 X-Y 功能，使两个信号合成后以李萨如(Lissajous)图形显示，调节相关旋钮，使波形达到最佳效果.

(4)观察并计算出相位差，测量示意图如图 B11.5 所示.

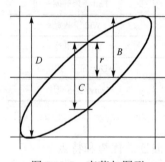

相位差的测量依据为

$$r = A\sin\theta i + B\sin(\theta + \Delta\theta)j$$

当 $\theta=0$ 时，有

$$r = A\sin0 i + B\sin\Delta\theta j = B\sin\Delta\theta j$$

即

$$\sin\Delta\theta = \frac{r}{B}, \quad \Delta\theta = \arcsin\frac{r}{B}$$

图 B11.5　李萨如图形

注意事项

(1)一般数字示波器配合探头使用时，只能测量(被测信号到信号地就是大地)信号端输出幅度小于 300 V　CAT II 信号的波形. 绝对不能测量市电 AC220 V 或与市电 AC220 V 不能隔离的电子设备的浮地信号.

(2)实验中为保证测量准确，接线要牢固，单次信号的捕捉可多次重复，以找寻最好图像.

思考题

(1)与模拟示波器相比，你觉得数字存储示波器的特点是什么?

(2)数字存储示波器还可测量哪些量?

参 考 文 献

[1]　成正维. 大学物理实验. 北京: 高等教育出版社, 2002.

[2]　贾玉润, 王公治, 凌佩玲. 大学物理实验. 上海: 复旦大学出版社, 1998.

[3]　钱锋, 潘人培. 大学物理实验(修订版). 北京: 高等教育出版社, 2005.

[4]　丁慎训, 张连芳. 物理实验教程. 2 版. 北京: 清华大学出版社, 2003.

[5]　王云才. 大学物理实验教程(修订版). 北京: 科学出版社, 2002.

[6]　徐建强. 大学物理实验. 北京: 高等教育出版社, 2006.

[7]　周希坚. 大学物理实验. 太原: 山西高校联合出版社, 1994.

按需择器，量力而行

——仪器选择的重要性

"工欲善其事，必先利其器"，在测量某一个物理量时，选择经济恰当的测量仪器是十分重要的. 不同实验仪器的测量精度一般是不同的，当然其实验成本也不相同. 科学合理地选择实验仪器是成功实现实验目标的前提.

选择仪器的首要任务是明确测量需求，包括对量程、测量精度和仪器稳定性的要求. 对于测量仪器，我们通常有两种选择，一是使用现有仪器，二是研制新仪器. 一般而言，在现有仪器能够满足测量需求时，是不需要研制新仪器的. 我们在大学物理实验中利用单摆装置测量实验室的重力加速度，而在大地测量与地球动力学领域，人们采用卫星测高数据、双卫星精密轨道及距离变率数据以及重力梯度数据等反演地球局部或全球重力场模型.

显微镜的发明使得人们能够观察原子级的微观世界. 光学显微镜的光学部分由目镜和物镜组成，可把物体放大 1600 倍；电子显微镜将电子流作为一种新的光源，使物体成像，可把物体放大 200 万倍；扫描隧道显微镜是利用量子隧穿效应观察和操控单个原子的仪器，其放大倍数可达 3 亿倍，但因扫描隧道显微镜的工作状态高度依赖其探针针尖的状态，故其调试和维护的成本都很高. 显微镜价格因品牌、类别、规格和市场等因素而不同，但总体而言，光学显微镜相对便宜，电子显微镜价格高于光学显微镜，而扫描隧道显微镜最为昂贵.

从原理来说，天文望远镜包括传统光学望远镜、射电望远镜和新兴中微子、引力波等望远镜. 位于我国贵州境内的 500 m 口径球面射电望远镜(five-hundred-meter aperture spherical radio telescope，FAST)是世界上最大的单口径射电望远镜，也是目前世界上灵敏度最高的望远镜，可以把我们探测宇宙天体的能力拓展到 137 亿年前. 不同类型望远镜的口径和分辨力不同，其适用范围也不相同.

在引力波探测领域，为了探测引力波对时空结构的微弱影响，需要设计激光干涉仪，对空间距离的变化进行精确测量. 美国的激光干涉引力波天文台(laser interferometer gravitational-wave observatory，LIGO)的激光干涉仪能探测到千分之一个质子直径尺度上的变化. 中国科学院提出的空间引力波探测计划——太极计划搭载的激光干涉仪位移测量精度预计达到百皮米量级，这相当于一个原子直径的大小，但相比地面激光干涉装置，空间激光干涉装置可测量更大波长的引力波源所引发的空间距离扰动.

可见，对于同一类实验过程，不同仪器具有不同的特点，我们选择实验仪器时，并非精度越高就一定越好，还要考虑仪器附加的经济成本、时间成本等要素，所以应当根据被测量对象的实际情况和对测量精度的要求选择合适的实验仪器.

第 5 章

基本物性的测量

物性即物质的实验物理特性, 可分为力学特性、热学特性、电磁学特性和光学特性等. 力学性质包含物质的硬度、弹性、抗拉强度、摩擦系数、黏滞系数、表面张力等; 热学性质包含热传导系数、比热容、线胀系数等; 电磁学性质包含电导率、电容率、磁导率等; 光学性质包含折射率、色散、偏振等. 此外, 有些物质还具有光电、压电、磁光等效应. 物质的这些宏观效应实质上是由物质的微观结构及组成成分决定的. 即使化学成分相同的物质, 生产工艺不同, 也会有不同的结构, 具有不同的特性. 不同的微观结构决定了物质具有不同的性质, 反过来, 对物性的研究也推动着人们对微观世界的深入理解.

物性的内容非常广泛, 测量物性的方法和技术也非常多. 作为热学性质测量的举例, 实验 C1~C3 分别介绍了固体、液体和气体比热容的测量. 实验 C4~C7 则分别介绍了液体表面张力系数、液体黏滞系数、弹性模量和金属线胀系数四个力学量的测量. 光学特性的测量作为单独的一章放在第 8 章波动光学给予介绍. 需要说明的是, 即使对同一物质同一物性的测量, 也有多种方法, 我们在本章中仅介绍其中一两种方法.

实验 C1 固体比热容[①]的测量

1819 年, 杜隆(Dulong)与珀蒂(Petit)发现, 常温下任何固体的比热容与原子质量的乘积(即摩尔热容)均等于 25.12 J, 称为杜隆-珀蒂定律. 经典理论认为, 构成固体的各个原子都在各自的平衡位置附近作微小简谐振动, 并且各个谐振动都是彼此独立的. 根据能量均分定理, 每个自由度的能量为 $\frac{1}{2}k_BT$. 这一理论结果在

[①] **比热容的概念**: 比热容(specific heat capacity)是单位质量的物质升高(或降低)单位温度所吸收(或放出)的热量, 是物质的一种基本属性. 利用物质的比热容这一概念可以解释我们生活中许多有关温度的现象. 例如, 沿海地区一天中温度的变化要比内陆地区的温度变化小, 这是因为水的比热容较大, 沿海地区的海水白天吸收了大量的热量, 在晚上释放出来, 调节了当地昼夜间的温度差. 物质比热容的测量是物理学的基本测量之一, 属于量热学的范围. 量热学的基本概念和方法在许多领域中有广泛应用, 特别是在新能源的开发和新材料的研制中, 量热学的方法都是必不可少的. 由于散热因素多而且不易控制和测量, 量热实验的精度往往较低. 在量热实验中, 常常需要分析产生各种误差的因素, 考虑减小误差的方法.

室温和较高温度下与杜隆-珀蒂定律符合得较好，但在低温时比热容的实验值小于理论值.

1907 年，爱因斯坦采用量子统计法导出了新的比热容公式.爱因斯坦认为振动能量是量子化的，在低温下温度的改变不足以引起振动能量的相应改变，因而振动自由度对比热容无贡献，比热容的理论值在低温时就大大降低，与实验结果符合得较好.1912 年德拜改进了爱因斯坦模型：固体中各原子间以弹性力相联系，对低频振动，可把固体看作是连续弹性介质，可传播弹性波，每一种振动频率对应一个纵波和两个偏振方向垂直的横波，这些弹性波的能量都是量子化的，把所有这些振动对比热容的贡献加起来就是固体的比热容.根据上述德拜模型可得到与实验结果符合得更好的比热容公式.

实验目的

(1)掌握测量固体比热容的基本方法——混合法.
(2)学习一种修正散热的方法——温度修正.

实验仪器

量热器、水银温度计、待测金属样品、物理天平、加热器具及秒表等.

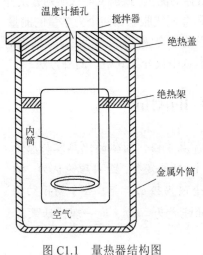

图 C1.1　量热器结构图

量热器由外筒和内筒组成，结构如图 C1.1 所示.内筒放置在绝热架上，与外筒隔开，外筒用绝热盖盖住，盖上开两个小孔，可放入温度计和搅拌器(连有绝缘柄).由于内筒与外筒间充有不良热传导体空气，它们间传导的热量很小；又由于外筒装有绝热盖，对流的热量也很小，内筒的外壁和外筒的内外壁都抛光，以减少热辐射.这样的量热器可被看作近似符合热平衡原理的实验系统.

实验原理

在一个与环境没有热交换的孤立系统中，质量为 m 的物体，当它的温度由最初平衡态 T 变化到新的平衡态 T' 时，所吸收(或放出)的热量为

$$Q = mc(T' - T) \tag{C1.1}$$

式中的乘积 mc 称为该物体的热容量，而 c 称为物体的比热容，表示 1 kg 物质温度升高(或降低)1 K 时所吸收(或放出)的热量，单位为 $J\cdot kg^{-1}\cdot K^{-1}$.

用混合法测量固体比热容利用的是热平衡原理.将温度不同的物体混合后，如果由这些物体组成的系统与外界没有交换热量，最后系统将达到均匀、稳定的平衡

温度. 在此过程中，高温物体放出的热量等于低温物体所吸收的热量.

　　本实验系统的高温部分由量热器内筒、搅拌器和热水组成，而处于室温的待测金属样品为系统的低温部分. 设量热器内筒和搅拌器的质量为 m_1，比热容为 c_1；热水质量为 m_2，比热容为 c_2，它们的共同温度为 T_1. 待测金属样品的质量为 M，比热容为 c，温度与室温 T_0 相同. 将待测金属样品迅速倒入量热器内筒中，经过搅拌后，系统达到热平衡时的温度为 T_2. 假设系统与外界没有任何热交换，则根据热平衡原理，实验系统的热平衡方程为

$$(m_1c_1 + m_2c_2)(T_1 - T_2) = Mc(T_2 - T_0) \tag{C1.2}$$

将实验中测得的各个量值代入上式，即可求出待测金属样品的比热容.

　　以上并没有考虑系统热量的散失. 但实际上只要有温差存在，总会发生系统与外界热交换. 本实验中热量散失主要有以下三部分：一是金属样品投放入量热器过程中散失的热量一般不易测准和修正，所以应尽量缩短投放的时间；二是量热器外部若附着水分，会因水分蒸发损失一定的热量，所以应该及时擦干量热器的外筒壁；三是在混合过程中量热器与外界的热交换，由此造成混合前系统的初温 T_1 与混合后系统的末温 T_2 不易测准.

　　可见，散热的影响难以完全避免. 在精确的测量中，还必须对系统的散热进行修正. 方法之一就是对温度进行修正，是通过作图，用外推法求得实验系统的高温部分 (量热器、搅拌器、热水) 混合前的温度 T_1 以及混合后系统达到热平衡时的温度 T_2. 图 C1.2 所示是实验系统的温度随时间变化的曲线. 图中 AB 段是投入金属样品前系统的散热温度变化曲线；BC 段是金属样

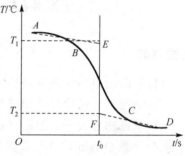

图 C1.2　散热的温度修正

品投入量热器热水中后，系统内进行热交换过程的散热曲线；CD 段是系统内热交换达到热平衡后的散热温度变化曲线. 图中 t_0 是金属样品倒入量热器热水中的时刻，过 t_0 作时间轴的垂直线与 AB、CD 的延长线交于 E、F 两点，则可以认为 E、F 点对应的温度就是式 (C1.2) 中的 T_1 和 T_2. 由图可知，E、F 点相当于热平衡进行得无限快时系统的初温和末温.

实验内容

　　(1) 分别称出待测金属样品的质量、量热器内筒和搅拌器的质量.

　　(2) 在量热器内筒中倒入热水，并称出它们的总质量.

　　(3) 盖好量热器的盖子，插入温度计，然后均匀地上下搅动搅拌器. 每隔半分钟读取一次热水的温度，依次记录 6 个以上的温度数据.

(4)将待测金属样品迅速倒入量热器内筒中,同时记录倒入金属样品的时刻和此刻的室温. 继续进行搅拌,每隔半分钟读取一次水温,依次记录 10 个以上的温度数据.

(5)按作图要求作出散热温度修正曲线,并由该曲线求出修正后的系统初温与末温.

(6)将测量数据代入式(C1.2),求出待测金属样品的比热容,并与公认值进行比较,求出相对误差.

注意事项

(1)本实验的实验误差主要来自温度测量,因此在测量时读数要迅速且准确.

(2)倒入量热器内筒的水不要太少,必须使投入的金属样品淹没其中.

思考题

(1)分析本实验中有哪些因素会引起系统误差? 测量时怎样才能减小实验误差?

(2)若采用预先加热金属样品投入低于室温的水中混合的方法,本实验应怎样设计和进行操作?

实验 C2　液体比热容的测量

实验目的

(1)学会用电热法测量液体的比热容.

(2)学习用牛顿冷却定律进行散热修正.

(3)掌握物理天平、温度计和量热器的使用方法.

(4)熟悉 Origin 软件对数据的处理.

实验仪器

量热器、温度计、稳压电源、安培计、伏特计、物理天平、秒表、量杯等.

实验原理

测量物质比热容的方法很多,本实验利用电流的热效应,通过载流电阻丝给待测液体加热来测量液体的比热容. 在量热器内筒中装入质量为 m 的液体,在液体中安置一根电阻丝对液体加热,如果不考虑其他的热量损失,则电阻丝放出的热量全部被待测液体和量热器吸收,即有

$$Q = (mc + m_1c_1 + m_2c_2 + m_3c_3 + m_4c_4 + 1.9\delta_0)(T_f - T_0) \tag{C2.1}$$

式中,m 和 c 分别是待测液体的质量和比热容,m_1、c_1、m_2、c_2、m_3、c_3、m_4、c_4 分别是量热器内筒、搅拌器、加热电阻和接线柱的质量和比热容,δ_0 是水银温度计浸入水中部分的体积,单位为 cm^3(在上式中,我们取温度计单位体积热容量为 $1.9\ J\cdot°C^{-1}\cdot cm^{-3}$).

在量热器内，加在电阻丝两端的电压为 U，通过电阻丝的电流为 I，通电时间为 t，则电阻丝放出的热量为

$$Q=UIt \tag{C2.2}$$

如果电阻丝放出的热量没有散逸，都被量热器系统吸收，使量热器系统的温度从 T_0 升高到 T_f，根据能量守恒，则可得到

$$c = \frac{1}{m}\left(\frac{UIt}{T_f - T_0} - m_1c_1 - m_2c_2 - m_3c_3 - m_4c_4 - 1.9\delta_0\right) \tag{C2.3}$$

实际上，在用电流加热使系统升温的过程中，系统不可避免地会与外界环境进行热交换，也就是说，系统向外界散热(设系统温度高于环境温度). 因此，系统实际达到的终温 T_f' 要低于不散热时应该达到的理想终温 T_f 而引入系统误差. 为了求得理想的终温 T_f，必须设法求出由于散热而导致的温度降低 ΔT，即

$$T_f = T_f' + \Delta T \tag{C2.4}$$

散热修正的方法. 求 ΔT 的方法如下.

一个系统的温度如果高于环境温度，就要散失热量.实验证明，当温度差相当小时(约不超过 15 ℃)，系统的冷却速率同系统与环境间的温差成正比，此即牛顿冷却定律，可用数学形式表示为

$$\frac{\mathrm{d}T}{\mathrm{d}t} = K(T - \theta) \tag{C2.5}$$

式中，T 是系统表面温度，θ 是环境温度. 在 $(T - \theta)$ 不大时 K 是一个常量. K 与系统的表面状况及热容有关，也称为系统冷却系数.

选择系统已经自然冷却后的某时刻温度 T_0' 开始计时，即 $t=0$ 时，$T=T_0'$，经过时间 t 后，系统温度降至 T，对式(C2.5)积分可得

$$\ln(T - \theta) = Kt + \ln(T_0' - \theta) \tag{C2.6}$$

可见，在 $\ln(T - \theta)$-t 图上，方程(C2.6)是一条直线. 直线的斜率即为 K，截距为 $\ln(T_0' - \theta)$. $K<0$ 说明系统是降温，将 K 值代入式(C2.5)，可以求得系统表面在不同温度下每分钟由于散热而降低的温度：

$$\mathrm{d}T = |K(T - \theta)| \tag{C2.7}$$

每隔 1 min 记录下系统从加热到开始降温这段过程中的温度 T_0，T_1，T_2，…，以 $\frac{T_0+T_1}{2}$，$\frac{T_1+T_2}{2}$，$\frac{T_2+T_3}{2}$，…作为第 1 min，2 min，3 min，…内系统的平均温度. 根据式(C2.7)可以求出系统在加热的第 1 min、第 2 min 等不同时刻由于散热而降低的温度 $\mathrm{d}T_1$，$\mathrm{d}T_2$，$\mathrm{d}T_3$，…. 这样，第 n min 后系统因散热而导致的总的温度降低 ΔT 为

$$\Delta T = \sum_{i=1}^{n} \mathrm{d}T \tag{C2.8}$$

将式(C2.8)求得的 ΔT 代入式(C2.4)，即可求得修正后的终温 T_f.

综上所述，要对系统通电加热所达到的终温进行修正，实验时不但要每隔 1 min 记录系统加热升温至断电开始降温这段过程系统的温度(升温阶段)，而且还要每隔 1 min 记录断电后系统自然冷却阶段的系统温度(降温阶段)，并求出每分钟内系统的平均温度 $\bar{T_i}$. 由降温段的系统温度来作 $\ln(T-\theta)\text{-}t$ 图，求系统冷却系数 K 值，然后用所求的 K 值计算系统升温段中每分钟内系统由于散热导致的温度降 dT_i，最后求出升温全过程的总的温度降 ΔT. 需要注意的是，由于升温的滞后效应，断电时刻的温度并不是系统加热所达到的最高温(终温).

实验内容

实验装置如图 C2.1 所示，其中 B 是量热器外筒，C 是量热器内筒，D 是绝缘垫圈，F 是绝缘盖，G 是加热电阻丝，H 是搅拌器，I 是温度计，J 是接线柱，E 是稳压电源，A 是电流表，V 是电压表.

(1)用物理天平称量量热器内筒、搅拌器、加热电阻丝和接线柱的质量. 根据它们的材料，查得相应的比热容.

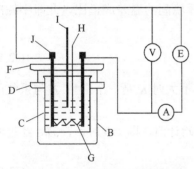

图 C2.1　测液体比热容实验装置图

在量热器内筒中装入待测液体，称量出待测液体的质量.

按图 C2.1 安装实验装置，然后轻轻将温度计取出，注意观察温度计浸入待测液体中的深度，然后将其放入盛有待测液体的量杯中测量温度计浸入待测液体中部分的体积 δ_0.

(2)连接电路，调节稳压电源输出使回路中电压及电流达到预定要求，记录电压及电流值. 同时用搅拌器搅拌系统，当系统温度略高于环境温度 2~3 ℃时，切断电源.

(3)正式通电升温. 接通电源开始计时，并记录环境温度 θ_0 及系统温度 T_0，以后每隔 1 min 记录一次系统温度及环境温度，直至 T 比环境温度高 10~15 ℃时切断电源，记下断电时间和此时的环境温度 θ_n，同时密切注视温度计，以捕捉加热达到的最高温(此温度即为实测终温 T_f').

在此过程中，每隔 2~3 min 记录一次电压和电流值，取其平均值 $\bar{U}$、$\bar{I}$. 取 θ_0，θ_1，θ_2，…，θ_n 的平均值 $\bar{\theta}$ 作为升温过程的环境温度.

(4)断电后系统进入降温阶段，继续每隔 2 min 记录一次系统温度及环境温度，至系统冷却一段时间后再停止. 取降温段所记环境温度的平均值 $\bar{\theta}$ 作为降温过程的环境温度.

(5)根据记录的数据绘制 $\ln(T-\theta)\text{-}t$ 图，求系统冷却系数 K 值. 从降温段的温度中选取某一时刻作为新的时间起点，此时的温度作为 T_0；利用以后连续记录的温度

T, 用 Origin 软件绘制 $\ln(T-\theta)-t$ 曲线, 由曲线斜率求得 K.

(6)对实测终温 T_f' 进行修正. 用已求得的 K 值计算升温过程中每分钟内由于散热导致的温度降 dT_i, 最后求出升温过程中总的温度降 ΔT, 然后求修正后的终温 T_f.

(7)求出待测液体的比热容 c.

注意事项

(1)从通电升温到断电降温全过程, 必须不断地对系统进行搅拌, 这样才能使温度计的示数代表系统温度.

(2)温度计不得靠近加热电阻丝. 搅拌时, 搅拌器勿与电极接触, 以防短路.

思考题

(1)热学实验操作过程中应注意哪些问题?

(2)为了测准温度, 实验中应采取哪些措施?

(3)如果实验过程中加热电流发生微小波动, 对测量结果有无影响, 为什么?

(4)为什么温度计的热容量只计算浸入水中的那部分?

实验 C3　气体比热容比 c_p/c_V 的测量

气体的比热容比 γ, 是气体的定压摩尔热容量 c_p 与定容摩尔热容量 c_V 之比, 即 $\gamma=c_p/c_V$, 也叫做气体的绝热系数, 是绝热过程中一个很重要的参量, 同时也是描述气体热力学性质的一个重要参数. 最初是在 18 世纪, 苏格兰的物理学家兼化学家 J.布莱克发现质量相同的不同物质, 上升到相同温度所需的热量不同, 而提出了比热容的概念. 几乎任何物质皆可测量比热容, 如化学元素、化合物、合金、溶液及复合材料. 本实验采用一个上端有出气孔的近似绝热烧瓶, 内有小钢珠及气泵等装置, 根据气泵充气的原理, 小球在出气孔附近做简谐运动, 利用绝热方程即可推算出比热容比与小球质量及半径的关系, 通过实验条件建立数学模型计算气体比热容比. 实验设计的巧妙之处在于小球运动过程的等效原理, 实验中需要注意不确定性的传递原理与实验误差的矫正. 实验的难点在于实验过程中小球做简谐运动过程的把握与大气压平均值的求解, 这需要学生通过实际实验操作, 培养和具备基础的实验技能和一定的实验创新能力. 实验对培养学生严谨、细致的实验态度和耐心的实验习惯具有良好的作用. 通过课堂实验探究可以培养学生的实验技巧和动手能力, 使学生了解科学概念的发展及其重要作用, 从而学习科学家的研究方法, 领悟科学思想和精神.

气体比热容比
的测量

实验目的

(1)测定多种气体(单原子、双原子、多原子)的比热容比 γ.

(2)练习使用物理天平、螺旋测微器、数字毫秒计、大气压力计等仪器.

实验仪器

本实验采用的气体比热容比测定仪如图 C3.1 所示,包括专用烧瓶(容积 V 约为 2.645×10^{-3} m^3)、弹簧、小钢球、数字计时仪、储气瓶、微型气泵等.

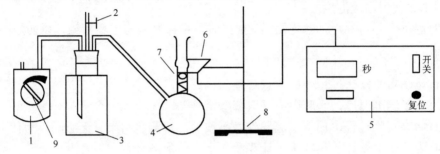

图 C3.1　气体比热容比测量装置

1. 微型气泵;2. 调节阀;3. 储气瓶;4. 烧瓶;5. 数字计时仪;6. 光电门;7. 小钢球;8. 铁架台;9. 气量调节旋钮

实验原理

在绝热的准静态过程中,热力学系统状态参量之间存在着一定的关系,称为绝热过程方程. 理想气体准静态绝热过程方程可表述为

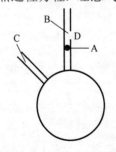

$$pV^{\gamma} = \text{常量} \qquad (C3.1)$$

式中,γ 为气体的比热容比(也叫气体的绝热系数). 在理论上,通过 p、V 的值就能得到 γ 值.

测定 γ 的方法有多种,本实验通过测定物体在特定容器中的振动周期 T 来计算 γ 值. 实验专用烧瓶如图 C3.2 所示,振动物体小球的直径比玻璃管直径仅小 0.01~0.02 mm,它能在这个精密的玻璃管中上下移动. 在烧瓶的壁上有一小孔 C,并插入一根细管,通过它可以将各种气体注入到烧瓶中.

图 C3.2　实验专用烧瓶

为了补偿由于空气阻尼引起振动物体 A 振幅的衰减,通过 C 管一直注入一个小气压的气流,在精密玻璃管 B 的中央开设一个小孔 D. 当振动物体 A 处于小孔下方的半个振动周期时,注入气体使容器的内压力增大,引起物体 A 向上移动,而当物体 A 处于小孔上方的半个振动周期时,容器内的气体将通过小孔流出,使物体下沉,以后重复上述过程. 只要适当控制注入气体的流量,物体 A 能在玻璃管 B 的小孔上下做简谐振动. 振动周期可利用光电计时装置来测量.

设小球 A 的质量为 m，半径为 r（直径为 d），当烧瓶内气体压强 p 满足下面条件时小球 A 处于平衡状态

$$p = p_l + \frac{mg}{\pi r^2} \tag{C3.2}$$

式中，p_l 为大气压强.

若小球偏离平衡位置一个较小距离 x，则容器内气体的压力变化为 $\pi r^2 \mathrm{d}p$，物体的运动方程为

$$m \frac{\mathrm{d}^2 x}{\mathrm{d}t^2} = \pi r^2 \mathrm{d}p \tag{C3.3}$$

由于物体运动的速度较快，所以容器内气体变化过程可以看作是绝热过程，对绝热方程(C3.1)求导得

$$\mathrm{d}p = -\frac{p\gamma \mathrm{d}V}{V} \tag{C3.4}$$

容器中体积的变化为

$$\mathrm{d}V = \pi r^2 x \tag{C3.5}$$

由式(C3.3)、式(C3.4)和式(C3.5)可得

$$\frac{\mathrm{d}^2 x}{\mathrm{d}t^2} + \frac{\pi^2 r^4 p\gamma}{mV} x = 0 \tag{C3.6}$$

此式与简谐振动的微分方程 $\dfrac{\mathrm{d}^2 x}{\mathrm{d}t^2} + \omega^2 x = 0$ 具有相同的形式，因此可得

$$\omega^2 = \frac{\pi^2 r^4 p\gamma}{mV} \tag{C3.7}$$

又因 $\omega = \dfrac{2\pi}{T}$，得

$$\gamma = \frac{4mV}{T^2 pr^4} = \frac{64mV}{T^2 pd^4} \tag{C3.8}$$

因此，只要在实验中测得振动物体的直径 d、周期 T、质量 m，并由气压计读出大气压强 p_l，再由式(C3.2)求得 p，就可以求得待测气体的比热容比 γ.

理论上，气体的比热容比 γ 仅与气体分子的自由度 i 有关，与气体的种类和温度无关，即 $\gamma = (i+2)/i$. 对于单原子气体(如氩 Ar、氦 He)，只有 3 个平动自由度，即 $i=3$，$\gamma=1.67$. 对于刚性双原子气体(如 N_2、H_2、O_2)，除上述 3 个平动自由度外还有 2 个转动自由度，即 $i=5$，$\gamma=1.40$. 对于刚性多原子气体(如 CO_2、CH_4)，则有 3 个平动自由度和 3 个转动自由度，即 $i=6$，$\gamma=1.33$.

实验内容

(1)用螺旋测微器测量小球直径(可通过测量备用小球直径来替代).

(2)测量大气压强 p_l 实验开始前和结束后,各测一次大气压强 p_l,取平均值.

(3)用物理天平测量备用小球的质量.

(4)以空气为气源(可近似认为是双原子气体),测量小球在特定容器中的振动周期 T.

(5)更换气源(单原子气体、双原子气体、多原子气体),重复步骤(4).

(6)计算上述所测各量的不确定度,并表示测量结果.

(7)计算所测气体的比热容比及不确定度,并与理论值比较,求相对误差.

注意事项

(1)由于热力学实验要求环境基本保持不变,所以实验中应尽量保持实验环境不变,如尽量避免快速走动而增加室内空气对流.

(2)由于各地重力加速度不同,所以应对读取的气压值进行修正.

思考题

(1)若空气中有水蒸气,实验结果有何变化?

(2)如果振动物体的周期较长,对测量结果有何影响?

(3)如果压强增大,气体的比热容比将发生什么变化?

(4)在实际问题中,物体振动过程并不是理想的绝热过程,这时测得的值比实际值大还是小?为什么?

实验 C4　液体表面张力系数的测定

　　根据分子运动论,固体及液体分子间均存在吸引力.就液体而言,液体表面层内的分子与液体内部的分子比较,缺少了一半对其起吸引作用的液体分子,因而受到一个指向液体内部的力.这样,液体具有尽量缩小其表面的趋势,液体表面如同一张拉紧了的弹性薄膜,我们把这种沿着液体表面,使液面收缩的力称为表面张力.泡沫的形成、润湿和毛细现象等都是表面张力作用的结果.在工业技术上,如矿物的浮选技术和液体输送技术等方面都要对表面张力进行研究.

　　测定液体表面张力的方法很多,常用的有拉脱法、毛细管法、最大气泡压力法等.其中,拉脱法是直接测量的方法,毛细管法是间接测量的方法.

Ⅰ　拉　脱　法

实验目的

(1) 了解液体表面的性质.

(2) 熟悉用拉脱法测量表面张力系数.

(3) 掌握用焦利弹簧秤测量微小力的方法.

实验仪器

焦利秤、金属丝框、砝码、烧杯、钢板尺.

焦利秤的构造如图 C4.1 所示,它实际上是一种用于测微小力的精细弹簧秤. 一金属套管 A 垂直竖立在三角底座上,调节底座上的螺丝,可使金属套管 A 处于垂直状态. 带有毫米标尺的圆柱 B 套在金属套管内. 在金属套管 A 的上端固定有游标,圆柱 B 顶端伸出的支臂上挂一锥形弹簧 S. 转动旋钮 G 可使圆柱 B 上下移动,因而也就调节了弹簧 S 的升降. 弹簧上升或下降的距离由主尺(圆柱 B)和游标来确定.

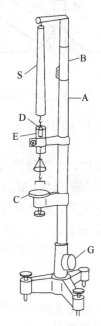

E 为固定在金属套管 A 上一侧刻有刻线的玻璃圆筒,D 为挂在弹簧 S 下端的两头带钩的小平面镜,镜面上有一刻线. 实验时,使玻璃圆筒 E 上的刻线、小平面镜上的刻线、E 上的刻线在小平面镜中的像三者始终重合,简称"三线对齐". 用这种方法可保证弹簧下端的位置是固定的,弹簧的伸长量可由主尺和游标定出来(伸长前后两次读数之差值). 一般的弹簧秤都是弹簧上端固定,在下端加负载后向下伸长,而焦利秤与之相反,它是控制弹簧下端的位置保持一定,加负载后向上拉动弹簧确定伸长值. C 为一平台,转动其下端的螺钉时平台 C 可升降但不转动.

设在力 F 作用下弹簧伸长 ΔL,根据胡克定律可知,在弹性限度内,弹簧的伸长量 ΔL 与所加的外力 F 成正比,即

$$F = k\Delta L$$

式中,k 是弹簧的劲度系数. 对于一个特定的弹簧,k 值是一定的. 如果将已知重量的砝码加在砝码盘中,测出弹簧的伸长量,由上式即可计算该弹簧的 k 值. 这一步骤称为焦利秤的校准. 焦利秤校准后,只要测出弹簧的伸长量,就可计算出作用于弹簧上的外力 F.

图 C4.1　焦利秤

实验原理

液体表面层中分子的受力情况与液体内部的分子不同. 在液体内部,每个分子四周均被同类的其他分子所包围,在各个方向上受力均匀,合力为零. 由于液面上方气体分子数较少,表面层中每个分子受到向上的引力小于向下的引力,合力不为

零，这个合力垂直于液面并指向液体内部，所以表面层的分子有从液面挤入液体内部的倾向，并使液体表面自然收缩，直到处于动态平衡，即在同一时间内脱离液面挤入液体内部的分子数和因热运动而到达液面的分子数相等时为止. 由于这个原因，液体具有尽量缩小其表面的趋势. 整个液面如同一张拉紧了的弹性薄膜. 我们把这种沿着液体表面，使液面收缩的力称为表面张力.

　　将一表面洁净的矩形金属丝框竖直浸入水中，使其底边保持水平，然后轻轻提起，由于液体表面张力的作用，其附近的液面将呈现出如图 C4.2 所示的形状，即金属丝框上挂有一层水膜. 水膜的两个表面沿着切线方向有作用力 f（表面张力），ϕ 为接触角，当缓缓拉出金属丝框时，接触角 ϕ 逐渐减小而趋向于零. 这时表面张力 f 垂直向下，其大小与金属丝框水平段的长度 l 成正比，故有

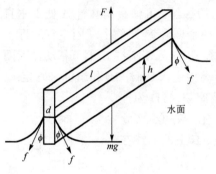

图 C4.2　液体表面张力受力分析图

$$f=2\alpha l \tag{C4.1}$$

式中，比例系数 α 称为表面张力系数，它在数值上等于单位长度上的表面张力.在国际单位制中，α 的单位为 $N \cdot m^{-1}$. 表面张力系数 α 与液体的种类、纯度、温度和它上方的气体成分有关. 实验表明，液体的温度越高，α 值越小；所含杂质越多，α 值也越小.

　　在金属丝框缓慢拉出水面的过程中，金属丝框下面将带起一水膜，当水膜刚被拉断时，诸力的平衡条件是

$$F=mg+f+ldh\rho g=mg+2\alpha l+ldh\rho g \tag{C4.2}$$

式中，F 为弹簧向上的拉力，mg 为金属丝框和它所黏附的液体的总重量，l 为金属丝框的长度，d 为金属丝的直径，即水膜的厚度，h 为水膜被拉断时的高度，ρ 为水的密度，g 为重力加速度，$ldh\rho g$ 为水膜的重力. 由于 $d\ll l$，所以 $ldh\rho g$ 值不大，可忽略不计. 由于水膜有前后两面，所以式(C4.2)中的表面张力为 $2\alpha l$.

　　由式(C4.2)可得

$$\alpha = \frac{F-mg}{2l} \tag{C4.3}$$

实验中先测出焦利秤的劲度系数 k,然后用焦利秤测出与式(C4.2)中 $F-mg$ 相对应的弹簧伸长量 ΔL，则有

$$\alpha = \frac{k\Delta L}{2l} \tag{C4.4}$$

实验内容

1. 测量锥形弹簧的劲度系数

(1)按照图 C4.1 挂好弹簧、小镜子 D 及砝码盘，调节三角底座上的螺钉使小镜

子 D 铅直，然后转动旋钮 G，使"三线对齐"，记录游标零线所指示的米尺上的读数 L.

(2)依次将砝码加在砝码盘内，逐次增加至 0.5 g，1.0 g，…，4.5 g，分别记录 A 柱上米尺的读数 L_1，L_2，…，L_9，然后依次减去 0.5 g 砝码，步骤同上，用逐差法求弹簧的劲度系数 k 值，再计算出劲度系数 k 的平均值 $\bar{k}$ 及其不确定度.

2. 测量水的表面张力

(1)记录金属丝架浸入水面前弹簧的伸长量 L_0.

(2)测量在水的表面张力的作用下弹簧的伸长量. 参考步骤如下：将盛有多半杯蒸馏水的烧杯置于平台 C 上，转动平台 C 下端的螺丝，使金属丝先浸入水中，然后使平台缓慢下降，直至金属丝横臂高出水面，在水的表面张力的作用下，小镜子 D 上的弹簧伸长，这样小镜子上的刻线也随着下降. 此时通过缓缓向上旋动旋钮 G，满足"三线对齐". 重复上述调节，直到金属丝框架恰好跳离水面为止. 先观察几次水膜在调节过程中不断被拉伸、最后破裂的现象，然后再把金属丝框架脱离水膜时米尺上的读数 L 记录下来，得出弹簧的伸长量$(L-L_0)$.

(3)重复测量，求弹簧伸长量的平均值$(\overline{L-L_0})$，于是有 $F-mg=\bar{k}\,(\overline{L-L_0})$.

(4)记录实验前后的水温，以平均值作为水的温度. 测量金属丝横臂长度 l 的数值.

(5)计算表面张力系数及其不确定度，并表示出测量结果.

注意事项

(1)如果实验时金属丝倾斜，会造成液膜过早破裂，增大实验误差.

(2)实验时应保持金属丝表面清洁. 可先用酒精灯烧红后，再用酒精棉擦拭.

(3)焦利秤中使用的弹簧是易损精密器件，要轻拿轻放，切忌用力拉.

思考题

(1)实验中将金属丝从水中拉起的过程中需时刻保证"三线对齐"，应如何操作？

(2)本实验中水膜的高度对测量结果有何影响.

(3)试用作图法求焦利弹簧秤的劲度系数，将结果与逐差法的结果进行比较.

Ⅱ　毛　细　管　法

一滴水银落在玻璃板上会收缩成球状，但一滴水掉在玻璃板上却会扩展开来. 玻璃板上的水银与雨水有不同的表现形式，是固体分子与液体分子共同作用的结果. 当液体和固体接触时，如果固体和液体分子的吸引力大于液体的表面张力，那么液体就会沿固体表面扩展，称之为浸润；若固体和液体分子间的吸引力小于液体表面张力，液体就会在固体表面上凝聚，称之为不浸润. 浸润与否取决于液体、固体的性质，也与液体中杂质的含量、液体及固体表面的清洁程度密切有关.

毛细管法就是利用毛细管中液面的升高测量液体表面张力系数.

实验目的

(1)熟悉用毛细管法测定表面张力系数的方法.
(2)学会使用读数显微镜测量微小长度.

实验仪器

被测液体、开管压力计、毛细管、读数显微镜、温度计等.

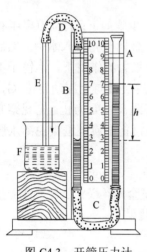

图 C4.3　开管压力计

开管压力计的结构如图 C4.3 所示,图中 A、B 为玻璃管,用橡皮管 C 连成开管压力计,其中装水,B 管通过橡皮管 D 与厚壁毛细管 E 连接. 测量时,先将 D 与 B 断开,然后将毛细管垂直插入液体中,并上下移动几次,如果管内弯月面维持在敞开的液面以上相同高度,说明管子本身很洁净,否则,说明管子是脏的,应进行清洗检验满足要求后,使管端刚与水面接触,此时水沿毛细管上升到一定的高度(注意管内不应有断续水珠,若有应打出). 接着,将橡皮管 D 与 B 相连,随着 A 管的慢慢升高,当 E 中水面降低到与杯中水面相齐时,读出 A、B 两管的水面高度 h_1 和 h_2,两者之差即为毛细管内凹球面下端至容器内液面的高度 h,即有 $h=h_1-h_2$.

实验原理

任何液面都有表面张力的作用. 对于弯曲的液面,表面张力沿着与液面相切的方向,结果弯曲的液面对液体内部施以附加压强. 将一根毛细管插入液体中,如将玻璃毛细管插入水银中,如果液体不能浸润管壁,则液面呈凸球面形,附加压强为正,管中液面将低于水银容器中的液面;如果将玻璃毛细管插入水或酒精中,如图 C4.4 所示,这时液体能浸润管壁,则液体呈凹球面形,表面张力 F 的方向沿凹球面的切线方向. 设 r 为毛细管半径,则张力 F 的大小与周长 $2\pi r$ 成正比,即

$$F = \alpha 2\pi r \qquad\qquad (C4.5)$$

图 C4.4 中张力 F 与管壁的夹角 φ 称为接触角,它的取值与液体及管壁材料的性质有关. 设凹球面的曲率半径为 R,则 $R\cos\varphi = r$,故表面张力的垂直分量为

$$F_y = F\cos\varphi = \frac{\alpha 2\pi r^2}{R} \qquad\qquad (C4.6)$$

F_y 与高为 h 的液柱的重力平衡,即

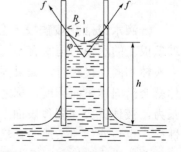

图 C4.4　毛细管插入水中的情形

$$\frac{2\pi r^2 \alpha}{R} = \pi r^2 \rho g h$$

所以

$$\alpha = \frac{R\rho g h}{2} \tag{C4.7}$$

式中，ρ 为液体密度，g 为重力加速度.

如果玻璃毛细管和水都非常洁净，则 $\varphi = 0°$，$R=r$，式(C4.6)可近似为

$$\alpha = \frac{r\rho g h}{2} \tag{C4.8}$$

式中，h 为毛细管内凹球面下端至容器内液面的高度.

在推导式(C4.8)时，我们只考虑了毛细管内球面最低点以下液柱的重力，而忽略了液柱高度 h 以上管内半球面周围的环形液体的重力，而这部分体积约为 $\pi r^3/3$，所以被忽略的重力为 $\pi r^3 \rho g/3$. 考虑这一修正后，得

$$\alpha = \frac{1}{2} r\rho g \left(h + \frac{r}{3} \right) \tag{C4.9}$$

故只要精确测量毛细管的半径 r 和液柱高度 h，便可计算出表面张力系数 α.

表面张力与温度 $t(℃)$ 有关，水的表面张力系数 α 的理论值为

$$\alpha = (75.6 - 0.14t) \times 10^{-3} \text{ N·m}^{-1} \tag{C4.10}$$

实验内容

(1)用开管压力计多次测量液柱的高度 h，求平均值.注意同时记录此时的水温 $t(℃)$.

(2)用读数显微镜测量毛细管的直径. 用夹子将毛细管固定在水平位置上，调节显微镜筒，使十字叉丝的横线正好沿着毛细管的直径移动，如图 C4.5 所示，叉丝的竖丝与毛细管孔的圆周相切. 两个切点上的读数之差即为毛细管的内径 d. 在几个不同的方位上多测几次，最后取平均值.

(3)推出 α 的不确定度传递公式，计算出 α 的相对不确定度，给出测量结果的表达式.

注意事项

(1)玻璃容器、毛细管在使用前必须用稀氢氧化钠溶液、酒精或蒸馏水洗净.

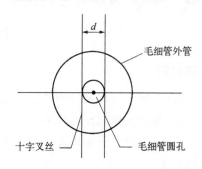

图 C4.5　用读数显微镜测毛细管直径

(2)在测量毛细管的直径 d 时，应注意在读数显微镜中看到的是物体的倒像.

思考题

(1)毛细管中液面是弯曲的,不可能与杯中水面完全水平,液面呈半球状时最佳,若液面形状大于半球,即 $R>r$,测量出的 α 值是偏大还是偏小?

(2)如果将玻璃毛细管竖直插入水银槽中,则管内、外液面的高度有什么不同?为什么?

实验 C5　液体黏滞系数的测定

当两个相互作用的物体发生相对运动时,在两物体的接触面之间会产生阻碍它们相对运动的摩擦力.同理,当液体相对于其他物体运动时,在其接触面就会产生摩擦力,该性质称为液体的黏性,对应的摩擦力称为黏滞力.黏滞力的方向平行于接触面,大小与接触面的面积及接触面处的速度梯度成正比,可表示为

$$f = \eta \cdot \Delta S \cdot \frac{dv}{dy} \qquad (C5.1)$$

式中,f 为黏滞力的大小,ΔS 为流体层的面积,$\frac{dv}{dy}$ 为流体层间速度的空间变化率,η 为黏滞系数(也称为摩擦系数),它的国际单位是 Pa·s(帕·秒).

黏滞系数与流体的性质和温度有关,液体温度升高后黏滞系数会变小,不同温度时水的黏滞系数见附表八.

测定液体黏滞系数的方法很多,但一般采用间接方法.例如,斯托克斯法(落球法)适用于测定黏度较大的液体;转筒法适用于测定黏度为 0.1~100 Pa·s 的液体;毛细管法适用于测定黏度较小的液体.本实验主要介绍落球法和转筒法.

I　落　球　法

实验目的

(1)观察小球在液体中的运动现象,了解其运动规律.

(2)观察液体内摩擦现象,学习用斯托克斯法测定液体的黏滞系数.

(3)进一步掌握常用测量仪器的使用.

实验仪器

变温黏度测量仪、温度控制仪、秒表、螺旋测微器、镊子、钢球若干.

实验原理

如图 C5.1 所示,让小球从液体上方自由下落,落入液体中时小球受到重力 P(竖

直向下)、浮力 N(竖直向上)、黏滞力 f(竖直向上)三个力的作用. 开始时小球做加速运动, 随着速度增大, 黏滞力也增大, 当浮力 N 和黏滞力 f 之和等于重力 P 时, 小球将匀速下落, 速度不再增加, 此时的速度称为收尾速度 v_0, 有

$$P - N - f = 0 \qquad \text{(C5.2)}$$

在小球相对于液体的运动速度不大且该液体不产生漩涡的情况下小球在液体中匀速运动, 则附着在小球表面的液体与它周围的液体间的黏滞力, 即小球受到的黏滞阻力 f 可由斯托克斯公式给出

$$f = 6\pi r \eta v \qquad \text{(C5.3)}$$

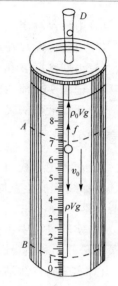

图 C5.1　落球法测量液体
黏滞系数的装置

式中, η 为该液体的黏滞系数, v 为小球的运动速度, r 为小球的半径. 式 (C5.2) 可写为

$$\frac{4}{3}\pi r^3 \rho g - \frac{4}{3}\pi r^3 \rho_0 g - 6\pi r \eta v = 0 \qquad \text{(C5.4)}$$

式中, ρ 为小球的密度, ρ_0 为液体的密度, g 为重力加速度.
由式 (C5.4) 可得

$$\eta = \frac{2(\rho - \rho_0)g r^2}{9v} \qquad \text{(C5.5)}$$

实验中小球在圆筒中下落, 圆筒的深度和直径均为有限, 考虑到管壁对小球的影响, 小球所受到的黏滞阻力要偏大些, 故将式 (C5.3) 修正为

$$f = 6\pi r \eta v \left(1 + \frac{2.4d}{D}\right)$$

式中, d 为小球的直径, D 为圆筒的内径.
若在液体中小球匀速下落了一段距离 s, 相应的时间为 t, 则

$$\eta = \frac{g d^2 t (\rho - \rho_0)}{18 s (1 + 2.4d/D)} \qquad \text{(C5.6)}$$

可见, 若已知小球和液体的密度 ρ、ρ_0 和重力加速度 g, 只要测量出小球的直径 d, 圆筒的内径 D, A、B 的间距 s 及小球经过 s 的时间 t, 便可计算出液体的黏滞系数 η.

实验内容

(1) 用读数显微镜多次测量小球的直径 d, 取平均值.

(2) 将小球在所测液体中浸润一下, 然后放入量筒中心 C 处, 用秒表测出小球匀速下降通过圆筒标线 A、B 间距离 s 所用时间 t, 多次测量求平均值.

(3)用米尺测出 s，计算 v_0．

(4)用游标卡尺在不同位置多次测量圆筒的内径 D，取平均值．

(5)小球密度 ρ 和液体密度 ρ_0 由实验室给出．

(6)记录实验前后液体的温度，取平均值．

(7)计算液体的黏滞系数 η 及其不确定度，表示出测量结果．

注意事项

(1)在选定标线 A 的位置时，要保证小球在到达 A 位置之前已达到收尾速度；在选定标线 B 的位置时，要注意 B 不要太靠近圆筒底部，同时，应保证小球沿圆筒中心下落．

(2)实验过程中不要用手摸量筒，以免影响量筒温度．尽量缩短测量时间，及时记录测量开始和结束时的温度，以减少测量中的热量损失．

(3)实验时待测液体中应无气泡．

(4)记录时间时，眼睛一定要平视标记线 A 或 B．

思考题

(1)实验时，若小球表面粗糙，或有油脂、尘埃等，将产生哪些影响？

(2)测量时，如果不要上标线，小球落至液体表面时开始计时是否可以？

II　转筒法

实验目的

(1)熟悉转筒法测量液体黏滞系数的原理和方法．

(2)学会调节和使用转筒黏度计．

实验仪器

转筒黏度计、同轴量规、同步电机、水银温度计等．

实验原理

1)转筒法中液体的黏滞系数

转筒黏度计的原理如图 C5.2 所示，A、B 为两个共轴圆筒，外圆筒 B 用电动机驱动，以恒定的角速度绕中心轴旋转，内圆筒 A 用细丝悬挂着．将待测液体充满内、外两圆筒之间的空隙，当外筒 B 绕轴旋转时，由于液体的黏滞力矩的作用，内筒也将绕悬丝随之旋转，并扭转细丝 C．同时，细丝因扭转而对内筒施加一反向力矩．当此力矩的值等于 A 筒受到的黏滞力矩时，达到稳定状态，外圆筒保持一恒定的转速，内圆筒停止转动，而稳定在相应于某一偏转角 θ 的位置上．角 θ 可利用附在细丝 C

上的小镜 M 所反射的光线测得. 只要外筒的转速适当小, 内外两圆筒间的液体将会绕同一转轴规则地分层转动, 内筒壁液层的角速度为零, 最外层液体的角速度为 ω_0, 如果已知悬丝 C 的扭转系数为 D, 则悬丝 C 的恢复力矩 $M' = D\theta$. 设液体作用于 A 筒上的黏滞力矩为 M, 显然, 稳定时 $M' = M$. 若在内筒半径 a 和外筒半径 b 之间取一半径为 r 的同心圆柱面, 如图 C5.3 所示, 稳定时, 各层都以各自稳定的角速度旋转, 故液层间相互作用的力矩 $M = Fr$ 都等于内筒 A 受到的悬丝弹性恢复力矩 $M' = D\theta$, 于是得到如下关系:

$$\eta \cdot S \cdot \frac{\mathrm{d}\upsilon}{\mathrm{d}r} \cdot r = \eta \cdot 2\pi \cdot r^3 \cdot l \frac{\mathrm{d}\omega}{\mathrm{d}r} = D \cdot \theta \tag{C5.7}$$

对上式分离变量再积分, 最后得

$$D\theta = \left(\frac{8\pi^2 \eta l}{T_0}\right) \times \left(\frac{(ab)^2}{b^2 - a^2}\right) \tag{C5.8}$$

式中, l 为内筒 A 的高, $T_0 = \dfrac{2\pi}{\omega_0}$ (ω_0 是外圆筒的角速度), a、b 分别为内、外筒的半径.

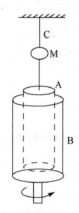

图 C5.2　转筒黏度计的原理

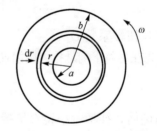

图 C5.3　液层间黏滞力矩的传递

2) 对端面的影响进行修正

在推导式 (C5.8) 时, 只考虑了内圆筒 A 侧面受到的黏滞力矩. 实际上圆筒 A 是一个实心圆柱 (否则, 液体就会进入它的内壁), 同时, 圆柱又完全浸入液体中, 故圆筒 A 除了受到侧面上的黏滞力矩外, 两端面也同时受到黏滞力矩的作用. 只是此项力矩较难计算, 常常用相差法来消除它的影响. 方法如下:

取两个半径相同, 但长度不同 (长度分别为 l_1、l_2) 的圆柱体, 做两次实验, 如图 C5.4 所示, 保持两次实验中的端面力矩 M'' 不变, 即保证两次实验的 T_0、d_1、d_2 的数值相同. 两次实验的结果分别满足以下两式:

$$D\theta_1 = \frac{8\pi^2 \eta l_1 (ab)^2}{T_0(b^2 - a^2)} + M''$$

$$D\theta_2 = \frac{8\pi^2 \eta l_2 (ab)^2}{T_0(b^2 - a^2)} + M''$$

两式相减整理得

$$\eta = \frac{(b^2 - a^2)DT_0(\theta_1 - \theta_2)}{8(\pi ab)^2(l_1 - l_2)} \tag{C5.9}$$

式中，D 为悬丝扭转系数；θ_1、θ_2 为图 C5.4 中两次实验稳定时的偏转角.

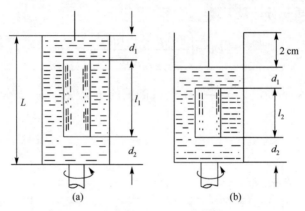

图 C5.4　两个不同内圆柱的放置

3) 测量悬丝扭转系数 D

测量时，先在悬丝下端悬挂内圆筒(l_1 或 l_2)，使其作自由扭转振动，振动周期 T_1 为

$$T_1 = 2\pi\sqrt{\frac{J_1}{D}} \tag{C5.10}$$

式中，J_1 为内圆筒、挂柄、小镜对接接头的总的转动惯量.

先测出 T_1 值，再在内圆筒下端加上标准圆环，测出相应振动周期 T_2 为

$$T_2 = 2\pi\sqrt{\frac{J_1 + J_0}{D}} \tag{C5.11}$$

式中，J_0 为标准圆环的转动惯量；$J_0 = \dfrac{m(r_1^2 + r_2^2)}{2}$，$m$ 为标准圆环的质量，r_1、r_2 分别为标准圆环的内、外半径.

由式(C5.10)和式(C5.11)消去 J_1 得

$$D = \frac{(2\pi)^2 J_0}{T_2^2 - T_1^2} \tag{C5.12}$$

实验内容

(1) 安装转筒黏度计, 调节外转筒和深度游标尺, 使之均位于铅直方向.

(2) 将内圆柱接在张丝下端, 同轴量规放在外转筒上, 慢慢将内圆柱落在同轴量规上面, 调节内圆柱和外转筒同轴.

(3) 移去同轴量规, 将待测液体注入外筒, 放置内筒, 使内筒浸没在液体中.

(4) 调节弧形标尺(曲率半径为 R), 使其曲率中心恰好与张丝的轴线重合.

(5) 调节零点调节器, 使准丝像移至标尺的零点.

(6) 接通电动机电源, 使外筒旋转, 记下稳定时准丝像的位置, 分别测出两个内圆筒的偏转角 θ_1、θ_2.

(7) 测外圆筒的转动周期 T_0.

(8) 用水银温度计测量外圆筒中的待测液体温度.

(9) 测量张丝的扭转系数 D.

(10) 计算黏滞系数 η 及其不确定度, 表示出测量结果.

注意事项

(1) 实验过程中, 尽量避免液体的扰动.

(2) 温度控制仪温度设定后, 应使待测液体与水温完全一致才可测量黏度系数.

思考题

(1) 如何减少测量振动周期时带来的误差?

(2) 若光斑在平衡位置附近摆动, 该如何读数?

实验 C6　弹性模量的测量

　　任何物体在外力作用下都会发生形变, 所不同的只是形变显著性不同. 有些物体的形变非常明显, 如橡皮绳; 有些物体的形变却很难直接观察, 如钢丝. 形变又分为弹性形变和塑性形变. 所谓弹性形变是指当外力撤销后形变随之消失, 物体恢复原状. 塑性形变是指物体在外力作用下产生了永久形变, 当外力撤销后形变仍然存在. 在物体产生永久形变后, 若进一步增加外力, 会造成材料断裂.

　　即使在弹性形变范围内, 物体的形变也与试样的形状、尺寸有关. 为了表征材料的形变性质, 而与材料形状及所加外力无关, 定义弹性模量 E 等于应力与应变之比

$$E = \frac{\dfrac{F}{S}}{\dfrac{\Delta L}{L}} \tag{C6.1}$$

应力是指所加外力与外力所作用的面积之比 $\dfrac{F}{S}$,应变是指外力作用下长度的变化量 ΔL 与原长 L 之比,即 $\dfrac{\Delta L}{L}$.

　　弹性模量与材料的结构、组成成分和制造方法有关.材料的弹性模量越大,产生一定形变需要的力就越大,或者说该材料的刚性越大.附表十二给出了 20 ℃ 时部分金属的弹性模量.

　　在物理实验中,常将条形物体(如钢丝、金属杆等)沿纵向的弹性模量叫杨氏模量.杨氏模量测试方法分为静态法(拉伸法)和动态法.静态法是在试样上施加一恒定的弯曲应力,测定其弹性弯曲挠度,或是在试样上施加一恒定的拉伸(或压缩)应力,测定其弹性变形量;或根据应力和应变计算弹性模量.这种方法试样用量大,准确度低且不能重复测定.动态法有脉冲激振法、声频共振法、声速法等.其中脉冲激振法通过合适的外力给定试样脉冲激振信号,当激振信号中的某一频率与试样的固有频率一致时,产生共振,振幅最大,延时最长,这个波通过测试探针或测量话筒的传递转换成电信号送入仪器,测出试样的固有频率,由公式计算得出杨氏模量.这种方法由信号激发,接收结构简单,测试准确、直观,是国际通用的一种常温测试方法.

　　本实验采用静态拉伸法和共振法对金属丝杨氏模量进行测量,实验中巧妙使用光杆杆放大原理解决金属丝微小形变的测量这一难点,给实验中微小长度变化的测量提供新思路,并通过计算得到杨氏模量.

Ⅰ　拉　伸　法

实验目的

　　(1)掌握用静态拉伸法测定金属丝的弹性模量.
　　(2)学习使用光杠杆测微小长度变化的原理和方法.
　　(3)学会使用逐差法处理数据.

拉伸法测金属
丝杨氏模量

实验仪器

　　螺旋测微器、钢卷尺、钢板尺、钢丝、砝码、望远镜等.

　　实验仪器结构如图 C6.1 所示,三角底座上装有两根立柱和调整螺丝.欲使立柱铅直,可调节调整螺丝,并由立柱下端的水平仪来判断.金属丝的上端夹紧在横梁上的夹头中.立柱的中部有一个可以沿立柱上下移动的平台,用来承托光杠杆.平台上有一个圆孔,孔中有一个可以上下滑动的夹头,金属丝的下端夹紧在夹头中.夹头下面有一个挂钩,可挂砝码托,用来承托拉伸金属丝的砝码.装置平台上的光杠杆及望远镜尺组是用来测量微小长度变化的实验装置.

实验原理

设长为 L，截面积为 S 的金属丝在外力 F 的拉伸作用下，伸长了 ΔL. 若所用金属丝的横截面为圆形，直径为 d，则式 (C6.1) 变为

$$E = \frac{4F \cdot L}{\pi \cdot d^2 \Delta L} \qquad (C6.2)$$

可见，只要测出式 (C6.2) 中右边各量，则可算出弹性模量 E. 式中 F(外力)、L(金属丝原长)、d(金属丝直径) 均容易测定，只有 ΔL 是一微小伸长量，很难用普通测长度的仪器测准. 为此采用光杠杆和望远镜尺组测量微小长度变化的光杠杆法，可对 ΔL 进行较为精确的测量.

光杠杆的结构是：一块直立的平面镜 M 装在二足支架的一端，前平足放在平台上的横槽内，后尖足 B 放在夹具 C 上，如图 C6.2(a) 所示. 当金属丝发生形变

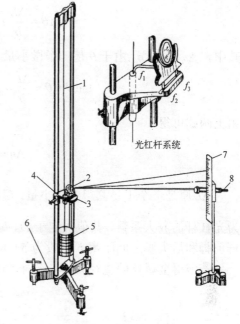

图 C6.1　实验装置示意图

1. 金属丝；2. 光杠杆；3. 平台；4. 挂钩；5. 砝码；
6. 三角底座；7. 标尺；8. 望远镜

时，光杠杆的镜面将向上或向下倾斜，倾斜的角度由望远镜及尺组(E 和 S)测定.

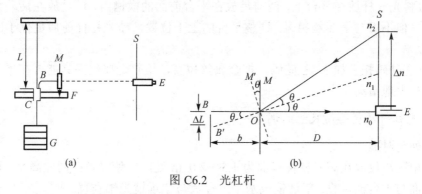

图 C6.2　光杠杆

设初始时光杠杆的小平面镜 M 的法线 On_0 在水平位置，则标尺 S 上的标度线 n_0 发出的光经平面镜 M 反射进入望远镜，在望远镜中能观察到 n_0 的像，如图 C6.2(b) 所示. 当金属丝在砝码作用下伸长后，光杠杆的主杆尖脚 B 随金属丝下落 ΔL，带动平面镜 M 转过一个 θ 角而达 M'，其法线相应转到 On_1. 由光的反射定律知，由 S 上 n_2 处发出的光经平面镜 M' 反射后进入望远镜，此时在望远镜中能观察到 n_2 的像. 可知

$$\tan\theta = \frac{\Delta L}{b}, \qquad \tan 2\theta = \frac{\Delta n}{D}$$

其中，$\Delta n = n_2 - n_0$. 由于 θ 是一个微小量，所以

$$\tan\theta \approx \theta \approx \frac{\Delta L}{b}, \qquad \tan 2\theta \approx 2\theta \approx \frac{\Delta n}{D}$$

由上两式可得

$$\Delta n = \frac{2D}{b}\Delta L \tag{C6.3}$$

ΔL 原是一个不易测得的微小量，现经光杠杆放大为一个易测量 Δn，其中 $\dfrac{2D}{b}$ 称为光杠杆的放大系数，其值决定于 D、b 的大小. 实验中 D 一般取 1.5～2.0 m，光杠杆前脚和后尖脚之间距离 b 一般为 5～8 cm，这样光杠杆的放大倍数为 30～80.

若测得金属丝的直径为 d，连同式(C6.3)代入式(C6.2)中，得

$$E = \frac{8mgLD}{\pi \cdot d^2 b \cdot \Delta n} \tag{C6.4}$$

实验内容

1. 杨氏模量仪的调整

(1)调节杨氏模量仪使立柱铅直.

(2)将光杠杆放在平台上，两前足放在平台前面的横槽内，后足放在活动金属丝夹具上，但不可与金属丝相碰. 调整平台的上下位置，使光杠杆前后足位于同一水平面上.

(3)在砝码托上加 3 kg 砝码，把金属丝拉直，检查金属丝夹具能否在平台的孔中上下自由地滑动.

2. 光杠杆及望远镜尺组的调节

1)外观对准

将望远镜尺放在离光杠杆镜面为 1.5～2.0 m 处，并使二者在同一高度. 调整光杠杆镜面与平台面垂直. 望远镜成水平，标尺与望远镜光轴垂直.

2)镜外找像

从望远镜上方沿镜筒方向观察光杠杆镜面，应看到镜面中有标尺的像. 若没有标尺的像，可左右移动望远镜尺组或微调光杠杆镜面的垂直程度，直到能观察到标尺像为止. 只有这时来自标尺的入射光才能经平面镜反射到望远镜内.

3)镜内找像

先调望远镜目镜，看清叉丝后，再慢慢调节物镜，直到看清标尺的像.

4) 细调对零

观察到标尺像后，再仔细地调节目镜和物镜，使既能看清叉丝又能看清标尺像，且没有视差. 最后仔细调整光杠杆镜面，观察到标尺零刻度附近刻度的像.

3. 测量

采用等增量测量法.

(1) 记录望远镜中尺像的初读数及依次增加等量砝码(如每次 1 kg)后的读数.

(2) 依次减少砝码(如每次 1 kg)，并记录每次相应的读数. 用逐差法计算望远镜中尺像读数的平均改变量及其不确定度.

(3) 用钢卷尺测量光杠杆镜面到标尺的距离 D 和金属丝的长度 L.

(4) 用钢板尺测出光杠杆后足到两前足连线的垂直距离 b.

(5) 选择金属丝的不同位置，多次测量金属丝的直径 d，求其平均值.

4. 计算金属丝的弹性模量及其不确定度，表示出测量结果

注意事项

(1) 光杠杆和望远镜尺组一经调好，在实验中不得再移动，否则测量数据无效，应重新测量.

(2) 读数望远镜是精密光学仪器，调整时，切勿用力过猛，以免损坏调节装置.

(3) 在增加和减少砝码过程中，金属丝荷重相等时，读数应基本相同，如果相差很大，应先找出原因，再重做实验.

思考题

(1) 在什么情况下可以用逐差法处理数据？逐差法处理数据有哪些优点？

(2) 本实验若不用逐差法处理数据，如何用作图法处理数据？

(3) 分析本实验测量中哪个量的测量对 E 的结果影响最大？你对实验有何改进建议？

(4) 用望远镜观察标尺的读数，不仅调节困难，而且会造成眼睛疲劳，如何用一个市售的激光指示器来替换望远镜，仍能实现对微小长度量的放大测量？

Ⅱ　共　振　法

实验目的

(1) 学习用共振法测定金属材料弹性模量的原理和方法.

(2) 测定金属圆棒的弹性模量.

实验仪器

共振测试仪、信号发生器、示波器、金属圆棒、天平、米尺、千分尺等.

实验原理

当弹性棒振动时，棒要反复弯曲，这时棒的不同部位出现反复伸长和压缩，因此其振动频率和弹性模量有关，从棒的振动频率可求出制作棒的材料的弹性模量.

一个细长棒作微小横振动时的方程为

$$\frac{\partial^4 y}{\partial x^4} + \frac{\rho \cdot S}{E \cdot J}\frac{\partial^2 y}{\partial t^2} = 0 \qquad (C6.5)$$

式中，ρ 为棒的密度，S 为棒的截面积，E 为棒材料的弹性模量，J 为棒的转动惯量.

用分离变量法解方程(C6.5)，其通解为

$$y(x,t) = (B_1 \mathrm{ch}kx + B_2 \mathrm{sh}kx + B_3 \cos kx + B_4 \sin kx) A\cos(\omega t + \varphi) \qquad (C6.6)$$

其中

$$\omega = k^2\sqrt{\frac{EJ}{\rho S}} \qquad (C6.7)$$

上式称为频率公式，对任意形状截面、不同边界条件的试样都是成立的.

对两端自由的试样，由其边界条件可得超越方程 $\mathrm{ch}(kl)\cos(kl) = 1$，数值计算此超越方程，可得到前几个 $k_n l$ 的值，即

$$k_1 \cdot l = 1.506\pi$$
$$k_2 \cdot l = 2.4997\pi$$
$$\cdots\cdots$$
$$k_n \cdot l = \left(n + \frac{1}{2}\right)\pi$$

若取基频 $k_1 \cdot l = 1.506\pi$，对于圆棒，有 $J = \dfrac{\pi}{64}d^4$，则

$$E = 1.6067\frac{l^3 m}{d^4}f^2 \qquad (C6.8)$$

式中，l 为棒长，m 为棒的质量，d 为棒的直径，f 为棒的固有频率.

值得注意的是，式(C6.8)是根据基频的对称形振动的波形导出的，从图 C6.3 可见，试样在作基频振动时，存在两个不振动的节点，分别在 $0.224l$ 和 $0.776l$ 处. 显然，实验时支撑点不能放在节点上，而实验同时又要求在试样两端自由的条件下检测出共振频率，这两个要求是矛盾的. 支撑点偏离节点越远，可以检测到的共振信号越强，但试样受外力的作用也越大，由此产生的系统误差也越大.

本实验的基本问题是测量试样的固有频率. 试样的固有频率和共振频率是两个不同的概念，在基频条件下，由于两者相差极小，所以固有频率在数值上可以用共振频率替代. 为了测出试样自由振动的共振频率，实验采用如图 C6.4 所示装置.

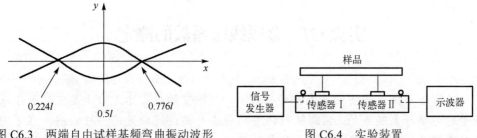

图 C6.3　两端自由试样基频弯曲振动波形　　　　　图 C6.4　实验装置

由信号发生器输出的等幅正弦波信号加在传感器 I (激振)上,通过传感器 I 把电信号转变成机械振动,再由支撑片把机械振动传给试样,使试样作横振动. 试样另一端的支撑片把试样的振动传给传感器 II,这时,机械振动又转变成电信号,送到示波器中显示. 当信号发生器的频率不等于试样的共振频率时,试样不发生共振,示波器上几乎没有信号波形或波形很小. 当信号发生器的频率等于试样的共振频率时,试样发生共振,示波器上的波形变到最大,此时的频率就是试样的共振频率. 根据式(C6.8),即可计算出试样材料(圆棒)的弹性模量.

在上面的公式推导中,没有考虑试样任一截面两侧的剪切作用和试样在振动过程中的回转作用,显然这只有在试样的直径和长度之比(径长比)趋于零时才满足. 精确测量时应对试样不同的径长作出修正,令 $E_0 = KE$,式中 E_0 为修正后的弹性模量,E 为未经修正的弹性模量,K 为修正系数,其值见表 C6.1.

表 C6.1　不同径长比的试样的 K 值

径长比 d/l	0.01	0.02	0.03	0.04	0.05	0.06
修正系数 K	1.001	1.002	1.005	1.008	1.014	1.019

实验内容

(1)测定试样的长度 l、直径 d 和质量 m.

(2)根据附表十二给出的弹性模量,估算出共振基频频率,确定共振点.

(3)调节信号发生器,观察示波器中信号波形变化,找出共振点,测出试样的共振频率.

(4)求出室温下试样的弹性模量值,并修正结果.

思考题

(1)测量时支撑点的选择为何在试样的节点附近?

(2)共振法测量杨氏模量有何特点?

(3)如果改用李萨如图形显示,如何判定试样的共振频率?

实验 C7　金属线胀系数的测定

热膨胀系数是物质的基本热学性质之一. 物质的热膨胀是由于其中的原子或分子的运动加剧造成的. 热膨胀与物质的种类有关，即使是同一种物质，在不同的温度下热膨胀的程度也不同. 对金属而言，它是由大量无规则排列的晶粒构成的，所以整体表现出各向同性，也就是在不同方向上膨胀程度相同.

虽然线膨胀系数非常小（一般为 $10^{-6} \sim 10^{-5}\ \text{℃}^{-1}$），但是由于使固体发生微小形变所需的应力却非常大，因此由于材料热膨胀所产生的应力是非常大的. 由此可见，测定固体材料的线膨胀系数具有非常重要的实际意义. 本实验的目的就是利用线膨胀仪测定金属的线膨胀系数.

实验仪器

金属线膨胀仪的外型如图 C7.1 所示. 金属杆的一端用螺钉连接在固定端，滑动端装有轴承，金属杆在此方向可自由伸长，通过流过金属杆的水加热金属，金属的膨胀量用千分表来测量.

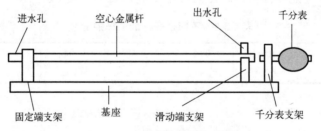

图 C7.1　金属线膨胀仪的外型

温度控制试验仪用来测量与控制加热装置的温度.

千分表是用于精密测量位移量的量具，它利用齿条与齿轮的传动将膨胀量这个线位移转换为角位移，由表针转动的角度来读出这个膨胀量. 千分表的大表针转动一圈(小表针转动一格)代表线位移移动 0.2 mm，最小分度值为 0.001 mm.

实验原理

线膨胀系数亦称为线胀系数，是指固体材料的温度每改变 1 ℃，其长度变化 Δl 和它在 0 ℃时长度 l_0 之比. 其定义式为

$$\alpha = \frac{l_t - l_0}{l_0 t} \tag{C7.1}$$

其中，t 为温度，l_t 为金属在温度 t 下的长度. 从定义式可以得到线膨胀系数的单位为 ℃$^{-1}$ 或者 K^{-1}. 通过精密测量发现，线膨胀系数 α 与温度 t 有关，可表示为

$$\alpha = a + bt + ct^2 + \cdots \tag{C7.2}$$

但是，对于大多数固体，在温度变化范围不大的情况下，α 可近似看为常数.

对于实际测量，如果要测定金属在 0 ℃时的长度 l_0，就会增加实验的难度，因此，我们通过分别测量金属在温度 t_1 时的长度 l_1 和 t_2 时的长度 l_2 来计算金属的热膨胀系数. 理论上，金属在 t_1 ℃时的长度 l_1 可由下式表示：

$$l_1 = l_0(1 + \alpha t_1) \tag{C7.3}$$

那么同理，金属在温度 t_2 时的长度 l_2 可由下式表示：

$$l_2 = l_0(1 + \alpha t_2) \tag{C7.4}$$

由式(C7.3)和式(C7.4)解得

$$\alpha = \frac{l_2 - l_1}{l_1 t_2 - l_2 t_1} = \frac{\Delta l_{21}}{l_1 t_2 - l_2 t_1} \tag{C7.5}$$

其中，$\Delta l_{21} = l_2 - l_1$，表示温度由 t_1 升到 t_2 时金属的伸长量. 当 $t_2 - t_1$ 较小时，$\Delta l_{21} \ll l_1$，因此式(C7.5)可近似为

$$\alpha = \frac{\Delta l_{21}}{l_1(t_2 - t_1)} \tag{C7.6}$$

由式(C7.6)即可求得金属在温度为 $t_1 \sim t_2$ 时的平均线膨胀系数.

式(C7.6)中 l_1 和 t_1、t_2 均容易测定，只有 Δl 是一个微小伸长量，实验采用千分表对 Δl_{21} 进行测量，也可用光杠杆法实现对 Δl 的精密测量.

实验内容

(1)测量室温下金属杆的长度 l_1.

(2)检查仪器固定情况，检查千分表位置.

(3)设置温度控制测量仪接近室温，温度达到平衡时，记录平衡时的温度和千分表的度数.

(4)根据测量的温度点及温度控制仪的最高控制温度，设定温度的改变量 Δt，温度每改变 Δt，系统达到平衡后，记录温度和千分表的读数.

(5)计算线胀系数及其不确定度，表示出测量结果.

注意事项

(1)实验开始时，对于在一定温度下金属杆千分表的读数，一定是在温度达到平衡时记录数据，不可急于升温，否则将不易补测.

(2)在测量过程中，仪器调节好后，避免触动试验仪，以保证数据的可靠性.

思考题

你能否想出另一种测量微小伸长量的方法,从而测出材料的线胀系数?

实验 C8　玻尔共振实验

北宋著名科学家沈括在其巨著《梦溪笔谈》里写道:"余友人家有一琵琶,置之虚室,以管色奏双调,琵琶弦辄有声应之,奏他调则不应,宝之以为异物,殊不知此乃常理."沈括所说的"常理"即是现代科学语境中的"共振",它描述的是当施加于一个系统的周期性强迫力的频率与系统固有频率相同或相近时,系统振动幅度得到增强的现象.管弦双调之所以能使琵琶产生应和,是因为管弦双调的频率与琵琶的固有频率相接近.

共振可能对人们的日常生产生活造成严重危害.我国第一位飞天航天员杨利伟在《太空一日》一文中回忆了他在执行"神舟五号"任务时所经历的生死 26 s,火箭的振动造成飞船的共振,使得飞船急剧抖动,同时这种 10 Hz 以下的低频振动也引发人体内脏的共振,给人体带来巨大痛苦.事实上,在桥梁、建筑物、火车和航天器等力学系统中,当振荡频率与系统固有频率相匹配时,振动能量将被重复传入并储存于系统,当储存的能量超过系统负载限制时,将可能引发系统灾难性故障.因此,在进行机械或建筑设计时,工程师需要保证零部件的机械共振频率与动力系统的驱动频率或其他振荡部件的振荡频率不相匹配.

核磁共振成像是人们对共振现象进行正向利用的例子之一.它是将人体需要造影的部位置于强磁场中,以适当电磁波照射,可改变体内氢原子的排列方向,使之共振,通过分析共振时产生的电磁波便可得到造影部位的精确立体图像.此外,核磁共振技术还被广泛应用于能源矿产勘查和岩土工程领域.

本实验利用玻尔共振仪研究受迫振动,学生通过该实验应该掌握共振的基本物理特性,以便在未来的生产生活中最大限度减小共振的危害,更好地利用共振现象造福人类.

实验目的

(1)研究玻尔共振仪中弹性摆轮受迫振动的幅频特性和相频特性.

(2)研究不同阻尼力矩对受迫振动的影响,观察共振现象.

(3)学习用频闪法测定运动物体相位差.

实验仪器

玻尔共振仪由振动仪与电器控制箱两部分组成.

1. 振动仪

玻尔振动仪如图 C8.1 所示，圆形铜质摆轮 A 安装在机架上，涡卷弹簧 B 的一端与摆轮 A 的轴相连，另一端可固定在机架支柱上，在弹簧弹性力的作用下，摆轮可绕轴自由往复摆动. 在摆轮的外围有一卷槽型缺口，其中一个长凹槽 C 比其他凹槽长出许多. 机架上对准长形缺口处有一个光电门 H，它与电器控制箱相连接，用来测量摆轮的振幅角度值和摆轮的振动周期. 在机架下方有一对带有铁芯的阻尼线圈 K，摆轮 A 恰巧嵌在铁芯的空隙，当线圈中通过直流电流后，摆轮受到一个电磁阻尼力的作用. 改变电流的大小即可使阻尼大小相应变化. 为使摆轮 A 作受迫振动，在电动机轴上装有偏心轮，通过连杆 E 带动摆轮，在电动机轴上装有带刻线的有机玻璃转盘 F，它随电机一起转动. 由它可以从角度盘 G 读出相位差 Φ. 调节控制箱上的十圈电机转速调节旋钮，可以精确改变加于电机上的电压，使电机的转速在实验范围(30~45 转/分)内连续可调.

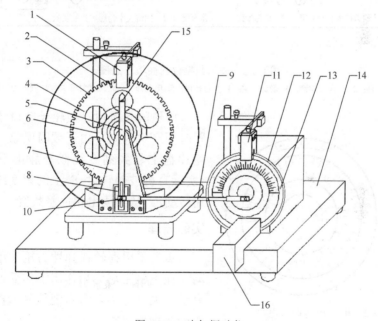

图 C8.1　玻尔振动仪

1.光电门 H；2.长凹槽 C；3.短凹槽 D；4.铜质摆轮 A；5.摇杆 M；6.涡卷弹簧 B；7.支承架；8.阻尼线圈 K；9.连杆 E；10.摇杆调节螺丝；11.光电门 I；12.角度盘 G；13.有机玻璃转盘 F；14.底座；15.弹簧夹持螺钉 L；16.闪光灯

闪光灯受摆轮信号光电门控制，每当摆轮上长凹槽 C 通过平衡位置时，光电门 H 接收光，引起闪光，这一现象称为频闪现象. 在稳定情况时，由闪光灯照射下可以看到有机玻璃转盘 F 指针好像一直"停在"某一刻度处，所以可方便地直接读出此数值，误差不大于 2°. 闪光灯放置位置如图 C8.1 所示，搁置在底座上，切勿拿在手中直接照射刻度盘.

2. 电器控制箱

玻尔共振仪电器控制箱的前面板如图 C8.2 所示.

电机转速调节旋钮,即带有刻度的十圈电位器,调节此旋钮时可以精确改变电机转速,即改变强迫力矩的周期. 锁定开关处于图 C8.3 所示位置时,电位器刻度锁定,要调节大小,须将其置于该位置的另一边. ×0.1 挡旋转一圈,×1 挡走一个字.

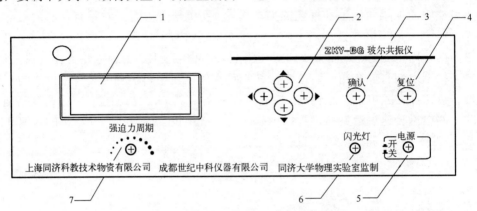

图 C8.2 玻尔共振仪前面板示意图

1. 液晶显示屏幕; 2. 方向控制键; 3. 确认按键; 4. 复位按键; 5. 电源开关; 6. 闪光灯开关; 7. 强迫力周期调节电位器

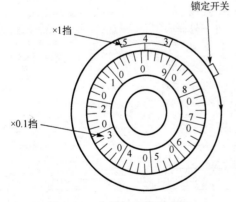

图 C8.3 电机转速调节电势

按住闪光按钮,摆轮长缺口通过平衡位置时便产生闪光,由于频闪现象,可从相位差读盘上看到刻度线似乎静止不动的读数(实际有机玻璃转盘 F 上的刻度线一直在匀速转动),从而读出相位差数值.

实验原理

实验采用摆轮在弹性力矩作用下自由摆动,在电磁阻尼力矩作用下作受迫振动来研究受迫振动特性,可直观地显示机械振动中的一些物理现象.

当摆轮受到周期性强迫外力矩 $M = M_0 \cos \omega t$ 的作用,并在有空气阻尼和电磁阻尼的介质中运动时(阻尼力矩为 $-b\dfrac{\mathrm{d}\theta}{\mathrm{d}t}$),其运动方程为

$$J\frac{\mathrm{d}^2\theta}{\mathrm{d}t^2} = -k\theta - b\frac{\mathrm{d}\theta}{\mathrm{d}t} + M_0 \cos \omega t \tag{C8.1}$$

式中,J 为摆轮的转动惯量,$-k\theta$ 为弹性力矩,M_0 为强迫力矩的幅值,ω 为强迫力的圆频率.

令 $\omega_0^2 = \dfrac{k}{J}, 2\beta = \dfrac{b}{J}, m = \dfrac{M_0}{J}$，则式 (C8.1) 变为

$$\frac{\mathrm{d}^2\theta}{\mathrm{d}t^2} + 2\beta\frac{\mathrm{d}\theta}{\mathrm{d}t} + \omega_0^2\theta = m\cos\omega t \tag{C8.2}$$

当 $m\cos\omega t = 0$ 时，式 (C8.2) 即为阻尼振动方程.

当 $\beta = 0$，即在无阻尼情况时，式 (C8.2) 变为简谐振动方程，系统的固有频率为 ω_0. 方程 (C8.2) 的通解为

$$\theta = \theta_1 \mathrm{e}^{-\beta t}\cos(\omega_\mathrm{f} t + \alpha) + \theta_2\cos(\omega t + \varphi_0) \tag{C8.3}$$

由式 (C8.3) 可见，受迫振动可分成两部分：

第一部分，$\theta_1\mathrm{e}^{-\beta t}\cos(\omega_\mathrm{f} t + \alpha)$ 和初始条件有关，经过一定时间后衰减消失.

第二部分，说明强迫力矩对摆轮做功，向振动体传送能量，最后达到一个稳定的振动状态. 振幅为

$$\theta_2 = \frac{m}{\sqrt{(\omega_0^2 - \omega^2)^2 + 4\beta^2\omega^2}} \tag{C8.4}$$

它与强迫力矩之间的相位差为

$$\varphi = \arctan\frac{2\beta\omega}{\omega_0^2 - \omega^2} = \arctan\frac{\beta T_0^2 T}{\pi(T^2 - T_0^2)} \tag{C8.5}$$

由式 (C8.4) 和式 (C8.5) 可以看出，振幅 θ_2 与相位差 φ 的数值取决于强迫力矩 m、频率 ω、系统的固有频率 ω_0 和阻尼系数 β 四个因素，而与振动初始状态无关.

由 $\dfrac{\partial}{\partial\omega}[(\omega_0^2 - \omega^2)^2 + 4\beta^2\omega^2] = 0$ 极值条件可得出，当强迫力的圆频率 $\omega = \sqrt{\omega_0^2 - 2\beta^2}$ 时，产生共振，θ 有极大值. 若共振时圆频率和振幅分别用 ω_r、θ_r 表示，则

$$\omega_\mathrm{r} = \sqrt{\omega_0^2 - 2\beta^2} \tag{C8.6}$$

$$\theta_\mathrm{r} = \frac{m}{2\beta\sqrt{\omega_0^2 - 2\beta^2}} \tag{C8.7}$$

式 (C8.6) 和式 (C8.7) 表明，阻尼系数 β 越小，共振时圆频率越接近系统固有频率，振幅 θ_r 也越大. 图 C8.4 和图 C8.5 表示出在不同 β 时受迫振动的幅频特性和相频特性.

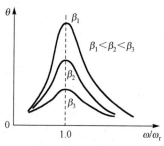

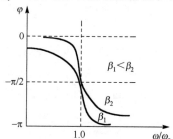

图 C8.4　幅频特性曲线　　　　　　　图 C8.5　相频特性曲线

实验内容

1. 测量摆轮的振幅 θ 与系统固有振动周期 T_0 的关系

在自由振荡状态下，测量摆轮的振幅 θ 与系统固有振动周期 T_0 的关系，作出振幅 θ 与 T_0 的对应表.

2. 测定阻尼系数 β

在阻尼振荡状态下，测量摆轮的振幅 θ 与系统固有振动周期 T_0 的关系，作出振幅 θ 与 T_0 的对应表.

利用公式

$$\ln \frac{\theta_0 \mathrm{e}^{-\beta t}}{\theta_0 \mathrm{e}^{-\beta(t+nT)}} = n\beta\bar{T} = \ln \frac{\theta_0}{\theta_n} \tag{C8.8}$$

求出 β 值.

3. 测定受迫振动的幅频特性和相频特性曲线

(1)在强迫振荡状态下，测量摆轮的振幅和强迫力周期，并利用闪光灯测定受迫振动位移与强迫力间的相位差.

(2)调节强迫力矩周期电位器，改变电机的转速，即改变强迫外力矩频率 ω，从而改变电机转动周期. 电机转速的改变可按照 $\Delta\varphi$ 控制在 $10°$ 左右来定，可进行多次这样的测量.

(3)作受迫振动的幅频特性和相频特性曲线.

注意事项

(1)在做强迫振荡实验时，须待电机与摆轮的周期相同(末位数差异不大于2)，即系统稳定后，方可记录实验数据. 且每次改变强迫力矩的周期，都需要重新等待系统稳定.

(2)因为闪光灯的高压电路及强光会干扰光电门采集数据，因此须待一次测量完成，显示测量关闭后，才可使用闪光灯读取相位差.

思考题

(1)实验中如何利用频闪法测定相位差？

(2)为什么须待一次测量完成，显示测量关闭后，才可使用闪光灯读取相位差？

(3)受迫振动的振幅和相位差与哪些因素有关？

利剑双刃，趋利避害

——浅谈共振的应用及其危害与防治

共振是宇宙中最普遍和最频繁的自然现象之一，研究表明，宇宙中的紫外线射向地球时，是臭氧层分子与部分紫外线产生共振，从而吸收了特定的一部分紫外线，而这部分紫外线恰好是容易导致皮肤癌的"凶手"；我们所熟知的光合作用，亦是叶绿素与某些可见光产生共振，吸收阳光，产生氧气与养分；若没有共振，植物便不能生长，人类和许多动物也就因此失去食物来源. 共振还是一个善于使用色彩和色调的魔幻绘画师，把我们所看到的每一个物体都神奇地染上颜色，使世界变得五彩斑斓、艳丽缤纷.

共振在人们的日常生活、工程、军事等领域中均有应用. 早在战国初期，古人就发明了各种各样的共鸣器，用来侦探敌情.《墨子·备穴》记载了其中的几种，一种方法是，在城墙根下每隔一定距离挖一深坑，坑里埋置一只容量有七八十升的陶瓮，瓮口蒙上皮革，这样，实际上就做成了一个共鸣器. 让听觉聪敏的人伏在这个共鸣器上听动静，遇有敌人挖地道攻城的响声，不仅可以发觉，而且可以根据各瓮的瓮声响度差识别来敌的方向和远近. 另一种方法是：在同一个深坑里埋设两只蒙上皮革的瓮，两瓮分开一定距离，根据这两瓮的响度差来判别敌人所在方向.

核磁共振成像是人体所含氢原子在强磁场下给予特定的高波后会发生共振现象，产生一种高波数的电磁波. 核磁共振成像可以显示人体内的脂肪、内脏、肌肉、血液、骨骼等，对脏器内部结构也能清楚显示，医生可以很好地识别患者体内的肿瘤、炎症、坏死病灶、异常物质沉着、功能阻碍、血液循环阻碍等，对于神经系统、胸部、腹部及四肢各种疾病的诊断提供了很大的帮助.

但是如同双刃剑一样，共振虽然有有利于人们的一面，但也有危害. 1940 年，美国塔科马大桥因大风引起的共振而塌毁，尽管当时的风速还不到设计风速限值的 1/3.

次声波是一种每秒钟振动很少、我们耳朵听不到的声波. 次声波的声波频率很低，可以与人体内的某些器官发生共振，使受振者的器官发生变形、位移，从而达到杀伤敌方的目的. 现代科学研究已经证明，大量发射频率为 $16 \sim 17\,\mathrm{Hz}$ 的次声波会引起人体无法忍受的颤抖,从而产生视觉障碍、定向力障碍、恶心等症状,甚至还会出现可导致死亡的内脏损坏.

为了减小共振产生的危害,可以改变驱动力频率或者振动系统的固有频率,使振动系统的固有频率远离驱动力频率;也可以通过减小共振振幅来降低共振的危害.总之,世界上的每一事物都没有绝对的好与坏之分,有利必有弊.因此,我们既要将共振充分运用到各个科学领域,还要防止共振现象给生活、工作、环境带来危害.

第 6 章

基本物理常量的测量

基本物理常量是指自然界中一些普遍适用的物理量. 物理常量与物理学的发展密切相关, 一些重大物理现象的发现和物理新理论的创立, 均与基本物理常量有密切联系. 例如, 电子的发现是通过对电子荷质比 (e/m) 的测定而确定的; 普朗克建立量子论的同时, 提出了普朗克常量.

为了在全球使用同一标准, 1966 年国际科协联合会成立了科学技术数据委员会 (The Committee on Data for Science and Technology, CODATA). CODATA 于 1969 年设立了基本常量任务组, 其任务是定期提供基本常量值. CODATA 在 1973 年、1986 年两次推荐了基本常量值, 后者的精度比前者平均提高了约一个数量级. 自 1998 年开始, CODATA 每四年提供一次最新的基本常量值, 即 1998 年、2002 年、2006 年、2010 年、2014 年先后五次推出了最新基本常量. 其中, 2014 年的推荐值建议在 2015 年 6 月 25 日正式替代 2010 年的推荐值. 随着计算机及网络技术的发展, CODATA 将以更短的周期推出更精确的最新推荐值. 最新基本常量可在 CODATA 的官方网站 http://physics.nist.gov/constants 上查询. 附录中表一给出了 CODATA 2014 年推荐的部分物理常量.

基本物理常量是制定国际单位制的基础. 为了实现计量单位和单位制的统一, 1954 年, 第十届国际计量大会决定以米、千克、秒、安培、开尔文、坎德拉为六个基本单位. 1960 年, 第十一届国际计量大会决定将上述六个基本单位为基础的单位制命名为国际单位制, 并以 SI 表示 (是用法语表示的国际单位制的词头). 1971 年第十四届国际单位计量大会增补了 "物质的量" 及其单位摩尔. 1975 年国际计量法规定了这七个基本单位, 见附表二, 其余的单位都可由这七个基本单位导出, 称之为导出单位. 在国际单位制中同时有平面角和立体角两个辅助单位. 两个辅助单位和 21 个导出单位分别见附表三与附表四.

本章列举了重力加速度、电子荷质比、基本电荷量、声速、光速、玻尔兹曼常量和普朗克常量七个物理常量的实验测量方法.

实验 D1　重力加速度的测定

地球对其表面的物体具有吸引力，重力加速度是度量地球引力大小的物理量. 由于地球的自转和地球形状不规则，各处的重力加速度有所差异，与海拔、纬度及地壳成分、地幔深度密切相关. 潮汐、地下水、地极运动、地震、火山、建筑物等均会影响重力加速度的测量. 重力加速度 g 值的准确测定对于计量学、精密物理计量、地球物理学、地震预报、重力探矿和空间科学等都具有重要意义. 测定重力加速度的方法很多，本实验主要介绍自由落体法、单摆法和复摆法.

I　自由落体法

实验目的

(1) 掌握用自由落体法测重力加速度.

(2) 加深对自由落体运动规律的理解.

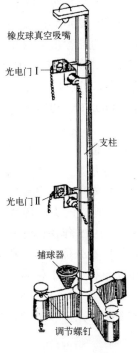

图 D1.1　自由落体测定仪

实验仪器

实验装置如图 D1.1 所示，它由支柱、橡皮球真空吸嘴、捕球器和两个光电门组成. 支柱是一根固定在底座上的金属杆，由底座上的三个螺钉调节其垂直. 支柱上附有刻度尺，用来测量光电门的位置. 光电计时计数仪用来测量物体的经过时间.

实验原理

如图 D1.2 所示，光电门 I 放在 A 处不动，光电门 II 放在 B 处，金属小球从 O 点开始做自由落体运动，金属小球下落时分别对两个光电门挡光，光电计时计数仪可测量物体在 A、B 间的下落时间. 此时可知 A、B 间的距离 S_1 和小球从 A 到 B 所用的时间 t_1. 然后将光电门 II 移到 C 处，再一次让小球自由下落，测量 A、C 间的距离 S_2 和小球从 A 到 C 的时间 t_2，那么有

$$S_1 = v_A t_1 + \frac{1}{2} g t_1^2$$

$$S_2 = v_A t_2 + \frac{1}{2}g t_2^2$$

式中，v_A 是小球经过 A 点处的速度.

联立以上两式可得重力加速度

$$g = \frac{2\left(\dfrac{S_2}{t_2} - \dfrac{S_1}{t_1}\right)}{t_2 - t_1} \qquad \text{(D1.1)}$$

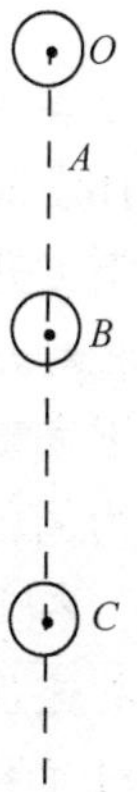

图 D1.2 测量示意图

实验内容

(1) 调节支柱垂直. 将重锤悬于真空吸嘴上，调节底脚上的螺钉，当重锤的线通过两个光电门的中心时可认为支柱处于铅直状态.

(2) 测量. 固定 S_1、S_2 位置，并记录其所在位置，对 t_1、t_2 多次重复测量，取平均值.

(3) 计算重力加速度的不确定度，并表示出测量结果.

注意事项

(1) 操作时动作要轻，不要使支柱晃动.

(2) 用真空吸嘴把小球吸住后，应让小球自然脱落，不可挤捏橡皮球使小球脱落.

思考题

(1) 在实验中 S_1 和 S_2 相差大一些好，还是小一些好?为什么?

(2) 实验中用小球进行测量有哪些优、缺点? 若用其他形状的物体代替小球进行测量又有何优、缺点?

(3) 查出当地重力加速度值，与测量值相比较，并分析产生差异的原因.

II 单 摆 法

重力加速度，即重力对自由下落的物体产生的加速度，是地球物理研究中的一个基本矢量. 古希腊科学家亚里士多德提出: 物体下落的快慢是由物体本身的重量决定的，物体越重，下落越快; 反之，则下落越慢. 也就是说，在自由下落的过程中，物体的重量越大，所受到的重力加速度也越大. 16 世纪，意大利物理学家伽利略通过自由落体实验，证明如果不计空气阻力，轻重物体的自由下落速度是相同的，即重力加速度的大小都是相同的，从而推翻了亚里士多德的错误论断.

单摆法测重力加速度

在国防和经济建设、地震预报、重力探矿等科学中，必须首先准确地测量地球各点的重力加速度大小. 研究表明, 1 万公里射程洲际导弹在发射点若有 2×10^{-6} m·s^{-2} 的重力加速度误差, 则将造成 50 m 的射程误差; 地震预报中, 如果地壳上升或下降 10 mm, 将引起 3×10^{-8} m·s^{-2} 的重力加速度大小的变化, 七级地震相对应的重力加速度大小的变化约为 0.1×10^{-5} m·s^{-2}; 重力探矿中, 根据在地面上或海上测定重力加速度大小的变化, 就可以间接地了解周围岩石不同的地质构造、矿体和岩体埋藏情况, 确定它们的位置.

　　本实验采用单摆法来测量重力加速度的大小. 通过单摆的等时性, 将测量重力加速度大小这一问题转化为测量单摆的摆长和周期. 通过本实验, 可以加深学生对单摆装置及其运动规律的了解, 回顾简谐运动的基本原理, 培养学生设计实验从而精确测量所需物理量大小的能力与严谨细致的科学作风.

实验目的

(1)学习用单摆法测重力加速度.

(2)加深对单摆装置及其摆动规律的了解.

(3)学习根据测量精度的要求选择实验仪器和量具.

实验仪器

单摆装置、钢板尺、光电计时计数仪、游标卡尺.

实验原理

质量为 m 的小球用不可伸长的轻线悬挂, 绕支点 O 作摆角 θ 很小(<5°)的摆动就形成单摆, 如图 D1.3 所示, 其摆长为小球质心到支点 O 的距离, 记为 l.

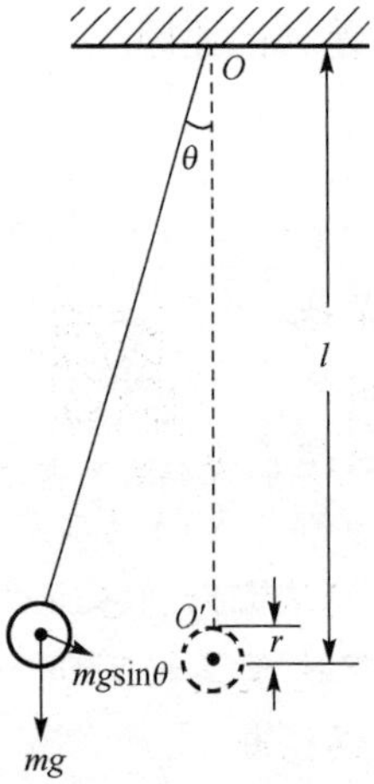

如图 D1.3 所示, 小球在摆动过程中受到方向总指向平衡点 O', 大小为 $mg\sin\theta$ 的切向力. 根据牛顿第二定律, 质点的运动方程为

$$ma_{切} = -mg \sin \theta \tag{D1.2}$$

当摆角 θ 很小($\theta < 5°$)时, $\sin\theta \approx \theta$, 则有

$$-mg\theta = ml \frac{\mathrm{d}^2 \theta}{\mathrm{d}t^2} \tag{D1.3}$$

即

图 D1.3　单摆示意图

$$\frac{\mathrm{d}^2 \theta}{\mathrm{d}t^2} = -\frac{g}{l}\theta \tag{D1.4}$$

这是一个简谐振动方程，可解得其振动角频率 ω 为

$$\omega = \frac{2\pi}{T} = \sqrt{\frac{g}{l}} \tag{D1.5}$$

$$T = 2\pi\sqrt{\frac{l}{g}} \tag{D1.6}$$

则

$$g = 4\pi^2 \frac{l}{T^2} \tag{D1.7}$$

由式可知，若测量得到 l、T，就可以计算得到重力加速度 g. 实验时，测量一个周期的相对误差较大，一般测量连续摆动 n 个周期的时间 t，则有

$$g = 4\pi^2 \frac{n^2 l}{t^2} \tag{D1.8}$$

根据不确定度传递公式，可得

$$\frac{U_g}{g} = \sqrt{\left(\frac{U_l}{l}\right)^2 + 4\left(\frac{U_t}{t}\right)^2} \tag{D1.9}$$

由式 (D1.9) 可以看出，在 U_l、U_t 大体一定的情况下，增大 l 和 t 对测量 g 有利.

实验内容

1. 测量摆长 l

分别用米尺和游标卡尺测量摆线长 l_0 和摆球的直径 d，则可求得摆长 l，$l = l_0 + \dfrac{d}{2}$.

2. 测量单摆的摆动周期

(1) 调节支柱上光电门至适当位置，使之刚好能让小球通过而不碰到光电门.

(2) 将单摆角拉开一个小角度，放手让单摆摆动几次后通过光电计时计数仪开始计时. 测量单摆摆动若干个周期所用的时间，然后求出单摆的摆动周期 T. 可重复测量几次，计算 T 的平均值.

(3) 改变摆线长 l_0，重复测量.

3. 计算重力加速度 g 及其不确定度，并表示出测量结果

*4. 根据不确定度传递公式和不确定度等分原理设计实验测量重力加速度 g，使其测量精度 $E_g = \dfrac{U_g}{g} \leqslant 1\%$

(1)对于摆长确定的单次测量,求出 $\Delta_{仪}$,并选取合适测量工具.若现有仪器无法满足要求,则增大摆长,根据所选仪器估算摆长 l.

(2)对于摆长确定的单次测量,根据摆长估算周期,并计算 $\Delta_{仪}$,选择合适测量仪器.若现有仪器无法满足要求,则采用累积放大的方法,改测多个周期,即 $t=nT$.根据所选测量仪器估算测量周期数 n.

(3)用所选仪器和参数测量摆长及周期,并计算重力加速度 g 及其不确定度.

注意事项

(1)实验所用的单摆应符合理论要求,即线要细、轻、不伸长,摆球要体积小、质量大(密度大),并且偏角不超过5°.

(2)单摆悬线上端要固定,以免摆球摆动时摆线长度不稳定.

(3)摆球摆动时,要使之保持在同一个竖直平面内,不要形成圆锥摆,圆锥摆比相同摆长的单摆周期小,这会使测得的重力加速度值比标准值大.

思考题

分析本实验中系统误差来源于哪些因素?

III 复 摆 法

实验目的

(1)学习用复摆法测重力加速度.

(2)加深对复摆装置及其摆动规律的了解.

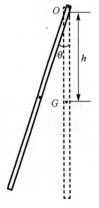

图 D1.4 复摆示意图

实验仪器

复摆装置、钢板尺、光电计时计数仪.

实验原理

根据第 4 章中复摆法测刚体转动惯量实验,复摆是一刚体绕固定的水平轴在重力作用下作微小摆动的动力运动体系.如图 D1.4 所示,刚体绕固定轴 O 在竖直平面内作左右摆动,G 是该物体的质心,与轴 O 的距离为 h,θ 为其摆动角度(θ 在5°以内).此时,复摆振动周期为

$$T = 2\pi\sqrt{\frac{I}{mgh}} \tag{D1.10}$$

又根据平行轴定理可知

$$I = I_G + mh^2 \tag{D1.11}$$

式中，I_G 为转轴过质心且与 O 轴平行时复摆的转动惯量. 设 $I_G = mk^2$，代入式 (D1.10)，得

$$T = 2\pi\sqrt{\frac{mk^2 + mh^2}{mgh}} = 2\pi\sqrt{\frac{k^2 + h^2}{gh}} \tag{D1.12}$$

式中，k 为复摆对 G 轴的回转半径. 对式 (D1.12) 平方，并改写成

$$T^2 h = \frac{4\pi^2}{g}k^2 + \frac{4\pi^2}{g}h^2 \tag{D1.13}$$

设 $y = T^2 h$，$x = h^2$，则式 (D1.13) 改写成

$$y = \frac{4\pi^2}{g}k^2 + \frac{4\pi^2}{g}x \tag{D1.14}$$

式 (D1.14) 为直线方程，测出 n 组 (x, y) 值，用作图法或最小二法求直线的截距 A 和斜率 B，由于 $A = \frac{4\pi^2}{g}k^2$，$B = \frac{4\pi^2}{g}$，所以

$$g = \frac{4\pi^2}{B}, \qquad k = \sqrt{\frac{Ag}{4\pi^2}} = \sqrt{\frac{A}{B}} \tag{D1.15}$$

由式 (D1.15) 可求得重力加速度 g 和回转半径 k.

实验内容

(1) 调节复摆底座及支架刀口，使复摆与支柱对正且平行.

(2) 启动复摆，θ 控制在 $5°$ 以内，测量不同悬点对应的周期 T，多次测量取平均.

(3) 计算 x 和 y 值，绘制 x-y 直线图.

(4) 用作图法或最小二乘法求出斜率 B.

(5) 由公式 $g = \frac{4\pi^2}{B}$ 计算重力加速度，并进行误差分析.

注意事项

(1) 复摆只能摆动，不能扭动.

(2) 角度不能超过 $5°$，尽量使每次摆动幅度相近.

思考题

在复摆的某一位置加一配重时，其振动周期将如何变化 (增大、缩短、不变)？

实验 D2　电子荷质比的测量

带电粒子的电量与质量的比值称为荷质比. 1897 年，英国剑桥大学卡文迪许物理实验室汤姆孙(Thomson)教授和他的学生用不同的阴极和不同的气体做阴极射线实验，测定带电粒子流的荷质比. 他们发现，无论怎么更换电极材料和气体成分，实验测得的荷质比均为同一数量级 $e/m=10 \ \mathrm{C \cdot kg^{-1}}$，由此证明电子的存在，汤姆孙因此获得 1906 年诺贝尔物理学奖. 测量电子荷质比的方法很多，本实验注重介绍磁聚焦法.

实验目的

(1) 了解示波管的结构及工作原理，观察电子在电场和磁场中的运动规律.

(2) 了解电子射线束电偏转、磁偏转及磁聚焦的基本原理.

(3) 学习用磁聚焦法测量电子荷质比.

实验仪器

电子束实验仪(示波管、纵向螺线管、横向螺线管等)、电源、导线等.

图 D2.1 所示为电子束实验仪的内部结构及工作电源配置，其工作原理与示波管相同，包括抽成真空的玻璃外壳、电子枪、偏转系统与荧光屏四个部分. 电子枪部分由灯丝 H、阴极 K、控制栅极 G、电极 G′、第一阳极 A_1、第二阳极 A_2 组成. 接通电源后，灯丝 H 发热，阴极 K 受热发射电子. 控制栅极 G 一方面控制发射电子的数目，另一方面使电子在附近形成一个交叉点. 电极 G′、第一阳极 A_1、第二阳极 A_2 一方面使得经过第一交叉点又发散了的电子在聚焦电场的作用下再会聚起来，构成聚焦电场，另一方面使电子加速. 偏转系统是横、纵相互垂直放置的两对金属平行板，通过加以不同的电压，用来控制电子束的位置. 荧光屏用来显示电子束位置. 示波管的内表面涂有石墨导电层，叫做屏蔽电极，它与第二阳极连在一起，使荧光屏受电子束轰击而产生的二次电子由导电层流入供电回路，避免荧光屏附近电荷积累.

实验原理

1. 电偏转

如图 D2.2 所示，在示波管的偏转板上加上电压 V_d，当加速后的电子以速度 v_0 沿 X 方向进入偏转板后，受到偏转电场 E(Y 轴方向)的作用，使电子的运动轨道发生偏移. 在偏转板 l 内，设偏转电场是均匀的，则电子做抛物线运动，其在 Y 方向的偏转量为

$$Y = \frac{1}{2}at^2 = \frac{1}{2}\frac{eE}{m}\left(\frac{l}{v_0}\right)^2 = \frac{eV_{\mathrm{d}}l^2}{2mdv_0^2} \tag{D2.1}$$

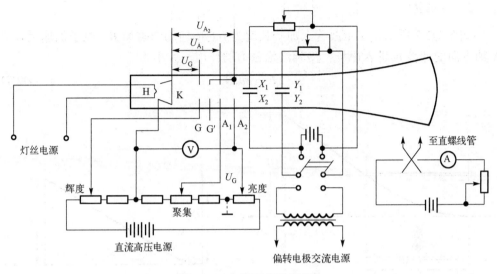

图 D2.1　电子束实验仪结构

设电子在加速电压 V_2 的作用下，加速电压对电子所做的功全部转为电子的动能，则

$$\frac{1}{2}mv_0^2 = eV_2 \tag{D2.2}$$

代入式(D2.1)，得

$$Y = \frac{V_{\mathrm{d}}l^2}{4V_2 d} \tag{D2.3}$$

电子离开电场后不受电场力作用，做匀速直线运动，等效于直接从板中点位置 A 射出（图 D2.2），设偏转板的中心至荧光屏的距离为 L，电子在荧光屏上的偏移量为 D，则

$$D = L\tan\theta = L\frac{v_y}{v_x} = \frac{V_{\mathrm{d}}lL}{2V_2 d} \tag{D2.4}$$

示波管的电偏转灵敏度为

$$\delta_{\mathrm{e}} = \frac{D}{V_{\mathrm{d}}} = \frac{lL}{2dV_2} \tag{D2.5}$$

式中，l、L、d 是与示波管结构有关的常数，故式(D2.5)可写成

$$\delta_{\mathrm{e}} = \frac{k_{\mathrm{e}}}{V_2} \tag{D2.6}$$

其中，k_e 为电偏常数. 可见，当加速电压 V_2 一定时，偏转距离与偏转电压呈线性关系. 电偏转灵敏度 δ_e 单位为毫米/伏，其数值越大，表示电偏转系统的灵敏度越高.

2. 磁偏转

如图 D2.3 所示，在示波管上加一长度为 l 的横向均匀磁场 $\boldsymbol{B}$，电子加速后以沿 X 轴方向的速度 v_0 进入磁场，受到洛伦兹力的作用，大小为

$$\boldsymbol{F} = ev_0\boldsymbol{B} \tag{D2.7}$$

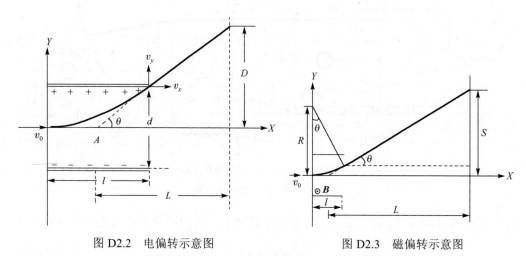

图 D2.2　电偏转示意图　　　　图 D2.3　磁偏转示意图

洛伦兹力的方向始终与电子运动的方向垂直，电子做匀速圆周运动. 洛伦兹力提供向心力

$$ev_0B = \frac{mv_0^2}{R} \tag{D2.8}$$

电子离开磁场后，不再受任何力的作用，做直线运动.

由图 D2.3 可知

$$\sin\theta = \frac{l}{R} = \frac{leB}{mv_0} \tag{D2.9}$$

当偏转角 θ 很小时，近似认为 $\sin\theta = \tan\theta$，所以偏转的位移 S 为

$$S = L\tan\theta = \frac{leB}{mv_0}L \tag{D2.10}$$

设电子进入磁场前加速电压为 V_2，且加速电场对电子做的功全部转变成电子的动能，则有

$$S = lBL\sqrt{\frac{e}{2mV_2}} \tag{D2.11}$$

如果磁场是由螺线管产生的，因为螺线管内的 $B=\mu_0 nI$，其中 n 是单位长度线圈的圈数，I 是通过线圈的电流，所以磁偏转灵敏度为

$$\delta_m = \frac{S}{I} = \mu_0 nlL \sqrt{\frac{e}{2mV_2}} \tag{D2.12}$$

可见位移 S 与磁场电流 I 成正比，而与加速电压的平方根成反比.

3. 磁聚焦测电子荷质比

在示波管上加一纵向均匀磁场 $\boldsymbol{B}$，电子经过偏转电压的作用，以速度 v 进入磁场，受到洛伦兹力的作用. 设电子的质量和电荷分别为 m 和 e，则它受到的洛伦兹力 $\boldsymbol{f}$ 的大小为

$$f = evB\sin\theta \tag{D2.13}$$

式中，θ 为电子运动方向与磁场方向的夹角. 将电子速度 v 分解成与磁场方向平行的分量 $v_\parallel$ 及与磁场方向垂直的分量 $v_\perp$. 这时电子在平行磁场方向上做匀速直线运动，而在垂直于磁场方向的平面内做匀速圆周运动，两者合成就形成了一条螺旋线的运动轨迹，如图 D2.4 所示. 从逆 Z 轴的方向看去，电子做圆周运动，设其半径为 R，则有

$$R_\perp = \frac{mv_\perp}{eB} \tag{D2.14}$$

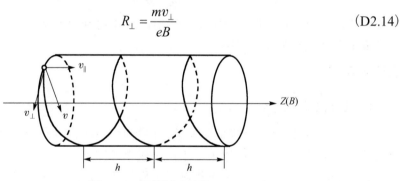

图 D2.4　螺旋运动轨迹

若 B 为载流长直螺线管轴线处的磁感应强度，则

$$B = K\mu_0 nI \tag{D2.15}$$

式中，$\mu_0 = 4\pi \times 10^{-7}$ H·m^{-1}，为真空磁导率；$n = N/L$ 为螺线管单位长度的匝数，N 和 L 分别为螺线管的总匝数和长度；I 为励磁电流；K 为螺线管长度不足够长时引入的修正系数，其与螺线管长度 L 和直径 D 有关.

电子绕圆周轨道运动一周的时间为

$$T_\perp = \frac{2\pi m}{eB} \tag{D2.16}$$

上式表明, 电子做圆周运动的周期与电子速度的大小无关, 也就是说, 当 B 一定时, 所有从同一点出发的电子尽管各自的速度不同, 但它们运动一周的时间却是相同的. 因此, 这些电子在旋转一周后都同时回到了原来的位置.

同时, 电子在轴线方向做匀速直线运动. 它的轨道是一条螺旋线, 其螺距用 h 表示, 则有

$$h = v_\parallel T_\perp = \frac{2\pi m v_\parallel}{eB} \tag{D2.17}$$

上式表明, 如果各电子的 $T_\perp$ 和 $v_\parallel$ 相同, 那么这些螺旋线的螺距 h 也相同. 以上理论推导说明, 从同一点出发的所有电子, 经过相同的周期 $T_\perp$ 后, 都将会聚于距离出发点 h 处, 而 h 的大小则由 B 和 $v_\parallel$ 来决定, 这就是电子聚焦的原理.

设电子的加速电压为 U, 根据能量守恒定律, 电子的横向速度大小为

$$v_\parallel = \sqrt{\frac{2eU}{m}} \tag{D2.18}$$

联立式(D2.14)~式(D2.16), 以及式(D2.18)得

$$\frac{e}{m} = \frac{8\pi^2 U}{B^2 h^2} \tag{D2.19}$$

实验中 N、L、K、h 的数值由实验室给出, 因此测得 U 和 I 后, 就可以求得磁感应强度 B 和电子的荷质比.

实验内容

1. 练习调节示波器

(1)安装好示波管和刻度板, 安装示波管时, 看清插针, 对准管座, 接通电源; 已安装纵向磁感线圈的不必取下, 不接励磁电源即可.

(2)调节亮度旋钮(调节栅压相对于阴极的负电压)、聚焦钮(调节第一阳极电压, 以改变电子透镜的焦距, 达到聚焦的目的)和加速电压旋钮, 观察各旋钮的作用.

(3)调节旋钮, 使光点聚成一亮点, 辉度适中, 光点不要太亮, 以免烧坏荧光物质.

2. 测量电偏转灵敏度

(1)交直流选择开关置于直流挡, 通过 X、Y 换向开关显示偏转电压, 调节 X、Y 偏转调节旋钮使得偏转电压分别指示为 0.

(2)调节 X、Y 调零旋钮, 使得光点处在荧光屏的中心原点上.

(3)调节 X、Y 偏转调节旋钮, 测量电子束在电场作用下 X、Y 方向的偏转量随偏转电压的变化关系, 根据实验中的测量值分别绘制出偏转量 D_X、D_Y 与偏转电压 V_X、V_Y 之间的关系曲线, 并计算出电偏转灵敏度.

3. 测量磁偏转灵敏度

(1)先断开电源，安装好横向磁感线圈.

(2)打开电源，置于直流挡，调节 X、Y 偏转电压为 0，调节 X、Y 调零旋钮使得光点处在荧光屏的中心原点上.

(3)对一定的加速电压 V_2，调节电流旋钮改变磁感线圈中磁感电流 I 的大小，记录电子束的偏转量 S 与磁场电流 I，并绘制 S-I 图，计算出磁偏转灵敏度.

4. 电子束+纵向磁场，利用磁聚焦法测量电子荷质比

(1)断开电源，安装纵向磁感线圈.

(2)打开电源，交直流选择开关置于中间零位置挡，调节 X 调零旋钮使光点落在中间竖直线上，调节 V_G、V_{A_1}、V_{A_2} 旋钮，使光点亮度适中.

(3)将交直流选择开关拨向交流挡，调整 Y 偏转(或 Y 调零)旋钮，使荧光屏中心出现一条亮线，且长度、亮度适中.

(4)调节电流调节旋钮，使得线圈励磁电流由零逐渐增大，观察荧光屏亮线的变化，当聚成点时，记录励磁电流 I_1；继续增大电流，当第二次聚成一亮点时，记录励磁电流 I_2；当第三次聚成一亮点时，记录励磁电流 I_3 及加速电压 V_{A_2}.

(5)根据理论公式计算 B 和 e/m.

(6)为消除地磁场的影响，将螺线管东西方向放置，或改变励磁电流方向再次测量，取平均值.

注意事项

(1)实验线路中因有高压，操作时需倍加小心，以防电击.

(2)为了减小干扰，螺线管支架应接地，其他铁磁物体应远离螺线管.

(3)螺线管不要长时间通以大电流，以免线圈过热.

(4)大、小线圈不可同时接入电路中，以免烧坏线圈，接入时注意接线极性.

(5)改变加速高压后，光点亮度会改变，这时应重新调节亮度，若调节亮度后加速高压有变化，再调到规定的电压值.

思考题

(1)调节螺线管中的电流强度 I 的目的是什么？

(2)为什么实验时螺线管中的电流方向要反向？聚焦时电流值有何不同？

(3)加上磁场后，磁聚焦时，如何判定偏转板到荧光屏间是一个螺距，而不是两个、三个或更多？

实验 D3　基本电荷量的测量

基本电荷量
的测量

　　汤姆孙通过测定带电粒子流的荷质比，提出电子的概念，但是他一直没有测出电子的电量. 在当时科学家提出的多种测量电子电荷的方法中，最准确的方法是云雾法，但也只能确定电荷的数量级. 1909 年密立根(Millikan)在历经十年的研究后，用油滴实验第一次精确地测定了电子的电荷. 由于这一开创性的工作，密立根获得 1923 年诺贝尔物理学奖，基本电荷量的测量实验也称为密里根油滴实验.

　　实验采用带电的油滴，通过将带电油滴处于外加电场中时重力和电场力平衡和撤去外加电场时重力和空气阻力平衡实现测量. 实验设计的巧妙之处在于将通过带电油滴处于电场中时重力和电场力的平衡，将电荷量的测量转化成油滴质量的测量. 假设油滴为球形，可进一步转换成测量油滴体积，利用在没有电场情况下油滴所受的重力与油滴在空气中的阻力平衡转化成测量油滴速度，通过测量油滴在固定的距离内通过的时间实现速度的测量. 通过测量油滴的运动时间实现电荷的基本电荷量这个微观测量量到时间这个宏观测量量的转化.

　　实验还采用统计分析法，通过对大量的油滴电荷量的测量值分析，得出油滴的电荷量总是基本电子电荷量的整数倍，从而证明电荷量不连续并得出电子基本电荷量. 实验的难点在于油滴的选择、跟踪和测量，需要学生具备较好的实验技巧和不急不躁的实验态度. 通过重温诺贝尔奖级别的著名实验，不仅可以让学生深入了解密立根设计实验的巧妙，还可借鉴该实验利用宏观的力学方法实现微观粒子测量的物理构思，通过实验培养学生严谨的科学作风，进而提高科学实验素质和能力.

实验目的

　　(1)学习密立根油滴实验的设计思想、实验方法和技巧.

　　(2)测量基本电荷量 e 的大小.

　　(3)验证电荷的不连续性，加深对电荷量子性的理解.

实验仪器

　　密立根油滴仪、喷雾器等.

　　油滴仪主要由油滴盒、CCD 电视显微镜、电路箱、监视器等组成. 油滴盒结构如图 D3.1 所示. 其中两块经过精磨的金属平板经胶木圆环垫构成平板电容器，上板中心有落油孔，使微小油滴进入电容器中的电场空间，胶木圆环上有进光孔、观察孔．进入电场的油滴由照明装置照明，油滴盒可通过调平螺丝调整水平．油滴的运动用显微镜观察，并通过 CCD 相机及监视器显示．

电路箱体内装有高压产生、测量显示等电路，底部装有三只调平手轮．面板结构见图 D3.2．在面板上有两只控制平行极板电压的三挡开关，K_1 控制上电极板电压的极性，K_2 控制极板上电压的大小．当 K_2 处于中间位置即"平衡"挡时，可用电位器调节平衡电压，打向"提升"挡时，自动在平衡电压的基础上增加 $200\sim300$ V 的提升电压，打向"0 V"挡时，极板上电压为 0 V．

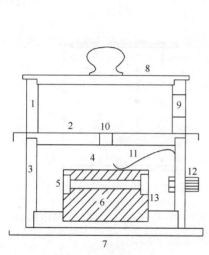

图 D3.1　油滴盒结构

1. 油雾室；2. 油雾孔开关；3. 防风罩；
4. 上电极板；5. 胶木圆环；6. 下电极板；
7. 底板；8. 上盖板；9. 喷雾口；10. 油滴孔；
11. 上电极板压簧；12. 上电极板电源插孔；
13. 油滴盒基座

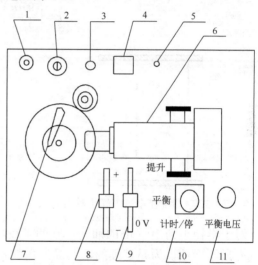

图 D3.2　面板结构

1. 视频电缆；2. 保险丝；3. 电源线；4. 电源开关；
5. 指示灯；6. 显微镜；7. 上电极板压簧；8. K_1；9. K_2；
10. 计时开关 K_3；11. 平衡电压

实验原理

本实验通过研究带电油滴在电场和重力场中的受力和运动情况，来测定基本电荷的电量．如图 D3.3 所示，处于电场中的带电油滴受到两个力的作用，一个是重力 mg，另一个是静电力 qE，其中 $E=U/d$，U 为平行板电场两极板间的电势差，d 为两极板间距离．调节 U 的大小使油滴受的两个力相互抵消，油滴静止，则有

$$mg = \frac{qU}{d} \qquad (D3.1)$$

可见，要测定油滴所带的电量 q，除了要测出 U 和 d 外，还要测出油滴的质量 m．假设油滴为半径为 r 的球形，密度为 ρ，则有

$$m = \frac{4}{3}\pi r^3 \rho \qquad \text{(D3.2)}$$

如图 D3.4 所示,当空间中不存在电场时,油滴受重力作用而加速下降,但又会受到与速度成正比增加的空气阻力. 当油滴的速度达到收尾速度 v 时,阻力与重力平衡(忽略空气的浮力),从而油滴做匀速运动,由斯托克斯定律知

$$f = 6\pi r\eta v = mg \qquad \text{(D3.3)}$$

式中,η 为空气的黏滞系数,可得油滴半径

$$r = \left(\frac{9\eta v}{2\rho g}\right)^{1/2} \qquad \text{(D3.4)}$$

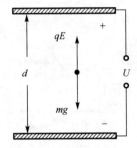
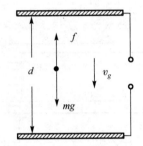

图 D3.3　油滴在电场中静止时受力　　　　图 D3.4　无电场时油滴受力

对于半径小到 10^{-6} m 的油滴,它的半径与空气中分子的平均自由程可以比拟,空气介质不能被认为是连续的,其黏滞系数 η 应作如下修正:

$$\eta' = \frac{\eta}{1 + b/(p \cdot r)} \qquad \text{(D3.5)}$$

则式(D3.3)改为

$$f = \frac{6\pi r\eta v}{1 + b/(p \cdot r)} \qquad \text{(D3.6)}$$

式中,b 为修正常数,$b = 8.22 \times 10^{-3}$ m·Pa;p 为大气压强,单位为 Pa. 于是半径 r' 可表示为

$$r' = \sqrt{\frac{9\eta v}{2\rho g\left(1 + \dfrac{b}{p \cdot r}\right)}} \qquad \text{(D3.7)}$$

质量 m 则可表示为

$$m = \frac{4}{3}\pi\rho \sqrt{\left\{\frac{9\eta v}{2\rho g[1 + b/(p \cdot r)]}\right\}^3} \qquad \text{(D3.8)}$$

对于匀速下降的油滴，可以用下降的距离 l 和所需的时间 t 来计算速度，即 $\upsilon = l / t$. 将 υ 代入式(D3.8)，然后将式(D3.8)代入式(D3.1)得

$$q = \frac{18\pi d}{U\sqrt{2\rho g}}\sqrt{\left(\frac{\eta l}{t\left(1+\dfrac{b}{p\cdot r}\right)}\right)^{3}} \tag{D3.9}$$

对于同一个油滴，如果改变它所带的电量，则使它平衡的电压必须是某些特定的值 U_n. 通过研究这些电压变化的规律，可以发现，它们都满足下面的方程：

$$q = ne = \frac{mgd}{U_n}, \qquad n=\pm 1,\pm 2,\cdots \tag{D3.10}$$

对于不同的油滴，可以发现同样的规律，而且 e 是一个共同的常数. 这就证明了电荷的不连续性，并存在最小的电荷单位，即电子的电量 e. 所以本实验的理论公式为

$$q = \frac{18\pi d}{U_n\sqrt{2\rho g}}\sqrt{\left(\frac{\eta l}{t\left(1+\dfrac{b}{p\cdot r}\right)}\right)^{3}} \tag{D3.11}$$

实验内容

1. 调整仪器

(1)调节仪器底部调平螺丝，根据水准泡指示，使平行极板处于水平位置.

(2)接通电源，将油从油雾室的喷雾口喷入(一次即可)，微调测量显微镜的调焦手轮，使视场中出现大量清晰的油滴，如夜空繁星.

2. 测量练习

(1)练习控制油滴. 将 K_2 打至"平衡"位置，在平行电极板上加平衡电压约 200 V，K_1 放在"+"或"−"均可，驱走不需要的油滴，直到剩下几滴缓慢运动的油滴为止. 注视其中的某一滴油滴，仔细调节平衡电压，使油滴静止不动，然后将 K_2 旋至"0 V"，使它匀速下降，下降一段距离后，再将 K_2 打至"提升"使油滴上升. 如此反复多次地进行练习，以掌握控制油滴的方法.

(2)练习测量油滴运动的时间. 将已选择好的油滴提升到某刻度线上使之保持平衡，按 K_3 停止计时，当油滴恰好运动到某一刻度线时，将 K_2 打到"0 V"，计时器自动计时，运动过程结束后，将 K_2 打至"平衡"，屏幕右上方即显示该油滴运动一段距离的时间.

(3)练习选择油滴. 体积太大的油滴虽然比较亮，但一般带的电荷比较多，下降

速度也比较快,结果不容易测准确;若体积太小则布朗运动明显,同样不容易测准确. 通常可以选择平衡电压为 80~300 V,匀速下落 2 mm 所需时间在 8~30 s 的油滴较适宜.

3. 正式测量

进行实验时,要测量的只有两个量 U、t. 测量平衡电压 U 必须经过仔细调节,而且应该将油滴置于屏幕上某条刻度线附近,以便准确判断出该油滴是否达到平衡.

测量油滴匀速下降距离 l 所需要的时间 t 时,可将该油滴用 K_2 控制移到"起跑线"上,按 K_3 使计时器停止计时,然后将 K_2 拨向"0 V",油滴开始匀速下降的同时,计时器开始计时. 到"终点"时迅速将 K_2 拨向"平衡",油滴立即静止,计时也立即停止.

对同一滴油滴重复测量几次. 另选几滴不同的油滴,用同样的方法进行测量.

4. 数据处理

根据实验中选定的 l、测得的 U 和 t 及实验室给定的各物理量,数值计算油滴所带的电荷. 为了证明电荷的不连续性和所有电荷都是基本电荷 e 的整数倍,并得到基本电荷 e 值,应对实验测得的各个电荷值求最大公约数,这个最大公约数就是基本电荷 e 值,即电子的电量. 在实验中为了降低计算难度,也可以用公认的电子电荷值 $e=1.602×10^{-19}$ C 去除实验测得的电荷值 q,得到几个接近于整数的数值,然后去其小数,取其最接近的整数 n,分别用各个整数去除相对应的电荷值,应得到几个很相近的数,取它们的平均值作为 e 值测量的结果. 将测量值与公认值比较,计算测量误差.

注意事项

(1)实验中测量油滴匀速下降一段距离 L 所需要的时间 t 时,应先让油滴下降一段距离后再测量.

(2)选定测量的距离 L,应该在平行板间的中央部分,即视场中分划板的中央部分. 若太靠近上电极板,小孔附近有气流,电场也不均匀,会影响测量结果;若太靠近下电极板,测量完时间 t 后,油滴容易丢失,影响测量结果.

(3)实验过程中严禁打开油滴盒盖,以免触电.

思考题

(1)若平行极板不水平,对测量有何影响?

(2)如何判断油滴是否开始做匀速运动?

(3)忽略空气浮力,对 e 的测量结果有何影响?

(4)你认为哪些因素导致本实验的误差产生?

实验 D4　声速的测量

声速的测量

声波是可压缩流体中的小振幅振动，靠不断的压缩和舒张实现，是一种纵波. 声速是指声波在介质中的传播速度，是一个基本的物理量，它的测量应用极其广泛，如利用水声进行海啸、台风预警，测量气体温度瞬间变化等. 当波源、接收器、传播介质之间发生相对运动时，产生的多普勒效应可用于涉及核物理、天文学、工程技术、交通管理、医疗等方面的卫星测速、光谱仪、多普勒雷达、多普勒彩色超声诊断等.

第一次测出空气中的声速在公元 1708 年，英国人德罕姆站在一座教堂的顶楼，注视着 19 km 外正在发射的大炮，计算大炮发出闪光和听见轰隆声之间的时间，经过多次测量后取平均值，得到与现在相当接近的声速数据，即在 20℃时，每秒 343 m. 这种方法存在诸多误差，最大的误差来自计时误差和风速误差. 要消除这些影响，需要在实验室内进行测量，利用声速 v、振动频率 f 和波长 λ 之间的基本关系，通过波长和频率的测量计算声速.

无线电电子学的发展产生了电声换能器和电子测量仪器. 高性能的测量传声器、频谱分析仪和声级记录器实现了声信号的声压级测量，频谱分析和声信号特性的自动记录促进了近代声学的发展. 次声波是频率低于 20 Hz 的声波，可闻声波是振动频率在 20 Hz～20 kHz 范围内的声波，超声波是频率高于 20 kHz 的声波. 超声波具有波长短、穿透力强、能定向发射等特点，可用于测距、测速、焊接等，在军事、化工、医学、工业、农业上有广泛应用. 本实验用一对超声压电陶瓷换能器做声压与电压之间的转换，由信号发生器直接读出频率 f，利用示波器观察超声波的振幅和相位，采用共振干涉法、相位比较法和时差法测量空气中声波的传播速度. 现代计算技术和大规模集成电路的发展及微计算机和微处理机在声学工作中的应用必将促使声学进一步发展.

实验目的

(1) 学习用相位比较法、共振干涉法和时差法测量声速，加深对共振、振动合成、波的干涉等理论的理解.

(2) 了解压电换能器的功能及超声波的产生、发射、传播和接收原理.

(3) 熟悉低频信号发生器、模拟示波器的使用方法.

实验仪器

信号发生器、超声声速测定仪、模拟示波器等.

超声声速测定仪主要由两只相同的压电陶瓷换能器组成, 它们分别用于超声波的发射和接收. 如图 D4.1 所示, 压电换能器黏接在合金铝制成的阶梯形变幅杆上, 再将它们与信号发生器连接组成声波发生器. 当压电陶瓷处于一交变电场时, 会发生周期性的伸长与缩短. 当交变电场频率与压电陶瓷管的固有频率相同时振幅最大. 这个振动又被传递给变幅杆, 使它产生沿轴向的振动, 于是变幅杆的端面在空气中激发出声波. 本仪器的压电陶瓷的谐振频率在 35 kHz 以上, 故超声波波长约为几毫米. 超声波由于波长短, 定向发射性能好, 故是比较理想的波源. 变幅杆端面直径(为扩大直径另加一个环形薄片)比波长大很多, 可近似地认为远离发射面处的声波是平面波. 超声波的接收则是利用压电体的正压电效应, 将接收的声振动转化为电振动; 可用选频放大器加以放大, 再经屏蔽线输入示波器进行观测. 接收器安装在可移动的装置上, 该装置包括支架、丝杆、带刻度的手轮、可移动底座等. 接收器的位置由主尺刻度和手轮的位置决定.

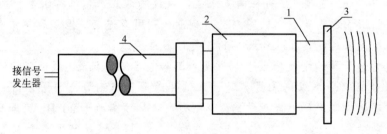

图 D4.1 超声波发射器
1. 压电陶瓷管；2. 变幅杆；3. 增强片；4. 缆线

实验原理

如果声波在时间 t 内传播的距离为 s, 则声速为

$$v = \frac{s}{t} \tag{D4.1}$$

或变形为

$$v = \frac{\lambda}{T} = \lambda f \tag{D4.2}$$

式中, λ 为波长, T 为周期, f 为频率. 可见只要测出频率和波长, 便可求出声速 v.

实验使用交流电信号控制发声器, 故声波频率即电信号的频率, 而波长的测量常用相位比较法、共振干涉法和时差法.

1. 相位比较法

由声波的波源(简称声源)发出的具有固定频率 f 的声波在空间形成一个声场,在声场中任意找一个点作为接收点,其与声源的距离记为 L,该点的振动相位与声源的振动相位差 $\Delta\varphi$ 为

$$\Delta\varphi = \frac{2\pi L}{\lambda} = \frac{2\pi f L}{v} \tag{D4.3}$$

若在距离声源 L_1 处的某点振动与声源的振动相反,则 $\Delta\varphi_1$ 为 π 的奇数倍

$$\Delta\varphi_1 = (2k+1)\pi \qquad (k = 0,1,2,\cdots) \tag{D4.4}$$

若在距离声源 L_2 处的某点振动与声源的振动相同,则 $\Delta\varphi_2$ 为 π 的偶数倍

$$\Delta\varphi_2 = 2k\pi \qquad (k=0,1,2,\cdots) \tag{D4.5}$$

相邻的同相点与反相点之间的相位差为

$$\Delta\varphi = \Delta\varphi_1 - \Delta\varphi_2 = k\pi \tag{D4.6}$$

相应的距离为

$$\Delta L = L_2 - L_1 = \frac{\lambda}{2} \tag{D4.7}$$

将接收器沿着远离(或接近)声源的方向慢慢移动,在与声源的距离为 $\frac{k\lambda}{2}$(k 为连续正整数)处,可探测到一系列与声源反相或同相的点,由此可求得波长 λ. 通过示波器观察李萨如图形的变化可以测定相位差 $\Delta\varphi$. 将发射器和接收器的信号分别输入示波器的 x 轴和 y 轴,则荧光屏上亮点的运动是两个相互垂直的谐振动的合成. 当 y 方向的振动频率与 x 方向的振动频率比 $f_y : f_x$ 为整数时,合成运动的轨迹是一个稳定的封闭图形,称为李萨如图形. $f_y : f_x = 1:1$ 时不同相位差对应的李萨如图形如图 D4.2 所示,随着相位差的改变,将看到不同的椭圆,而在各个同相点和反相点看到的则是直线.

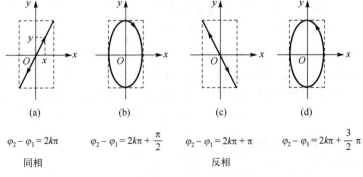

(a)	(b)	(c)	(d)
$\varphi_2 - \varphi_1 = 2k\pi$	$\varphi_2 - \varphi_1 = 2k\pi + \frac{\pi}{2}$	$\varphi_2 - \varphi_1 = 2k\pi + \pi$	$\varphi_2 - \varphi_1 = 2k\pi + \frac{3}{2}\pi$
同相		反相	

图 D4.2 $f_y : f_x = 1:1$ 的李萨如图形

2. 共振干涉法(振幅极值法)

声源产生的一定频率的平面声波经过空气介质的传播到达接收器. 声波在发射面和接收面之间被多次反射, 故声场是往返声波多次叠加的结果, 入射波和反射波相干涉而形成驻波. 在一定的条件下, 在声源和接收器之间可产生共振现象. 共振时, 驻波的幅度达到极大, 同时, 接收器表面上的声压也达到极大值. 理论计算表明, 若改变发射器和接收器之间的距离, 在一系列特定的距离上, 介质中将出现稳定的驻波共振现象. 相邻两次共振时的距离 $\Delta L = \dfrac{\lambda}{2}$, 发射器与接收器之间的距离等于半波长的整数倍. 若保持声源频率不变, 移动发射源或接收器, 依次测出接收信号极大的位置 L_1, L_2, L_3, L_4, $\cdots$, 则可以求出声波的波长 λ, 进一步计算出声速 v.

3. 时差法

根据公式 $v = L/t$, 若能测量 t 时间内声波传播的距离 L, 即可求得声速 v. 以脉冲调制正弦信号输入到发射器, 控制计时电路使其定时发出脉冲声波, 经过时间 t_i

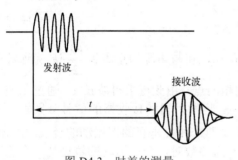

发射波

接收波

图 D4.3　时差的测量

传播到达距离 L_i 处的接收器, 接收器接收到的脉冲信号能量逐渐累积, 振幅逐渐加大, 脉冲信号接收完毕后, 接收器作衰减振荡, 如图 D4.3 所示. 改变接收器位置, 重复测量, 脉冲声波经过时间 t_{i+1} 传播到达距离 L_{i+1} 处的接收器. 时间 t_i、t_{i+1} 由仪器自身高精度计时电路测量, 通过测量距离 $L_{i+1} - L_i$, 根据 $v = \dfrac{L_{i+1} - L_i}{t_{i+1} - t_i}$ 即可计算声速 v.

4. 声速的理论值

声波在理想气体中的传播过程, 可以认为是绝热过程, 因此传播速度可以表示为

$$v = \sqrt{\frac{\gamma R T}{\mu}} \tag{D4.8}$$

式中, R 为摩尔气体常量, $R = 8.314 \ \text{J} \cdot \text{mol}^{-1} \cdot \text{K}^{-1}$; γ 为气体定压摩尔热容 $c_{p,m}$ 与气体定容摩尔热容 $c_{V,m}$ 之比, 即 $\gamma = c_{p,m}/c_{V,m}$ (双原子分子 $\gamma = 1.4$); μ 为气体的摩尔质量; T 为气体的开氏温度(绝对温度, 单位为 K), 若用 t 表示摄氏温度, 则有

$$T = (t + 273.15) \ \text{K} \tag{D4.9}$$

将式(D4.9)代入式(D4.8), 整理化简后得

$$v = v_0 \sqrt{1 + \frac{t}{273.15}} \tag{D4.10}$$

式中

$$v_0 = \sqrt{273.15\left(\frac{R\gamma}{\mu}\right)}$$

对于干燥空气，t=0 ℃时的速度 $v_0 = 331.45$ m·s^{-1}（见附表十）.

大气中声速与温度、湿度及气压等有密切关系，根据声学理论，一般条件下的校准声速为

$$v_{校} = v_0\sqrt{\left(1+\frac{t}{273.15}\right) \times \left(1+\frac{0.3192p_\omega}{p}\right)} \qquad (D4.11)$$

式中，t 为室温（℃），p 为大气压（Pa），p_ω 为水蒸气分压（mmHg），1 Pa= 0.007500654 mmHg. $p_\omega = p_s r$，p_s 为饱和蒸气压，r 为相对湿度. 饱和蒸气压与温度的关系见表 D4.1.

表 D4.1 饱和蒸气压和温度的关系表

t/℃	p_s/(10^5 Pa)	t/℃	p_s/(10^5 Pa)	t/℃	p_s/(10^5 Pa)
15	0.0170	22	0.0264	29	0.0400
16	0.0182	23	0.0281	30	0.0424
17	0.0194	24	0.0298	31	0.0449
18	0.0206	25	0.0317	32	0.0475
19	0.0220	26	0.0336	33	0.0503
20	0.0234	27	0.0356	34	0.0532
21	0.0249	28	0.0378	35	0.0563

实验内容

1. 相位比较法测定超声声速

（1）按图 D4.4 将实验装置接好，注意使所有仪器均良好接地，以免外界杂散的电磁场引起测量误差. 连接时要注意极性.

（2）将信号源测试方式设置到连续波方式，设定最佳工作频率 f，使换能器工作在谐振状态，记录信号频率 f 和室温 t.

（3）调节示波器，使其荧光屏上显示的李萨如图形便于观察.

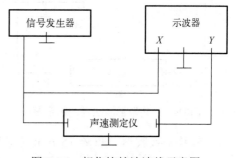

图 D4.4 相位比较法连线示意图

（4）调节超声声速测定仪上的刻度手轮，使接收器自某一位置起缓慢远离（或接

近)发射器, 观察示波器上李萨如图形的变化, 记下发射信号与接收信号同相 ($\Delta\varphi = 0$)或反相($\Delta\varphi = \pi$)的位置$L_i(i = 1, 2, 3, \cdots, 12)$.

(5)用逐差法处理数据, 计算波长, 进而计算声速v.

(6)比较v与$v_{校}$, 计算相对误差.

(7)计算声速v的不确定度, 写出实验结果, 分析误差产生的原因.

2. 共振干涉法测定超声声速

(1)按图 D4.5 接好电路, 将信号源测试方式设置到连续波方式, 设定最佳工作频率f, 使换能器工作在谐振状态. 记录信号频率f和室温t.

(2)示波器工作在"扫描"状态下.

(3)移动接收器, 可以看到示波器上的信号强度发生变化. 连续记下示波器上信号为极大值的位置$L_i(i = 1, 2, 3, \cdots, 12)$.

(4)用逐差法处理数据, 计算波长, 进而计算声速v.

(5)比较v与$v_{校}$, 计算相对误差.

(6)计算声速v的不确定度, 写出实验结果, 分析误差产生的原因.

3. 时差法测定超声声速

(1)按图 D4.6 接好电路, 将信号源测试方式设置到脉冲波方式, 设定合适的脉冲发射强度, 使换能器工作在谐振状态.

(2)示波器工作在"扫描"状态下.

(3)将接收器与发射器之间的距离调至$\geqslant 80$ mm, 作为第一个测试点.

(4)调节示波器接收增益, 使显示的时间差值读数稳定, 并记录此时的距离L_0和时间t_0.

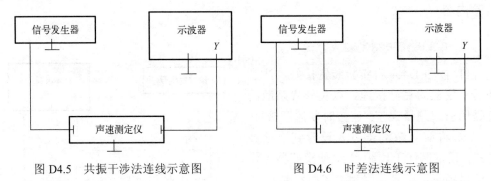

图 D4.5　共振干涉法连线示意图　　　　图 D4.6　时差法连线示意图

(5)移动接收器, 每隔 15 mm 记录距离$L_i(i = 1, 2, 3, \cdots, 12)$和时间$t_i$ ($i = 1, 2, 3, \cdots, 12$).

(6)用逐差法处理数据, 计算声速v.

(7) 比较 v 与 $v_校$，计算相对误差.

(8) 计算声速 v 的不确定度，写出实验结果，分析误差产生的原因.

注意事项

(1) 为保证性能稳定，应使仪器预热 10 min 后再使用.

(2) 信号发射器的信号输出幅度不宜过大，避免仪器过热造成损坏.

(3) 信号源电源开关打开后，发射面和接收面要保持相互平行且距离要大于 80 mm，若小于 80 mm，会损坏压电换能器.

(4) 螺旋来回转动会产生螺距间隙偏差，测量时应朝一个方向转动测微螺旋，且测量必须是连续的，不可进行跳跃式测量.

(5) 声波在空气中衰减较大，随着接收器与发射器之间距离增大，接收到的信号幅度会变小，实验中必要时应调节示波器输入通道的灵敏度调节旋钮.

思考题

(1) 形成驻波的条件是什么？两压电换能器的端面为什么要平行？

(2) 声速测量中共振干涉法、相位比较法、时差法有何异同？

(3) 为什么要在谐振频率条件下进行测量？如何调节和判断测量系统是否处于谐振状态？

(4) 用相位比较法测量声速时，选择什么样的李萨如图形进行测量？为什么？

实验 D5 光速的测量

光速是物理学中最重要的基本量之一，也是所有电磁波在真空中的传播速度. 狭义相对论认为任何信号和物体的速度都不能超过真空中的光速. 最早提出测量光速的是意大利物理学家伽利略(Galileo)，他试图通过测量光往返两个山头之间的距离和所需的时间计算出光速. 历史上最早由丹麦天文学家罗默(Römer)在 1676 年从卫星蚀的时间变化和地球轨道半径求出了光速，由于当时只知道地球轨道半径的近似值，故求出的光速只有 214300 km·s^{-1}. 最早用实验方法测量光速的是法国物理学家斐索(Fizeau)，他采用旋转齿轮法首先在实验室中测定了光的速度，测得光速为 315000 km·s^{-1}. 随后法国物理学家傅科(Foucault)采用旋转镜法测得光速为 298000 km·s^{-1}. 迈克耳孙采用改进的旋转棱镜法测得光速为 299798 km·s^{-1}. 此后，随着电子技术的发展，各种新的测量技术相继被提出来，如克尔盒、谐振腔、光拍频法等. 特别是在激光器发明并被用于光速测量后，大大降低了光速测量的不确定度. 1983 年，第十七届国际计量大会决定，将真空中的光速定为精确值，为 299792458 m·s^{-1}. 尽管以后不需要进行光速测量实验，然而这些光速测量的实验与方法以其巧妙的构思、高超的实验设计一直在启迪着后人的物理学研究.

实验目的

(1)学习调制激光法测量光速的原理及方法.

(2)了解和掌握光调制的原理和技术.

实验仪器

激光器、信号发生器、光接收器、示波器、调整架、反射镜、卷尺.

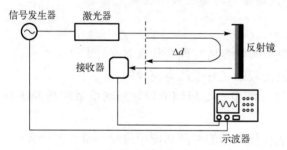

图 D5.1　光速测量示意图

实验原理

本实验采用一个高速调制的激光器和一个示波器，测量光通过一已知距离 Δd 的时间 Δt，根据关系式 $\Delta d = c\Delta t$，得出斜率，即为光速. 实验装置如图 D5.1 所示.

实验基本设计思想是：调制后的激光光束在空气中传播一段距离后发射到反射镜上，反射后的光束传播一段距离后用光接收器接收. 通过移动反射镜使光传输的距离改变 Δd，利用示波器可以得到反射镜移动前后光传输所需要的时间变化量 Δt，由光传输的距离 Δd 与传输时间差 Δt 的变化关系就可以得到光速.

实验中我们不需要得到光实际传输的路程. 假设反射镜移动前光传输的实际路程为 d_k，移动后为 $\Delta d'$. 由于反光镜的移动，光传输路径的变化量为确定值 Δd，它们之间满足以下关系：

$$\Delta d' = \Delta d + d_k \tag{D5.1}$$

同样，我们也不需要得到光传输的精确时间. 假设反射镜移动前光传输所需要的时间为 t_k，移动后为 $\Delta t'$. 在反光镜移动前后，光传输所需要的时间差为 Δt，它们之间满足以下关系：

$$\Delta t' = \Delta t + t_k \tag{D5.2}$$

光实际传输的路程与光实际输出时间满足

$$\Delta d' = c\Delta t', \qquad d_k = ct_k \tag{D5.3}$$

由此可得测量的时间 Δt 与距离 Δd 的关系为

$$\Delta d = c\Delta t \tag{D5.4}$$

从上式可知，只需得到距离改变量 Δd 与时间改变量 Δt，作出 Δt 与 Δd 的关系曲线，曲线的斜率即为光速.

本实验可以通过两种方法测定光速，即：

(1) 斜率法.

移动反射镜改变 Δd，测出不同 Δd 时对应的 Δt，作出 Δt 与 Δd 关系曲线，根据式 (D5.4)，该曲线为一直线，其斜率即为光速.

(2) 波长频率法.

移动反射镜，用示波器观察，使示波器上信号相位改变 π 时反射镜的移动距离为 d，则调制波的波长为

$$\lambda = 2d \tag{D5.5}$$

而调制波的频率 ν 通过信号发生器显示，或通过示波器测量，则光速可由下式得到

$$c = \lambda\nu \tag{D5.6}$$

实验内容

(1) 根据原理图连接仪器，并调节激光器、反射镜、光接收器等到同一高度，打开激光器，细调各器件位置，使激光器发出的光束通过镜面反射后能回射到光接收器的感光部分上，此时示波器上信号最强. 利用信号发生器对激光器进行调制，通过示波器观察接收到的信号，调节示波器到最适合观察的状态.

(2) 斜率法测量及数据处理. 选定零点，记录时间 t_0. 移动反射镜并记录移动距离 d，则光传播的距离变量 $\Delta d = 2d$. 记录时间 t_1，并得到时间差 Δt_1. 改变多组 Δd，记录不同的 Δd_i 对应的时间差 Δt_i. 利用最小二乘法或通过数据处理软件对得到的数据进行线性拟合，得到的曲线斜率即为光速.

(3) 波长频率法测量及数据处理. 记录初始反射镜的位置 d_1，移动反射镜，利用李萨如图形得到相位变化 π 时对应反射镜的位置 d_2，则调制波的波长 $\lambda = 2(d_1 - d_2)$，再根据式 (D5.6)，求出光速.

(4) 实验中得到的光速只是特定频率的光在空气中的传播速度，应乘以在实验环境中该频率的光在空气中的折射率，即为真空中的光速.

注意事项

(1) 实验中应避免直视激光光源发射或反射的激光光束，或采用护视镜保护自己的眼睛免受伤害.

(2) 切忌用手触摸元件的光学镜面.

(3) 利用信号发生器给激光器加调制时，注意应先加载激光器的直流偏置，再加载交流信号，关闭仪器时，顺序则相反.

思考题

(1)在实验中，可能带来误差的有哪些因素，可以通过什么方法来减小误差？

(2)在本实验基础上试设计测量透明介质折射率的方法.

(3)本实验中示波器起到什么作用，可以用什么设备代替？

实验 D6　玻尔兹曼常量的测量

> 半导体 pn 结电流电压关系是半导体器件的基础，也是半导体物理学和电子学的重要内容. 本实验通过测量 pn 结扩散电流与结电压关系，证明此关系遵循玻尔兹曼分布定律，并较精确地测量出玻尔兹曼常量，使学生掌握测量弱电流的一种新方法.

实验目的

(1)测量 pn 结扩散电流与结电压的关系，证明此关系符合玻尔兹曼分布定律.

(2)在不同温度条件下，测量玻尔兹曼常量.

(3)学习用运算放大器组成电流-电压转换电路测量弱电流.

实验仪器

pn 结物理特性测定仪、三极管、保温杯、温度计等.

实验原理

由半导体物理学可知，pn 结的正向电流-电压关系满足

$$I = I_0 \left[\exp\left(\frac{eU}{kT}\right) - 1 \right] \tag{D6.1}$$

式中，I 为通过 pn 结的正向电流，I_0 为不随电压变化的常量，T 为热力学温度，e 为电子的电荷量，U 为 pn 结正向压降. 由于在常温(300 K)时，$kT/e \approx 0.026$ V，而 pn 结正向压降约为十分之几伏，则 $\exp\left(\frac{eU}{kT}\right) \gg 1$，式(D6.1)可简化为

$$I = I_0 \exp(eU/kT) \tag{D6.2}$$

即 pn 结正向电流随电压按指数规律变化. 若测得 pn 结 I-U 关系，则利用式(D6.2)可以求出 e/kT. 在测得温度 T 后就可以得到 e/k 常量，把电子电量作为已知值代入，即可求得玻尔兹曼常量 k.

在实际测量中，二极管的正向 I-U 关系虽然能较好满足指数关系，但求得的常

数 k 往往偏小. 这是因为通过二极管的电流不只是扩散电流，还有其他电流，一般包括三个部分：

(1) 扩散电流，它严格遵循式 (D6.2)；

(2) 耗尽层复合电流，它正比于 $\exp(eU/2kT)$；

(3) 表面电流，它是由 Si 和 SiO_2 界面中的杂质引起的，其值正比于 $\exp(eU/mkT)$，一般 $m>2$.

因此，为了验证式 (D6.2) 及求出准确的 e/k 常量，不宜采用硅二极管，而采用硅三极管接成共基极线路，因为此时集电极与基极短接，集电极电流中仅仅是扩散电流. 复合电流主要在基极出现，测量集电极电流时，可消除复合电流的影响.

选取性能良好的硅三极管，实验中处于较低的正向偏置，这样表面电流影响也完全可以忽略. 实验线路如图 D6.1 所示.

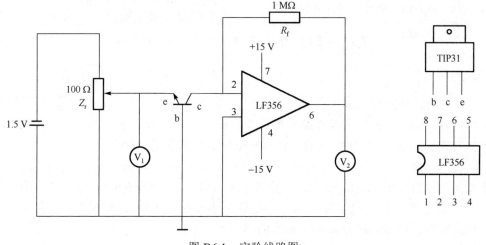

图 D6.1　实验线路图

使用高输入阻抗集成运算放大器组成电流-电压变换器 (弱电流放大器)，其中电阻 Z_r 为电流-电压变换器等效输入阻抗. 由图 D6.2 可知，运算放大器的输出电压 U_o 为

$$U_o = -K_o U_i \tag{D6.3}$$

式中，U_i 为输入电压，K_o 为运算放大器的开环电压增益 (图 D6.1 中电阻 R_f 开路时的电压增益)，所以信号源输入电流只流经反馈网络构成的通路. 因而有

$$I_s = (U_i - U_o)/R_f = U_i(1+K_o)/R_f \tag{D6.4}$$

由式 (D6.4) 可得电流-电压变换器等效输入阻抗 Z_r 为

$$Z_r = U_i/I_s = R_f/(1+K_o) \approx R_f/K_o \tag{D6.5}$$

则电流-电压变换器输入电流 I_s 与输出电压 U_o 之间的关系式为

$$I_{\mathrm{s}} = -\frac{U_{\mathrm{o}}}{K_{\mathrm{o}}}(1+K_{\mathrm{o}})/R_{\mathrm{f}} = -U_{\mathrm{o}}(1+1/K_{\mathrm{o}})/R_{\mathrm{f}} \qquad (\mathrm{D6.6})$$

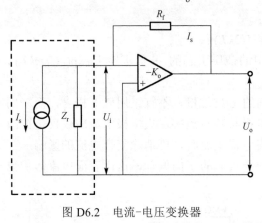

图 D6.2　电流-电压变换器

由式(D6.6)，只要测量输出电压 U_{o} 并已知 R_{f}，即可求得 I_{s}. 下面以高输入阻抗集成运算放大器 LF356 为例来讨论 Z_{r} 和 I_{s} 的大小. 对于 LF356 运放的开环增益 $K_{\mathrm{o}} = 2 \times 10^5$，输入阻抗 $r \approx 10^{12}\ \Omega$. 若取 R_{f} 为 $1.00\ \mathrm{M\Omega}$，则由式(D6.5)可得

$$Z_{\mathrm{r}} = 1.00 \times 10^6\ \Omega/(1+2 \times 10^5) \approx 5\ \Omega$$

若选用四位半量程 200 mV 数字电压表，它最后一位变化为 0.01 mV，那么它能显示最小电流值为

$$(I_{\mathrm{s}})_{\min} = 0.01 \times 10^{-3}\ \mathrm{V}/(1 \times 10^6\ \Omega) = 1 \times 10^{-11}\ \mathrm{A}$$

实验内容

(1)实验线路如图 D6.1 所示. 图中 V_1、V_2 为数字电压表，为保持 pn 结与周围环境一致，把硅三极管浸没在盛有变压器油的试管中，油管下端插在保温杯中，保温杯内放有室温水. 变压器油温度用 0~50 ℃ 的水银温度计测量.

(2)室温情况下，测量三极管发射极(e)与基极(b)之间的电压 U_1 和相应的运算放大器的输出电压 U_2. 常温下 U_1 的值为 0.3~0.42 V，每隔 0.01 V 测一点数据，测十多个数据点，至 U_2 达到饱和时(U_2 变化较小或基本不变)，结束测量. 在记录数据开始和结束时要同时记录变压器油的温度 θ，取温度平均值 $\bar{\theta}$.

(3)改变保温杯内水温，用搅拌器搅拌，使水温与管内油温一致，多次测量 U_1 和 U_2 的关系数据，并与室温测得的结果进行比较(也可在保温杯内放冰屑做实验).

(4)曲线拟合求经验公式. 将实验数据 U_1、U_2 分别作为自变量和因变量，运用最小二乘法，选择某一回归函数进行曲线拟合，得到拟合公式，即 U_1、U_2 满足的函数关系式. 对于每个实验数据 U_1，拟合公式可得到相应的因变量预期值 U_2^*. 该预期值与相应的实验数据 U_2^* 存在偏差，偏差平方和 $S = \sum_{m}^{n}(U_{2i}-U_{2i}^*)^2$ 反映了该回归函数的拟合程度.

数据处理过程中，选择三种基本类型回归函数，即线性函数、指数函数和乘幂函数，分别进行拟合. 用差平方和 S 最小的拟合公式作为 U_2–U_1 的经验公式.

(5)从实验原理可得近似公式 $e/k = bT$，式中，e 为电子电量，k 为玻尔兹曼常量，b 为求得值，T 为热力学温度. 将电子电量 e 作为标准值代入，即可求出玻尔兹曼常量.

注意事项

(1) 数据处理时, 应将扩散电流太小 (起始状态) 及扩散电流接近或达到饱和时的数据删去, 因为这些数据可能偏离式 (D6.2).

(2) 改变温度进行测量时, 只有当所加温度与三极管温度处于相同状态时 (即处于热平衡), 才能记录 U_1 和 U_2 数据.

思考题

(1) 玻尔兹曼常量还可用什么方法测得? 试简述其实验原理.

(2) 试估计出式 (D6.1) 中第二项不能忽略时的温度 T, 温度极高时本实验方法是否仍然有效?

　　提示　运用线性回归处理乘幂函数和指数函数的方法.

　　① 对乘幂函数 $U_2 = aU_1^b$ 两边取对数得

$$\ln U_2 = b\ln U_1 + \ln a$$

把 $\ln U_2$ 看作因变量 y, b 看作系数 k, $\ln U_1$ 看作自变量 x, $\ln a$ 看作常数 c, 则可变换为 $y = kx + c$, 这时就可以用线性回归的最小二乘法来解题了.

　　② 对指数函数 $U_2 = a\exp(bU_1)$ 两边取对数得

$$\ln U_2 = bU_1 + \ln a$$

也可转换为 $y = kx + c$ 的形式.

实验 D7　普朗克常量的测量

　　量子理论的建立和发展是 20 世纪物理学最重大的进展之一. 它起源于 20 世纪初对黑体辐射问题的研究. 1900 年, 普朗克为了解释黑体辐射的能量分布问题引入了能量子的概念和一个普适常量——普朗克常量, 为量子理论奠定了基础, 1918 年普朗克为此获得了诺贝尔物理学奖. 普朗克常量被认为是量子领域的标志, 是连接量子力学与经典力学的桥梁.

　　1887 年, 德国物理学家赫兹 (Hertz) 在用莱顿瓶放电实验证实电磁波存在时发现了光电效应现象. 随后, 人们进行了大量实验研究并总结了四条实验规律, 但都无法用经典的电磁波理论加以解释. 1905 年, 爱因斯坦进一步发展了普朗克理论, 提出了光量子概念, 成功解释了光电效应的实验现象, 建立了著名的爱因斯坦光电方程, 并因此获得了 1921 年诺贝尔物理学奖.

　　1915 年, 美国物理学家密立根用精密的实验验证了爱因斯坦光电效应理论的正确性, 并测量了普朗克常量. 利用光电效应测定普朗克常量是物理史上关键性的实验之一.

实验目的

(1)通过实验观察和分析，加深对光电效应和光的量子性的理解.

(2)了解光的量子理论和波动理论对光电效应的解释.

(3)学习用光电效应测定普朗克常量.

实验仪器

数字万用表、h/e 测量系统(包括光电管、汞灯、光栅、滤波片、衰减片及光学支架).

实验原理

1. 光电效应的实验规律

研究光电效应的实验装置如图 D7.1 所示. 当单色光入射到真空光电管中的阴极 K 时，阴极上会有光电子逸出. 部分光电子会飞向阳极 A，形成电路中的电流，称为光电流. 通过改变外加电场的大小和方向，以及选择不同频率的单色光入射，得到光电效应的实验规律.

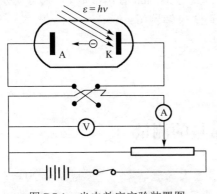

图 D7.1　光电效应实验装置图

(1)光电效应的发生只与入射光频率有关，而与入射光的强度无关；对于给定的材料，存在一个截止频率，入射光低于截止频率时，不会发生光电效应.

(2)逸出光电子数与入射光强成正比.

(3)光电子最大初动能随入射光频率增加而增加，与入射光强无关.

(4)光电效应是瞬时发生的，且与入射光强度无关.

经典波动理论认为，入射光的能量只与光的强度有关，且通过受迫振动方式传播. 在光照射下，金属中的电子受到入射光振动的作用而受迫振动，从而吸收光的能量逸出金属表面. 因此，电子逸出的初动能和所需要的时间都取决于入射光的强度，而与光的频率无关. 因此，在解释光电效应及其规律时，经典理论遇到了无法克服的困难.

1905 年，爱因斯坦提出光量子理论，成功解释了光电效应：光不仅在发射和吸收过程中具有粒子性，在空间传播时也具有粒子性，这些光粒子称为光量子或光子. 单个光子的能量为 $\varepsilon = h\nu$，其中 h 为普朗克常量，ν 为光频率. 根据光量子理论，光入射金属表面时，一个光子的能量通过碰撞立即被一个电子吸收，只要电子吸收的光子能量足以克服金属对电子的束缚能(即功函数，又称为逸出功)，即可瞬间发生光电效应现象，且光电效应只与入射光频率有关. 爱因斯坦根据光量子论和能量转化与守恒定律，给出了逸出电子的最大初动能与入射光频率和金属逸出功函数的关系

$$E_{kmax} = h\upsilon - W_0 \tag{D7.1}$$

即爱因斯坦光电效应方程.

2. 普朗克常量的测量

根据爱因斯坦光电效应方程(D7.1)和截止电压与最大初动能的关系 $eU_0 = E_{kmax}$，可得到截止电压与入射光频率的线性关系

$$U_0 = \frac{h}{e}\nu - \frac{W_0}{e} \tag{D7.2}$$

显然，若选择不同单色光入射，测量相应的截止电压，即可得到两者的线性关系，由斜率和截距可得到普朗克常量和金属的功函数.

1)伏安特性法

如图 D7.1 所示，光电管外电路连通，并在 AK 间加上可调节的反向电压. 单色光入射真空光电管阴极 K，使其逸出光电子. 一部分光电子克服反向电压飞行到达阳极 A，在线路中形成光电流. 显然，光电流会随着反向电压的增大而减小，在理想情况下，当反向电压增至截止电压时，光电流为零. 因此，可以通过测量光电流为零，得到截止电压.

单色光入射阴极时，微弱的光会被反射到阳极上，使得阳极也产生光电效应，逸出光电子. 这些电子会飞向阴极，从而形成电流，称之为阳极电流. 因此，测量得到的伏安特性曲线是阴极电流和阳极电流特性的叠加. 所以，伏安特性曲线的零电流点只是阴极 K 的截止电压的近似.

实际上，由于存在暗电流(无光照射时，阴极 K 的热辐射产生电子)和本底电流(环境中背景光照射产生的辐射)的影响，不能直接测量电流为零时的电压作为截止电压，而需要分别测量有无单色光照射时的光电管的伏安特性曲线，由两者的交点确定截止电压 U_0.

2)直接测量法

如图 D7.2 所示，单色光入射真空光电管阴极 K，使其逸出光电子. 一部分光电子飞行到达阳极 A 并使阳极带负电，进而在 AK 间形成反向电压；另一部分光电子克服反向电压扩散到阳极，因此阳极的电子不断聚积，反向电

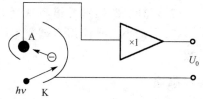

图 D7.2　直接法测截止电压原理图

压也不断增大. 当反向电压增大到截止电压时，具有最大初动能的电子也无法克服电势而到达阳极，此时，AK 间电压达到稳定，其稳定的电压即为阴极 K 的截止电压 U_0. 截止电压 U_0 通过极高阻抗、单位增益的放大器直接测量.

实验内容

本实验选用直接测量截止电压法测量普朗克常量. 测量系统包括光电管、汞灯、光栅等器件, 测量装置如图 D7.3 所示. 该系统的设计将光电管的阳极辐射控制到最小, 并通过一个极高阻抗(10^{12} Ω)、单位增益的有源放大器实现截止电压的直接测量, 进而测定普朗克常量, 其测量精度高(<5%)且操作简单(无需测伏安特性曲线).

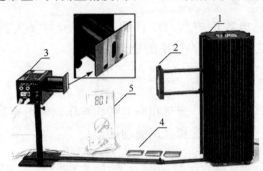

图 D7.3　普朗克常量测量装置图
1. 汞灯; 2. 衍射光栅; 3. 光电头; 4. 滤光片、衰减片; 5. 万用表

1. 光的波动理论与量子理论的比较

对于光电效应的解释, 光的波动理论和量子理论的核心之争是光电效应取决于光的强度还是光的频率. 从汞灯的衍射光谱中选择两种单色光分别入射光电管, 通过可调衰减片控制入射光的强度, 测量入射光强度对截止电压的影响. 同时, 可比较同一入射强度下光频率对截止电压的影响. 通过测量结果定量分析和验证两种理论对光电效应的正确性.

2. 普朗克常量的测量

(1) 依次选择汞灯一级衍射光谱中的不同单色光入射光电管, 测量相应的截止电压.

(2) 选择二级衍射光谱, 重复上述步骤.

(3) 用最小二乘法拟合截止电压和入射光频率的线性关系, 计算普朗克常量和功函数.

注意事项

(1) 单色光由汞灯的光栅衍射得到, 汞灯需预热 5 min.

(2) 光电头中高阻抗、单位增益的放大器正常工作电压不能低于 6 V, 因此测量前应先检测电池电压.

(3) 调节光栅透镜组的位置, 保证衍射光谱清晰、明锐.

(4)测量过程中应保证单色光正入射光电管.

(5)相邻衍射光谱会出现重叠,例如,二级衍射光谱的高频光(紫外)会与一级衍射光谱的低频光(黄光、绿光)重合. 因此, 选择黄光或绿光入射时, 必须使用相应的滤光片, 滤除紫外光的影响.

(6)每次测量截止电压时, 应先归零, 即按光电头面板的 Zero 键.

(7)光学元件(衰减片、滤光片、光栅等)应保持清洁, 不得用手触摸表面.

思考题

(1)试用光量子论解释光电效应的实验规律.

(2)如何通过本实验涉及的光学现象说明光的波粒二象性?

(3)滤光片的作用和原理是什么?

参 考 文 献

[1] 王希义, 李寿岭. 物理实验. 西安: 陕西科学技术出版社, 1993.

[2] 谢行恕, 康士秀, 霍剑青. 大学物理实验(第二册). 北京: 高等教育出版社, 2000.

[3] 吴思诚, 王祖铨. 近代物理实验. 2 版. 北京: 北京大学出版社, 1995.

[4] 陈水桥, 刘万生, 陈洪山. 调制法测量光速. 物理实验, 2004, 24(10): 6-8.

[5] 李允中, 董孝义, 等. 现代光学实验. 天津: 南开大学出版社, 1991.

[6] 浦天舒, 郭英, 等. 大学物理实验. 北京: 清华大学出版社, 2011.

[7] 潘元胜, 冯壁华, 等. 大学物理实验. 南京:南京大学出版社, 2004.

[8] 沈乃澂. 基本物理常数概述及牛顿引力常数的测量. 物理, 2014, 43(6): 388-393.

科学素养培养专题

他山之"石"，可以攻"玉"

人类对电的认识可以追溯到公元前 6 世纪，希腊哲学家泰勒斯发现并记载了摩擦过的琥珀能吸引轻小物体. 我国东汉时期王充在《论衡》中也提到类似的"顿牟掇芥"问题. 此后，"同种电荷相排斥，异种电荷相吸引"、电池"伏打电堆"、"带正电的粒子围绕负电中心旋转"、"安培定则"、"电磁感应"等现象相继被科学家发现. 1897 年，英国物理学家汤姆孙历时 7 年，通过阴极射线在电场和磁场中的偏转情况，证明了电子的存在，并测量了电子荷质比. 但是，电子是微观粒子，所带电荷量极其微小，准确测量电子的电荷非常困难. 科学家进行了各种尝试，汤姆孙在剑桥大学的卡文迪许实验室利用威尔逊云室测得电子电荷值为 1.03×10^{-19} C，比现在公认值小 35%. 威尔逊利用自己发明的云室，得到的结果为 $0.67 \times 10^{-19} \sim 1.47 \times 10^{-19}$ C，平均值与汤姆孙所测结果相似，误差较大.

1. 实验探索

1909 年，密立根和他的学生开始测定电子电荷量. 起初，他们借鉴威尔逊实验方式测量荷电水蒸气云在引力作用和电场修正下的下降速率，并用斯托克斯黏性定律计算云雾质量，就可算出离子电荷. 在实验中，云雾表面的蒸发对下降速率测量有很大干扰，并且当加上强电场时，云雾消失，只留下少数水滴缓慢运动. 密立根很快认识到，测量这些遗留下的单个水滴的电子电荷要精确得多，于是他设计了单个水滴在电场和重力场运动下的方法. 但是，水滴的测量仍存在固有误差和不确定性，其蒸发使测定时间无法超过 1 min，难以确保其运动环境稳定，难以保证施加电场充分均匀. 最后，他们用挥发性较低的油滴代替水滴，将测量时间延伸到 4、5 个小时，摆脱了上述所有局限，最终形成一套巧妙、完整的测量方法，不仅能精确测量基本电荷量，验证了物体所带电荷的量子性，并且为研究电离作用提供了全新方法. 物理学家加尔斯特评价"对单位电荷的精确求值是对物理学不可估量的贡献，它能使我们以较高的精度计算大量最重要的物理常量". 密立根也在 1923 年登上了诺贝尔物理学奖的领奖台.

2. 转化思想

实验测量中，大多物理量尤其是微小、微观量是无法直接测量的，需要转化成其他可直接测量的物理量. 根据物理规律，建立合理、有效的方程是转化的根本. 在用光杠杆放大法测金属丝杨氏模量中，根据光的反射原理及几何关系建立方程，将金属丝微小形变的测量转化成尺度较大的位移测量. 用单摆法测重力加速度，通过单摆运动规律建立方程，将重力加速度的测量转化成摆长和周期的测量．在基本电荷量的测量中，该如何实现转化？密立根巧妙结合最基本的电学及力学，寻找两个平衡态，搭建两个方程，从而实现了基本电荷量从微观量测量到油滴质量微小量和电压测量的转化，实现了从质量微小量到下降时间测量的转化．这种开创性的转化设计为微观量的测量提供了新思路，是物理实验的典范，人们用类似的方法还测定了基本粒子夸克的电量．

3. 不端疑云

除了其伟大成就，密立根油滴实验结果也备受争议．首先是论文署名争议．改用油滴做实验是由密立根的学生弗雷彻提出并首先获得了一个比较靠谱的基本电荷数据，但论文中却只有密立根独立署名．其次是数据存在修饰争议．密立根在 1913 年发表的论文依据的是 140 次观察，然而他把其中 49 次观察的数据舍弃，只根据他认为较好的 91 次观察数据进行计算，在论文中却声称该论文"代表了所有的油滴实验"．如果密立根把所有的观察数据都包括进去，虽然不会影响结果，但是会加大误差．最后一个争议让科学家们惭愧脸红．密立根测得的是一个偏小的值，之后物理学家测定的基本电荷数值随着时间的推移在不断增大，每次只增大一点点．为什么他们没有在一开始就发现新数值较高？很多人的做事方式是：当他们获得一个比密立根数值更高的结果时，认为一定是哪里出了错，然后拼命寻找导致实验有误的原因．另外，当获得的结果跟密立根的相仿时，便不会那么用心去检讨，因此排除了所谓相差太大的资料，不予考虑．这被物理学家费曼当作科学家自我欺骗的例子．

电子电荷是最基本的物理常量之一，是现代物理学一块重要基石，它的准确测量意义深远，虽然在某些问题上引发争议，但就密立根油滴实验精巧设计、转化思路及其贡献本身来讲极具开创性，在近代物理学的发展史上具有里程碑意义，是世界十大美丽实验之一．

第 7 章

电磁学专题实验

电磁测量是物理实验中非常重要的基础内容之一，在生产、生活和科学实验中有着广泛的应用. 随着科学技术的发展，电磁测量仪器的发展也很快，从早期的指针式仪表发展到数字化仪器，仪器的灵敏度和精确度有了很大的提高. 尽管如此，现代测量技术的基础仍然是电磁学的基本原理. 本部分内容包括直流电测量中检流计、电桥、电势差计的应用及磁测量的基本方法等. 通过这部分实验的学习，我们可以掌握电磁测量的基本仪器、仪表和实验方法，了解电磁测量方法在实际工作中的应用.

实验 E1　电阻的测量

Ⅰ　惠斯通电桥法

惠斯通电桥法测量电阻具有精度高、便于计算的优点，但线路连接稍显复杂. 相比之下，采用数字技术测量电阻更为便捷. 伏安法根据欧姆定律设计简单的电路即可对电阻进行测量，考虑到电表具有内阻，根据待测电阻和电表内阻的相对阻值，电流表可有内接和外接两种连接方式. 比较法则根据串联电路中电压比等于电阻比这一事实，通过测量待测电阻和标准电阻的电压即可计算出待测电阻阻值. 通过本实验，学生不仅应掌握测量电阻的各种方法，并应对这些方法的优缺点和适用性进行归纳总结.

实验目的

(1) 了解惠斯通电桥的构造和测量原理.

(2) 掌握用惠斯通电桥法测电阻的方法.

(3) 了解电桥灵敏度的概念及其对电桥测量准确度的影响.

实验仪器

滑线式电桥、箱式电桥、检流计、电阻箱、滑动变阻器、待测电阻、电源、开关等.

实验原理

1. 惠斯通电桥的测量原理

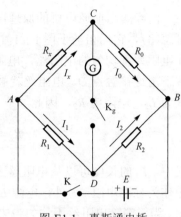

图 E1.1　惠斯通电桥

如图 E1.1 所示，由标准电阻 R_0、R_1、R_2 和待测电阻 R_x 组成一个四边形，每一条边称为电桥的一个臂，在对角 A、B 之间接电源 E，对角 C、D 之间接入检流计 G. 适当调节 R_0、R_1、R_2 阻值，使检流计 G 中无电流流过，即 C、D 两点等电势，电桥的这种状态称为平衡状态，电桥的平衡条件为

$$R_x = \frac{R_1}{R_2} R_0 = K R_0 \tag{E1.1}$$

其中，比例系数 K 称为比率或倍率，通常将 R_1、R_2 称为比率臂，将 R_0 称为比较臂.

由此可见：只要知道电桥平衡时 R_0 和 R_1/R_2 的值即可求得 R_x. 所测阻值 R_x 的准确度仅由 R_0、R_1、R_2 的准确度决定.

2. 电桥的灵敏度

式 (E1.1) 是在电桥平衡的条件下推导出来的，而电桥是否达到了真正的平衡状态，是由检流计指针是否有可觉察的偏转来判断的. 检流计的灵敏度是有限的，当指针的偏转小于 0.1 格时，人眼就很难觉察出来. 在电桥平衡时，设某一桥臂的电阻是 R，若把 R 改变一个微小量 ΔR，电桥就会失去平衡，从而就会有电流流过检流计，如果此电流很小以至于未能察觉出检流计指针的偏转，我们就会误认为电桥仍然处于平衡状态. 为了定量表示检流计的误差，引入电桥灵敏度的概念，它定义为

$$S = \frac{\Delta n}{\Delta R / R} \tag{E1.2}$$

式中，ΔR 是电桥平衡后比较臂电阻 R 的微小改变量，Δn 是相应的检流计偏离平衡位置的格数，所以 S 表示电桥对桥臂电阻相对不平衡值 $\Delta R/R$ 的反应能力.

电桥灵敏度 S 的单位是"格"，S 越大，在 R 的基础上改变 ΔR 后引起的检流计偏转格数就越大，电桥越灵敏，测量误差就越小. 如 $S=100$ 格，表示当 R 改变 1% 时检流计有 1 格的偏转.

选用灵敏度高、内阻低的检流计，适当调高电源电压、减小桥臂电阻，尽量把桥臂配制成均匀状态，有利于提高电桥的灵敏度.

3. 滑线式惠斯通电桥

滑线式惠斯通电桥的原理图见图 E1.2. A、B、C 是装有接线柱的厚铜片(其电阻可忽略)，它们相当于图 E1.1 中的 A、B、C 三点. A、B 间用一根长度为 L，截面积和电阻率都均匀的电阻丝，电阻丝上装有接线柱的滑键相当于图 E1.1 中的 D 点，按下滑键接触点 D，电阻丝就被分成两段，AD 段的长度为 L_1，电阻为 R_1，DB 的长度为 L_2，电阻为 R_2，因此

$$R_x = \frac{R_1}{R_2} R_0 = \frac{L_1}{L_2} R_0 = \frac{L_1}{L - L_1} R_0 \tag{E1.3}$$

式中，L_1 的长度可以从电阻丝下面所附的米尺上读出，R_0 用一个十进制转盘式电阻箱作为标准电阻. 另外，电源 E 串联了一个滑线变阻器 R_E，对电路起保护、调节作用. 为了消除电阻丝不均匀带来的误差，可用交换 R_0 与 R_x 的位置重新测量的方法来解决. 也就是在测定 R_x 之后，保持 R_1、R_2 不变(即 D 点的位置不变)，将 R_0 与 R_x 的位置对调，再调节 R_0 为 R_0'，使电桥达到平衡，则有

$$R_x = \frac{R_2}{R_1} R_0' = \frac{L_2}{L_1} R_0' = \frac{L - L_1}{L_1} R_0' \tag{E1.4}$$

所以

$$R_x = \sqrt{R_0 R_0'} \tag{E1.5}$$

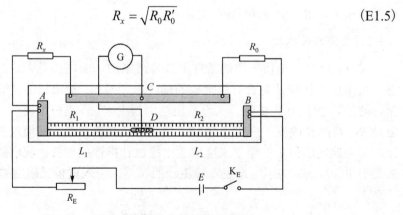

图 E1.2　滑线式惠斯通电桥构造示意图

从式(E1.5)可知，R_x 与 R_1、R_2(或 L_1、L_2)无关，仅决定于 R_0 的准确度. 可以证明当 $K = R_1/R_2 = 1$ 时，电桥的灵敏度最高，由于灵敏度限制而引起的误差最小. 显然我们应尽量在此最佳条件下测量. 为此测量时可先将 D 点放在电阻丝的中点，改变 R_0 的值，使电桥尽量接近平衡，然后再微调 D 点的位置即可使电桥达到平衡.

4. 箱式惠斯通电桥

如果将图 E1.1 中的三只电阻(R_0、R_1、R_2)、检流计、电源开关等全部器件封装

在一个箱子里，就组成了使用方便且便于携带的箱式电桥. 本实验用 QJ23 型直流电桥，其原理图如图 E1.3 所示，面板布置如图 E1.4 所示.

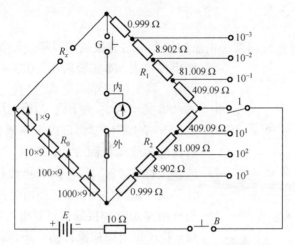

图 E1.3　QJ23 型直流电桥原理线路图

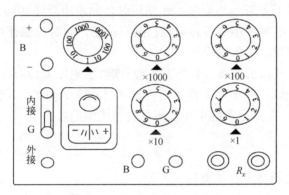

图 E1.4　QJ23 型电桥面板图

在面板的左上方是比例臂旋钮（量程变换器），比例臂 R_1、R_2 由 8 个定位电阻串联而成，旋转调节旋钮，可以使比例系数 K 从 0.001 改变到 1000，共 7 个挡. 在不同的倍率挡，电阻值的测量范围和准确度不同，如表 E1.1 所示.

表 E1.1　不同倍率挡的测量范围与相对不确定度

倍率 K	0.001	0.01	0.1	1	10	100	1000
范围/Ω	<9.999	<99.99	<999.9	<9999	<99.99 k	<999.9 k	9.999 M
相对不确定度	2%	0.5%	0.2%		0.5%		2%

面板右边是作为比较臂的标准电阻 R_0，它由 4 个十进位电阻器转盘组成，最大阻值为 9999 Ω. 检流计安装在比率臂下方，其上有调零旋钮；将待测电阻接在 R_x

两接线柱之间；"B"是电源的按钮开关，"G"是检流计的按钮开关；使用箱内电源和检流计时应将"外接"短路；当电桥平衡时，待测电阻由式(E1.1)计算可得.

5. 检流计

检流计是一种可检测微小电流的仪器，它有很高的灵敏度，在精密测量中常用作指零仪表. 本实验所用 AC5/4 型直流指针式检流计，属于便携型磁电式结构，需水平放置，其电流灵敏度不大于 $4×10^{-7}$ A/格. 其上装有零位调节器，当指针不指零时可以方便地调回零位. 检流计的内部接线图如图 E1.5 所示. 为了使用方便，检流计上标有"+""–"两个接线柱，另外还有"电计"及"短路"按钮. 在使用过程中如需将检流计与外电路短时间接通，只要将"电计"按钮按下即可. 若在使用中检流计指针不停地摆动，将"短路"按钮按下，指针便立刻停止摆动.

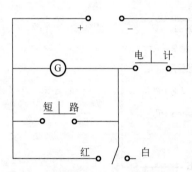

图 E1.5　检流计的内部接线图

在零位调节器下方有一小旋钮，在使用时，须将小旋钮转向白色圆点位置. 检流计使用完毕后，必须将小旋钮转向红色圆点位置，此时检流计线圈短路，可以防止可动部分因机械振动引起的损坏.

随着现代电子技术的发展，数字万用表(或数字电压表)具有比检流计更高的灵敏度和性价比，因此，在实际工作中，检流计已被逐渐淘汰. 本实验中检流计仅作为电流"示零器"，重点是掌握电桥法测量灵敏电阻的技术.

实验内容

1. 用滑线式惠斯通电桥测电阻

(1) 了解滑线式惠斯通电桥结构及用法.

(2) 按图 E1.2 接好线路，选取电阻箱的电阻值 R_0，使之接近待测电阻 R_x 的估计值.

(3) 选择合适的 D 点，调整 R_0 的阻值，调整电桥处于平衡状态，记录 R_0 和 L_1.

(4) 保持滑键接触点 D 的位置不变，将待测电阻 R_x 和电阻箱 R_0 的位置互换，重复上述步骤，记录 R_0'，计算待测电阻 R_x 阻值(若两次测量的 R_0 相差太大，必须找出误差原因，并修正).

(5) 测量电桥的灵敏度，在电桥平衡后将 R_0 改变 ΔR，记录检流计指针偏离的格数 Δn，计算电桥的灵敏度 S.

(6) 换一个待测电阻，重复上述步骤.

(7) 计算待测电阻的绝对不确定度，并表示出测量结果.

2. 用箱式电桥测电阻

(1)根据待测电阻 R_x 的估计值，确定倍率 K，使 R_0 阻值与倍率 K 的乘积接近 R_x 的估计值.

(2)按下"B""G"按键，观察检流计指针偏转程度，并逐个调节比较臂的千、百、十、个位读数旋钮，直到检流计准确指零为止.

(3)记录 R_0(比较臂四个转盘电阻之和)与倍率 K 的值，求出待测电阻 R_x 值，并由表 E1.1 给出测量不确定度.

(4)换另一个待测电阻，仿照上述步骤再次测量.

注意事项

(1)实验过程中为了保护检流计，应特别注意"先粗调，后细调".

(2)"电计"按钮按下后应立即松开.

思考题

(1)当电桥达到平衡后，若互换电源与检流计的位置，电桥是否仍保持平衡？为什么？

(2)如果取桥臂电阻 $R_1=R_2$，R_0 从零调节到最大，检流计指针始终偏在零点的一侧，这说明什么问题？应做怎样的调整，才能使电桥达到平衡？

(3)电桥的灵敏度与哪些因素有关？在实验中有哪些事实可以证明？

II　比较法测量直流电阻

在测量技术快速发展的今天，如何采用数字技术测量电阻是一个值得研究的课题. 本实验借助数字电压表，采用了一种比一般电桥法更直观的比较测量方法(电压比等于电阻比)，可以更简捷、更准确地测量电阻.

比较法测量直流电阻

实验目的

(1)用伏安法测量被测电阻，并研究表头内阻对测量准确度的影响.

(2)用直接比较法(电阻比等于电压比)测量不同的未知电阻，计算不确定度.

实验仪器

赛电桥综合实验仪、四位半数字万用表、螺旋测微器和游标卡尺(>200 mm).

实验原理

1. 伏安法测量电阻的原理

1)实验线路的比较和选择

当电流表内阻为 0，电压表内阻无穷大时，测试电路图 E1.6、图E1.7 的测量不确定度是相同的.

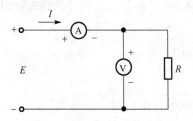
图 E1.6　电流表外接测量电路

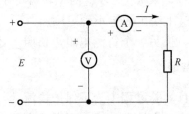
图 E1.7　电流表内接测量电路

被测电阻为 $R = \dfrac{V}{I}$.

实际的电流表具有一定的内阻，记为 R_I；电压表也具有一定的内阻，记为 R_V. 因为 R_I 和 R_V 的存在，如果简单地用公式 $R = \dfrac{V}{I}$ 计算电阻器电阻值，必然带来附加测量误差. 为了减少这种附加误差，测量电路可以粗略地按下述方法选择.

比较 $\lg(R/R_I)$ 和 $\lg(R_V/R)$ 的大小，比较时 R 取粗测值或已知的约值. 若前者大则选电流表内接法，若后者大则选电流表外接法(选择原则 1).

如果要得到测量准确值，就必须按(E1.6)、(E1.7)两式进行修正，即电流表内接测量时

$$R = \frac{V}{I} - R_I \tag{E1.6}$$

电流表外接测量时

$$\frac{1}{R} = \frac{I}{V} - \frac{1}{R_V} \tag{E1.7}$$

式中，R 为被测电阻阻值，单位为 Ω；V 为电压表读数值，单位为 V；I 为电流表读数值，单位为 A；R_I 为电流表内阻值，单位为 Ω；R_V 为电压表内阻值，单位为 Ω.

2)基本误差限与不确定度

实验使用的数字电压表和电流表的量程和准确度等级一定时，可以估算出 U_V、U_I，再用简化公式 $R = \dfrac{V}{I} - R_I$ 计算其相对不确定度

$$\frac{U_R}{R} = \sqrt{\left(\frac{U_V}{V}\right)^2 + \left(\frac{U_I}{I}\right)^2} \tag{E1.8}$$

式中，U_R 表示测量 R 的不确定度，并非 R 的电压值.

可见要使测量的准确度高，应选择线路的参数使数字表的读数尽可能接近满量程(选择原则 2)，因为这时的 V、I 值大，U_R/R 就会小些.

当数字电压表、电流表的内阻值 R_V、R_I 及其不确定度大小 U_{R_I}、U_{R_V} 已知时，可用式(E1.6)和式(E1.7)更准确地求得 R 的值，相对不确定度由下式求出：

电流表内接时

$$\frac{U_R}{R} = \sqrt{\left(\frac{U_V}{V}\right)^2 + \left(\frac{U_I}{I}\right)^2 + \left(\frac{U_{R_I}}{R_I}\right)^2 \left(\frac{R_I}{V/I}\right)^2} \Bigg/ \left(1 - \frac{R_I}{V/I}\right) \tag{E1.9}$$

电流表外接时

$$\frac{U_R}{R} = \sqrt{\left(\frac{U_V}{V}\right)^2 + \left(\frac{U_I}{I}\right)^2 + \left(\frac{U_{R_V}}{R_V}\right)^2 \left(\frac{V/I}{R_V}\right)^2} \Bigg/ \left(1 - \frac{V/I}{R_V}\right) \tag{E1.10}$$

由此可知，由式(E1.6)和式(E1.7)得到电阻值 R 时，线路方案和参数的选择应使 U_R/R 尽可能最小(选择原则 3).

2. 比较法测量电阻

1)比较法测量电阻的原理

随着现代数字技术的发展基础，可以采用更为简洁直观的直接(直读)比较测量方法，电路原理简图如图 E1.8 所示. 图中 E 是电动势为 E 的稳压电源，电源等效内阻为 $r_E(r_E$ 中包括外电路的引线电阻)；被测对象为 R_X；比较测量用标准电阻为 R_N；等效内阻为 r_V 的数字电压表 V 通过开关可以分别测量 R_N 与 R_X 上的电压 V_N 和 V_X. $r_V \to \infty$ 时可得

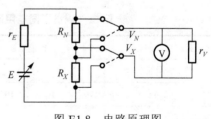

图 E1.8　电路原理图

$$R_X = \frac{V_X}{V_N} R_N \tag{E1.11}$$

当电压表内阻较小时上式似乎不能成立，但实际上忽略 r_E 时上式是恒等式.有兴趣的同学可以在预习时自行证明.

在忽略式(E1.11)原理误差的前提下，可得 R_X 的相对不确定度为

$$\frac{U_{RX}}{R_X} = \sqrt{\left(\frac{U_{RN}}{R_N}\right)^2 + \left(\frac{U_{VX}}{V_X}\right)^2 + \left(\frac{V_{VN}}{V_N}\right)^2} \tag{E1.12}$$

式中, U_{RN} 是标准电阻 R_N 的不确定度. 由于是短时间间隔内的比较测量, U_{VN} 和 U_{VX} 不需按数字表直接测量时的不确定度计算, 而可代之以非线性残差限 $U_{\text{inl, min}}$, 或直接用 $U_{\text{rel, inl}}$ 当作式(E1.12)中的相对不确定度值. **这样做的优点是: 数字表的非线性残差限明显小于不确定度.** 当标准电阻的准确度较高即 U_{RN}/R_N 较小时, R_X 的测量结果的准确度也较高.

另外, 这种测量方法即使电压单位被读错, 仍不影响电压比; 即使电压表的不确定度较大, 只要非线性(相对)残差限较小, 测量结果仍较准确.

2) 实现方式

本实验所采用的测量设备由以下各部分组成:

(1) $1 \sim 19$ V 超低准静态内阻的可调直流稳压电源, 用两个多圈电位器作粗调、细调, 输出电流大于 10 mA, 可用于测量几十欧姆以上的电阻;

(2) $0 \sim 1$ V 电压源, 最大电流 5 A, 用于测量几十欧姆以下的低值电阻;

(3) $0 \sim 10$ mA 输出的电流源, 开路电压 19 V, 可用于测量各类电阻响应式传感器, 或者替代非平衡电桥进行相应的实验;

(4) 比较测量电路, 包括标准电阻 R_N 和转换开关. R_N 由 11 挡标称值为 10^K 的高准确度标准电阻组成. 对于低值电阻、中值电阻和高值电阻三种不同的被测对象, 标准电阻 R_N 采用不同的值, 如表 E1.2 所示. 在测量低值电阻时, 须严格运用四端接法, 实验装置在面板上有电压端、电流端的不同端钮.

表 E1.2　测量不同电阻时, 标准电阻 R_N 及电源、量程等的选择

被测电阻的范围		低值电阻				中值电阻				高值电阻	
类似的电桥仪器		QJ44				QJ23				QJ36	
R_N/Ω		10^{-2}	10^{-1}	10^0	10^1	10^2	10^3	10^4	10^5	10^6	10^7
测量范围	方法 1	$0.199R_N \sim 1.99 R_N$									
	方法 2	$0.316 R_N \sim 3.16 R_N$　　($\sqrt{10} \approx 3.16$)									
电源选择		低电压, $0.02 \sim 1$ V				$1.0 \sim 19$ V 连续可调					
		大电流, $0 \sim 5$ A				不大于 30 mA					
电压表量程/V		0.19999				1.9999					
电压表的属性	量程/V	0.19999				1.9999 (并联 r_{par} 再串联 r_{ser} 之后)					
	总等效内阻 r_V/kΩ	30				300				3000	

（5）多量程数字电压表，由数字电压表、并联防漂电阻 r_{par}、串联定值电阻 r_{ser} 等构成，共有 4 个量程：0.2 V（>10 MΩ）、0.2 V（30 kΩ）、2 V（300 kΩ）、2 V（3 MΩ），可用于测量电压，又可研究内阻对测量的影响.

（6）被测低值电阻，由一根均匀金属丝和接线端钮组成.

3）具体测量方式

可以根据需要采用以下两种形式.

（1）调电压使 V_N 为额定值的"直读"式测量步骤.

"直读"式测量时，被测量等于读数值乘以 10^K，方法如下：

①电源电压，使 V_N 为 0.10000 V、1.0000 V 等额定值；

②V_X 直接读出后，根据式（E1.11）可知，$R_X=V_X×10^K$，这里指数 K 为与量程有关的整数；

（2）用 $R_X=R_N V_X/V_N$ 计算的"满量程"式测量步骤.

为减小 R_X 的不确定度 U_{RX}，在知道 R_X 的约值后，根据 $0.316R_N≤R_X≤3.16R_N$ 来选取测量范围. 方法如下：

①调节电源电压，使 R_X 和 R_N 中阻值大的一个电阻上的电压接近满量程；

②再测量另一较小电阻上的电压，最后可得 $R_X=R_N V_X/V_N$.

按照这样的操作步骤，测量结果要靠计算求出，不如前述方法方便，但是由于 V_X 和 V_N 都比较大，可使式（E1.12）的根式中的分母增大而使不确定度有所减小.

*3. 利用直流恒流源替代非平衡电桥测量连续变化的电阻量

非平衡电桥的原理是：利用电桥不平衡时输出的电压与被测电阻的函数关系，通过测量桥路输出电压来测量连续变化的被测电阻量.

用非平衡电桥测量连续变化的电阻量比较复杂，且输入与输出存在非线性.

用比较法的思路，能够将非平衡电桥测量连续变化的电阻量这种比较复杂的方法，回归到简单测量的方法上来，并且输入量与输出量呈线性关系.

只要将电压源改成恒流源，被测电阻接到 R_X 端，选择合适的标准电阻和恒流源的电流大小，获得合适的 V_N、V_X 值，测量 V_X 即可实时测量得到 R_X，从而进一步求得被测物理量.

实验内容

1. 用伏安法测量未知电阻

进行本实验时，需要另行配置一个四位半的数字万用表，选择其电压挡，并联一个合适的标准电阻，改装成电流表使用.

实验仪器自有的四位半数字电压表用于测量电压. 它的特点是具有 2 个量程，每个量程又有 2 种不同的内阻，这样可以用不同内阻的表头来测量，并比较内阻对测量结果的影响.

1)测量一个数十欧姆的电阻

根据被测电阻的大小,按选择原则 1 选择电流表的接法,按选择原则 2 和 3 选择线路参数,并选择合适的工作电源及电压表、电流表的量程.

换用相同量程但不同内阻的电压表进行测量.

2)测量一个上千欧姆的电阻

根据被测电阻的大小,按选择原则 1 选择电流表的接法,按选择原则 2 和 3 选择线路参数,并选择合适的工作电源,电压表、电流表的量程.

换用相同量程但不同内阻的电压表进行测量.

3)测量一个数百千欧姆的电阻

根据被测电阻的大小,按选择原则 1 选择电流表的接法,按选择原则 2 和 3 选择线路参数,并选择合适的工作电源,电压表、电流表的量程.

注意,测高值电阻时,由于标准电阻不确定度加大及绝缘电阻等的影响,加上被测对象本身的稳定性也往往较差,读数会出现跳字,这时要读取显示值的平均值.

按式(E1.6)、式(E1.7)计算各自的测量结果,按式(E1.8)～式(E1.10)计算各自的测量不确定度,将以上结果进行比较.

2. 比较法测量电阻

分别用电压比较法测量数十欧姆、上千欧姆、数百千欧姆的电阻和金属丝的低电阻.

1)调电压使 V_N 为额定值的"直读"式测量,具体步骤如下

(1)预备:通过面板开关和旋钮选择合适的测量挡,根据测量范围($0.199R_N$～$1.99R_N$)选定标准电阻 R_N,可参见表 E1.2. 再按面板的图示,将电源、表头、标准电阻和被测电阻接好.

(2)调整:"测量选择"开关打向 V_N,表头的选择可参见表 E1.2. 测量 V_N,分别仔细调节电压粗调和细调的电位器旋钮,使电压读数值 V_N 与表 E1.3 所示的"调整时 V_N 的额定值"相差不超过 1LSB(1 个字).

表 E1.3　$0.199R_N \leqslant R_X \leqslant 1.99R_N$ 时的"直读"式测量计算举例

项目	单位	低值电阻	低值电阻	低值电阻	低值电阻	中值电阻	中值电阻
标准电阻 R_N	Ω	1.0000×10^{-2}	1.0000×10^{-1}	1.0000	1.0000×10^{1}	1.0000×10^{2}	1.0000×10^{3}
U_{RN}/R_N	1	5.0%	1.0%	0.20%	0.02%	0.02%	0.02%
上限值 $R_X=1.99R_N$	Ω	1.99×10^{-2}	1.99×10^{-1}	1.99	1.99×10^{1}	1.99×10^{2}	1.99×10^{3}
下限值 $R_X=0.199R_N$	Ω	1.99×10^{-3}	1.99×10^{-2}	1.99×10^{-1}	1.99	$1.99E\times10^{1}$	1.99×10^{2}
电压表满量程(FSR)	V	0.19999	0.19999	0.19999	0.19999	1.9999	1.9999
调整时 V_N 的额定值	V	0.05000	0.10000	0.10000	0.10000	1.0000	1.0000

续表

项目	单位	低值电阻	低值电阻	低值电阻	低值电阻	中值电阻	中值电阻
电流 I 的典型值	A	5.0	1.0	1.0×10^{-1}	1.0×10^{-2}	1.0×10^{-2}	1.0×10^{-3}
R_X 的数值	Ω	$5V_X$	V_X	$10V_X$	$100V_X$	$100V_X$	10^3V_X
U_{RX}/R_X　R_X 上限	1	5.0%	1.0%	0.20%	0.026%	0.026%	0.026%
U_{RX}/R_X　R_X 下限	1	5.0%	1.0%	0.21%	0.079%	0.079%	0.079%

项目	单位	中值电阻	中值电阻	中高值电阻	高值电阻
标准电阻 R_N	Ω	1.0000×10^4	1.0000×10^5	1.0000×10^6	1.0000×10^7
U_{RN}/R_N	1	0.02%	0.02%	0.10%	0.20%
上限值 $R_X=1.99R_N$	Ω	1.99×10^4	1.99×10^5	1.99×10^6	1.99×10^7
下限值 $R_X=0.199R_N$	Ω	1.99×10^3	1.99×10^4	1.99×10^5	1.99×10^6
电压表满量程(FSR)	V	1.9999	1.9999	1.9999	1.9999
调整时 V_N 的额定值	V	1.0000	1.0000	1.0000	1.0000
电流 I 的典型值	A	1.00×10^{-4}	1.00×10^{-5}	1.00×10^{-6}	1.00×10^{-7}
R_X 的数值	Ω	10^4V_X	10^5V_X	10^6V_X	10^7V_X
U_{RX}/R_X　R_X 上限	1	0.026%	0.026%	0.10%	0.21%
U_{RX}/R_X　R_X 下限	1	0.079%	0.079%	0.13%	0.33%

(3)测量："测量选择"开关打向 V_X，读取 V_X. 如果这时数字表超过量程，说明 R_X 过大，应该换大 R_N 值；如果读数小于 2000 个字，则应换小 R_N 值.

注意：测高值电阻时，由于标准电阻不确定度加大及绝缘电阻等的影响，被测对象本身的稳定性也往往较差，读数会出现跳字，这时要读取显示值的平均值.

(4)计算：绝大多数情况下，V_X 直接读出后，$R_X=V_X\times10^K$，这里指数 K 为与量程有关的整数，只有在电阻值的最低挡($R_N=1.0000\times10^{-2}$ Ω)，由于最大电流为 5 A，所以 $R_X=5V_X$.

2)用 $R_X=R_NV_X/V_N$ 计算的"满量程"式测量步骤

为减小 R_X 的不确定度 U_{RX}，在知道 R_X 的约值后，根据 $0.316R_N\leqslant R_X\leqslant3.16R_N$ 选取测量范围. R_N 的选择、测量范围及不确定度范围等见表 E1.4，表头的选择可参见表 E1.2.

方法如下：

(1)调节电源电压，使 R_X 和 R_N 中阻值大的一个电阻上的电压接近满量程；

(2)再测量另一较小电阻上的电压，最后可得 $R_X=R_NV_X/V_N$.

按照这样的操作步骤，测量结果要靠计算求出，不如前述方法方便，但是由于 V_X 和 V_N 都比较大，可使式(E1.12)的根式中的分母增大，而使不确定度有所减小，这从表 E1.3 和表 E1.4 的 U_{RX}/R_X 项就可看出.

表 E1.4　$0.316R_N \leqslant R_X \leqslant 3.16R_N$ 时用公式 $R_X = R_N V_X / V_N$ 的计算举例

项目		单位	低值电阻	低值电阻	低值电阻	低值电阻	中值电阻	中值电阻
标准电阻 R_N		Ω	1.0000×10^{-2}	1.0000×10^{-1}	1.0000	1.0000×10^{1}	1.0000×10^{2}	1.0000×10^{3}
U_{RN}/R_N		1	5.0%	1.0%	0.20%	0.02%	0.02%	0.02%
上限值 $R_X = 3.16R_N$		Ω	3.16×10^{-2}	3.16×10^{-1}	3.16	3.16×10^{1}	3.16×10^{2}	3.16×10^{3}
下限值 $R_X = 0.316R_N$		Ω	3.16×10^{-3}	3.16×10^{-2}	3.16×10^{-1}	3.16	3.16×10^{1}	3.16×10^{2}
$R_N R_X$ 大者上的电压约值		V		0.19	0.19	0.19	1.9	1.9
R_X 的数值					$R_X = R_N V_X / V_N$			
U_{RX}/R_X	$R_X = R_N$	1	5.0%	1.0%	0.20%	0.023%	0.023%	0.023%
	R_X 为上限或下限	1	5.0%	1.0%	0.20%	0.033%	0.033%	0.033%

实验接线图:

(1) 四端电阻接法(图 E1.9)，电源 0~1 V(5 A)，测量范围为 $10^{-2} \sim 10^{2}\,\Omega$.

(2) 普通电阻接法(图 E1.10)，电源 1~19 V(10 mA)，测量范围为 $10^{3} \sim 10^{7}\,\Omega$.

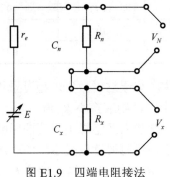

图 E1.9　四端电阻接法

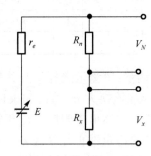

图 E1.10　普通电阻接法

3. 计算出前面各种方法测出的结果和不确定度，进行比较，分析这些方法各自的特点

*4. 设计性实验: 用 PT100 铂电阻设计一个数字温度计

用前述比较法测量电阻的理论及计算公式，将恒流源接入标准电阻和被测电阻串联组成的回路中，代替非平衡电桥测量变化的温度.

选择合适的标准电阻和恒定电流的大小，获得与温度 t 有关的 V_X 值，并进行处理即可实时测量温度. 过程如下:

一般来说，金属的电阻随温度的变化可用下式描述

$$R_X = R_{X0}(1 + \alpha t + \beta t^2) \tag{E1.13}$$

在测量准确度要求不高或温度范围不大的情况下，如果忽略温度二次项 βt^2，可将铂电阻的阻值随温度变化视为线性变化，即

$$R_X = R_{X0}(1+\alpha t) = R_{X0} + \alpha t R_{X0} \tag{E1.14}$$

这时，PT100 铂电阻的 R_{X0} 约为 $100\ \Omega$，α 约为 $3.85 \times 10^{-3}\ ^\circ C^{-1}$，所以

$$R_X = 100 + 3.85 \times 10^{-3} \times 100t$$

结合公式 $R_X = R_N V_X V_N$，可知

$$V_X = \frac{V_N}{R_N} R_X = \frac{V_N}{R_N}(100 + 3.85 \times 10^{-3} \times 100t)$$

如果选择 $R_N = 100\ \Omega$，有

$$V_X = V_N + 3.85 \times 10^{-3} t \tag{E1.15}$$

可见，这时 V_X 与 t 成正比，t 为摄氏温度.

将 V_X 和 V_N 求差(可用减法器实现)，并作一定系数 k 的变换，可得到

$$V_X' = k(V_X - V_N) = 3.85 \times 10^{-3} kt = 10^n t \tag{E1.16}$$

式中，k 为放大系数，n 为与数字表量程相关的系数.

将 V_X' 用数字电压表显示出来，就是温度值了.

具体的电路由实验者自行设计搭建. 注意，对 V_X 和 V_N 求差时要进行高阻抗放大，以免引入误差.

由于以上方法忽略了 PT100 的二次项 βt^2，所以必然会引入一定的误差. 实际应用中可以引入校准电路，在所测得温度范围内进行线性校准，提高测量的准确度.

注意事项

(1) 实验中注意检查连线的准确性，否则会影响最终的测量结果.

(2) 利用比较法和电桥法测量电阻时，要尽量用阻值接近的电阻，以增加结果的准确性.

思考题

伏安法、电桥法及比较法三种电阻测量方法各有何优缺点，适用条件是什么？

实验 E2　*RL* 和 *RC* 电路的稳态过程

电阻 R、电容 C 和电感 L 是最常见、最基本，也是使用最广泛的电子元件.

电阻、电容、电感与晶体管、集成电路等电子元器件组合，可以构成不同的电路，实现多种功能. 所有的电子仪器设备、通信器材、家用电器等，其电路无一不是从最基本的 *RLC* 组合开始，直到实现复杂的功能. 因此，有必要对电阻、电容、电感的最基本的组合方式进行研究，以便了解它们在不同电路中所具有的基本的物理特性.

实验目的

(1)研究 *RL* 和 *RC* 串联电路对正弦交流信号的稳态响应.

(2)学习并掌握测量两个波形相位差的方法.

实验仪器

电阻箱、电容、电感、低频信号发生器及双踪示波器.

实验原理

当把正弦交流电压 U_i 输入到 *RC*(或 *RL*)串联电路中时，电容或电阻两端的输出电压 U_o 的幅度及相位将随输入电压 U_i 的频率而变化, 这种回路中的电流幅值 I 和各元件上的电压幅值 U 与输入信号频率间的关系，称为幅频特性；回路电流和各元件上的电压与输入信号间的相位差与频率的关系，称为相频特性.

1. 交流电路中各元件的特性

描述任何一个正弦交流变量，都可以由振幅、频率(或角频率或周期，它们之间的关系为 $\omega = 2\pi / T = 2\pi f$)及相位三个参数完全确定. 以交变电流为例，它的瞬时电压 $u(t)$ 与峰值电压 U 的关系为

$$u(t) = U\cos(\omega t + \varphi_u) \tag{E2.1}$$

式中，$\omega t + \varphi_u$ 称为相位，φ_u 称为初相位. 在实际应用中，几乎所有的交流电表都是按正弦信号的有效值来标度的. 正弦交流电的有效值与峰值之间的关系为 $U_{有效} = U / \sqrt{2}$.

正弦电压、电流之间除了存在量值大小关系之外，还存在着相位差. 所以与直流电路不同，在交流电路中，反映某一元件上电压 $u(t)$ 与其电流 $i(t)$ 的关系需要两个量，一个是电压、电流峰值(或有效值)之比，称为阻抗：

$$Z = \frac{U}{I} = \frac{U_{有效}}{I_{有效}} \tag{E2.2}$$

另一个是两者的相位差

$$\varphi = \varphi_u - \varphi_i \tag{E2.3}$$

Z 和 φ 两个量就代表着元件本身的特性.

对于电阻元件，阻抗 $Z_R = R$，$\varphi = 0$，说明电阻上电压与电流同相位，其阻抗 Z_R 就是电阻值 R.

对于电容元件，容抗 $Z_C = 1/(\omega C)$，$\varphi = -\pi/2$，说明容抗是与频率和电容器的容量成反比的，频率越高或电容器的容量越大，则容抗越小. 在电容器上，电压的相位落后电流相位 $\pi/2$.

对于电感元件，感抗 $Z_L = \omega L$，$\varphi = \pi/2$，说明感抗是随频率呈线性增长的，并正比于电感 L. 在电感上，电压的相位超前电流相位 $\pi/2$.

以上分析说明，电容、电感的元件特性均与频率有关，且具有相反的性质，而电阻介于两者之间.

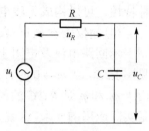

图 E2.1　RC 串联电路

2. RC 串联电路

在如图 E2.1 所示的 RC 串联电路中，若输入的信号为正弦交流信号，电压 $u_i(t) = U_i \cos \omega t$，根据基尔霍夫定律，回路方程为

$$U_i \cos \omega t = RC \frac{\mathrm{d}u_C}{\mathrm{d}t} + u_C \tag{E2.4}$$

这是一阶非齐次常系数线性微分方程，它的特解描述 RC 电路对正弦信号的稳态响应.

$$\begin{cases} u_C = Z_C \dfrac{U_i}{Z} \cos(\omega t + \varphi_C) = U_C \cos(\omega t + \varphi_C) \\[2mm] i = C \dfrac{\mathrm{d}U_C}{\mathrm{d}t} = \dfrac{U_i}{Z} \cos(\omega t + \varphi_C) = I \cos(\omega t + \varphi_C) \\[2mm] u_R = iR = R \dfrac{U_i}{Z} \cos(\omega t + \varphi_i) = U_R \cos(\omega t + \varphi_i) \end{cases} \tag{E2.5}$$

式中，u_C 和 u_R 分别为电容、电阻上的电压；i 为回路电流；Z 为该电路的总阻抗，

$$Z = \sqrt{R^2 + Z_C^2} = \sqrt{R^2 + \left(\frac{1}{\omega C}\right)^2} \tag{E2.6}$$

u_C 与 $u_i(t)$ 之间的相位差为

$$\varphi_C = \arctan(\omega RC) \tag{E2.7}$$

i（或 u_R）与 $u_i(t)$ 之间的相位差为

$$\varphi_i = \frac{\pi}{2} + \varphi_C \tag{E2.8}$$

从以上分析可以看出:

(1) RC 串联电路对正弦交流信号的响应仍是正弦的.

(2) 当输入信号频率变化时,元件上各物理量的峰值将随之改变. 由于电容器上的压降 u_C 随频率的增加而减小,所以电阻上的压降 u_R 随频率的增加而增加.

(3) 若输入信号含有不同频率成分,则高频成分将更多地降落在电阻上,而低频部分将更多地降落在电容上,从而可以把不同频率的信号分开,利用 RC 电路的这种特性,可以构成无线电、广播、通信等技术领域中广泛使用的高、低通滤波器.

(4) 相位差 $\varphi_C < 0$,表示电容器上电压的相位落后于输入信号的相位,而 $\varphi_C > 0$,则表示回路电流及电阻上的电压的相位超前于输入信号的相位. φ_C 随 ω 的变化规律见图 E2.2,当 $\omega \to 0$ 时,$\varphi_C \to 0$,$\varphi_i \to \pi/2$;当 $\omega \to \infty$ 时,$\varphi_C \to -\pi/2$,$\varphi_i \to 0$. 另外,由于 φ_C 和 φ_i 是 R、C 的函数,所以可以通过选择合适的 R、C 值,使 φ_C(或 φ_i)值满足实际应用的要求,这就是 RC 电路的相移作用. 电压及相位差之间的关系见图 E2.3 所示的电压矢量图.

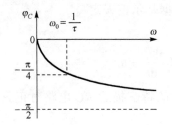

图 E2.2　RC 电路的相频特性曲线　　图 E2.3　RC 电路电压矢量图

3. RL 串联电路

在如图 E2.4 所示的 RL 串联电路中,设输入信号电压 $u_i(t) = U_i \cos \omega t$,则电路方程为

$$U_i \cos \omega t = L \frac{\mathrm{d}i}{\mathrm{d}t} + iR \tag{E2.9}$$

RL 串联电路对正弦信号的稳态响应的特解为

$$\begin{cases} i = \dfrac{U_i}{Z} \cos(\omega t + \varphi_i) = I \cos(\omega t + \varphi_i) \\[3mm] u_R = iR = \dfrac{U_i}{Z} R \cos(\omega t + \varphi_i) = U_R \cos(\omega t + \varphi_i) \\[3mm] u_L = L \dfrac{\mathrm{d}i}{\mathrm{d}t} = Z_L \dfrac{U_i}{Z} \cos(\omega t + \varphi_L) = U_L \cos(\omega t + \varphi_L) \end{cases} \tag{E2.10}$$

式中，u_R 和 u_L 分别为电阻、电感上的电压值；i 为回路电流；Z 为电路总阻抗.

$$Z = \sqrt{R^2 + Z_L^2} = \sqrt{R^2 + (\omega L)^2} \qquad (E2.11)$$

i（或 u_R）与 $u_i(t)$ 之间的相位差为

$$\varphi_i = \arctan\left(\frac{\omega L}{R}\right) \qquad (E2.12)$$

u_L 与 $u_i(t)$ 之间的相位差为

$$\varphi_L = \varphi_i + \frac{\pi}{2} \qquad (E2.13)$$

通过以上分析可以看出：

（1）RL 电路对正弦交流信号的响应仍是正弦的.

（2）幅频特性与 RC 串联电路相反. 当角频率 ω 增加时，回路电流 i、电阻上压降 u_R 将减小，而电感上压降 u_L 将增大. 利用这种特性，同样可构成各种滤波器.

（3）$\varphi_L < 0$ 表示回路电流及电阻上电压的相位落后于输入信号电压；$\varphi_L > 0$ 表示电感上电压的相位超前于输入信号电压，这一点与 RC 电路相反.

（4）RL 电路的相频特性如下：

当 $\omega \to 0$ 时，$\varphi_i \to 0$，$\phi_L \to \pi/2$；

当 $\omega \to \infty$ 时，$\varphi_i \to -\pi/2$，$\varphi_L \to 0$.

实验内容

1. RC 串联电路特性的观测

（1）按图 E2.5 所示连接电路，选取合适的电阻与电容，观察 RC 电路对正弦输入电压的频率响应.

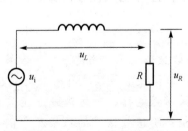 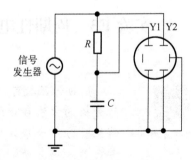

图 E2.4　RL 串联交流电路　　　　　图 E2.5　RC 串联交流电路实验图

（2）观测幅频特性，根据 u_i 与 u_C 在示波器上的波形，测量相关数据，分析所得结果.

(3)观测相频特性,观察 u_C 与 u_i 的相位,判断哪个波形超前. 保持信号峰值不变,改变输入信号的频率 f,观察相位差 φ_C 随 f 的变化.

(4)观测 RC 电路的相移作用. 固定信号频率 f,改变电阻值,观测 φ_C 随 R 的变化规律. 选择合适的 R 值,使相移刚好为 $\varphi_C=\pi/4$,将此值与用式(E2.7)和式(E2.8)计算出来的值进行比较,分析误差来源.

2. RL 串联电路特性的观测

参考实验内容 1 与图 E2.4,连接线路,观测 RL 电路的幅频特性和相频特性,分析 RC、RL 串联电路的异同点.

注意事项

(1)信号发生器与示波器为精密电子仪器,调节要轻缓.

(2)按电路图正确接线与操作,严禁信号发生器输出短路.

思考题

(1)通过以上分析,你能否分清 RC 和 RL 串联电路的异同处? 什么情况下用 RC 电路? 什么情况下用 RL 电路? 你能否区分用示波器观测幅频特性及相频特性时连接方式有何不同?

(2)能否用万用表判断电容器质量的好坏?

(3)在 RC 和 RL 串联电路中,当 C 或 L 的损耗电阻不能忽略不计时,能否用本实验所述方法来测量电路的时间常数?

(4)把一个幅值为 u_i、角频率为 $\omega=1/RC$ 的正弦电压加在 RC 串联电路的输入端,若 $R=1\ \text{k}\Omega$,$C=0.5\ \mu\text{F}$,试计算 u_C、u_R、$\left|\dfrac{u_C}{u_i}\right|$ 及 φ_C,并用矢量图表示.

实验 E3　周期性电信号的傅里叶分解与合成

傅里叶分解与合成

　　　　　周期性函数可以用傅里叶级数来表示,用傅里叶级数展开进行分析的方法在数学、物理、工程技术等领域有着广泛的应用. 傅里叶分解合成实验利用串联谐振电路,对方波或三角波电信号进行频谱分析,测量基频和各阶倍频信号的振幅及它们之间的相位关系. 合成中利用加法器将一组频率倍增而振幅和相位均可调节的正弦信号合成方波或三角波信号. 通过实验使学生建立傅里叶分解与合成的直观印象,加深对傅里叶级数的理解.

实验目的

(1) 加深对傅里叶级数分解与合成的理解, 了解傅里叶分析法在科学工程领域中的重要应用.

(2) 了解傅里叶分解合成仪的基本原理, 并能正确使用傅里叶分解合成仪对方波或三角波电信号进行分析.

实验仪器

傅里叶分解合成仪、示波器、电感、可变电容箱、电阻等.

实验原理

任何具有周期为 T 波函数 $f(t)$ 都可表示为三角函数的级数之和, 即

$$f(t) = \frac{1}{2}a_0 + \sum_{n=1}^{\infty}(a_n \cos n\omega t + b_n \sin n\omega t) \tag{E3.1}$$

式中, $\omega = \dfrac{2\pi}{T}$ 为 $f(t)$ 的角频率, 称为基频, 其对应的级数项称为 $f(t)$ 的基波; $\omega_n = n\omega$ 对应的级数项称为 $f(t)$ 的 n 谐波; 常数项称为直流分量.

所谓周期性函数的傅里叶分解就是将周期性函数展开成直流分量、基波和所有 n 阶谐波的叠加.

对图 E3.1 所示的方波可表示为

$$f(t) = \begin{cases} h & (nT < t \leqslant nT + T/2) \\ -h & (nT - T/2 \leqslant t \leqslant nT) \end{cases}$$

此方波可展开为

$$f(t) = \frac{4h}{\pi}\left(\sin \omega t + \frac{1}{3}\sin 3\omega t + \frac{1}{5}\sin 5\omega t + \frac{1}{7}\sin 7\omega t + \cdots\right)$$

$$= \frac{4h}{\pi}\sum_{n=1}^{\infty}\left(\frac{1}{2n-1}\right)\sin[(2n-1)\omega t] \tag{E3.2}$$

同样, 对于图 E3.2 所示的三角波也可表示为

$$f(t) = \begin{cases} \dfrac{4h}{\pi}t & \left(nT - \dfrac{T}{4} \leqslant t < nT + \dfrac{T}{4}\right) \\ 2h\left(1 - \dfrac{2t}{T}\right) & \left(nT + \dfrac{T}{4} \leqslant t \leqslant nT + \dfrac{3T}{4}\right) \end{cases}$$

展开形式为

$$f(t) = \frac{8h}{\pi^2} \left(\sin \omega t - \frac{1}{3^2} \sin 3\omega t + \frac{1}{5^2} \sin 5\omega t - \frac{1}{7^2} \sin 7\omega t + \cdots \right)$$

$$= \frac{8h}{\pi^2} \sum_{n=1}^{\infty} (-1)^{n-1} \frac{1}{(2n-1)^2} \sin[(2n-1)\omega t] \tag{E3.3}$$

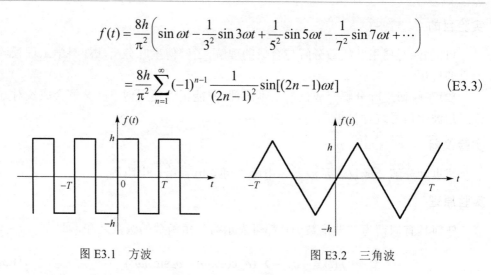

图 E3.1　方波　　　　　　　　　　图 E3.2　三角波

1. 周期性波形的傅里叶分解

我们用 *RLC* 串联谐振电路作为选频电路,对方波或三角波进行频谱分解.在示波器上显示被分解的波形,测量它们的相对振幅. 仪器中提供 1 kHz 的方波和三角波作傅里叶分解,实验线路如图 E3.3 所示. 这是一个简单的 *RLC* 电路,其中 *C* 是可变的,*L* 取 1 H,*R* 取 30 Ω.当输入信号的频率与电路的谐振频率相匹配时,此电路将有最大的响应,谐振频率 ω_0 为

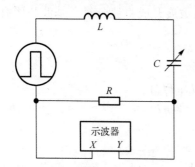

图 E3.3　波形分解的 *RLC* 串联电路

$$\omega_0 = \frac{1}{\sqrt{LC}}$$

如果调节可变电容 *C*,在 $n\omega_0$ 频率谐振,我们将从周期性波形中提取出这个单元. 它的值为

$$V(t) = b_n \sin n\omega_0 t \tag{E3.4}$$

这时电阻 *R* 两端的电压为

$$V_R(t) = I_0 R \sin(n\omega_0 t + \varphi) \tag{E3.5}$$

式中,$\varphi = \arctan \dfrac{X}{R}$,*X* 为串联电路感抗和容抗之和;$I_0 = b_n / Z$,*Z* 为串联电路的总阻抗.

在谐振状态时 $X = 0$,阻抗 $Z = r + R + R_L + R_C = r + R + R_L$($R_C$ 值常因较小而忽略). 其中,*r* 为方波(或三角波)电源的内阻,*R* 为取样电阻,R_L 为电感的损耗电阻,R_C 为标准电容的损耗电阻.

电感用良导体缠绕而成, 由于趋肤效应, R_L 的数值随频率的升高而增加. 对 1 H 空心电感, 用 RLC 串联谐振电路测得损耗电阻和使用频率的关系见表 E3.1.

表 E3.1　损耗电阻和使用频率的关系

使用频率 f/kHz	1.00	3.00	5.00
损耗电阻 R_L/Ω	307	362	602

由于损耗电阻的存在, 测得的各谐波振幅数值比理论值偏小, 可用分压原理校正. 设 b_n 为 n kHz 谐波校正后的振幅, b_n' 为 n kHz 谐波未被校正时的振幅, R_{L1} 为 1 kHz 使用频率时的损耗电阻, R_{Ln} 为 n kHz 使用频率时的损耗电阻, 则

$$b_n = b_n' \times \frac{R_{Ln} + R + r}{R_{L1} + R + r} \tag{E3.6}$$

经校正后, 基波和谐波的振幅比与理论值符合得较好.

2. 傅里叶级数的合成

仪器中提供振幅和相位连续可调的 1 kHz、3 kHz、5 kHz 和 7 kHz 四组正弦波, 如果将这四组正弦波的相位和振幅按一定要求调节好, 经加法器叠加后, 就可以分别合成方波、三角波等波形.

实验内容

1. 方波的傅里叶分解

本实验中 RLC 串联电路对 1 kHz、3 kHz、5 kHz 正弦波谐振时电容的理论值 C_1、C_3、C_5 见表 E3.2.

表 E3.2　不同谐振频率下的电容理论值

谐振频率/kHz	1	3	5
理论值/μF	0.253	0.028	0.010

将 1 kHz 方波输入到 RLC 串联电路, 然后调节电容到理论值附近, 从示波器上可以看出只有可变电容调在对应的理论值时产生谐振, 测量、记录相对振幅 b_1、b_3、b_5, 并加以校正.

2. 傅里叶合成

由方波的展开式可知, 它由一系列正弦波合成, 且振幅比为 $1 : \frac{1}{3} : \frac{1}{5} : \frac{1}{7} : \cdots$, 它们的初相位相同. 合成的步骤如下:

(1) 用李萨如图形反复调节各信号相位, 使 1 kHz、3 kHz、5 kHz、7 kHz 四组

正弦波初相位相同. 调节方法是示波器 X 轴输入 1 kHz 正弦波(直接而不经过加法器)，而 Y 轴输入经加法器倒相后的 1 kHz、3 kHz、5 kHz、7 kHz 正弦波，当示波器上显示如图 E3.4 所示波形时，基波和各谐波初相位相同(实际显示为反相状态，因为 Y 轴输入信号经过加法器反相).

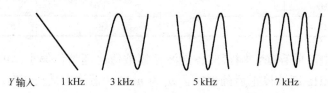

图 E3.4　1 kHz 信号与其他频率信号合成的李萨如图形

(2)调节 1 kHz、3 kHz、5 kHz、7 kHz 正弦波振幅比为 $1:\dfrac{1}{3}:\dfrac{1}{5}:\dfrac{1}{7}$.

(3)将 1 kHz、3 kHz、5 kHz、7 kHz 正弦波逐次输入加法器，观察合成波形变化，最后可看到近似方波图形.

合成波形如图 E3.5 所示，其中，(a)为 1 kHz 和 3 kHz 正弦波叠加；(b)为 1 kHz、3 kHz 和 5 kHz 正弦波叠加；(c)为 1 kHz、3 kHz、5 kHz 和 7 kHz 正弦波叠加.

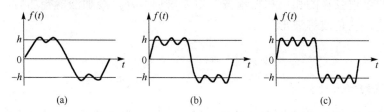

图 E3.5　逐次增加倍频谐波后合成波形的变化

从傅里叶叠加过程可以看出：

(1)合成方波的振幅与它的基波的振幅比为 $1:\dfrac{4}{\pi}$；

(2)基波上叠加谐波越多，越趋近于方波；

(3)叠加谐波越多，合成方波前后沿越陡直.

对三角波，步骤如下：

(1)将 1 kHz 正弦波从 X 轴输入，用李萨如图形法调节各阶谐波相位.

(2)调节基波和各阶谐波振幅比为 $1:\dfrac{1}{3^2}:\dfrac{1}{5^2}:\dfrac{1}{7^2}$.

(3)将基波和各阶谐波输入加法器，输出接示波器，可看到合成的三角波图形.

注意事项

信号合成时，注意各个信号的比例关系.

思考题

(1)导体的趋肤效应是怎样产生的？如何校正傅里叶分解中各阶谐波振幅测量的系统误差？

(2)用傅里叶合成方波过程证明，方波振幅与它的基波振幅之比为 $1:\dfrac{4}{\pi}$.

实验 E4　铁磁材料磁滞回线的测量

铁磁材料广泛应用于各种仪器设备中，从发电机、变压器、电表铁芯到录音机磁头等．铁磁材料的磁化曲线和磁滞回线反映该材料的重要特性，也是设计电磁机构或仪表的重要依据．用示波器测量磁滞回线比较直观、方便、迅速，能够在不同磁化状态下进行观察和测量，在实验中被大量使用．

实验目的

(1)了解用示波器观察磁滞回线的基本原理.

(2)掌握用示波器观察磁滞回线及基本磁化曲线的测绘方法.

(3)加深对铁磁材料磁特性的认识.

实验仪器

示波器、磁滞回线实验仪、短接线等.

实验原理

铁磁材料分为硬磁、软磁和矩磁三类．硬磁材料的磁滞回线宽，剩磁和矫顽磁力较大，宜作永久磁铁．软磁材料的磁滞回线窄，矫顽磁力小，但它的磁导率和饱和磁感应强度大，易被磁化和去磁，常用于制造电机、变压器和电磁铁．矩磁材料的磁滞回线形状差不多呈矩形，其剩磁接近磁场的饱和值，矫顽磁力很小，可利用这种特性来模拟"0""1"两个状态存储记忆.

1. 起始磁化曲线、基本磁化曲线和磁滞回线

铁磁材料(如铁、镍、钴和其他铁磁合金)具有独特的磁化性质．当材料磁化时，磁感应强度 B 不仅与当时的磁场强度 H 有关，而且还取决于磁化的经历．取一块未磁化的铁磁材料，如图 E4.1 所示，如果 H 从 0 增加到 H_m，则铁磁材料中的磁感应强度 B 随之缓慢上升(Or 段)，继而迅速增长(rs 段)，其后又趋缓慢(sa 段)，$Orsa$ 曲线称为起始磁化曲线．如果 H 逐渐减小，则 B 也相应减小，但并不沿 aO 段下降，而是

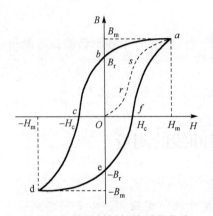

图 E4.1　铁磁材料起始磁化曲线
Orsa 与磁滞回线

沿另一条曲线 *ab* 下降. 若 *H* 沿 $H_m \to O \to H_c \to H_m$ 的顺序变化时，则 *B* 相应沿 $B_m \to B_r \to O \to -B_m \to -B_r \to O \to B_m$ 的顺序变化.

将上述变化过程的各点连接起来，就得到一条封闭曲线 *abcdefa*，这条曲线称为磁滞回线，从图中可以看出：

(1)当 *H*=0 时，*B* 不为零，铁磁材料还保留一定值的磁感应强度 B_r，称 B_r 为铁磁材料的剩磁.

(2)要消除剩磁 B_r，使 *B* 降为零，必须加一个反向磁场 H_c，称 H_c 为该铁磁材料的矫顽磁力.

(3)*H* 上升到某一个值和下降到同一数值时，铁磁材料内的 *B* 值并不相同，即磁化过程与铁磁材料过去的磁化经历有关.

对于同一铁磁材料，若开始时不带磁性，依次选取磁化电流为 I_1, I_2, …, I_m($I_1 < I_2 < \cdots < I_m$)，则相应的磁场强度为 H_1, H_2, …, H_m，在峰值磁场强度 *H* 由弱到强的交变磁场作用下，可得到一组面积由小到大向外扩张的磁滞回线，如图 E4.2 所示. 我们把原点 *O* 和各个磁滞回线的顶点 a_1, a_2, …, a_m 所连成的曲线，称为铁磁材料的基本磁化曲线. 由此可近似确定其磁导率 $\mu = B/H$,因 *B* 和 *H* 是非线性关系，所以铁磁材料的磁导率 μ 不是常数，而是随 *H* 而变化，如图 E4.3 所示. 铁磁材料的磁导率可高达数千至数万，这一特点使它广泛地应用于各个方面.

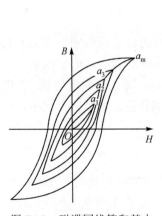

图 E4.2　磁滞回线簇和基本
　　　　磁化曲线

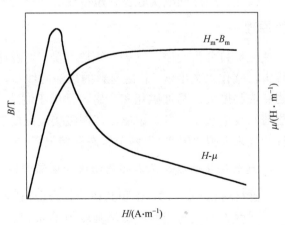

图 E4.3　基本磁化曲线和 *H-μ* 关系曲线

由于铁磁材料磁化过程的不可逆性及具有剩磁的特点，在测定基本磁化曲线和磁滞回线时，必须对铁磁材料预先退磁，以保证外加磁场 $H=0$ 时，$B=0$；其次，磁化电流在实验过程中只允许单调增加或减少，不可时增时减. 在理论上，要消除剩磁 B_r，只需通一反方向磁化电流，使外加磁场正好等于铁磁材料的矫顽磁力就行. 实际上，矫顽磁力的大小通常并不知道，因而无法确定退磁电流的大小. 我们从磁滞回线得到启示：在铁磁材料的磁化达到饱和时，如果不断改变磁化电流的方向，并逐渐减小磁化电流，以至于零，那么该材料的磁化过程就是一连串逐渐缩小而最终趋于原点的环状曲线. 当 H 减小为零时，B 亦同时降为零，达到完全退磁.

2. 用示波器观察样品的磁滞回线

图 E4.4 为用示波器观察磁滞回线的原理图. L 为被测样品的平均磁路长度（虚线框），N_1、N_2 分别为原、副线圈匝数，R_1、R_2 为限流电阻，C 为电容. 当原线圈输入交流电压 U_H 时就产生交变的磁化电流 I_1，由安培环路定理可得磁场强度 H 为

$$H = \frac{N_1 I_1}{L} = \frac{N_1}{L} \frac{U_x}{R_x} = \frac{N_1}{L R_x} U_x \tag{E4.1}$$

由上式可知 H 正比于 U_x，所以加到示波器 X 轴的电压 U_x 确实能反映 H.

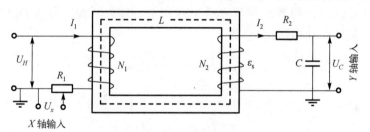

图 E4.4　磁滞回线测量原理图

交变的 H 在样品中产生交变的磁感应强度 B. 假设被测样品的截面积为 S，穿过该截面的磁通量 $\Phi = B \cdot S$，由法拉第电磁感应定律可知，在副线圈中将产生感应电动势

$$\varepsilon_s = -N_2 \frac{\mathrm{d}\Phi}{\mathrm{d}t} = -N_2 S \frac{\mathrm{d}B}{\mathrm{d}t} \tag{E4.2}$$

由图 E4.4，副线圈的回路方程为

$$\varepsilon_s = I_2 R_2 + U_C \tag{E4.3}$$

式中，I_2 为副线圈电流，U_C 为电容 C 两端的电压.

设 I_1 在 Δt 时间内给电容器 C 充电电量为 Q，则此时电容两端的电压 $U_C = Q/C$. 当选取足够大的 R_2 与 C 使 U_C 小到与 $I_2 R_2$ 相比可略去不计时，式(E4.3)简化为

$$\varepsilon_s = I_2 R_2 = \frac{\mathrm{d}Q}{\mathrm{d}t} R_2 = R_2 C \frac{\mathrm{d}U_C}{\mathrm{d}t} \tag{E4.4}$$

所以

$$R_2 C \frac{\mathrm{d}U_C}{\mathrm{d}t} = -N_2 S \frac{\mathrm{d}B}{\mathrm{d}t} \tag{E4.5}$$

将式(E4.5)两边积分,经整理后可得

$$B = \frac{R_2 C}{N_2 S} U_C \tag{E4.6}$$

式(E4.6)表明电容器上的电压 U_C 正比于 B,所以加到示波器 Y 轴的电压 U_C 确实能反映 B. 故只要将 U_x、U_C 分别接到示波器的 X 轴与 Y 轴,则在荧光屏上扫描出来的图形就能反映被测样品的磁滞回线.

3. 测定磁滞回线上任一点的 B、H 值

在保持测绘 B-H 曲线时示波器的水平增益和垂直增益不改变的前提下,分别将电压 U_x、U_y 加到示波器的 X、Y 轴输入端,用电压表测得有效值为 U_{xe} 和 U_{ye},则外加电压的最大值 $U_{x\max} = \sqrt{2} U_{xe}$,$U_{y\max} = \sqrt{2} U_{ye}$. 再分别量出屏上水平线段和垂直线段的长度 n_x 和 n_y(cm),得到此时示波器 X 轴和 Y 轴输入的偏转因数 D_x 和 D_y(电子束偏转 1 cm 所需的外加电压)分别为

$$D_x = \frac{U_{x\max}}{\dfrac{n_x}{2}} = \frac{2\sqrt{2} U_{xe}}{n_x}$$

$$D_y = \frac{U_{y\max}}{\dfrac{n_y}{2}} = \frac{2\sqrt{2} U_{ye}}{n_y} \tag{E4.7}$$

为了得到磁滞回线上所求点的 B、H 值,需量出该点的坐标 x、y(cm),从而计算加在示波器偏转板上的电压 $U_x = D_x x$ 和 $U_y = D_y y$,最后得出

$$H = \frac{N_1}{L R_x} U_x, \qquad B = \frac{R_2 C}{N_2 S} U_y \tag{E4.8}$$

实验内容

(1)电路连接:按图 E4.5 连接电路.

(2)样品退磁:开启实验仪电源,对样品进行退磁,其目的是消除剩磁,确保样品处于磁中性状态.

(3)观察磁滞回线:通过调节使显示屏上出现图形大小合适的磁滞回线. 若图形

顶部出现编织状的小环，如图 E4.6 所示，可降低励磁电压予以消除. 测定该状态下的剩磁 B_r 和矫顽磁力 H_c.

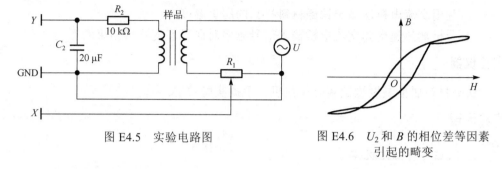

图 E4.5　实验电路图　　　　　　图 E4.6　U_2 和 B 的相位差等因素
　　　　　　　　　　　　　　　　　　　　引起的畸变

（4）测量基本磁化曲线：对样品退磁后，通过计算得到 H_m、B_m 和 μ 的值，作 $H_m\text{-}B_m$、$H\text{-}\mu$ 曲线.

（5）换取样品，重复上述步骤，并比较两种样品的磁滞回线、磁化曲线及磁导率曲线的异同.

注意事项

（1）测量磁滞回线前一定要先退磁，然后再增加磁化电流.

（2）实验前应将信号源幅度输出旋钮逆时针旋到底，使信号输出最小.

思考题

（1）实验中为什么用电学量 U 来测量磁学量 H 和 B？

（2）全部完成基本磁化曲线的测量以前，为什么不能变动示波器面板上的 X、Y 轴的增幅旋钮？

（3）实验中的退磁原理是什么？

（4）用示波器测量磁参数时误差的主要来源是什么？

实验 E5　铁磁材料居里温度的测量

　　铁磁性物质的磁特性随温度的变化而改变，当温度上升至某一温度时，铁磁性材料就由铁磁状态转变为顺磁状态，失掉铁磁性物质的特性而转变为顺磁性物质，这个转变温度称为居里温度. 居里温度是表征磁性材料基本特性的物理量，它仅与材料的化学成分和晶体结构有关，与晶粒的大小、取向及应力分布等结构因素无关，因此又称结构不灵敏参数. 铁磁材料的居里温度的测量不仅对磁材料、磁性器件的研究，而且对工程技术的应用都具有十分重要的意义.

铁磁材料居里
温度的测量

实验目的

(1)了解铁磁物质由铁磁性转变为顺磁性的微观机制.

(2)利用交流电桥法测定铁磁材料样品的居里温度.

(3)分析加热速率和交流电桥输入信号频率对居里温度测试结果的影响.

实验仪器

铁磁材料居里温度测试实验仪主机、手提实验箱等.

实验原理

1. 铁磁质的磁化规律

在外加磁场的作用下物质中的状态发生变化并产生新的磁场的现象称为磁性.物质的磁性可分为反铁磁性(抗磁性)、顺磁性和铁磁性三种,一切可被磁化的物质叫做磁介质,在铁磁质中相邻电子之间存在着一种很强的"交换耦合"作用,在无外磁场的情况下,它们的自旋磁矩能在一个个微小区域内"自发地"整齐排列起来而形成自发磁化小区域,称为磁畴. 在未经磁化的铁磁质中,虽然每一磁畴内部都有确定的自发磁化方向,有很大的磁性,但大量磁畴的磁化方向各不相同,因而整个铁磁质不显磁性. 如图 E5.1 所示,给出了多晶磁畴结构示意图. 当铁磁质处于外磁场中时,那些自发磁化方向和外磁场方向成小角度的磁畴,其体积随着外加磁场的增大而扩大,并使磁畴的磁化方向进一步转向外磁场方向,如图 E5.2 所示. 另一些自发磁化方向和外磁场方向成大角度的磁畴,其体积则逐渐缩小,这时铁磁质对外呈现宏观磁性. 当外磁场增大时,上述效应相应增大,直到所有磁畴都沿外磁场排列好,介质的磁化就达到饱和.

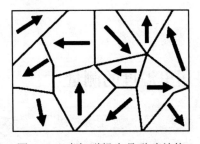
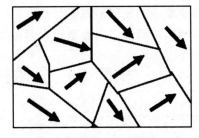

图 E5.1　未加磁场多晶磁畴结构　　　　图 E5.2　加磁场时多晶磁畴结构

由于在每个磁畴中元磁矩已完全排列整齐,因此具有很强的磁性. 这就是铁磁质的磁性比顺磁质强得多的原因. 介质里的掺杂和内应力在磁化场去掉后阻碍着磁畴恢复到原来的退磁状态,是造成磁滞现象的主要原因. 铁磁性与磁畴结构是分不开的. 当铁磁体受到强烈的震动,或在高温下由于剧烈运动的影响,磁畴便会瓦解,这时与磁畴联系的一系列铁磁性质(如高磁导率、磁滞等)全部消失. 任何铁磁物质都有这样一个临界温度,高过这个温度铁磁性就消失,变为顺磁性. 这个临界温度叫做铁磁质的居里温度.

在各种磁介质中最重要的是以铁为代表的一类磁性很强的物质,在化学元素中,除铁之外,还有过渡族中的其他元素(钴、镍)和某些稀土族元素(如镝、钬)具有铁磁性. 然而常用的铁磁质多数是铁和其他金属或非金属组成的合金,以及某些包含铁的氧化物(铁氧体). 铁氧体具有适于更高频率下工作,电阻率高,涡流损耗更低的特性. 软磁铁氧体中的一种是以 Fe_2O_3 为主要成分的氧化物软磁性材料,其一般分子式可表示为 $MO·Fe_2O_3$(尖晶石型铁氧体),其中 M 为 2 价金属元素.

磁介质的磁化规律可用磁感应强度 B、磁化强度 M 和磁场强度 H 来描述,它们满足以下关系:

$$B = \mu_0(H + M) = (\chi_m + 1)\mu_0 H = \mu_r \mu_0 H = \mu H \tag{E5.1}$$

式中, $\mu_0 = 4\pi \times 10^{-7}$ H·m^{-1} 为真空磁导率; χ_m 为磁化率; μ_r 为相对磁导率,是量纲为一的系数; μ 为绝对磁导率. 对于顺磁性介质,磁化率 $\chi_m > 0$, μ_r 略大于 1;对于抗磁性介质, $\chi_m < 0$,一般 χ_m 的绝对值在 $10^{-4} \sim 10^{-5}$, μ_r 略小于 1;而铁磁性介质的 $\chi_m \gg 1$,所以, $\mu_r \gg 1$.

对非铁磁性的各向同性的磁介质, H 和 B 之间满足线性关系 $B = \mu H$,而铁磁性介质的 μ 、 B 与 H 之间有着复杂的非线性关系. 一般情况下,铁磁质内部存在自发的磁化强度,温度越低,自发磁化强度越大. 图 E5.3 是典型的磁化曲线(B-H 曲线),它反映了铁磁质的共同磁化特点:随着 H 的增加,开始时 B 缓慢增加,此时 μ 较小;而后便随 H 的增加 B 急剧增大, μ 也迅速增加;最后随 H 增加, B 趋向于饱和,而此时的 μ 值在到达最大值后又急剧减小. 图 E5.3 表明磁导率 μ 是磁场 H 的函数. 从图 E5.4 中可看到,磁导率 μ 还是温度的函数,当温度升高到某个值时,铁磁质由铁磁状态转变成顺磁状态,在曲线突变点所对应的温度就是居里温度 T_C .

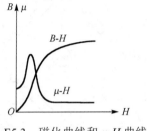

图 E5.3　磁化曲线和 μ-H 曲线

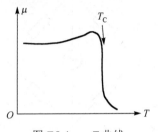

图 E5.4　μ-T 曲线

2. 用交流电桥测量居里温度

铁磁材料的居里温度可用任何一种交流电桥测量. 交流电桥种类很多,如麦克斯韦电桥、欧文电桥等，但大多数电桥可归结为如图 E5.5 所示的四臂阻抗电桥，电桥的四个臂可以是电阻、电容、电感的串联或并联的组合. 调节电桥的桥臂参数，使得 CD 两点间的电势差为零，电桥达到平衡，则有

$$\frac{Z_1}{Z_2} = \frac{Z_3}{Z_4} \tag{E5.2}$$

若要上式成立，必须使复数等式的模量和辐角分别相等，于是有

$$\frac{|Z_1|}{|Z_2|} = \frac{|Z_3|}{|Z_4|} \tag{E5.3}$$

$$\varphi_1 + \varphi_4 = \varphi_2 + \varphi_3 \tag{E5.4}$$

由此可见，交流电桥平衡时，除了阻抗大小满足式(E5.3)外，阻抗的相角还要满足式(E5.4)，这是它和直流电桥的主要区别.

本实验采用如图 E5.6 所示的 RL 交流电桥，在电桥中输入电源由信号发生器提供，在实验中应适当选择较高的输出频率，ω 为信号发生器的角频率. 其中 Z_1 和 Z_2 为纯电阻，Z_3 和 Z_4 为电感(包括电感的线性电阻 r_1 和 r_2，本实验仪中还接入了一个可调电阻 R_3)，其复阻抗为

$$Z_1 = R_1, \quad Z_2 = R_2, \quad Z_3 = r_1 + j\omega L_1, \quad Z_4 = r_2 + j\omega L_2 \tag{E5.5}$$

当电桥平衡时，有

$$R_1(r_2 + j\omega L_2) = R_2(r_1 + j\omega L_1) \tag{E5.6}$$

实部与虚部分别相等，得

$$r_2 = \frac{R_2}{R_1}r_1, \quad L_2 = \frac{R_2}{R_1}L_1 \tag{E5.7}$$

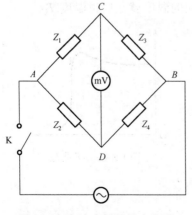

图 E5.5 交流电桥的基本电路

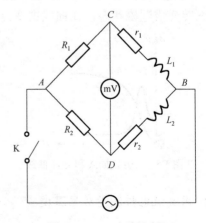

图 E5.6 RL 交流电桥

选择合适的电子元件相匹配,在未放入铁氧体时,可直接使电桥平衡,但当其中一个电感放入铁氧体后,电感大小发生了变化,引起电桥不平衡. 随着温度上升到某一个值,铁氧体的铁磁性转变为顺磁性, CD 两点间的电势差发生突变并趋于零,电桥又趋向于平衡,这个突变的点对应的温度就是居里温度. 可通过桥路电压与温度的关系曲线,求其曲线突变处的温度,并分析研究升温与降温时的速率对实验结果的影响.

由于被研究的对象铁氧体置于电感的绕组中,被线圈包围,如果加温速度过快,则传感器测试温度将与铁氧体实际温度不同(加温时,铁氧体样品温度可能低于传感器温度),这种滞后现象在实验中必须加以重视. 只有在动态平衡的条件下,磁性突变的温度才精确等于居里温度.

实验内容

(1)将两个实验主机和手提实验箱按照前面的仪器说明连接起来,并将实验箱上的交流电桥按照"接线示意图"连接.

(2)打开实验主机,调节交流电桥上的电位器使电桥平衡.

(3)移动电感线圈,露出样品槽,将实验测试铁氧体样品放入线圈中心的加热棒中,并均匀涂上导热脂,重新将电感线圈移动至固定位置,使铁氧体样品正好处于电感线圈中心,此时电桥不平衡,记录此时交流电压表的读数.

(4)打开加热器开关,调节加热速率电位器至合适位置,观察温度传感器数字显示窗口,记录电压表的读数,这个过程中要仔细观察电压表的读数.

(5)根据记录的数据作 $U\text{-}T$ 图,计算样品的居里温度 T_C, $\dfrac{\Delta U}{\Delta T}_{\to \max}$ 处的温度即为 T_C.

(6)测量不同的样品或者分别用加温和降温的办法测量,分析实验数据.

(7)改变加热速率和信号发生器的频率,分析加热速率和信号频率对实验结果的影响.

注意事项

(1)加热速率不可过快,否则影响实验结果的准确性.

(2)铁磁材料要尽量放置于线圈的中间位置.

(3)重复测量时,需等温度降到室温再开始测量.

(4)实验过程中不得拉扯测温线.

思考题

(1)铁磁物质的三个特性是什么?

(2)用磁畴理论解释样品的磁化强度在温度达到居里点时发生突变的微观机制是什么?

(3)测出的 $U\text{-}T$ 曲线,为什么与横坐标没有交点?

实验 E6　巨磁电阻效应实验

　　2007 年 10 月，法国科学家阿尔贝·费尔和德国科学家彼得·格林贝格尔因分别独立发现了巨磁电阻效应而共同获得了 2007 年诺贝尔物理学奖. 巨磁电阻材料在数据读出磁头、磁随机存储器和传感器等多方面有广泛的应用前景. 用巨磁电阻材料制成的高灵敏度读出磁头，使存储单字节数据所需的磁性材料尺寸大大减少，大幅度提高了磁盘存储密度.

　　早在 1856 年，英国物理学家 W. 汤姆孙就发现了磁致电阻效应. 所谓磁致电阻效应是指由磁场引起材料电阻变化的现象. 巨磁电阻是指材料的电阻率在有外磁场作用时较之无外磁场作用时大幅度减小，电阻相对变化率比各向异性磁电阻高 1～2 个数量级. 磁场的微弱变化将导致巨磁电阻材料电阻值产生明显改变，从而能够用来探测微弱信号. 如今，计算机、数码相机、MP3 等各类数码电子产品所装备的硬盘，基本上都应用了巨磁电阻磁头. 巨磁电阻传感器可广泛地应用于家用电器、汽车工业和自动控制技术中，对角度、转速、加速度、位移等物理量进行测量和控制，与各向异性磁电阻传感器相比，具有灵敏度更高、线性范围宽、寿命长等优点.

实验目的

　　(1)了解巨磁电阻效应原理，测量不同磁场下的巨磁电阻阻值 R_B，作 R_B/R_0-B 关系图，求电阻相对变化率 $(R_B-R_0)/R_0$ 的最大值.

　　(2)学习巨磁电阻传感器定标方法，计算巨磁电阻传感器灵敏度，由巨磁电阻传感器输出电压 $V_{输出}$，得到电阻相对变化率 $(R_B-R_0)/R_0$ 的最大值.

　　(3)测定巨磁电阻传感器输出电压 $V_{输出}$ 与其工作电压 V_+ 的关系.

　　(4)测定巨磁电阻传感器输出电压 $V_{输出}$ 与通电导线电流 I 的关系.

实验仪器

　　巨磁电阻效应实验仪：两台实验主机、实验装置架及各种连接线. 实验主机含亥姆霍兹线圈用恒流源、待测直流电源、传感器工作电源、传感器输出测量表及巨磁电阻测量表等；实验装置架包括亥姆霍兹线圈和巨磁电阻传感器.

实验原理

　　1. 巨磁电阻效应

巨磁电阻材料的电阻率在有外磁场作用时较之无外磁场作用时大幅度减小，

$\Delta\rho/\rho_0$ 比各向异性磁电阻效应高 1～2 个数量级. 磁场的微弱变化将导致巨磁电阻材料的电阻值发生明显改变，从而能够用来探测微弱信号. 一般材料的 $\Delta\rho/\rho_0$ 值都很小，通常小于 1%；各向异性磁电阻材料(如坡莫合金)，$\Delta\rho/\rho_0$ 可达到 3%；而巨磁电阻材料的 $\Delta\rho/\rho_0$ 通常都在-10%以上，有些可达到-100%以上. 因此，巨磁电阻材料受到了世界各国学术界和工业界的巨大关注，在短时间内取得了令人瞩目的理论及实验成果，并迅速进入应用领域，获得巨大成功.

　　巨磁电阻是一种层状结构，由厚度为几纳米的铁磁金属层(Fe、Co、Ni 等)和非磁性金属层(Cr、Cu、Ag 等)交替制成，相邻铁磁金属层的磁矩方向相反. 这种多层膜的电阻随外磁场变化而显著变化. 当外磁场为零时，材料电阻最大；当外磁场足够大时，原本反平行的各层磁矩都沿外场方向排列，材料电阻最小.

　　巨磁电阻效应可以由二流体模型来解释. 在铁磁金属中，导电的 s 电子要受到磁性原子磁矩的散射作用，散射的概率取决于导电的 s 电子自旋方向与薄膜中磁性原子磁矩方向的相对取向，即自旋方向与磁矩方向一致的电子受到的散射作用很弱，自旋方向与磁矩方向相反的电子则受到强烈的散射作用，而传导电子受到的散射作用的强弱直接影响到材料电阻的大小.

　　根据二流体模型，传导电子分成自旋向上和自旋向下两种. 由于多层膜中非磁性金属层对两组自旋状态不同的传导电子的影响是相同的，所以只考虑磁层的影响. 外加磁场为零时，相邻铁磁层的磁矩方向相反，如图 E6.1(a)所示，两种电子都在穿过与其自旋方向相同的磁层后，在下一磁层受到强烈的散射. 从宏观上看，巨磁电阻材料处于高电阻状态. 当外加磁场足够大时，如图 E6.1(b)所示，原本反平行排列的各磁层磁矩都沿外磁场方向排列，一半电子可以穿过许多磁层只受到很弱的散射，另一半在每一层都受到很强的散射，在宏观上，材料处于低电阻状态. 这样就产生了巨磁电阻现象.

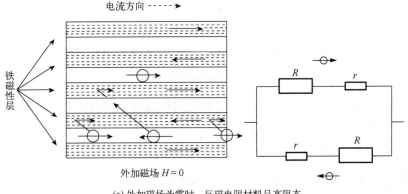

(a)外加磁场为零时，巨磁电阻材料呈高阻态

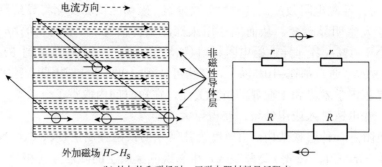

(b) 外加饱和磁场时，巨磁电阻材料呈低阻态

图 E6.1　二流体模型对巨磁电阻效应的解释

2. 巨磁电阻传感器

巨磁电阻传感器采用惠斯通电桥和磁通屏蔽技术. 传感器基片上镀了一层很厚的磁性材料，这层材料对其下方的巨磁电阻形成屏蔽，不让任何外加磁场进入被屏蔽的电阻器. 惠斯通电桥(图 E6.2(a))由四个相同的巨磁电阻组成，其中 R_1 和 R_3 在磁性材料的上方，受外磁场作用时电阻减小，而 R_2 和 R_4 在磁性材料的下方，被屏蔽而不受外磁场影响，电阻不变.

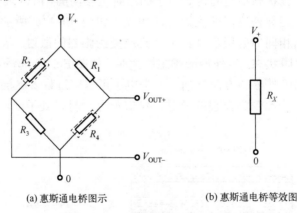

(a) 惠斯通电桥图示　　　　　(b) 惠斯通电桥等效图

图 E6.2　巨磁电阻传感器示意图

由巨磁电阻传感器输出电压 $V_{输出}$，得到电阻相对变化率 $(R_B-R_0)/R_0$ 的最大值. 由图 E6.2(a)可知

$$V_{输出} = V_{OUT+} - V_{OUT-} = V_+ R_4 / (R_1 + R_4) - V_+ R_3 / (R_2 + R_3) \tag{E6.1}$$

当外磁场为 0 时，$R_1=R_2=R_3=R_4=R_0$，传感器输出 $V_{输出}$ 为 0；当外磁场不为 0 时，未被屏蔽的巨磁电阻 $R_1=R_3=R_B$，电阻值随磁场增加而减小，被屏蔽的巨磁电阻 $R_2=R_4=R_0$，电阻值不随磁场变化. 由式(E6.1)得到

$$V_{输出} = V_+ (R_0 - R_B) / (R_0 + R_B) \tag{E6.2}$$

由式(E6.2)得到

$$R_B / R_0 = (V_+ - V_{输出}) / (V_+ + V_{输出}) \tag{E6.3}$$

$$(R_B - R_0) / R_0 = -2V_{输出} / (V_+ + V_{输出}) \tag{E6.4}$$

测量不同磁场下的巨磁电阻阻值 R_B，得到电阻相对变化率 $(R_B - R_0)/R_0$ 的最大值.

　　若将图 E6.2(a)中惠斯通电桥的四个巨磁电阻等效成一个巨磁电阻 R_X (图 E6.2(b))，则有

$$R_X = \frac{1}{2}(R_B + R_0) \tag{E6.5}$$

　　图 E6.3 为巨磁电阻 R_X 测量示意图，其中 R_a 为精密电阻，阻值为 4.70 kΩ. 当白色波段开关拨至 B 点时，精密电阻 R_a 与巨磁电阻 R_X 串联，为巨磁电阻阻值与磁感应强度关系测量实验(其他实验时，拨至 A 点，R_a 不接入电路). 可调电源 V_+ 需调节在 4 V 以内，因为测量 R_a 两端电压的电压表量程为 2 V. 当外磁场为零时，电压表显示 V_0(即 R_a 分压)，则由式(E6.5)得到

$$R_X |_{B=0} = R_0$$

$$\frac{V_+ - V_0}{R_X |_{B=0}} = \frac{V_0}{R_a}$$

推出

$$R_0 = \frac{V_+ - V_0}{V_0} R_a \tag{E6.6}$$

当磁场不为 0 时，由于 R_B 随磁场增加而逐渐减小，导致 R_a 分压 V 逐渐增加，直至饱和，则

$$R_X = \frac{V_+ - V}{V} R_a \tag{E6.7}$$

由式(E6.5)可以得到

$$R_B = 2R_X - R_0 \tag{E6.8}$$

　　由于巨磁电阻传感器灵敏度高，因此能有效地检测到由待测电流产生的磁场，进而得到待测电流的大小. 用巨磁电阻传感器测量通电导线电流值时，导线放在传感器的上方或下方，电流方向需平行于管脚，见图 E6.4. 通电导线会在导线周围产生环形磁场，其磁感应强度与电流大小成正比. 当传感器中的巨磁电阻材料感应到磁场时，传感器就产生一个电压输出. 当电流增大时，周围的磁场增大，传感器的输出也增大；同样，当电流减小时，周围磁场和传感器输出都减小.

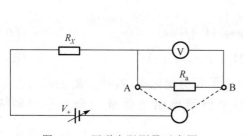

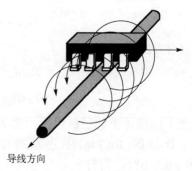

导线方向

图 E6.3　巨磁电阻测量示意图　　　图 E6.4　巨磁电阻传感器用于测量电流

实验内容

(1)了解巨磁电阻效应原理，测量不同磁场下的巨磁电阻阻值 R_B，作 R_B/R_0-B 关系图，求电阻相对变化率 $(R_B-R_0)/R_0$ 的最大值.

(2)学习巨磁电阻传感器定标方法，计算巨磁电阻传感器灵敏度，由巨磁电阻传感器输出电压 $V_{输出}$，得到电阻相对变化率 $(R_B-R_0)/R_0$ 的最大值.

(3)测定巨磁电阻传感器输出电压 $V_{输出}$ 与其工作电压 V_+ 的关系.

(4)测定巨磁电阻传感器输出电压 $V_{输出}$ 与通电导线电流 I 的关系.

注意事项

(1)实验中，需注意地磁场对实验产生的影响.

(2)使用磁性传感器时，应尽量避免铁质材料和可以产生磁性的材料在传感器附近出现.

(3)仪器上的恒流源不用时应归零，以提高使用寿命.

思考题

(1)巨磁电阻的原理是什么？

(2)随着外加磁场的增大/减小，巨磁电阻的阻值如何变化？

实验 E7　利用霍尔效应测磁场强度

利用霍尔效应
测磁场强度

　　　　霍尔效应是 1879 年美国物理学家霍尔(Hall)在霍普金斯大学的研究生院跟随罗兰教授学习时，对麦克斯韦(Maxwell)《电与磁》一书中的一段话产生质疑，进而对载流导体在磁场中导电性质过程进行深入研究过程中发现的重要电磁效应. 该效应自发现后

120余年内，整数和分数量子霍尔效应相继被科学家们发现，且分别获得1985年和1998年的诺贝尔物理学奖. 2013年，清华大学薛其坤院士领衔的实验团队从实验上首次观测到了量子反常霍尔效应，这是中国科学家从实验中独立观测到的一个重要物理现象，这一发现或将对信息技术进步产生重大影响，诺贝尔物理学奖得主杨振宁教授评价其为"诺贝尔奖级的发现".

霍尔效应的原理是材料内部载流子在外加磁场中运动时，因为受到洛伦兹力的作用而使轨迹发生偏移，并在材料两侧产生电荷积累，形成垂直于电流方向的电场，最终使载流子受到的洛伦兹力与电场斥力平衡，从而在两侧建立起一个稳定的电势差，即霍尔电压.

霍尔效应在当今的工程技术和科学研究中都有广泛且重要的应用. 霍尔元件测量灵敏度高，体积小，易于在磁场中移动和定位，可用来测量某点的磁场和缝隙中的磁场，还可用来判断半导体材料的导电类型、载流子浓度及迁移率，利用霍尔效应制备的各种传感器已广泛应用于工业自动化技术、检测和信息处理等各个方面.

实验目的

(1)验证霍尔传感器输出电势差与螺线管内磁感应强度成正比.

(2)测量集成线性霍尔传感器的灵敏度.

(3)测量螺线管内磁感应强度与位置之间的关系，求得螺线管均匀磁场范围及边缘的磁感应强度.

(4)学习补偿原理在磁场测量中的应用.

(5)测量地磁场的水平分量.

实验仪器

螺线管磁场测定仪(由霍尔传感器探测棒、螺线管及直流稳压电源等组成)、数字电压表.

实验原理

1. 霍尔效应

在长方形导体薄片上通以电流，沿电流的垂直方向加上磁场，就会在与电流和磁场两者垂直的方向上产生电势差，这种现象称为霍尔效应，所产生的电势差称为霍尔电压. 如图 E7.1 所示，若电流 I 沿 x 方向流过厚为 d 的半导体薄片，在 z 方向加上磁场 B，则薄片两个横向面在 y 方向产生电势差 U_H，霍尔发现电势差 U_H 与电

流 I 及磁感应强度 B 均成正比，与板的厚度 d 成反比，即霍尔公式

$$U_H = R_H \cdot \frac{IB}{d} = K_H \cdot IB \tag{E7.1}$$

式中，U_H 为霍尔电压；R_H 为霍尔系数；K_H 为霍尔片的灵敏度，且 $K_H = R_H/d$，K_H 的单位是 $mV \cdot mA^{-1} \cdot T^{-1}$，它表示该元件在单位磁感应强度和单位工作电流时霍尔电压的大小.

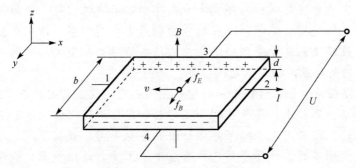

图 E7.1　霍尔效应原理示意图

其中，理论上霍尔元件在无外磁场时，$U_H = 0$，但实际情况中用数字万用表测量时并不为零. 这是由于半导体材料结晶不均匀及各电极不对称等引起附加电势差，该电势差称为剩余电压.

2. 磁场测量

一块长为 L、宽为 b、厚为 d 的半导体材料制成的霍尔片，如图 E7.1 所示，设工作电流 I 沿 x 轴正向流过半导体，如果半导体内的载流子电荷为 q，平均迁移速度为 $\overline{v}$，则载流子在磁场中受到洛伦兹力的作用，其大小为

$$f_B = q\overline{v}B \tag{E7.2}$$

在 f_B 的作用下，正、负电荷向两侧堆积并形成电场 E；该电场使载流子又受到一个与 f_B 方向相反的电场力 f_E，其大小为

$$f_E = q \cdot E \tag{E7.3}$$

f_E 阻碍着电荷进一步堆积，当达到动态平衡状态时有

$$f_B = f_E$$

即

$$q\overline{v}B = qE = \frac{qU_H}{b}$$

于是 3、4 两点间的电势差为

$$U_H = \overline{v}bB \tag{E7.4}$$

我们知道，工作电流 I 与载流子电量 q、载流子浓度 n、平均迁移速度 $\overline{v}$ 及霍尔片的截面积 bd 之间的关系为 $I = qn\overline{v}bd$，则

$$U_H = \frac{IB}{qnd} \tag{E7.5}$$

令

$$R_H = \frac{1}{nq}, \qquad K_H = \frac{1}{qnd}$$

则

$$U_H = R_H IB/d = K_H IB \tag{E7.6}$$

式中，R_H 为霍尔系数，K_H 为霍尔元件的灵敏度. 从式(E7.6)可知，如果知道了霍尔片的灵敏度 K_H，用仪器测出 U_H 与 I，就可以算出磁感应强度 B，这就是利用霍尔效应测磁场的原理.

从上面分析可知：

(1)当载流子带正电时，霍尔电压 U_H 及系数 R_H 为正值；若载流子带负电，则霍尔电压 U_H 及系数 R_H 为负值. 因此，可从霍尔电压的正负判断霍尔片的类型. 霍尔电压为正时，霍尔片为 p 型半导体；霍尔电压为负时，霍尔片为 n 型半导体.

(2)霍尔元件灵敏度 K_H 与载流子浓度 n 成反比，半导体的载流子浓度远比金属的载流子浓度小，因此用半导体材料制成的霍尔元件，灵敏度比较高. 另外，灵敏度 K_H 与 d 成反比，为了提高霍尔元件的灵敏度，霍尔元件都做得很薄(一般 d 约为 0.2 mm).

3. 霍尔效应中的副效应

在理想的情况下 R_H 是常数，实际上测得的 U_H，除霍尔效应外，还包括电热现象和温差电现象所产生的副效应，它们与霍尔效应混在一起，使霍尔电压测量产生误差，因此必须尽量消除. 下面分析其特点.

1)埃廷斯豪森(Ettingshausen)效应

1887 年埃廷斯豪森发现霍尔元件内每个载流子的实际定向漂移速度是不相同的，载流子的速度有大有小，根据 $F_B = q\overline{v} \times B$，它们在磁场中受到的洛伦兹力并不相等，因此在磁场作用下，大于或小于平均速度的载流子在洛伦兹力和霍尔电场力的共同作用下，向 y 轴的正向或反向两侧偏转，其动能在霍尔片两侧转化为热能，结果在 3 和 4 两点之间产生温差，从而出现温差电动势 U_E. $U_E \propto IB$，U_E 的正负与 I 及 B 的方向有关.

2) 能斯特（Nernst）效应

1886 年德国物理学家能斯特发现，霍尔元件由于接点 1、2 处焊接面的接触电阻可能不同，或由于电极、半导体材料不同而产生不同的焦耳热，使得电极 1 和 2 两点的温度不同，从而引起载流子在 x 方向的运动产生热流. 它在磁场作用下，在 3 和 4 两点间产生电势差 U_N 的能斯特效应. 当只考虑接触电阻差异而导致的能斯特效应时，U_N 的正负只与磁场 B 的方向有关.

3) 里吉-勒迪克（Righi-Leduc）效应

电势差 U_{RL} 是指由于上述热流中的载流子的速度各不相同，在磁场作用下，也会使 3 和 4 两点间出现温差电动势 U_{RL}. 同样，若只考虑 1、2 处接触电阻差异而产生的热流，则 U_{RL} 的方向只与 B 的方向有关.

4) 不等位效应

由于霍尔元件材料本身不均匀，霍尔电极位置不对称，3、4 两点不可能恰好处在同一条等位线上. 即使不存在磁场，当电流通过霍尔元件时，3、4 两点间也会出现电势差 U_0. U_0 的正负只与工作电流的方向有关. 严格地说，U_0 的大小在磁场不同时也略有不同.

4. 副效应的消除

一般来说，这些附加电压的正负与霍尔元件的工作电流 I 及磁感应强度 B 的方向有关，可以采用对称测量法进行消除. 改变工作电流的方向和外加磁场的方向时各附加电压的正负如下：

当 $+B$，$+I$ 时，测得电压　　　$U_1=U_H+U_0+U_E+U_{RL}+U_N$

当 $+B$，$-I$ 时，测得电压　　　$U_2=-U_H-U_0-U_E+U_{RL}+U_N$

当 $-B$，$-I$ 时，测得电压　　　$U_3=U_H-U_0+U_E-U_{RL}-U_N$

当 $-B$，$+I$ 时，测得电压　　　$U_4=-U_H+U_0-U_E-U_{RL}-U_N$

由以上四式可得

$$U_H = \frac{1}{4}(U_1 - U_2 + U_3 - U_4) - U_E \tag{E7.7}$$

可见，上述四种副效应中除了埃廷斯豪森效应外，都可以通过改变工作电流的方向和外加磁场的方向来消除. 考虑到埃廷斯豪森效应产生的附加电压 U_E 一般比霍尔电压 U_H 小得多（前者仅占后者的 5%），因此测量精度要求不高时可以忽略，则有

$$U_H = \frac{1}{4}(|U_1| + |U_2| + |U_3| + |U_4|) \tag{E7.8}$$

实验内容

1. **必做实验**

(1) 按照图 E7.2 连接实验装置.

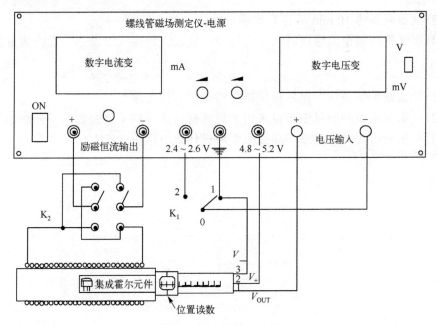

图 E7.2　实验接线示意图

(2) 检查接线无误后接通电源, 断开电流换向开关, 集成霍尔传感器放在螺线管的中间位置, 调节集成霍尔传感器的标准工作电流及剩余补偿电压.

(3) 测定集成线性霍尔传感器的灵敏度 K.

(4) 测量通电螺线管中的磁场分布.

① 当螺线管通恒定电流 I_m 时, 测量 U-X 关系.

② 利用上面所得的传感器灵敏度 K 计算 B-X 关系, 作 B-X 分布图.

③ 计算并在图上标出均匀区的磁感应强度 $\overline{B}_0$ 及均匀区范围 (包括位置和长度), 理论值 $B_0 = \mu_0 \dfrac{N}{\sqrt{L^2 + \overline{D}^2}} I_m$, 假定磁场变化小于 1% 的范围为均匀区, 即 $\dfrac{|B - B_0|}{B_0} \times 100\% \leqslant 1\%$.

2. **选做实验**

设计一个实验, 用霍尔传感器测量地磁场水平分量.

注意事项

(1)集成霍尔元件的 V_+ 和 V_- 不能接反，否则将损坏元件.

(2)拆除接线前应先将螺线管工作电流调零，再关闭电源，以防止电感电流突变引起高电压.

(3)仪器应预热 10 min 后再开始测量数据.

(4)螺线管励磁电流通过时间不宜过长，过长会使螺线管发热，影响测量结果.

思考题

(1)什么是霍尔效应？霍尔传感器在科研中有何用途？

(2)从霍尔系数的测量中可以求出半导体材料的哪些重要参数？

(3)霍尔效应实验中有哪些副效应？通过什么方法消除它？

为学患无疑，疑则有进

　　科学的重大突破往往始于怀疑和对权威的挑战，战国时期的孟子说过："尽信书，则不如无书."阿尔伯特·爱因斯坦(Albert Einstein)也曾言："提出一个问题往往比解决一个问题更重要. 因为解决问题也许仅是一个数学上或实验上的技能而已，而提出新的问题，却需要有创造性的想象力，而且标志着科学的真正进步."

　　1879 年，霍尔在霍普金斯大学跟随罗兰教授攻读研究生时，在阅读英国物理学家麦克斯韦《电和磁》一书时，注意到下面一段话："必须小心地记住，作用在穿过磁力线的有电流流过的导体上的机械力，不是作用在电流上的，而是作用在流过电流的导体上的."霍尔认为麦克斯韦这一论断与考虑这一情形时的直观推想是矛盾的. 因为不带电流的导线不会受到磁力的作用，而通有电流的导线所受的作用力与电流大小成正比，而作用力的大小通常与金属丝的尺寸和材料是没有关系的. 同时他又读到瑞典物理学家埃里克·埃德隆德(Erik Edlund)的一篇论文"单极感应"，文中指出：磁场作用在一固定导体中的电流上，与它作用在自由移动导体上是完全相同的. 两位物理学家的见解截然相反，到底哪位的说法是正确的？霍尔决定用实验寻找答案.

　　霍尔初步考虑："如果在固体导体中的电流本身会受到磁场的作用，电流会被吸引到导体的一侧，因此产生的电阻应当增加."但经过多次实验，霍尔并没有观察到电阻有明显的变化；霍尔又设想磁场有迫使电流偏向导体一侧的趋势，但实际上可能没有真正发生偏转，因此应当测量导体两侧对应点的电势差，但由于实验设计问题，仍未能获得理想的结果.

　　多次实验失败后，霍尔并没有放弃，当时经典的电子论还没有建立，霍尔又将电流类比为水流，假定使某种东西靠近水流的管道，这种东西具有吸引水流的作用，则水会明显地压向这一侧的管壁，但不会被压缩，水不能沿着压力的方向运动，结果只是简单的压力变化. 如果沿着管子的直径打一个孔，这样得到的管壁两侧的两个小孔用另一根管子连起来，将有水从一端流入从另一端流出. 那么，垂直于电流方向的两侧对应点上是否会有电流通过呢？沿着这一思路，霍尔重新设计了实验，终于在检流计上观察到了明显的偏转. 为纪念这一伟大发现，人们将这一现象命名为霍尔效应.

　　霍尔效应是一个非常重要的电磁效应，它定义了磁场和感应电压之间的关系. 这种效应和传统的电磁感应完全不同. 很多科学家不断对该效应进行深入研究，在霍尔效应发现后 120 余年内，整数和分数量子霍尔效应相继被发现，且其发现者和理论创造者分别获得 1985 年和 1998 年的诺贝尔物理学奖. 1985 年诺贝尔物理学奖授予德国斯图加特固体研究马克斯·普朗克研究所的冯·克利青(Klaus von Klitzing)，以表彰他发现了整数量子霍尔效应. 国际计量委员会下属的电学咨询委员会(CCE)在 1986 年的第 17 届会议上决定: 从 1990 年 1 月 1 日起，以量子霍尔效应所得的霍尔电阻 $R_H=h/e^2$ 来代表欧姆的国家参考标准. 1998 年诺贝尔物理学奖授予美国加州斯坦福大学的劳克林(Laughlin)，美国纽约哥伦比亚大学与新泽西州贝尔实验室的施特默(Strmer)和美国新泽西州普林斯顿大学电气工程系的崔琦(Daniel C. Tsui)，以表彰他们发现了一种具有分数电荷激发状态的新型量子流体，这种状态起因于所谓的分数量子霍尔效应. 分数量子霍尔效应是继霍尔效应和整数量子霍尔效应之后发现的又一项有重要意义的凝聚态物质中的宏观量子效应. 分数量子霍尔效应的实验发现引发了一系列对基本理论有真正深刻意义的现象出现，其中包括电荷的分裂.

在凝聚态物理领域，量子霍尔效应从发现之后，一直是一个非常重要的研究方向. 而量子反常霍尔效应不同于量子霍尔效应，它不依赖于强磁场，而是由材料本身的自发磁化产生. 在零磁场中就可以实现量子霍尔态，更容易应用到人们日常所需的电子器件中. 自 1988 年开始，就不断有理论物理学家提出各种方案，然而在实验上没有取得任何进展. 直到 2013 年，由清华大学薛其坤院士领衔、清华大学物理系和中国科学院物理研究所组成的实验团队，从实验上首次观测到量子反常霍尔效应，美国《科学》杂志于 2013 年 3 月 14 日在线发表了这一研究成果. 因为这一重要发现，薛其坤院士荣获了 2020 年度菲列兹·伦敦奖. 值得一提的是，这是中国科学家从实验中独立观测到的一个重要物理现象. 霍尔效应的理论研究从其被发现开始，一直延续至今. 该效应的应用也非常广泛，例如，利用霍尔效应制成的霍尔元件可以应用于电磁无损探伤、汽车点火系统及载流子浓度的测量等多个领域. 在现代汽车工业上，霍尔元件的应用也很多，如信号传感器、ABS 系统中的速度传感器、汽车速度表和里程表、液体物理量检测器及曲轴角度传感器等都有霍尔器件的影子. 另外，我国科学家发现的量子反常霍尔效应的应用前景也非常高，零磁场中的量子霍尔效应可以利用其无耗散的边缘态发展新一代低能耗晶体管和电子学器件，从而有望解决计算机发热问题和摩尔定律的瓶颈问题，进而促成高容错的全拓扑量子计算机的诞生，这意味着个人计算机可能得以更新换代.

第 8 章

波动光学专题实验

光学是物理学的重要组成部分，是与其他应用技术紧密结合的一门学科，也是当前科学领域最活跃的前沿阵地之一.

光学的起源可以追溯到两千多年前：我国的《墨经》中记载了许多光学现象，如投影、小孔成像、平面镜、凹面镜、凸面镜等；古希腊的欧几里得(Euclid，公元前330~前275年)所著的《反射光学》研究了光的反射.

光的本性是光学研究的重要课题，微粒说和波动说两种理论的争论构成了光学发展史中最具魅力的风景线. 波动光学的体系初步形成于19世纪初，1801年托马斯·杨(Thomas Young)圆满地解释了薄膜颜色和双缝干涉现象，并第一次成功地测定了光的波长. 1819年菲涅耳(A.J. Fresnel)利用实验观察到光通过障碍物后的衍射图样，并补充了惠更斯原理，形成了人们熟知的惠更斯-菲涅耳原理，圆满地解释了光的干涉和衍射现象，以及光的直线传播等现象，奠定了波动光学的基础. 此后，麦克斯韦、赫兹等进一步完善了光的电磁理论.

波动光学是现代激光光学、信息光学、非线性光学和应用光学的重要基础.本章将对光的波动性的三个重要特征(干涉、衍射和偏振现象)进行实验研究，包括迈克耳孙干涉仪的调节及应用、等厚干涉及应用、单缝衍射光强分布及缝宽的测量、光栅衍射与超声光栅、光的偏振现象研究和用椭偏仪测量薄膜的厚度和折射率.

实验 F1　迈克耳孙干涉仪的调节及应用

迈克耳孙干涉仪是1881年美国物理学家迈克耳孙(Albert Abraham Michelson)和化学家莫雷(E. W. Morley)合作，为观测地球相对于"以太"的运动而设计出的精密光学仪. 迈克耳孙凭借这一精密光学仪器在度量学和光谱学的研究工作中所做出的贡献，获得了1907年诺贝尔物理学奖. 时隔一百多年，这个神奇的仪器再次成就了诺贝尔

迈克耳孙
干涉仪

物理学奖. 20 世纪末，美国科学家雷纳·韦斯、巴里·巴里什和基普·索恩基于迈克耳孙干涉仪结构的设计原理，从而制造出了激光干涉仪引力波探测器. 他们由于用此干涉仪首次探测到了引力波的存在，由此获得了 2017 年诺贝尔物理学.

迈克耳孙干涉仪在近代物理学和近代计量科学中具有重大影响，特别是 20 世纪 60 年代激光出现以后，各种应用更为广泛. 用它可以观察光的干涉现象，研究光谱线的超精细结构，精密计量检验光学零件的偏差，测定光波波长、微小长度、光源的相干长度，还可以测量气体、液体的折射率等.

迈克耳孙干涉仪的调整与使用是物理实验教学中学习干涉仪调整、研究各种干涉现象的基本实验. 本实验可为学生使用其他更复杂和精密的光学仪器打下良好基础，也有助于培养学生的科学思维能力及理论联系实际、分析和解决问题等实践创新能力.

实验目的

(1) 了解迈克耳孙干涉仪的结构和工作原理，掌握其调节和使用方法.

(2) 通过观察等倾干涉、等厚干涉、白光干涉和非定域干涉现象，加深对干涉原理的理解.

(3) 测量 He-Ne 激光的波长.

(4) 测量钠双线的波长差.

(5) 测量空气的折射率.

(6) 测量固体透明材料的折射率或厚度.

实验仪器

迈克耳孙干涉仪、He-Ne 激光器、钠光灯、白炽灯、针孔板、毛玻璃屏、扩束镜、气室、固体透明材料等.

实验原理

1. 迈克耳孙干涉仪

迈克耳孙干涉仪是根据分振幅干涉原理制成的精密仪器. 如图 F1.1 所示，其光学系统由两个表面镀有金属膜的反射镜 M_1 (6) 和 M_2 (8) 及两块厚度和材料都相同的平行平面玻璃板 G_1(9) 和 G_2(10) 组成，M_1 装在导轨(5)的拖板上，可前后改变其位置；M_2 被固定在与导轨垂直的方向上；G_1(分光板)的下表面镀有半透半反膜，作用是将入射光等振幅地分为反射和透射两束；两束光经过反射镜 M_1 和 M_2 反射回来后相遇、干涉；通过导轨移动 M_1，可调节干涉光束的光程差；G_2 为补偿板，其

作用是补偿 M_2 反射光相对于 M_1 反射光在分光板中的光程差,详见"迈克耳孙干涉仪的工作原理"部分.

机械台面(4)固定在较重的铸铁底座(2)上,底座上有三个调平螺钉(1),用来调节台面的水平. 在台面上装有螺距为 1 mm 的精密丝杠(3),丝杠的一端与齿轮系统(12)相连接. 转动粗调手轮(13)或微调鼓轮(15)都可以使丝杠转动,从而带动丝杠上的拖板实现反射镜 M_1 沿导轨移动. M_1 移动的位置与移动的距离可从装在台面一侧的毫米直尺(图中未画出)、读数窗(11)及微调鼓轮(15)上读出:手轮旋转一周,M_1 移动 1 mm,手轮分为 100 分格,它每转过 1 分格,M_1 就平移 1/100 mm(由读数窗读出);微调鼓轮每转一周,手轮随之转过 1 分格,鼓轮又分为 100 格,因此鼓轮转过 1 格,M_1 平移 10^{-4} mm. 最后

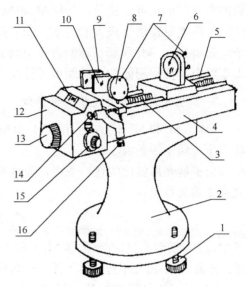

图 F1.1　迈克耳孙干涉仪

1. 调平螺钉;2. 铸铁底座;3. 精密丝杠;4. 机械台面;
5. 导轨;6. 可动反射镜 M_1;7. 调节螺钉;8. 固定反射镜 M_2;9. 分光板 G_1;10. 补偿板 G_2;11. 读数窗;
12. 齿轮系统;13. 粗调手轮;14. 水平方向的拉簧螺钉;
15. 微调鼓轮;16. 垂直方向的拉簧螺钉

读数应为上述三者之和. M_1 和 M_2 的背后各有 3 个调节螺钉(7),可以调节镜面的法线方位. M_2 镜台下面还有一个水平方向的拉簧螺钉(14)和垂直方向的拉簧螺钉(16),用于对 M_2 方位作更精细的调节.

2. 迈克耳孙干涉仪工作原理

迈克耳孙干涉仪光路原理如图 F1.2 所示,光源 S 发出的光线入射分光板 G_1 时,

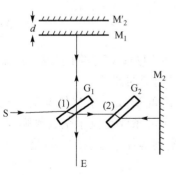

图 F1.2　迈克耳孙干涉仪
工作原理图

被半透半反膜分成光强大致相等的反射光(1)和透射光(2). 由于 G_1 和 M_1、M_2 成 45°角,所以两束光又分别被 M_1 和 M_2 反射返回分光板汇合,射向观察位置 E. 光路中补偿板 G_2 的作用是使光束(1)和(2)在玻璃板中走过的光程相等. 因此计算两束光的光程差时,只须考虑两束光在空气中的几何路程差即可,从而可以实现对微小位移量的测量.

从观察位置 E 处向分光板看去,M_2 在分光板 G_1 的下表面反射下,相当于在 M_1 附近形成一个虚像 M_2'. 因此,迈克耳孙干涉仪的原理与空气薄膜的干涉原理是等效的. 结合仪器结构特点,迈克耳孙干涉仪的构思巧妙之处在于:① M_1 和 M_2' 所

夹的空气层形状可以调节,如使 M_1 和 M_2' 平行、不平行、相交甚至完全重合,这为研究干涉现象提供了极大的方便;②光路中把两束相干光分离得很远,且光源、两个反射镜 M_1、M_2 和观察屏四者在空间完全分开,东南西北各据一方,以便在任一支光路中安插被测元件,从而可进行众多干涉现象的观察、实验和测量.

3. 扩展光源产生的定域干涉条纹

(1)当 M_1 和 M_2' 平行时(此时 M_1 和 M_2 严格互相垂直),所夹空气层厚度均匀,将产生等倾干涉条纹.

由扩展光源射出的任一束光,经过 M_1 和 M_2' 薄膜上下表面反射形成的光束 1 和光束 2 的光程差为

$$\delta = 2d\cos i \tag{F1.1}$$

其中,i 为反射光(1)在平面镜 M_1 上的入射角,d 为空气薄膜的厚度,如图 F1.3 所示. 光束 1、2 相互平行,其干涉条纹成像于无限远,这时若在 E 前放一个透镜,在其焦平面上(或用眼在 E 处)便可观察到一组同心圆条纹. 对于第 k 级条纹,则有

$$2d\cos i = k\lambda \tag{F1.2}$$

可见,空气薄层厚度 d 一定时,入射角 i 越小,即越靠近中心,圆环条纹的级数 k 越高,在中心处,$i=0$ 级次最高. 当 M_1 和 M_2' 的间距 d 逐渐增大时,对任一级干涉条纹,如 k 级,必定是以减少 $\cos i_k$ 的值来满足式(F1.2)的,故该干涉条纹间距向 i_k 变大的方向移动,即向外扩展. 这时,观察者将看到条纹好像从中心向外"涌出",且每当间距 d 增加 $\lambda/2$ 时,就有一个条纹涌出. 反之,当间距由大逐渐变小时,最靠近中心的条纹将一个一个地"陷入"中心,如图 F1.4 所示,且每陷入一个条纹,间距的改变也为 $\lambda/2$. 因此,当 M_1 移动时,若有 N 个条纹陷入中心,则表明 M_1 相对于 M_2' 移近了

$$\Delta d = N \cdot \frac{\lambda}{2} \tag{F1.3}$$

反之,若有 N 个条纹从中心涌出来,则表明 M_1 相对于 M_2' 移远了同样的距离. 如果精确地测出 M_1 移动的距离 Δd,则可由式(F1.3)计算出光源的波长.

(2)若 M_1 和 M_2' 有一个很小的夹角 θ,两反射镜之间形成一个空气劈尖,如图 F1.5 所示. 当入射角 i 也较小时,用扩展光源照射,干涉条纹定位于空气薄膜 M_1 表面附近. 把眼睛聚焦在 M_1 附近(或用透镜),就可观察到等厚干涉条纹. 因此,M_1 和 M_2' 薄膜上下表面反射光线的光程差仍近似为

$$\delta = 2d\cos i \approx 2d\left(1 - \frac{i^2}{2}\right) \tag{F1.4}$$

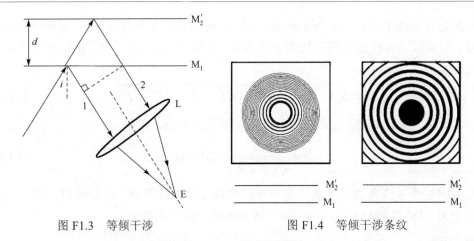

图 F1.3 等倾干涉 图 F1.4 等倾干涉条纹

在 M_1 和 M_2' 两镜面相交处,光程差为零,所形成的条纹是一组平行直条纹. 在交线附近 d 很小,光程差取决于 d 的变化,因而看到的是平行于交线的直条纹. 在远离交线处,当 i 逐渐增大时,随着 d 逐渐增大,干涉条纹逐渐发生弯曲,而且条纹的弯曲方向是凸向 M_1 与 M_2' 相交处的,如图 F1.6 所示.

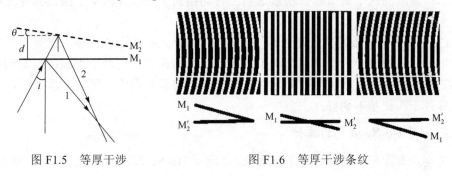

图 F1.5 等厚干涉 图 F1.6 等厚干涉条纹

若用白光作光源,则各种不同波长的光所产生的干涉条纹明暗相互重叠,一般情况下不出现干涉条纹. 在 M_1 和 M_2' 相交 $d=0$ 处,交线上各种波长的光的光程差皆为零,在它的两旁分布彩色直条纹.

4. 点光源产生的非定域干涉条纹

激光器发出的光,经凸透镜 L 后会聚于 S 点. S 点可看作一个点光源,经 M_1、M_2' 反射,等效于沿轴向分布的两个虚光源 S_1'、S_2' 所产生的干涉,如图 F1.7 所示.

虚光源 S_1'、S_2' 的距离为 M_1 和 M_2' 的距离 d 的 2 倍. 虚光源 S_1'、S_2' 发出的球面波在它们相

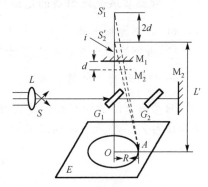

图 F1.7 点光源产生的非定域干涉

遇空间处处相遇干涉,故称为非定域干涉. 将观察屏放在不同位置上,则可看到圆、椭圆、双曲线、直线等不同形状的干涉条纹. 从图上可以看出,S_1' 和 S_2' 到达 A 点引入光程差为

$$\delta = S_1'A - S_2'A = \sqrt{(L'+2d)^2 + R^2} - \sqrt{L'^2 + R^2} \tag{F1.5}$$

由于 $L' \gg d$,将上式按级数展开,并略去高阶无穷小项,可得

$$\delta = \frac{2dL'}{\sqrt{L'^2 + R^2}} = 2d\cos i \tag{F1.6}$$

点光源产生的干涉条纹与扩展光源产生的等倾干涉条纹类似. 由此可知,把屏放在垂直于 S_1'、S_2' 连线 OA 处,对应的干涉条纹是一组同心圆.

实验内容

1. 迈克耳孙干涉仪的调整

(1)粗调:将迈克耳孙干涉仪三个底脚螺丝调平;两个平面镜后面的调节螺钉松紧适当;镜座的两个调节螺钉松紧适当;转动粗调手轮,使两个平面镜到分光板的距离大致相等.

(2)细调:调节激光器使光束水平,并入射到分光板的中心且使入射光与反射光基本重合,仔细耐心轻缓地调节两个平面镜后面的螺钉,使两个平面镜反射到观察屏上的发光最亮点严格重合,此时在观察屏上能够看到很小范围的干涉条纹,此时迈克耳孙干涉仪基本调好.

2. 测量 He-Ne 激光的波长

观察点光源产生的非定域干涉现象,并测量 He-Ne 激光的波长. 自拟数据表格,用逐差法处理数据. He-Ne 激光波长的理论值为 632.8 nm.

3. 观察扩展光源形成的定域干涉图样

(1)观察等倾干涉条纹.
(2)观察等厚干涉和白光干涉条纹.

4. 测量钠黄光的波长差

钠光两条强谱线的波长分别为 λ_1 和 λ_2,移动 M_1,当两列光波(1)和(2)的光程差恰好为 λ_1 的整数倍,同时又为 λ_2 的半整数倍时,即

$$k_1\lambda_1 = \left(k_2 + \frac{1}{2}\right)\lambda_2 \tag{F1.7}$$

λ_1 光波生成亮环的地方,恰好是 λ_2 光波生成暗环的地方. 如果两列光波的强度相等,

则在此处干涉条纹的视见度应为零（条纹消失）. 干涉场中相邻的两次视见度为零时，光程差的变化应为

$$2\Delta d = k\lambda_1 = (k+1)\lambda_2 \quad （k\text{ 为一较大整数}）\tag{F1.8}$$

由此得

$$\Delta\lambda = \lambda_1 - \lambda_2 = \frac{\lambda_1\lambda_2}{2\Delta d}\tag{F1.9}$$

设 $\overline{\lambda}$ 为 λ_1、λ_2 的平均波长. 因为 λ_1 与 λ_2 的值彼此十分接近，可作近似 $\sqrt{\lambda_1\lambda_2}\approx\frac{1}{2}(\lambda_1+\lambda_2)=\overline{\lambda}$，则上式可写为

$$\Delta\lambda = \frac{\overline{\lambda}^2}{2\Delta d}\tag{F1.10}$$

对于视场中心来说，如果测出在相继两次视见度最小时 M_1 镜移动的距离 Δd，就可以由式（F1.10）求得钠光的双线波长差.

5. 测量空气的折射率

在迈克耳孙干涉仪的一个臂上放置一个由石英玻璃制成的气室，气室由玻璃腔体、压力表、皮囊和支架组成. 通过皮囊可以给气室中的气体增加压力，也可以通过皮囊的减压阀放气给气室减压，腔内气压可以通过压力表读出.

当激光束通过气室时，干涉图样随气室里气体气压的变化而变化. 当气压增加时，干涉圆环从中心涌出；反之，干涉圆环向中心陷入. 在恒定温度下，气体折射率 n 与气压成正比

$$n_p = n(p) = kp + 1\tag{F1.11}$$

式中，p 为气体压强，k 为比例系数. 在绝对真空下 $p=0$，则 $n(0)=1$. 对于常压 $p=p_0$ 条件，则 $n_0=n(p_0)=kp_0+1$. 当气室内压强改变 $\Delta p=p-p_0$ 时，由于折射率的变化引起光程差改变 δ，可以观测到条纹的移动个数 N. 各参数之间的关系为

$$\delta = (n_p - n_0)L = \frac{\lambda}{2}N\tag{F1.12}$$

式中，L 为气室的有效长度. 由上述各式可以推得常压 p_0 下空气折射率为

$$n_0 = \frac{N\lambda}{2L}\cdot\frac{p_0}{\Delta p} + 1\tag{F1.13}$$

可见，当气室内压力由 p_0 变化到 p 时，只要测量出干涉条纹"涌出"或"缩进"的条数 N，就可以计算出常压及不同压力下空气的折射率.

*6. 利用迈克耳孙干涉仪设计实验，测量透明材料的折射率或厚度

(1)调节镜 M_1 和镜 M_2' 重合，即两镜子调到等光程处，将待测玻璃片插入镜 M_1 和分束镜 G_1 之间，再次调节可移动镜子 M_1 到等光程处。若已知玻璃的厚度，测出镜子的移动距离，可求出玻璃的折射率。当然，若已知玻璃的折射率，则可得到玻璃的厚度。

(2)若用白光作光源，调节 M_1 和 M_2' 两镜面相交，使得在交线处的两旁出现大致对称的彩色直条纹(干涉条纹情况见图 F1.6)。原理及步骤与(1)类似，这里不再赘述。

注意事项

(1)调整迈克耳孙干涉仪时，应使两个反射镜反射的光斑在毛玻璃屏上重合。

(2)实验前和实验结束后，所有调节螺丝均应处于放松状态，调节时应先使之处于中间状态，以便有双向调节的余地，调节动作要均匀缓慢，防止用力过度，损坏仪器。

(3)反射镜背后的粗调螺钉不可旋得太紧，以防止镜面变形。

(4)为避免引入空程误差，测量时要沿同一方向转动手轮，途中不能倒退。

(5)避免激光直接射入眼睛。

思考题

(1)在迈克耳孙干涉仪的一臂中，垂直插入折射率为 1.45 的透明薄膜，此时视场中观察到 15 个条纹移动，若所用照明光波长为 500 nm，求该薄膜的厚度。

(2)非定域干涉条纹、等倾干涉条纹和等厚干涉条纹分别定域在何处？实验中怎样验证？

(3)调节非定域干涉条纹时，若观察到的条纹又细又密，是何原因？如何调节，使条纹变得又粗又稀？

实验 F2　等厚干涉及应用

牛顿环测平凸透镜的曲率半径

　　等厚干涉及应用实验又称为牛顿环曲率半径测量实验，牛顿环是物理学家牛顿在考察肥皂泡及其薄膜干涉现象时，把一个玻璃三棱镜压在一个曲率已知的透镜上，偶然发现的干涉圆环。19 世纪初，托马斯·杨用光的干涉原理解释了牛顿环现象，并验证了相位跃变理论。本实验采用一个曲率半径大的凸透镜和一个平面玻璃相连并接触，用白光照射时，由于光的干涉造成接触点出现明暗相间的同心彩色圆圈，用单色光照射，则出现明暗相间的单色圆圈，通过等厚干涉的

条件建立数学模型，计算牛顿环的曲率半径. 实验设计的巧妙之处在于通过简单的平面几何测量原理，将测量牛顿环的曲率半径转化为测量牛顿环中干涉圆环的直径，消除圆心不易确定带来的误差. 利用牛顿环直径的测量方法，通过逐差法消除灰尘等引起的系统误差，实现曲率半径的精确测量.

在实验过程中需要对实验仪器进行调整和对实验数据进行处理，实验的难点在于光程差的确定、读数显微镜的使用和逐差法的选择，这需要学生通过实验操作，培养和具备基础的实验技能和一定的实验创新能力. 实验对培养学生严谨、细致的实验态度和耐心的实验习惯具有良好的作用. 学生通过对牛顿环曲率半径的测量，不仅可以深入了解牛顿环设计实验的巧妙，还可以对光的等厚干涉和波动性加深理解. 本实验可培养具有独立创新意识和创新实践能力的复合型本科生人才.

实验目的

(1) 观察等厚干涉现象，掌握其特点，加深对光的波动性的理解.
(2) 掌握用牛顿环测平凸透镜曲率半径的方法.
(3) 掌握用劈尖测细丝或薄片的方法.
(4) 掌握读数显微镜的使用.
(5) 学会利用干涉条纹检测光学表面几何特征.

实验仪器

牛顿环仪、劈尖、读数显微镜、钠光灯、两块光学平玻璃板和细丝(或薄片)等.

实验原理

1. 牛顿环

牛顿环仪由一块曲率半径较大的平凸玻璃透镜和光学玻璃平板构成，如图 F2.1(a) 所示的装置. 平凸透镜的凸面与玻璃平板之间形成一层空气薄膜，其厚度从中心接触点到边缘逐渐增加. 若以平行单色光垂直照射到牛顿环仪上，则在反射方向和透射方向都能观察到等厚干涉现象. 其干涉图样是以玻璃接触点为中心的一系列明暗相间的同心圆环(图 F2.1(b))，称为牛顿环.

平行单色光垂直入射，则经空气层上、下表面反射的两光束存在光程差，它们在平凸透镜的凸面相遇后干涉形成牛顿环.

设平凸透镜的曲率半径为 R，距接触点 O 为 r_k 的一点 D 处的空气层厚度为 d_k. 如图 F2.1(a) 所示，考虑光束 2 在平板玻璃上表面反射时的半波损失，则 D 点处

两干涉的反射光束的光程差为

$$\Delta = 2d + \lambda / 2 \tag{F2.1}$$

显然，厚度 d 唯一决定了光程差，所以牛顿环是一种等厚干涉，并且理想的条纹是同心圆环(注：为表示清晰，图中将光束 1 与光束 2 分离，实际上由于曲率半径相对很大，光束 1 和光束 2 是重合的).

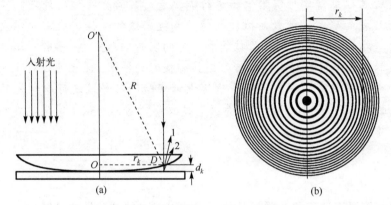

图 F2.1　牛顿环仪及反射光束干涉示意图(a)与反射光的牛顿环(b)

根据干涉理论，点 D 所在的圆环是第 k 级暗环的条件为

$$2d_k + \lambda / 2 = (2k+1)\lambda / 2 \quad (k=0, 1, 2, \cdots) \tag{F2.2}$$

由几何关系

$$R^2 = r_k{}^2 + (R - d_k)^2 \tag{F2.3}$$

联立式(F2.2)和式(F2.3)，并考虑 $R \gg d_k$，忽略高阶小项 d_k^2，可得第 k 级暗环的半径为

$$r_k = \sqrt{k\lambda R} \quad (k=0, 1, 2, \cdots) \tag{F2.4}$$

根据上述分析，反射光的牛顿环是中心为暗斑、间距随级数增大而减小的一系列明暗相间的同心圆环，相邻两圆环对应的空气层厚度相差半个波长.

2. 测平凸透镜的曲率半径

根据式(F2.4)可得平凸透镜的曲率半径

$$R = r_k^2 / k\lambda \tag{F2.5}$$

若已知入射单色光的波长，并能确定各暗环的级次和半径，即可得到曲率半径.

然而，在实验中通常不采用式(F2.5)来测量平凸透镜的曲率半径. 一方面，压力会使玻璃透镜和平板的接触点变为圆斑(甚至是不规则的)，导致各暗环的中心不能确定；另一方面，灰尘会引起附加的光程差，导致各暗环的绝对级次不能确定.

为了消除系统误差，采用两暗条纹直径平方差的方法进行处理，根据式(F2.5)，凸透镜的曲率半径表示为

$$R = \frac{D_m^2 - D_n^2}{4(m-n)\lambda} \tag{F2.6}$$

式中，D_m 和 D_n 分别为第 m 级和第 n 级暗环的直径. 实际测量中，测得的 D_m 和 D_n 只是第 m 个和第 n 个暗环的弦，但只要保证 D_m 和 D_n 是两个暗环在同一直线上的弦，就不会影响结果. 可以证明，$D_m^2 - D_n^2$ 既可以消除附加光程差的影响，亦可以避开无法确定圆心的问题. 因此，在同一直线方向上测得两个暗环的弦长，根据式(F2.6)，即可得到平凸透镜的曲率半径.

3. 劈尖干涉法测厚度

如图 F2.2 所示，在两个光学平玻璃板中间的一端插入一薄片或细丝，则在两玻璃板间形成一空气劈尖. 当一束平行单色光垂直照射时，则劈尖薄膜上下两表面反射的两束光进行相干叠加，形成一簇与两玻璃板交线平行且间隔相等的干涉条纹.

干涉中两束光的光程差为

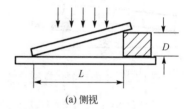

(a) 侧视

$$\Delta = 2d + \frac{\lambda}{2} \tag{F2.7}$$

式中，d 为空气间隙的厚度. 干涉暗纹形成的条件为

$$\Delta = 2d + \frac{\lambda}{2} = (2m+1) \cdot \frac{\lambda}{2} \quad (m=0,1,2,\cdots) \tag{F2.8}$$

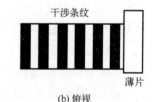

(b) 俯视

图 F2.2　劈尖干涉法测厚度

显然，同一暗纹都对应相同厚度的空气层，因而是等厚干涉. 同样易得，两相邻暗条纹对应空气层厚度差都等于 $\lambda/2$，则第 m 级暗条纹对应的空气层厚度为 $D_m = m\lambda/2$. 若夹薄片(或细丝)后劈尖正好呈现 N 级暗纹，则薄片厚度为

$$D = N\frac{\lambda}{2} \tag{F2.9}$$

由上式可见，如果求出空气劈尖上总的暗条纹数 N，就可以由已知光源的波长 λ 测定薄片厚度(或细丝直径)D.

然而，一般情况下 N 值较大，为了避免误差，在实验中可先测出某长度 Δl 内干涉暗条纹的间隔数 k，则单位长度的干涉暗条纹的间隔数 $n = \dfrac{k}{\Delta l}$. 若劈尖两玻

璃片交线处到细丝间的距离为 L，则细丝处出现暗条纹的级数为 $N=nL$，细丝的直径为

$$D = nL\frac{\lambda}{2} \tag{F2.10}$$

4. 利用干涉条纹检测光学表面几何特征

将光学样板放在被测平面上，在样板的标准平面与待测平面之间形成一个空气薄膜. 当单色光垂直照射时，通过观测空气膜上的等厚干涉条纹判断被测光学表面的形状.

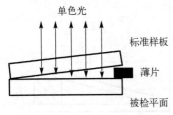

图 F2.3　平面检测示意图

1)待测表面是平面

在样板的标准平面与待测平面之间形成一个楔形空气膜，如图 F2.3 所示，观测干涉条纹.

(1)如果干涉条纹是等距离的平行直条纹，如图 F2.4(a)所示，则被测平面是精确的平面.

(2)如果干涉条纹形状如图 F2.4(b)所示，则表明待测表面有凹痕.

(3)如果干涉条纹形状如图 F2.4(c)所示，则表明待测表面有凸痕.

因为凹(凸)痕处的空气膜的厚度较其两侧平面部分厚(薄)，所以干涉条纹在凹(凸)痕处弯向膜层较薄(厚)的一端.

2)待测表面呈微凸球面或微凹球面

将待测球面透镜放在平面玻璃板上,可观测到同心圆的环状干涉条纹,如图 F2.5 所示. 有以下两种方法可以判断表面的凹凸性.

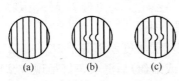

图 F2.4　平面形状的干涉条纹

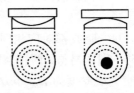

图 F2.5　球面形状的干涉条纹

(1)在显微镜下，观察干涉条纹的中心斑点，若中心为一暗斑，表明待测表面为凸面；反之，为凹面.

(2)用手指轻按玻璃板平面中心.

①如果干涉圆环向中心收缩，表明表面是凹面.

②如果干涉圆环从中心向边缘扩散，则表面是凸面. 这是由于向下按时，空气膜的厚度发生变化，各级干涉条纹发生相应的移动.

实验内容

1. 观察牛顿环

利用读数显微镜观察反射光的牛顿环，并分析其特点. 实验装置如图 F2.6 所示.

请注意以下几点：

(1) 熟悉读数显微镜的使用(详细介绍见内容 4.1.3 读数显微镜).

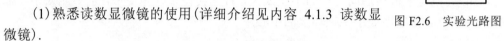

图 F2.6　实验光路图

(2) 避免存在透射光形成牛顿环(遮住显微镜载物台下的反光镜).

(3) 保证单色光垂直入射牛顿环仪(调节物镜下方 45°半反射镜，使视场最亮).

(4) 调节固定牛顿环仪的螺丝，即改变透镜和平板玻璃间的压力，观察条纹(特别是中心暗斑)的变化，分析暗斑大小对曲率半径测量的影响.

(5) 观察到牛顿环后，在牛顿环仪的空气薄层中插入细小物体，观察条纹变化，分析其原因.

2. 测平凸透镜曲率半径

根据式 (F2.6)，测量 D_m 和 D_n，计算得到平凸透镜的曲率半径. 请注意以下几点：

(1) 显微镜的十字叉丝与牛顿环的中心重合，并保证水平方向的叉丝与显微镜的标尺平行，即与显微镜筒移动方向平行.

(2) 根据不确定度的分析选择 $m-n$ 的值，在可见条纹级次的范围内选择待测暗环的级次 m 和 n. 例如，取 $m-n=20$，m 取 35、34、33、32、31 暗环，n 取 15、14、13、12、11 暗环.

(3) 单向测量，避免读数显微镜的测微鼓轮的空程差.

(4) 用逐差法处理数据.

3. 测量细丝的直径

(1) 将劈尖放置于读数显微镜的工作平台上，并调整劈尖，使劈尖两玻璃片交线与玻璃细丝平行.

(2) 照明调节基本同牛顿环，使得能清晰地看到干涉条纹.

(3) 测出 k 条暗条纹的总长度 Δl 及劈尖两玻璃片交线处到细丝处的总长度 L.

(4) 求出细丝直径.

4. 利用干涉条纹检测光学表面的几何特性

(1) 观察干涉条纹.

(2) 根据条纹判断待测光学面是凸起还是凹陷，或待测表面呈微凸球面还是微凹球面.

注意事项

(1)观察反射光牛顿环(劈尖)时需遮住显微镜载物台下的反光镜.

(2)对读数显微镜调焦时,先使物镜接近被测物,然后使镜筒慢慢向上移动,以防止损坏显微镜.

(3)保证水平方向的叉丝与显微镜的标尺平行.

(4)透镜与平板玻璃间的压力不能太大,否则会使牛顿环变形,也不能太小,需保证暗环中心稳定地处于牛顿环仪的中心.

思考题

(1)为什么必须遮住显微镜载物台下的反光镜?

(2)如何确定暗环直径的两端位置?

(3)是否可从透射光的牛顿环测曲率半径?与用反射光的牛顿环测量相比,效果如何?(提示:分析干涉条纹的可见度.)

(4)暗环直径与对应的级次呈线性关系 $D_m^2=4\lambda Rm+\text{const}$,是否可采用本实验的测量数据,线性拟合得到曲率半径的值?试拟合之,并与逐差法比较.

(5)是否可以利用牛顿环测一些微小量,如细丝直径?能否测量液体的折射率?试说明其原理.

(6)能否利用本实验测量平凹透镜的曲率半径?试推导曲率半径的计算公式.

实验 F3　单缝衍射光强分布及缝宽的测量

早在 17 世纪,意大利的格里马第(Grimaldi)就发现点光源照射物体时,有时在该物体的影子边缘会出现彩带.格里马第称这种现象为"衍射".后来,英国科学家胡克(Hooke)也观察到类似的现象,但他们都未能对衍射现象作出正确的解释.

1818 年,菲涅耳提出了今天被称为惠更斯-菲涅耳原理的新理论,并创造了菲涅耳半波带法来定量计算物体的衍射光强分布,菲涅耳的所有计算都与实验结果相符.

菲涅耳所做的衍射实验,其光源和观察屏距离衍射孔都不是无限远,因而对衍射孔都有一个张角.而同一时期德国的夫琅禾费采用入射光与出射光都是平行光来研究衍射现象,即光源和光屏距离衍射物体都是无限远.我们把这种远场衍射方式产生的衍射称为"夫琅禾费衍射",而把前者称为"菲涅耳衍射".可以看出,夫琅禾费衍射是菲涅耳衍射的一种极限情形,数学上更容易处理.

光的衍射现象是光的波动性的重要表现.光的衍射不仅有助于对光的波动性

的理解，而且有助于掌握近代光学技术(如光谱分析、晶体结构分析、全息技术、光学信息处理等)的实验基础. 本实验是研究单缝夫琅禾费衍射的光强分布，并学习利用其性质测量单缝的宽度.

实验目的

(1)观察单缝夫琅禾费衍射现象，加深对衍射理论的理解.

(2)利用光电元件测量单缝衍射的相对光强分布，掌握其分布规律.

(3)利用单缝衍射的光强分布规律测量单缝的宽度.

实验仪器

氦氖激光器、可调单缝、光屏、光强分布测微器(硅光电池、狭缝光阑、螺旋测微装置)、检流计、光具座.

实验原理

要实现夫琅禾费衍射，必须保证光源到单缝的距离和单缝到衍射屏的距离均为无限远(或相当于无限远)，即要求照射到单缝上的入射光及衍射光都为平行光，衍射屏应放到无限远处. 在实验装置中只要利用两个透镜即可达到此要求，光路如图 F3.1 所示. S 是波长为 λ 的单色光源，放置于透镜 L_1 的焦平面上，S 发出的单色光经过透镜 L_1 成为平行光，垂直照射在单缝上而产生衍射现象，其向各个方向衍射的平行光束经过透镜 L_2 会聚在 L_2 的焦平

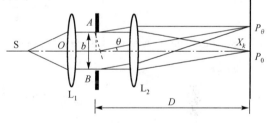

图 F3.1　单缝夫琅禾费衍射光路图

面上，若在 L_2 焦平面上放置一衍射屏，则可呈现一组明暗相间的衍射图样.

本实验若用 He-Ne 激光器作光源，则由于激光束的发散角小，方向性好，能量集中，且单缝的宽度 b 一般很小，这样就可以不用透镜 L_1. 若衍射屏距离单缝也较远(D 远大于 b)，则透镜 L_2 也可以不用,这样单缝夫琅禾费衍射装置就简化为图 F3.2.

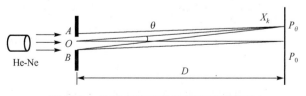

图 F3.2　单缝夫琅禾费衍射实验装置图

由惠更斯-菲涅耳原理可以推导出在衍射屏上任一点 P_θ 处的光强 I_θ 为

$$I_\theta = I_0 \frac{\sin^2 u}{u^2} \tag{F3.1}$$

其中

$$u = \frac{\pi b \sin \theta}{\lambda}$$

式中，θ 为衍射光束与光轴 OP_0 的夹角，称之为衍射角；b 为单缝宽度；λ 为入射单色光的波长. 根据式(F3.1)的单缝衍射强度分布公式，可以推出单缝衍射图样的特征如下：

(1)当 θ=0 时，$u=0$，则 $I_\theta=I_0$. I_0 表示平行于光轴方向的衍射光束会聚于衍射屏 P_0 处的光强，该处光强极大，称为中央主极大，是中央亮条纹的中心.

(2)当 $\sin \theta = k \dfrac{\lambda}{b}$ (k=±1, ±2, ±3, …)时，$u = k\pi$，则 I_θ =0. 此处的光强为极小值，呈现暗条纹. 由于 θ 值很小，可以近似认为 $\sin\theta \approx \theta$.

如果单缝到衍射屏的距离为 D，屏上任一点 P_θ 到中央主极大 P_0 的距离为 X_k，则 $\theta = k\dfrac{\lambda}{b} = \dfrac{X_k}{D}$，如果已知入射光波长 λ，就可求出单缝的宽度

$$b = \frac{k\lambda D}{X_k} \tag{F3.2}$$

(3)中央主极大两侧暗条纹之间的角宽度 $\Delta\theta$（当 $k = \pm 1$ 时的两个暗条纹衍射角的夹角）为

$$\Delta\theta = \frac{2\lambda}{b} \tag{F3.3}$$

而其他相邻暗条纹之间的角宽度则为

$$\Delta\theta = \frac{\lambda}{b} \tag{F3.4}$$

(4)其他各级亮条纹光强最大值称为次极大. 各级次极大对应的衍射角位置 θ 根据计算分别为

$$\theta = \pm 1.43 \frac{\lambda}{b}, \quad \pm 2.46 \frac{\lambda}{b}, \quad \pm 3.47 \frac{\lambda}{b}, \quad \pm 4.48 \frac{\lambda}{b}, \quad \cdots$$

衍射条纹的强度如用相对强度 I_θ/I_0 表示，中央主极大的相对强度为 1，则各级次极大的相对强度分别为

$$\frac{I_\theta}{I_0} = 0.047, \quad 0.017, \quad 0.008, \quad 0.005, \quad \cdots$$

可见亮条纹的光强随着级次 k 的增加而迅速减小. 单缝衍射图样的相对光强分布如图 F3.3 所示.

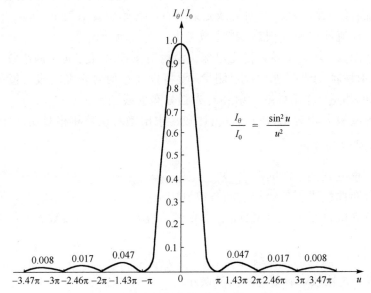

$$\frac{I_\theta}{I_0} = \frac{\sin^2 u}{u^2}$$

F3.3　单缝衍射的相对光强分布曲线

实验内容

1. 观察单缝的衍射现象

(1) 按照图 F3.4 和夫琅禾费衍射条件安排实验仪器.

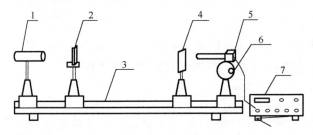

图 F3.4　实验装置示意图

1. 激光器；2. 单缝；3. 导轨；4. 小孔屏；5. 光电探头；6. 一维测量装置；7. 数字检流计

(2) 点亮激光器, 使激光束与光具座平行. 调整二维调节架, 使单缝对准激光束中心, 使之在小孔屏上形成良好的衍射图样.

(3) 改变单缝宽度, 观察并记录调节过程中出现的各种现象和变化情况.

(4) 调整单缝宽度和距离, 使屏上衍射图样清晰、对称, 且条纹间距适当, 便于测量.

2. 测量单缝衍射的相对光强分布

(1)移去小孔屏，换上附有光电池和光阑的一维光强测量装置，使光电探头中心与激光束的高低一致，移动方向与激光束垂直，起始位置适当.

(2)打开检流计电源，预热. 挡住激光束，对检流计调零.

(3)开始测量. 转动手轮，使光电探头沿衍射图样展开方向单向平移，以等间隔的位移对衍射图样的光强进行逐点测量. 要特别注意衍射光强的极大值和极小值所对应的坐标的测量. 作出单缝衍射相对光强分布曲线图.

(4)将各次极大相对光强与理论值比较，求出绝对误差和相对误差.

3. 测量单缝的宽度

(1)测量单缝到光电池的距离 D.

(2)由分布曲线可得各级衍射暗条纹到中央亮条纹中心的距离 X_k，求出同级距离 X_k 的平均值和 D 代入式(F3.2)，计算单缝宽度 b_k，用不同级数 k 的结果计算平均值 $\bar{b}$.

(3)用读数显微镜测量单缝宽度，读数为 b_s.

(4)将 $\bar{b}$ 和 b_s 比较，计算 $\bar{b}$ 的测量误差.

*4. 测量细丝直径

据巴比涅原理可知，若光源和衍射场位于无穷远，平行光照射在细丝上时，其衍射效应和狭缝一样. 通过测出细丝夫琅禾费衍射光强的第 k 个暗条纹的位置 X_k，可计算出细丝的直径. 此测量细丝直径方法的优势在于：避免了用电感测微仪或千分尺进行接触法测量中产生测量力的影响.

注意事项

(1)切勿用眼睛直视激光器的轴向输出光束，以免受到伤害.

(2)取放光学元件应小心，严禁用手触摸光学表面.

思考题

(1)用白光作光源观察单缝的夫琅禾费衍射，实验装置应如何？衍射图样将如何？

(2)给出一个已知宽度的单缝，如何利用单缝衍射的实验方法测出衍射光的波长？

(3)激光器输出光强发生变化，对单缝衍射图样和光强分布曲线有何影响？

(4)在单缝衍射图样中，为什么次极大远远弱于主极大的强度？

(5)将单缝到观察屏之间的区域置于某种透明介质中,衍射图样会有哪些变化？

实验 F4　光栅衍射与超声光栅

　　光栅是根据多缝衍射原理制成的一种重要的分光元件，它由大量等宽、等间距的平行狭缝组成. 光栅通常分为刻划光栅、复制光栅、全息光栅等. 刻划光栅是用钻石刻刀在玻璃或金属材料上机械刻划而成. 刻划光栅工艺要求极高，造价昂贵，往往可以用其作为母光栅进行复制，制成复制光栅. 全息光栅是由激光干涉条纹光刻而成. 光栅常被用来精确地测定光波波长及进行光谱分析. 以衍射光栅为色散元件组成的单色仪、光谱仪、摄谱仪，在研究谱线宽度、谱线结构、物质结构和对元素的定性、定量分析中得到极为广泛的应用. 光栅衍射原理也是晶体 X 射线结构分析和近代频谱分析与光学信息处理的基础. 此外，它还广泛应用于信息处理、光通信、计量等领域.

实验目的

　　(1)进一步掌握分光计的调节和使用方法.

　　(2)观察光栅的衍射现象，加深对光的衍射及光栅分光原理的理解.

　　(3)测定光栅常数及汞灯在可见光范围内的几条谱线波长.

　　(4)了解超声光栅产生的原理，利用声光效应测量超声波在液体中的传播速度.

实验仪器

　　汞灯、透射光栅、分光计、超声信号源、压电陶瓷、测微目镜、液体槽.

实验原理

　　光栅分为透射光栅和反射光栅两种. 实验教学用的光栅大多是激光全息技术拍摄的全息透射光栅.

　　1. 光栅常数与光栅光谱

　　根据夫琅禾费衍射理论，当一束平行光垂直入射到光栅平面上时，光通过每条狭缝都产生衍射，所有狭缝的衍射光又相互发生干涉. 当衍射角满足下列条件时：

$$d\sin\theta = k\lambda \quad (k = \pm 1, \pm 2, \cdots) \tag{F4.1}$$

则该衍射角方向上的光得到加强. 式中，d 为光栅常数 $d = a + b$，a 为光栅刻痕宽度，b 为缝宽；θ 为第 k 级谱线的衍射角，k 为衍射光谱的级数；λ 为入射光波长.

　　如果光源为复合光(如汞灯)，由式(F4.1)可以看出，光的波长不同，其衍射角 θ 也各不相同，于是复色光被分解为单色光，而在中央 $k=0$、$\theta=0$ 处，各色光仍重叠在一起，组成中央明纹. 在中央明纹两侧对称地分布着 $k=\pm1$，±2，±3，…级谱线，各级光谱线都按波长大小顺序排列成一组彩色谱线，称为光栅衍射光谱，如图 F4.1 所示.

2. 光栅的分辨本领(分辨率)

分辨本领 R 定义为两条刚被分开的谱线的平均波长 λ 与这两条谱线的波长差$\Delta\lambda$ 之比，即

$$R = \frac{\lambda}{\Delta\lambda} \tag{F4.2}$$

R 越大，表明刚刚能被分开的波长差$\Delta\lambda$ 越小，光栅分辨能力越强. 根据瑞利判据，所谓刚可被分开的谱线规定为:其中一条谱线的极强正好落在另一条谱线的极弱上，如图 F4.2 所示. 由此可推得光栅分辨本领

$$R = kN \tag{F4.3}$$

式中，k 为光谱的级数，N 为光栅有效面积的刻线总数. 因为光栅的级次一般都不是很高，所以光栅的分辨本领主要取决于刻线总数 N.

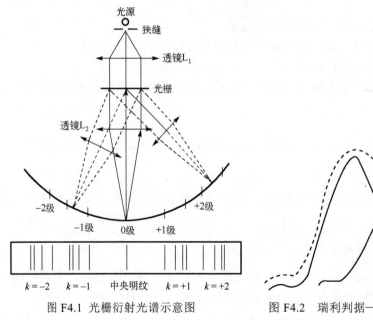

图 F4.1　光栅衍射光谱示意图　　　　图 F4.2　瑞利判据——刚可分辨的两条谱线

3. 光栅的角色散率

光栅的角色散率(色散率)D 定义为两条谱线衍射角之差$\Delta\theta$ 与其波长差$\Delta\lambda$ 之比，即

$$D = \frac{\Delta \theta}{\Delta \lambda} \tag{F4.4}$$

将式(F4.1)微分并代入 D 的定义式可得

$$D = \frac{\Delta \theta}{\Delta \lambda} = \frac{k}{d \cos \theta} \tag{F4.5}$$

角色散率是光栅、棱镜等分光元件的重要参数，它可以理解为在一个小的波长间隔内两单色入射光之间所产生的角间距的量度.

4. 超声光栅

超声波作为一种纵波在液体中传播时，液体被超声波周期性地压缩与膨胀，其密度会发生周期性的变化，形成疏密波，从而促使液体的折射率也相应地作周期性变化. 此时，如有平行单色光垂直于超声波传播方向通过这疏密相间的液体，就会被衍射，这一作用类似于相位光栅，所以把有超声波传播的液体称为"超声光栅".

光通过超声光栅出现衍射条纹的现象与平行光通过透射光栅的情形相似，超声光栅的光栅常数正好等于超声波的波长 λ_s，由此可得如下光栅方程：

$$\lambda_s \sin \theta = k\lambda \quad (k=0, \ \pm 1, \ \pm 2, \ \cdots) \tag{F4.6}$$

式中，k 为衍射谱线级次，θ 为 k 级衍射光的衍射角，λ 为光波波长.

观察超声光栅衍射条纹的装置如图 F4.3 所示，当 θ 很小时，有

$$\sin \theta \approx \tan \theta \approx \frac{l_k}{f} \tag{F4.7}$$

其中，l_k 为衍射光谱 k 级至零级的距离，f 为透镜的焦距. 所以超声波波长为

$$\lambda_s = \frac{k\lambda}{\sin \theta} = \frac{k\lambda f}{l_k} \tag{F4.8}$$

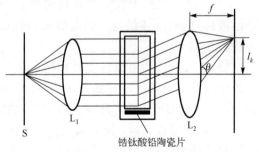

图 F4.3　超声光栅衍射光路图

超声波在液体中的传播速度为

$$v = \lambda_s \nu = \frac{\lambda f \nu}{\Delta l_k} \tag{F4.9}$$

式中，ν 为液体槽中传播的超声波的频率；Δl_k 为相邻两条同色衍射条纹之间的距离.

液体中的声速一般与液体的成分、液体的温度及大气压强有关，1 个大气压下，乙醇中的理论声速可由以下公式求得：

$$v_t = v_0 + D(T - T_0) \qquad (F4.10)$$

式中，T 是乙醇的温度，单位为℃；v_t 的单位为 m·s^{-1}；温度系数 $D = -3.6$. 当温度 $T=20$ ℃时，声波在乙醇中的传播速度为 $v_0 =1168$ m·s^{-1}.

实验内容

1. 分光计和光栅的调整

分光计调节步骤请参阅分光计实验 B9. 要求：平行光管产生平行光，望远镜光轴与平行光管光轴都垂直于仪器中心转轴.

光栅的调节应满足：光栅平面(刻痕所在面)与仪器转轴平行，且光栅平面垂直于平行光管光轴，以确保平行光垂直入射到光栅.

2. 测量光栅常数 d

选用汞灯的绿线($\lambda =546.07$ nm)，分别测出其 $k =\pm 1$ 级、± 2 级的衍射角，代入式(F4.1)计算光栅常数 d.

3. 测定光波波长 λ

测量其余谱线的一、二级衍射角，联合光栅常数 d 求出各个谱线的波长.

4. 利用超声光栅测量超声波在液体中的传播速度

(1)调整分光计.

(2)将液体槽座卡在分光计载物台上，把待测液体(在本实验中我们选择乙醇为待测液体)倒入液体槽内. 转动载物台使液体槽两侧表面基本垂直于望远镜和平行光管的光轴.

(3)连接液体槽盖板接线柱和超声信号源输出端，开启超声信号源电源，从阿贝目镜中观察衍射条纹，仔细微调频率，使电信号振荡频率与压电陶瓷片固有频率一致(在 11.3 MHz 附近)，此时，衍射条纹的级次会显著增多且更为明亮.

(4)取下阿贝目镜，换上测微目镜，利用测微目镜分别测量蓝光、绿光、黄光(双黄线平均波长)各级衍射谱线的位置，再用逐差法计算各色光衍射条纹平均间距Δl_k，求出超声波在乙醇中的声速(分光计望远镜物镜的焦距由实验室给出).

(5)记录液体的温度，计算乙醇中的理论声速，并比较实验结果与理论值的相对误差.

注意事项

(1)汞灯的紫外光很强，不可直视，以免灼伤眼睛.

(2)光栅表面污染后很难清洗，使用时勿用手触摸光学面.

(3) 用超声光栅测量液体中的声速时,应避免液体槽在实验过程中出现振动,同时保持液体槽两端面清洁.

思考题

(1) 试说明光栅分光和棱镜分光所产生的光谱有何区别.

(2) 用式 (F4.1) 测 d 或 λ 时,实验要保证什么条件? 如何实现?

(3) 当狭缝太宽或太窄时将会出现什么现象? 为什么?

(4) 分析超声波在液体槽产生驻波而形成超声光栅的机制.

(5) 影响超声光栅衍射条纹清晰度的因素有哪些?

实验 F5 光的偏振现象研究

1809 年马吕斯 (Malus) 发现光的偏振现象. 当时以胡克、惠更斯和托马斯·杨为主发展的波动说认为光波是一种纵波,其振动方向与传播方向一致,这并不能解释光的偏振现象. 1818 年,法国科学院悬赏征文,本意是希望通过微粒说的理论解释光的衍射及运动,再次打击波动说. 然而事与愿违. 次年,菲涅耳在其论文"关于偏振光线的相互作用"中提出了新的波动观点——光是一种横波,并以此圆满地解释了光的衍射和一直困扰波动说的光的偏振问题.

随着激光技术的进步,偏振光在各个领域都得到了广泛的应用,如用于研究物质的结构和性质,信息的存储与读取,及生物学、医学、地质学等领域的测量.

光偏振现象的研究是通过宏观现象的规律研究微观领域中相似现象的科学研究方法. 本实验有助于培养学生良好的学习习惯和科学的思维方法,如善于动手动脑、喜欢探索等. 同时,通过了解光的偏振现象的应用,学生可以深入理解科学知识的使用价值,掌握科学知识的人生价值,能够激发学生对科学的热爱和对学习的热情.

实验目的

(1) 观察光的偏振现象,加深对偏振光基本规律的理解.

(2) 掌握起偏和检偏的方法.

(3) 掌握波片的作用和原理.

(4) 掌握椭圆偏振光、圆偏振光的产生方法.

实验仪器

光源(He-Ne 激光器)、偏振片、$\lambda/2$ 波片、$\lambda/4$ 波片、光电探测器等.

实验原理

1. 偏振光的基本概念

光是一种电磁波,是横波,其振动矢量 $\boldsymbol{E}$ 和 $\boldsymbol{B}$ 互相垂直,且与光的传播方向 $\boldsymbol{k}$ 垂直. 由于光对物质的作用主要是电矢量 $\boldsymbol{E}$ 作用,所以称 $\boldsymbol{E}$ 为光矢量,并将 $\boldsymbol{E}$ 和光的传播方向 $\boldsymbol{k}$ 构成的平面称为光振动面.

传播过程中,光矢量振动的方向始终保持在某个确定方向的光称为线偏振光,其振动平面不变,故亦称为平面偏振光. 若光矢量随时间作规则变化,光矢量末端在垂直于传播方向的平面上的轨迹呈椭圆或圆,分别称为椭圆偏振光和圆偏振光.

普通光源发出的光是大量分子或原子独立地随机自发辐射的平均效果,在关于传播方向轴对称的各方向上光矢量的时间平均值是相等的,这种光称为自然光. 换句话说,自然光是由轴对称分布、无固定相位关系的大量线偏振光集合而成的非偏振光,可以分解为两个振幅相同、振动方向相互垂直的非相干(无固定相位关系)的线偏振光. 介于偏振光和自然光之间,还有一种光,其光矢量在某一方向上较强,这样的光称为部分偏振光.

2. 起偏与检偏

1)线偏振光的产生

(1)反射或透射起偏. 自然光入射到折射率分别为 n_a 和 n_b 的两种介质的界面上时,反射光和折射光都是部分偏振光. 特别地,当以布儒斯特角入射时,反射光为线偏振光,其振动面垂直于入射面,如图 F5.1 所示. 因此,可以利用自然光以布儒斯特角入射到非金属镜面(如玻璃等)产生线偏振光,还可以利用平行玻璃片堆同时获得反射和透射的线偏振光.

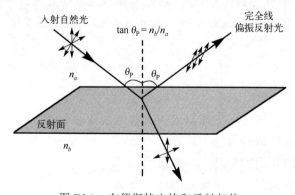

图 F5.1　布儒斯特定律和反射起偏

（2）偏振片起偏. 如图 F5.2 所示，人工方法制成的偏振片具有强烈的二向色性，能吸收某一振动方向的光，而允许与此方向垂直振动的光透过，形成线偏振光. 允许透过光矢量的方向称为偏振片的偏振化方向. 偏振片是一种常用的起偏和检偏元件，可获得截面较大的线偏振光束.

（3）双折射晶体起偏. 自然光入射双折射晶体，在其内部产生寻常光（o 光）和非寻常光（e 光）两束折射光线，一般 e 光不在入射平面内. 实验表明，o 光和 e 光均为线偏振光，只是光矢量的振动方向不同，如图 F5.3 所示. o 光光矢量的振动方向垂直于自己的主截面（包含光线与光轴的平面），e 光光矢量的振动方向在自己的主截面内. 当晶体的光轴在入射面内时，o 光和 e 光的光矢量的振动方向互相垂直.

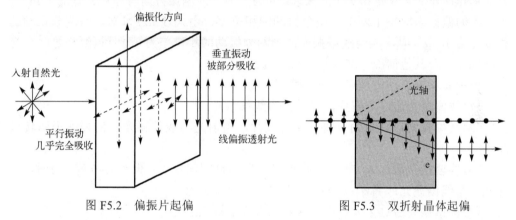

图 F5.2　偏振片起偏　　　　　　　图 F5.3　双折射晶体起偏

利用双折射晶体制成的起偏器（如尼科耳棱镜），只透过某一振动方向的线偏振光，进而获得偏振化程度非常高的线偏振光.

2）波片及椭圆偏振光、圆偏振光的产生

波片是由双折射晶体制成的表面平行于光轴的晶片. 光垂直入射波片时，o 光和 e 光的传播方向一致，主截面相同，偏振方向互相垂直. 由于 o 光和 e 光在波片中的折射率不同，透过波片之后两者之间产生一定的相位差. 波片产生的相位差和光程差分别为

$$\Delta\varphi = 2\pi(n_o - n_e)d/\lambda, \qquad \delta = (n_o - n_e)d \tag{F5.1}$$

式中，λ 为入射光的波长，d 为波片的厚度，n_o、n_e 分别为波片对 o 光和 e 光的折射率. 对于某一波长，选择不同的厚度可得到不同的波片，当

$\delta = (2k+1)\lambda/2$（k=0, 1, 2, …）时，为 $\lambda/2$ 波片；

$\delta = (2k+1)\lambda/4$（k=0, 1, 2, …）时，为 $\lambda/4$ 波片；

$\delta = k\lambda$（k=1, 2, …）时，为全波片.

下面讨论透射光的偏振状态.

（1）自然光通过任何波片后，透射光仍是自然光.

(2)偏振光垂直入射波片的情况如下：

若线偏振光入射至波片，从波片透射出来的光波将是两个垂直振动分量(晶体内的 o 光和 e 光)的合成. 晶片内的 o 光和 e 光是由同一光矢量正交分解出来的. 因此，在光线传播方向上的任意一点处，偏振方向互相垂直的 o 光和 e 光具有固定的相位差，透射后两者的合振动方程为

$$\frac{x^2}{E_e^2} + \frac{y^2}{E_o^2} - \frac{2xy}{E_e E_o}\cos\Delta\varphi = \sin^2\Delta\varphi \tag{F5.2}$$

式中，$x = E_e\cos\omega t$ 和 $y = E_o\cos(\omega t + \Delta\varphi)$ 分别为 o 光和 e 光的振动方程；$E_o = E\sin\alpha$ 和 $E_e = E\cos\alpha$ 分别为 o 光和 e 光的振幅；α 为入射光的偏振方向与晶片光轴的夹角.

光的偏振态取决于两个正交分振动的相位差，由式(F5.2)可知，当两分振动的相位差为 0 或 π 时，光为线偏振光；当两分振动的相位差为 $\pi/2$ 且振幅相等时，光为圆偏振光；其他情况，光为椭圆偏振光.

根据 α 和合振动方程可得下列情况：

(1)线偏振光通过全波片，透射光为线偏振光.

(2)线偏振光以任意角 α 通过 $\lambda/2$ 波片，透射光为线偏振光，但振动平面转过 2α 角.

(3)线偏振光通过 $\lambda/4$ 波片，透射光一般为椭圆偏振光；但当 $\alpha=0$ 或 $\pi/2$ 时，透射光仍是线偏振光；当 $\alpha=\pi/4$ 时，透射光为圆偏振光.

(4)圆偏振光通过 $\lambda/4$ 波片，透射光为线偏振光.

(5)椭圆偏振光通过 $\lambda/4$ 波片，若椭圆主轴与波片光轴一致，则透射光为线偏振光，其他情况为椭圆偏振光.

3. 检偏

所有的起偏器都可以用作检偏器，用来鉴别光的偏振状态.

根据马吕斯定律，强度为 I_0 的线偏振光通过检偏器后，透射光的强度为

$$I = I_0\cos^2\theta \tag{F5.3}$$

式中，θ 为入射光偏振方向与检偏器偏振方向之间的夹角. 当以光线传播方向为轴转动检偏器时，透射光强度将发生周期性变化. 显然，利用一块偏振片可以鉴别线偏振光，但对于自然光和圆偏振光、部分偏振光和椭圆偏振光则不能区分开来. 根据 $\lambda/4$ 波片的性质，把偏振片和 $\lambda/4$ 波片结合使用，即可鉴别各种偏振状态.

实验内容

1. 设计光路，检验光源的偏振状态

利用偏振片和 $\lambda/4$ 波片，检验光源发出光波的偏振状态. 旋转偏振片，利用

光电探测器记录透射光强的变化情况,用极坐标作图,根据图形判断光源的偏振特性.

2. 设计光路,验证马吕斯定律

让光源通过两个偏振片 P_1、P_2,旋转其中之一,记录并分析透射光强随 P_1 和 P_2 光轴夹角 θ 的变化关系 I-$\cos^2\theta$.

注:若透射光光强极小值不为零,是什么原因?如何处理?如何判断马吕斯定律被验证?

3. $\lambda/2$ 波片性能的测定

目的是研究 $\lambda/2$ 波片对线偏振光偏振特性的影响.

(1)光源通过一偏振片变为线偏振光,用另一偏振片作为检偏器,转动检偏器使透射光强为零(两偏振片正交).

(2)将 $\lambda/2$ 波片放入正交的两偏振片之间,旋转波片一周,记录透射光强为零时波片光轴与入射线偏振光振动方向所成的角度,说明原因.

(3)从某个透射光强为零的位置开始,把 $\lambda/2$ 波片转过某一角度 α,此时透射光强不为零,若按着波片旋转的方向旋转检偏器角度 β,会再次使透射光强为零. 使 $\lambda/2$ 波片的转角分别 15°、20°、25°、30°和45°,测出透射光强为零时检偏器旋转的角度. 总结 β 与 α 的关系.

4. $\lambda/4$ 波片性能的测定

(1)在两正交的偏振片中放置 $\lambda/4$ 波片,并旋转一周,记录透射光强为零时 $\lambda/4$ 波片光轴与入射线偏振光振动方向所成的角度,说明原因.

(2)从某个透射光强为零的位置开始,把 $\lambda/4$ 波片转过 15°,记录透射光强. 然后,旋转检偏器一周,每隔30°记录一次光强. 作出旋转矢量图,说明结果反映的波片的性质.

(3)从某个透射光强为零的位置开始,把 $\lambda/4$ 波片转过 45°,重复实验(2). 作矢量图并解释结果.

注意事项

(1)注意眼睛和仪器的安全,不能触摸光学器件表面.

(2)保证光学元件同轴等高.

(3)旋转偏振片或波片时,保证入射光正入射.

思考题

(1)为什么自然光通过任何波片仍然是自然光?自然光和白光的区别是什么?

(2)如何区分自然光、圆偏振光及两者的混合光？

(3)在摄影的时候，有些反射光是不利的．例如，玻璃表面的反射光使我们拍摄不清玻璃橱窗里面的东西，水面的反射光使我们拍摄不清水中的鱼，树叶表面的反射光使树叶变成白色．如何解决这种问题？

(4)在两正交偏振片之间插入另一偏振片并旋转一周，透射光有何变化？如何解释？

(5)在两正交偏振片之间插入绿光全波片，若用白光入射，透射光将有什么现象？如何解释？

实验 F6　用椭偏仪测量薄膜的厚度和折射率

椭偏仪是利用光的偏振变化进行测量的光学仪器．偏振光束在界面或薄膜上反射或透射后偏振状态会发生变化，测量出偏振状态的变化，即可得到表面或薄膜有关物理参量的信息．这种方法被称为椭圆偏振测量术(ellipsometry，简称椭偏术)，是一种测量薄膜厚度、折射率及消光系数等非常实用的光学技术，已具有 100 多年的发展历史．早在 1889 年，德国的德鲁德(P. K. L. Drude)推导出了椭圆偏振测量的基本方程，为椭圆偏振测量技术的发展奠定了基础．1945 年罗腾(Rothen)设计和描述了第一台椭圆偏振测量仪．此后，随着计算机技术的发展，椭偏术得到了飞速发展．其因具有测量范围宽(厚度为 $10^{-10} \sim 10^{-6}$m 量级)、精度高(厚度可达单原子层量级)、应用范围广(金属、半导体、绝缘体等固体薄膜)、非接触测量、对被测样品是非破坏性等特点，被广泛应用于物理学、化学、薄膜技术、材料科学、微电子技术、电化学、生物学和医学等领域．椭圆偏振测量术可分为反射型、透射型和散射型．本实验以反射型椭偏仪为例，说明椭偏测量的基本原理及方法．

实验目的

(1)了解椭圆偏振光法测量原理和实验方法．
(2)初步掌握椭偏仪的结构和使用方法．
(3)利用椭偏仪测量薄膜的厚度和折射率．

实验仪器

光源(氦氖激光器)、反射型椭偏仪、样品．

实验原理

椭偏仪的工作原理是：以一束偏振光为探针，让其与待测样品发生相互作用（反射、透射和散射），这种相互作用将改变其偏振状态，测量该偏振状态的变化，并根据偏振光与待测样品的相互作用规律便可确定待测样品的光学参数. 下面以常见的反射型椭偏仪为例来说明.

当一束椭圆偏振光以一定的入射角投射到一薄膜的表面时，光在薄膜的交界面发生多次折射与反射，如图 F6.1 所示. 反射光束的偏振状态（振幅和相位）与薄膜的厚度和光学参数（折射率、消光系数等）有关，只要能测量出反射后偏振状态的变化量，就能确定薄膜的许多光学性质（如折射率、厚度等）.

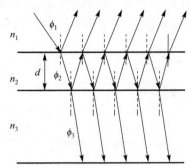

图 F6.1　入射光束在待测样品上的
反射和折射

下面来分析经薄膜反射后偏振状态的变化. 设待测样品是均匀涂镀在衬底上的透明性膜层. n_1、n_2、n_3 分别为环境介质、薄膜和衬底的折射率，d 是薄膜厚度，入射光束在薄膜上的入射角为 ϕ_1，薄膜和衬底中的折射角分别为 ϕ_2、ϕ_3. 将光的电矢量分解为两个分量，即在入射面内的 p 分量及垂直于入射面的 s 分量. 根据折射定律及菲涅耳反射公式，利用多光束干涉的理论，得 p 分量和 s 分量的总反射系数

$$R_p = \frac{r_{1p} + r_{2p}\exp(-2i\delta)}{1 + r_{1p}r_{2p}\exp(-2i\delta)} \tag{F6.1}$$

$$R_s = \frac{r_{1s} + r_{2s}\exp(-2i\delta)}{1 + r_{1s}r_{2s}\exp(-2i\delta)} \tag{F6.2}$$

式中，r_{1p}、r_{1s} 分别为第一界面 p 分量、s 分量的反射率；r_{2p}、r_{2s} 分别为第二界面 p 分量、s 分量的反射率；$2\delta = \dfrac{4\pi}{\lambda}dn_2\cos\phi_2$ 是相邻反射光束之间的相位差，而 λ 为光在真空中的波长.

光束在反射前后的偏振状态的变化可以用总反射系数比（R_p / R_s）来表征. 在椭偏法中，用椭偏参量 ψ 和 Δ 来描述反射系数比，其定义为

$$\tan\psi\exp(i\Delta) = \frac{R_p}{R_s} \tag{F6.3}$$

式中，$\tan\psi$ 为光线 p 分量振幅与 s 分量振幅之比，而 Δ 为 p 分量滞后 s 分量的相位差. 在 λ、ϕ_1、n_1、n_3 确定的条件下，ψ 和 Δ 只是薄膜厚度 d 和折射率 n_2 的函数，只要测量出 ψ 和 Δ，就可以解出 d 和 n_2. 然而，解上述方程组极其复杂，其解析解

实际上是得不到的, 通常要借助于计算机来进行数据处理; 或利用编制好的专用程序来得到 d 和 n_2; 或者先编制 (ψ, Δ) 与 (d, n_2) 的数据表, 实验测得 (ψ, Δ) 后, 通过查表得出对应点的 d 和 n_2 数值.

测量样品的 ψ 和 Δ 方法通常有消光法和光度法. 消光法测量装置的示意图如图 F6.2 所示. 调节起偏角 P 和检偏器 A 过程中会出现两个消光位置, 对应两组 (A, P), 则对应的 ψ 和 Δ 可由式 (F6.4) 确定.

$$\begin{cases} \psi = A \\ \Delta = \dfrac{3\pi}{2} - 2P \end{cases}, 0 < A < \dfrac{\pi}{2}$$

$$\begin{cases} \psi = \pi - A \\ \Delta = \dfrac{\pi}{2} - 2P \end{cases}, \dfrac{\pi}{2} < A < \pi \tag{F6.4}$$

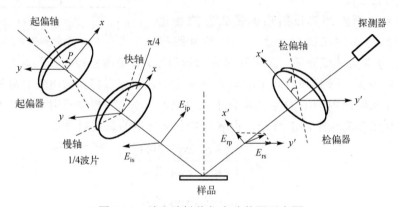

图 F6.2　消光法椭偏仪实验装置示意图

实验内容

(1) 调节椭偏仪. 以起偏器偏振轴作为起偏器的零刻线; 检偏器透光轴与零刻线重合; 将 1/4 波片的快轴旋转到 45° 固定.

(2) 样品测试. 在已调试好的仪器样品台上小心放上样品, 分别读出消光时检偏器和起偏器的方位角 (A, P). 在 $0 \sim \pi$ 范围内, 检偏器有两个基本对称的消光位置, 对应地记为 (A_1, P_1)、(A_2, P_2).

(3) 数据处理. 根据测得的 (A, P) 求出相应的 ψ 和 Δ 值, 取平均值. 利用 $(\psi, \Delta) \sim (d, n_2)$ 曲线图或计算机程序, 计算出薄膜的折射率 n 及厚度 d.

注意事项

(1) 请勿触摸光学器件及样品表面.

(2)保证反射光线能通过检偏器几何轴线.

思考题

(1)椭偏仪的基本思想是什么？各主要光学部件的作用是什么？

(2)试分析椭偏测量法中可能的误差来源,并分析它们对测量结果的影响.

(3)若样品的薄膜厚度大于一个膜厚周期,怎样测定其真实厚度？试设计一个实验来确定未知样品薄膜的厚度周期数.

参 考 文 献

[1]　成正维,等. 大学物理实验. 北京：高等教育出版社,2002.

[2]　丁慎训,张连芳. 物理实验教程. 2 版. 北京：清华大学出版社,2002.

[3]　郭奕玲,沈慧君. 物理学史. 北京：清华大学出版社,1993.

[4]　吕斯骅,段家忯. 基础物理实验. 北京：北京大学出版社,2006.

[5]　母国光,战元龄. 光学. 北京：高等教育出版社,1985.

[6]　钱临照,许志英. 世界著名科学家传记. 北京：科学出版社,1990.

[7]　唐晋发. 薄膜光学与技术. 北京：机械工业出版社,1989.

[8]　王云才. 大学物理实验教程. 北京：科学出版社,2003.

[9]　吴思诚,王祖铨. 近代物理实验. 北京：北京大学出版社,1995.

[10]　谢行恕,康士秀,霍剑青,等. 大学物理实验. 北京：高等教育出版社,2001.

[11]　姚启钧. 光学教程. 北京：高等教育出版社,1989.

[12]　赵凯华,钟锡华. 光学. 北京：北京大学出版社,2004.

[13]　赵丽华. 新编大学物理实验. 杭州：浙江大学出版社,2007.

挑战权威，追求真理

在近代物理学发展中，一直存在着一个热门话题，即光的本质——光是微粒还是波？对光的认识经历了从微粒说到波动说，再由波动说到波粒二象性的过程.

1. 从微粒说到波动说

牛顿为微粒说奠定了基础，他将反射、折射等光的现象解释为微粒的弹性碰撞.在同时代，与牛顿持不同意见的是惠更斯，他认为光是类似于声波的一种纵波.由于麦克斯韦电磁场理论的建立，惠更斯提出的光的波动说一时占了上风.波动说虽然被认可，却也带来了一个理论难题，那就是光是怎样振动的？

2. 从波动说到波粒二象性

随着光的电磁理论的胜利，普朗克提出了光量子的假说和光量子的概念.爱因斯坦接受了普朗克这一光量子的假说，认为光量子是具有特定的能量和动量的运动粒子，并合理地解释了光电效应.由此，爱因斯坦获得了 1921 年的诺贝尔物理学奖.

与此同时，在康普顿的实验中，不仅可以将光辐射看成既有能量又有动量的粒子，而且可以看到光量子波长和频率的改变.爱因斯坦肯定了康普顿效应，并在"关于辐射的量子理论"一文中给出光子的动量关系，他也成为第一个确定光既有波动性又有粒子性的物理学家.波粒二象性的这种描述最终使得两种学说得以协调.

光子具有波粒二象性，那么这种矛盾或对立的性质也许具有普遍性，这就是德布罗意提出的大胆假说.德布罗意提出的观点得到了电子衍射等实验的证实.

3. 光量子说

光子是全同粒子，其集体行为存在量子相干的效应.这种奇异的量子效应已经无法用经典理论解释，格劳伯应用量子电动力学，建立了描述光的本性的一般量子相干理论，正确地体现了光场的波粒二象性，并且从根本上揭示了光场量子化和其量子相干性的特点.格劳伯因此获得了 2005 年的诺贝尔物理学奖.此外，单光子也具有十分重要的应用，如量子保密通信、量子计算，以及在高精度实验中记录超微弱信号.塞尔日·阿罗什由于其单原子操控方面的杰出工作荣获 2012 年诺贝尔物理学奖.

4. 对光本质认识不断深入的启示

对光本质的认识曾经历了长达数百年的争论. 纵观光学的发展历史, 科学家们对光的本质的理解与敢于挑战权威是分不开的. 惠更斯对光粒子理论提出了挑战, 从而发展了光的波动理论. 爱因斯坦对光的完美电磁理论的发展提出了挑战, 然后发展了光的量子理论. 格劳伯大胆挑战经典光理论, 建立了描述光本质的一般量子相干理论, 他的杰出工作促进了量子光学的蓬勃发展. 科学家的每一次挑战都给人们对光的本质的认识带来了质的飞跃. 可见, 只有敢于挑战权威, 才能不断创新.

进入 21 世纪, 只有不断发展科学技术, 社会才能不断进步. 我们要发展科学技术, 要适应时代, 就要敢于挑战旧理论、旧思想, 不断努力, 不断探索, 创造未来, 走 "创新" 之路.

第 9 章

其他专题实验

实验 G1　光栅单色仪测量氢原子光谱

巴耳末
(1825～1898)

玻尔
(1885～1962)

光谱是光的频率成分和强度分布的关系图，它是研究原子结构的重要途径之一．最原始的光谱分析始于牛顿的棱镜色散实验．氢原子是最简单的原子，其光谱最早为人们所注意，研究也最为广泛．1885 年，瑞士一所女子中学的教师巴耳末(Balmer)根据人们的观测数据，总结出了氢光谱线的经验公式．根据这个公式所得到的计算结果与实验观测的结果惊人地相符，后人称这个公式为巴耳末公式，并将它所表达的一组谱线(均落在可见光区)称为巴耳末系．此后光谱规律陆续总结出来，原子光谱逐渐形成了一门系统的科学．1913 年，玻尔(Bohr)成功地解释了氢原子光谱的规律性．1925 年，海森伯(Heisenberg)在原子光谱的测量基础上提出了量子力学理论．现在，原子光谱的观测研究仍然是研究原子结构的重要方法之一．

实验目的

(1)学习利用光栅单色仪进行光谱分析的方法．

(2)测量氢光谱巴耳末系在可见光区的几条谱线的波长，验证巴耳末规律的正确性．

(3)验算里德伯常量．

(4)理解玻尔的氢原子理论．

实验仪器

光栅单色仪、氢灯、汞灯、凸透镜、光电探测器、光电倍增管.

光栅单色仪是用光栅衍射的方法获得单色光的仪器,它的结构如图 G1.1 所示. 光栅单色仪的工作原理如图 G1.2 所示,S_1 为入射狭缝,M_1 为反射镜,M_2 为准光镜,G 为衍射光栅,M_3 为物镜,S_2 为出射狭缝. 发出的光束进入入射狭缝 S_1,M_1 位于反射式准光镜 M_2 的焦面上,通过 S_1 射入的光束经 M_2 反射成平行光束投向平面光栅 G 上,衍射后的平行光束经物镜 M_3 出射在狭缝 S_2 上,可由光电倍增管来接收出射光. 当光栅转动时,从狭缝依次出射波长由短到长的单色光.

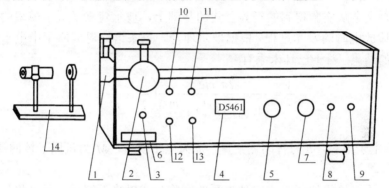

图 G1.1　光栅单色仪结构图

1. 入射狭缝；2. 出射狭缝；3. 调节螺钉；4. 波长显示器；5. 手动扫描手轮；6. 仪器铭牌；
7. 扫描速度旋钮；8. 扫描方向开关；9. 扫描开关；10. 电源指示灯；11. 报警灯；12. 电源开关；
13. 本机/计算机转换开关；14. 前置系统

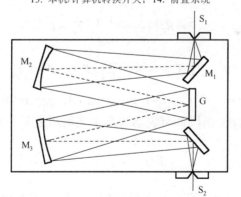

图 G1.2　光栅单色仪的工作原理

实验原理

1. 氢原子光谱规律性

1885 年,巴耳末根据实验结果将可见光范围内氢原子光谱的谱线波长规律写作

$$\lambda = B\frac{n^2}{n^2-4} \tag{G1.1}$$

式中，$B=364.56$ nm 是经验常数，n 为大于 3 的连续整数. 当 $n=3$，4，5，…时，上式分别给出了氢原子光谱巴耳末线系中 $H_\alpha, H_\beta, H_\gamma, H_\delta$，…谱线的波长.

后来，里德伯(Rydberg)又将式(G1.1)改写为

$$\frac{1}{\lambda} = R_H\left(\frac{1}{2^2}-\frac{1}{n^2}\right) \tag{G1.2}$$

式中，$n=3, 4, 5, \cdots$，$R_H=1.096776$ m^{-1}，称为氢的里德伯常量.

在这些完全从实验得到的经验公式的基础上，玻尔建立了原子模型的理论，并解释了气体放电时的发光过程. 根据玻尔理论，每条谱线对应原子中电子能级跃迁释放能量的结果. 对于巴耳末系有

$$\frac{1}{\lambda} = \frac{2\pi^2 m e^4}{(4\pi\varepsilon_0)^2 c h^3\left(1+\dfrac{m}{M}\right)}\left(\frac{1}{2^2}-\frac{1}{n^2}\right) \tag{G1.3}$$

式中，e 为电子电量，h 为普朗克常量，m 为电子质量，M 为氢原子核的质量，c 为光速.

这样，不仅给氢原子光谱巴耳末系的经验公式以物理解释，而且将里德伯常量和许多基本物理量建立了联系.

1889 年，里德伯提出了一个普遍的方程来描述氢原子的谱线

$$\tilde{\nu} = R_H\left(\frac{1}{m^2}-\frac{1}{n^2}\right) = T_m - T_n \tag{G1.4}$$

式中，$R_H = 1.096776\times10^7$ m^{-1}；$\tilde{\nu} = \dfrac{1}{\lambda}$ 为波数；T 为谱项，$T_m = \dfrac{R_H}{m^2}$，$T_n = \dfrac{R_H}{n^2}$，$m=1$, 2, 3, $\cdots$，对于每一个 m，有 $n=m+1, m+2, m+3, \cdots$，m 和 n 构成一个谱线系. 从式 (G1.4)可知，氢的任一谱线都可表示为两个光谱项之差，氢光谱是各种光谱项差的综合.

2. 氢的特征谱

图 G1.3 为氢原子的能级跃迁与光谱系的示意图，主要包括莱曼系、巴耳末系、帕邢系、布拉开系.

利用光栅单色仪可对氢灯出射的氢光谱进行谱线分离，测量其各个波长. 光栅单色仪可将紫外、可见和红外三个光谱区的复合光分解为单色光，利用它可以进行原子吸收光谱、荧光光谱、拉曼光谱、激光光谱及光源能谱的定性和定量分析.

实验内容

(1) 观察实验仪器，了解各旋钮的作用.

(2) 利用 He-Ne 激光器或汞原子光谱校正光栅单色仪.

由于光栅单色仪的波长显示器的读数与实际波长值有偏离，因此需要对光栅单色仪进行重新定标，即用一些已知波长、谱线宽度较窄的光照亮入射狭缝 S1，转动扫描手轮让这些光按波长顺序依次从出射狭缝 S2 射出，读出波长显示器上相应的指示值 R，再利用已知波长的准确值，可以作出光栅单色仪的校准曲线. 利用校准曲线测量其他光波波长时，将波长显示器上的读数作相应修正，得到所测光波波长的准确值. 在实验室中常用高压汞灯作为已知标准光源.

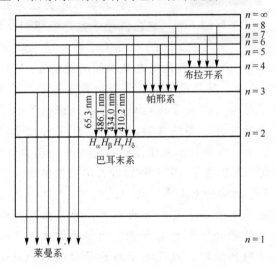

图 G1.3　氢原子能级跃迁与光谱系示意图

(3) 辨认氢灯的谱线.

(4) 测量谱线波长.

分别将两种光电探测器安装在单色仪的出射狭缝处，缓慢转动单色仪的"手动扫描"手轮，注意观察光电流(压)放大器的显示表，当指针读数相对最大时从单色仪的波长显示器中读出相应的波长数.

注意事项

狭缝宽度不能调为零，以免损坏刀口.

思考题

(1) 光栅单色仪怎样将复合光分解为单色光？

(2) 对单色仪进行定标的目的是什么？

(3) 如何选择光栅？光栅的参数对实验结果有何影响？

实验 G2　弗兰克-赫兹实验测量原子能级

弗兰克
(1882~1964)

赫兹
(1887~1975)

1900 年，普朗克引入能量子的概念. 1911 年，卢瑟福(Rutherford)根据 α 粒子散射实验提出了原子模型理论. 1913 年，玻尔将普朗克量子假说运用到原子有核模型中，建立了与经典理论相违背的两个重要概念：原子定态能级和能级跃迁. 原子在能级之间跃迁时伴随电磁波的吸收和发射，

电磁波频率的大小取决于原子所处两定态能级间的能量差. 1914 年，德国科学家弗兰克(Franck)和他的助手赫兹采用慢电子与稀薄气体中原子碰撞的方法，简单而巧妙地直接证实了原子内部量子化能级的存在，证明了原子发生跃迁时吸收和发射的能量是完全确定的、不连续的，并且实现了对原子的可控激发，给玻尔的原子理论提供了直接的而且独立于光谱研究方法的实验证据. 这两位物理学家由于此项卓越的成就而获得了 1925 年的诺贝尔物理学奖. 弗兰克-赫兹的实验方法至今仍是探索原子结构的重要手段之一.

　　本实验通过对氩原子第一激发电势的测量，学习弗兰克和赫兹为揭示原子内部能量量子化能级所做的巧妙构思和采用的实验方法，了解低能电子与原子弹性碰撞和非弹性碰撞的机理，以及电子与原子碰撞的微观过程是怎样与实验中的宏观量(板极电流)相联系的，并且用于研究原子内部的能量状态和能量交换的微观过程. 这些采用经典实验方法探索物质微观本质的实验思想方法，对于开拓思维有良好的启迪作用.

实验目的

　　通过测定氩原子的第一激发电势，证明原子能级的存在，加深对原子能量量子化的理解.

实验仪器

　　弗兰克-赫兹实验仪、示波器.

实验原理

　　玻尔提出的原子理论指出：原子只能较长久地处于一系列不连续的稳定的能量

状态，称为定态. 在这些状态中，原子既不辐射也不吸收能量，各定态的能量是彼此分立的、确定的、不连续的，每一种状态相应于一定的能量值 $E_i(i=1,2,3,\cdots)$，这些能量值称为能级. 最低能级所对应的状态称为基态，其他高能级所对应的状态称为激发态，如图 G2.1 所示.

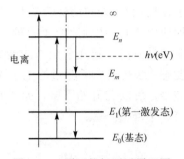

图 G2.1　原子能级跃迁原理图

原子的能量不论通过什么方式发生改变，只能使原子从一个能级跃迁到另一个能级；原子从一个能级 (E_m) 跃迁到另一个能级 (E_n) 发射或吸收一定频率的电磁波. 辐射的频率是由两个定态之间的能量差来决定的，并满足普朗克频率选择定则，即

$$h\nu = E_n - E_m \tag{G2.1}$$

式中，普朗克常量 $h = 6.626 \times 10^{-34}$ J·s.

通常原子状态的改变可通过两种方法实现：一是原子本身吸收或发射一定能量的电磁辐射；二是原子与其他具有一定能量的粒子发生碰撞而交换能量. 弗兰克-赫兹实验就是通过具有一定能量的电子与氩原子碰撞，从而使氩原子获得一定能量而发生能级状态改变的，通过直接测出碰撞时电子传递给氩原子的能量值，证明了原子能级的存在.

处于基态的原子发生状态改变时，其所需能量不能小于该原子从基态跃迁到能量最低激发态(第一激发态)时所需的能量，这个能量叫临界能量. 电子与原子碰撞，若电子能量小于临界能量，则发生弹性碰撞；若电子能量大于临界能量，则发生非弹性碰撞，这时，电子为原子提供跃迁到第一受激态时所需的能量，实现原子能级之间的跃迁. 初速度为零的电子在加速电压 V 作用下获得能量，表现为电子动能，当电压 V 达到或超过 V_g 时，原子从基态跃迁到第一激发态，即

$$eV_g = h\nu \tag{G2.2}$$

式中，电势差 V_g 为原子的第一激发电势.

弗兰克-赫兹实验原理如图 G2.2 所示. 阴极 K 受热灯丝加热，产生初动能很小的电子. 电子在栅极 G_2 和阴极 K 间的加速电压 V_{G_2} 作用下加速进而获得能量，同时与其间的氩气原子发生碰撞. 碰撞时，电子的动能若达到氩原子的第一激发能量，则电子的能量被吸收掉 eV_g，否则，电子只与氩原子发生弹性碰撞. 电子经 KG_2 间的加速与碰撞后到达栅极 G_2，以剩余的动能从栅极 G_2 飞向板极 P，从而在外电路中形成板极电流 I_P，其大小反映了从阴极到达板极 P 的电子数. 若在 PG_2 间加上反向电压 V_P，则只有碰撞后剩余动能大于 eV_P 的电子能到达板极 P，因此此时板极电流 I_P 也反映了栅极 G_2 处电子动能的大小，即 KG_2 间电子与氩原子碰撞的情况.

当加速电压 V_{G_2} 在 $0 \sim V_g$ 间增大时，电子能量不足以使氩原子产生跃迁，因此电

子在栅极 G_2 处的动能会随 V_{G_2} 增大，I_P 也随之增大，如图 G2.3 所示曲线的 *oa* 段. 当加速电压 V_{G_2} 达到氩原子的第一激发电势 V_g 时，在栅极 G_2 附近的电子与氩原子发生非弹性碰撞，把几乎全部的能量传递给氩原子，使处于基态的氩原子跃迁到第一激发态. 这些损失了能量的电子不能穿越减速电场到达板极，即到达板极的电子数目减少，所以 I_P 开始下降，如图 G2.3 所示曲线的 *ab* 段. 因此，I_P 随着 V_{G_2} 的增大出现第一个峰值.

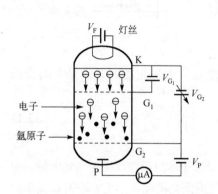

图 G2.2　弗兰克-赫兹管结构图

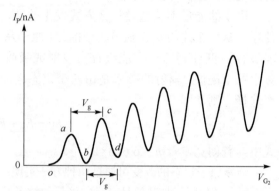

图 G2.3　弗兰克-赫兹管的 I_P-V_{G_2} 曲线

　　若 V_{G_2} 继续增大，电子在距栅极 G_2 较远处能量已达 eV_g，即在到达栅极 G_2 之前就会与氩原子发生非弹性碰撞失去能量，由于还处在阴极和栅极之间的区域，所以仍有加速电场作用，致使电子到达第二栅极时又具有了一定的动能，可以克服第二栅极与板极之间的拒斥电势而到达板极，从而使 I_P 又随 V_{G_2} 的增加而增大，如图 G2.3 所示曲线的 *bc* 段. 当 V_{G_2} 增加到 $2V_g$ 时，与氩原子发生过一次非弹性碰撞后的电子到达第二个栅极附近时，能量第二次达到 eV_g，会与氩原子发生第二次非弹性碰撞，所以 I_P 又会下降，形成第二个波峰，如图 G2.3 所示曲线的 *cd* 段. 同理，随着加速电压 V_{G_2} 继续增大，当 $V_{G_2} = nV_g$，$n = 1, 2, 3, \cdots$，即加速电压等于氩原子第一激发电势 V_g 的整数倍时，电子会在栅极 G_2 附近发生第三次、第四次、…非弹性碰撞，板极电流 I_P 会相应下跌出现一次波峰，形成规则起伏变化的 I_P-V_{G_2} 曲线. 显然，相邻两个峰(谷)间的加速电势差就是氩原子的第一激发态电势，并由此证实原子确实有不连续的能级存在.

实验内容

　　(1)用示波器观察弗兰克-赫兹实验曲线.

　　(2)实验数据测量.

　　保持其他实验条件不变，分别测出两组不同 V_P 值(两个 V_P 的差应在 0.1～0.5 V 之间)时的 I_P-V_{G_2} 曲线，然后以两曲线的差作为氩原子的激发电势曲线 I_P-V_{G_2}.

　　(3)实验数据分析、处理，并得出结论.

解释曲线规律，并从曲线上求出各相邻的峰或谷所对应的差值，求出平均值. 将实验值与氩原子的第一激发电势 $V_g = 11.61$ V 作比较.

*(4)讨论各实验参数如灯丝电压、抽取电压 V_{G_1}、加速电压 V_{G_2}、反向截止电压 V_P 对实验结果的影响.

①设定加速电压 1.0 V，减速电压 1.0 V，改变灯丝电压从 1.2 V 到 1.8 V，绘制不同灯丝电压下的弗兰克-赫兹曲线，解释变化规律.

②抽取电压用于消除电子在阴极附近的堆积效应. 验证：当抽取电压 V_{G_1} 增大时，板极电流会总体上移，且峰谷差明显. 对此作出相应的理论解释.

③取加速电压分别为 10 V、25 V、45 V、65 V、80 V，观察电子能量分布的变化规律，比较不同情况下的能量分布曲线图，并对产生的现象作出解释.

④减速电压使能量较低的电子无法到达板极形成电流，减速电压越大，能够到达的板极电子束越少，板极电流越小. 改变减速电压，观察电子能量分布.

注意事项

(1)灯丝电压过高会加快弗兰克-赫兹管衰老.

(2)当加速电压过大时，可能会使板极电流 I_P 达到饱和，而影响正常测量. 此时应迅速降低加速电压.

思考题

(1)能否用氢气代替氩气？为什么？

(2)弗兰克-赫兹管内灯丝温度对实验结果有何影响？

(3)实验中用什么方法使原子向高能级跃迁？如何测定较高能级的激发电势或电离电势？

(4)在 I_P-V_{G_2} 曲线上第一个峰的位置，是否对应于氩原子的第一激发电势？

(5)为什么板极电流 I_P 曲线的峰值总有一定的宽度？

(6)灯丝电压 V_F、控制栅极电压 V_{G_1} 和减速电压 V_P 对 I_P-V_{G_2} 曲线有何影响？

(7)为什么板极电流 I_P 无法下降到零？

实验 G3　金属电子功函数的测定

要使电子逸出金属表面，必须给电子提供一定的能量，这份能量称为电子的功函数. 本实验通过对热电子发射规律的研究，可以测定阴极材料的功函数，为选择合适的阴极材料提供依据.

实验目的

(1)了解金属电子功函数的概念和热电子发射的基本规律.

(2)学习用理查森直线法测定钨的功函数.

(3)学习直线测量法、外延测量法和补偿测量法等基本实验方法.

实验仪器

金属电子功函数测定仪,仪器包括:主机、理想二极管、组合数字电表.

为了测定钨的功函数,用钨作为理想二极管的阴极材料. 所谓"理想",一是指将电极设计成易于进行理论分析的几何形状,因此实验用的二极管设计成同轴圆柱形系统;二是把阴极发射面限制在温度均匀的一定长度内,且能近似地把电极看成无限长,即无边缘效应的理想状态. 为了避免阴极 K 的冷端效应(两端温度较低)和电场不均匀等边缘效应,在阳极 A 两端各装一个保护(补偿)电极 B,它们在管内相连后再引出管外,但和阳极绝缘. 因此,虽然和阳极有相同的电压,但被测热电子发射电流中并不包括保护电极中的电流. 在阳极上开有一小孔 D(辐射孔),以便用光测高温计测量阴极温度. 理想二极管的结构如图 G3.1 所示.

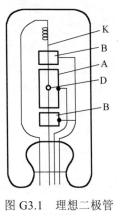

图 G3.1 理想二极管结构图

实验原理

1. 电子的功函数

由固体物理学的金属电子理论可知,金属中电子的能量是量子化的,且服从泡利(Pauli)不相容原理,其传导电子的能量分布遵循费米(Fermi)-狄拉克(Dirac)能量分布,热平衡时,能量在 $E \sim E + \mathrm{d}E$ 之间、单位体积内的电子数为

$$\mathrm{d}N = \frac{4\pi}{h^3}(2m_{\mathrm{e}})^{\frac{3}{2}}E^{\frac{1}{2}}\left[\exp\left(\frac{E-E_{\mathrm{F}}}{kT}\right)+1\right]^{-1}\mathrm{d}E \tag{G3.1}$$

所以电子的能量分布函数为

$$f(E) = \frac{\mathrm{d}N}{\mathrm{d}E} = \frac{4\pi}{h^3}(2m_{\mathrm{e}})^{\frac{3}{2}}E^{\frac{1}{2}}\left[\exp\left(\frac{E-E_{\mathrm{F}}}{kT}\right)+1\right]^{-1} \tag{G3.2}$$

式中,h 为普朗克常量;k 为玻尔兹曼常量;m_{e} 为电子质量;E_{F} 为费米能级.

电子的能量分布曲线 $f(E)$ 如图 G3.2 左半部分所示. 图中曲线(1)表示绝对零度时电子随能量的分布情况,这时电子所具有的最大能量为 E_{F}. 当 $T > 0$ K 时,电子的能量分布如曲线(2)和曲线(3)所示,其中少数电子具有比 E_{F} 更高的能量,而这种状态电子的数量随能量的增加按指数规律衰减.

在通常温度下，由于金属表面存在一个厚约10^{-10} m 的"电子-正电荷"偶电层，正电荷对电子的吸引力阻止电子从金属表面逃逸，即金属表面与外界(真空)存在一个势垒E_b，阻碍电子从金属表面逸出. 从能量角度看，金属中电子在一个势阱中运动，势阱深度$E_b > E_F$，如图 G3.2 右半部分给出的金属-真空界面的势垒曲线. 横坐标x为电子到金属表面的距离，纵坐标E为能量. 因此，要使处于绝对零度电子从金属中逸出，必须具有大于E_b的动能. 由

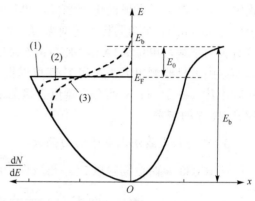

图 G3.2　金属中传导电子按能量的分布和表面势垒

图 G3.2 右半部分可见，在绝对零度时，使电子从金属表面逸出所需要的最小能量为

$$E_0 = E_b - E_F = e\varphi \tag{G3.3}$$

E_0或($e\varphi$)称为金属电子的功函数(逸出功)，单位为电子伏特(eV)，它表征要使处于绝对零度下的金属中具有最大能量的电子逸出金属表面所需获得的能量. 其中，e为电子电量；φ为电子的逸出电势，单位为伏特(V)，其数值等于以电子伏特为单位的电子功函数.

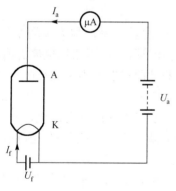

图 G3.3　热电子发射原理图

2. 热电子发射法测定金属功函数的原理

在真空的电子管中，一个由待测金属做成的阴极 K 通以电流给金属丝加热，提高其温度，以改变电子的能量分布，并在阳极和阴极间加上正向电压(阳极为正电势)时，在连接这两个电极的外电路中有电流通过，如图 G3.3 所示，这种现象称为热电子发射. 热电子发射就是利用提高阴极温度的办法来改变电子的能量分布，使其中一部分电子的能量大于E_b，这样，能量大于E_b的电子越过势垒就可以从金属中发射出来. 不同的金属具有不同的功函数，因此，功函数的大小和温度对热电子发射的强弱具有决定性作用. 根据费米-狄拉克能级分布公式(G3.2)，可以导出热电子发射遵从理查森(Richardson)-杜西曼(Dushman)公式

$$I = AST^2 \exp\left(-\frac{e\varphi}{kT}\right) \tag{G3.4}$$

式中，I 为热电子发射的电流强度，单位为安培(A)；S 为阴极的有效发射面积，单位为米 ^{2}(m^2)；T 为阴极的绝对温度，单位为开(K)；A 为与阴极材料表面化学纯度有关的系数，单位为(A·m^{-2}·K^{-2})；k 为玻尔兹曼常量，$k = 1.38 \times 10^{-23}$ J·K^{-1}.

原则上只要测出 I、A、S 和 T，就可以根据式(G3.4)计算出阴极材料的功函数 $e\varphi$. 实则不然，由于 A、S 两个量难以直接测定，所以在实际测量中常用理查森直线法避开 A、S 的测量.

3. 理查森直线法求电子的功函数

将式(G3.4)两边同除以 T^2，再取以 10 为底的对数得

$$\lg \frac{I}{T^2} = \lg(AS) - \frac{e\varphi}{2.30kT} = \lg(AS) - 5.04 \times 10^3 \varphi \frac{1}{T} \tag{G3.5}$$

可见，$\lg \dfrac{I}{T^2}$ 与 $\dfrac{1}{T}$ 呈线性关系，若以 $\lg \dfrac{I}{T^2}$ 为纵坐标，$\dfrac{1}{T}$ 为横坐标作图，从所得直线的斜率即可求出电子的逸出电势 φ，进而求出电子的功函数 $e\varphi$. 由于 A 和 S 对某一固定材料的阴极来说是常数，故 $\lg(AS)$ 只改变 $\lg \dfrac{I}{T^2} - \dfrac{1}{T}$ 直线的截距，而不影响直线的斜率，只是使 $\lg \dfrac{I}{T^2} - \dfrac{1}{T}$ 直线产生平移. 这样就避免了由于 A 和 S 不能准确测量造成的困难. 这种方法叫理查森直线法.

4. 加速电场外延法求零场电流

式(G3.4)中的电流强度 I 是加速电场为零时的阴极发射电流，称为零场电流. 如图 G3.4 所示，在真空二极管阴极与阳极之间接灵敏检流计，当阴极通以电流 I_f 时，有热电子发射，则应有发射电流 I 通过 G. 但当电子不断从阴极发射出来飞往阳极的途中，必然形成空间电荷，这些空间电荷的电场将会阻碍后续的电子飞往阳极，这样就会影响发射电流的测量. 为了使阴极发射的热电子连续不断地飞向阳极，必须在阴极和阳极之间加以加速电场 E_a，使电子一旦逸出，就能迅速飞往阳极. 图 G3.5 是测量 I 的示意图.

外加电场 E_a 的存在虽然可以消去空间电荷的影响，但也对热电子的发射产生了影响. 正是因为热电子发射过程中受到阳极加速电场的影响，电子从阴极发射出来时将得到一个助力，导致阴极表面的势垒降低，功函数减小，因而增加了电子发射的数量，使发射电流增大，这种外加电场使发射电流增大的现象称为肖特基效应. 由于肖特基效应，我们无法直接测量 I，所以必须作相应的处理.

可以证明，在外加电场 E_a 的作用下，阴极发射电流 I_a 与 E_a 有如下关系：

$$I_a = I \exp\left(\frac{0.439\sqrt{E_a}}{T}\right) \tag{G3.6}$$

式中，I 和 I_a 分别为加速电场为零和 E_a 时的发射电流.

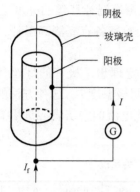

图 G3.4　测量 I 的原理图

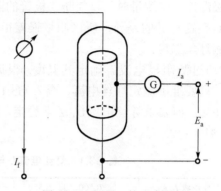

图 G3.5　测量 I 的示意图

若把二极管的阴极和阳极做成共轴圆柱形，并忽略接触电势差和边缘效应等因素的影响，阴极和阳极间的加速电场为

$$E_a = \frac{U_a}{r_1 \ln \dfrac{r_2}{r_1}}$$

式中，r_1 和 r_2 分别为阴极和阳极的半径；U_a 为阳极电压.

将上式代入式 (G3.6)，并取以 10 为底的对数得

$$\lg I_a = \lg I + \frac{0.439}{2.30T} \frac{1}{\sqrt{r_1 \ln \dfrac{r_2}{r_1}}} \sqrt{U_a} \qquad \text{(G3.7)}$$

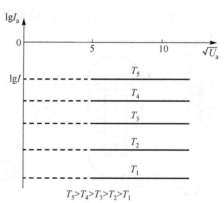

由式 (G3.7) 可见，对一定几何尺寸的管子，在阴极温度 T 一定的条件下，$\lg I_a$ 与 $\sqrt{U_a}$ 呈线性关系. 若以 $\lg I_a$ 为纵坐标，$\sqrt{U_a}$ 为横坐标作图，如图 G3.6 所示，可画出在不同阴极温度 (即不同的 I_f) 下的 $\lg I_a$ 与 $\sqrt{U_a}$ 关系曲线 (实为直线)，这些直线的延长线与纵坐标轴的交点为对应温度下的 $\lg I$，求反对数，即可求出在该温度下的零场电流 I.

图 G3.6　外延法确定零场电流的示意图

5. 测定阴极(灯丝)温度 T

式 (G3.6) 给出了热电子发射电流 I_a 与阴极(灯丝)温度 T 的关系，温度的测量误差对结果的影响很大，在热电子发射的实验研究中，准确地测定温度是一个很重要的问题，本实验可用以下两种方法测定阴极(灯丝)温度 T.

(1)用光测高温计测定温度. 将光测高温计对准理想二极管阴极上的小孔, 直接测定阴极温度, 但测量时, 要判断二极管的阴极和光测高温计灯丝的亮度是否一致. 由于人对亮度感觉的差异, 所以测量误差很大. 若实验室备有光测高温计, 可用这种方法测灯丝温度.

(2)通过测阴极电流 I_f 确定其温度. 根据已经标定理想二极管的灯丝(纯钨丝)电流 I_f, 只要准确测定灯丝电流, 查表 G3.1 就可得阴极温度 T. 这种方法的实验结果比较稳定, 但要求灯丝电压 U_f 必须稳定, 测定灯丝电流的安培表应选用高级别的(如 0.5 级).

表 G3.1　灯丝电流 I_f 与其温度 T 关系表

灯丝电流 I_f/A	0.500	0.550	0.600	0.650	0.700	0.750	0.800
灯丝温度 T/($\times 10^3$ K)	1.72	1.80	1.88	1.96	2.04	2.12	2.20

总之, 将被测材料做成二极管的阴极, 测定阳极电压 U_a、阴极发射电流 I_a、阴极温度 T 或电流 I_f 后, 用加速电场外延法求出零场电流 I, 再用式(G3.5)即可求出功函数 $e\varphi$ (或逸出电势 φ).

实验内容

(1)结合仪器熟悉功函数测定仪各接线柱和旋钮的功能.

(2)按图 G3.7 连接电路, 检查无误后, 接通电源, 预热 10 min.

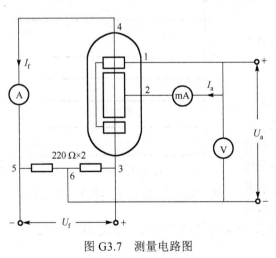

图 G3.7　测量电路图

(3)依次调节理想二极管的灯丝电流, 使 I_f 从 0.550 A 到 0.750 A, 每间隔 0.050 A 进行一次测量. 对应每一灯丝电流, 调节阳极电压, 使 U_a = 25.0 V、36.0 V、49.0 V、64.0 V、81.0 V、100.0 V、121.0 V、144.0 V, 分别测出相应的阳极电流 I_a, 将数据记录在自拟的表格中.

(4)查灯丝电流 I_f 对应的阴极温度 T, 将测试数据换算填入自拟的表格中, 根据表中数据作 $\lg I_a - \sqrt{U_a}$ 图线, 用外延法求出截距 $\lg I$, 即可得到在不同灯丝温度下的零场发射电流 I.

(5)根据所得值 I 及 T, 作出 $\lg \dfrac{I}{T^2} - \dfrac{1}{T}$ 图线, 根据式(G3.5)从直线的斜率求出金属钨的功函数 $E_0 = e\varphi$, 并与钨的功函数公认值(4.54 eV)比较, 计算相对误差.

*(6)研究理想二极管的伏安特性,并利用二分之三次定律测定电子的比值(荷质比).根据实验研究和理论分析,在阳极电流增长的初始阶段和阳极电压较低的情况下,阳极电流 I_a 大约随阳极电压 U_a 的二分之三次方的规律增加(被称为二分之三次方定律).在理想二极管中灯丝与阳极为一对同轴圆柱体的电极,根据理论推导在初始阶段阳极电流 I_a 与阳极电压 U_a 之间近似有如下关系:

$$I_a = \frac{8\pi}{9}\varepsilon_0\sqrt{\frac{2e}{m}}\frac{l}{b\beta^2}U_a^{3/2} \qquad (G3.8)$$

其中,ε_0 为真空介电常量;l 为理想二极管主阳极的长度;b 为主阳极的半径;β 为修正因子,它是阴极(灯丝)半径与阳极半径之比的函数,当此比值很小时,$\beta^2 \approx 1$.但是式(G3.8)这一关系并不准确,当阳极电压 U_a 为 0 时,阳极电流 I_a 并不为 0,所以更好的表示方法应为

$$\Delta I_a = \frac{8\pi}{9}\varepsilon_0\sqrt{\frac{2e}{m}}\frac{l}{b}\Delta(U_a^{3/2}) \qquad (G3.9)$$

①按图 G3.7 接好电路,把灯丝电流选择在 0.75 A 以上,以增大空间电荷区域的范围.然后把阳极电压从零开始增加,每隔 0.5 V 或者 1.0 V 测一次阳极电流,直到 10 V 为止,并做记录.

②对所测数据进行列表处理,再以阳极电流为纵坐标,以阳极电压的二分之三次方为横坐标,在坐标纸上作图,考察 I_a 和 $U_a^{3/2}$ 之间的线性关系,找出 I_a 和 $U_a^{3/2}$ 之间成直线关系的线段,用图解法计算出直线的斜率 $\Delta I_a/\Delta(U_a^{3/2})$.

③由公式(G3.8)求出电子的比荷 e/m.

注意事项

(1)使用二极管时应轻拿轻放.

(2)金属电子功函数测定仪面板上各个接线柱都是提供电压的,切勿接错阳极电压 U_a 和灯丝电压 U_f.

(3)使用组合数字电表时要注意各表的量程,接线时注意电势的高低,不要接错正、负极.

(4)测量时,每改变一次灯丝电流,都要预热 5 min 再测.

思考题

(1)测量金属的功函数有什么意义?

(2)什么是理查森直线法?怎样应用它测得功函数?用它处理数据的优点是什么?

(3)怎样测准零场发射电流?

(4)是否可用光电效应法测定金属电子功函数?

实验 G4　光纤通信实验

　　光纤通信就是利用光纤来传输携带信息的光波以达到通信的目的. 光纤通信是现代通信网的主要传输手段，传送的信息在发送端变成电信号，调制到激光器发出的激光束上，使光的强度随电信号的幅度(频率)变化而变化，并通过光纤发送出去；在接收端，检测器收到光信号后把它变换成电信号，经解调后恢复原信息. 因此，构成光纤通信的基本要素是光源、光纤和光检测器.

　　光源是把电信号变成光信号的器件，在光纤通信中占有重要地位. 半导体激光器作为光纤通信的主要光源，其具有体积小、质量小、效率高和成本低的优点. 到目前为止，它是当前光通信领域中发展最快、最为重要的激光光纤通信的重要光源. 光纤是光导纤维的简写，是一种利用光在玻璃或塑料制成的纤维中的全反射原理而达成的光传导工具. 香港中文大学前校长高锟和 George A. Hockham 首先提出光纤可以用于通信传输的设想，高锟因此获得 2009 年诺贝尔物理学奖. 光检测器是把光发射机发送的携带有信息的光信号转化成相应的电信号并放大、再生恢复为原传输的信号的器件.

实验目的

　　(1) 了解和掌握半导体激光器的电光特性和测量阈值电流.

　　(2) 了解和掌握光纤的结构和分类及光在光纤中传输的基本规律.

　　(3) 对光纤本身的光学特性进行初步研究，对光纤的使用技巧和处理方法有一定的了解.

　　(4) 了解光纤通信的基本原理.

实验仪器

　　导轨、半导体激光器+二维调整、三维光纤调整架+光纤夹、光纤、光探头+二维调整架、激光功率指示计、一维位移架、专用光纤钳、专用光纤刀、示波器、音源等.

实验原理

　　1. 半导体激光器的电光特性

　　实验采用的光源是半导体激光器，因此须掌握半导体激光器的一些基本特性和使用方法.

　　半导体激光器的发光原理是受激辐射发光. 要使半导体激光器产生相干的受激光，需满足两个条件：粒子数反转与阈值条件. 粒子数反转就是使处于高能态的粒子(半导体能带中的电子)数多于低能态的粒子数，若达到这个条件，工作物质就能产生增益. 阈值条件要求粒子数反转必须反转到一定的程度，即达到由于粒子数反转所产生的增益能克服有源介质的内部损耗和输出损耗(激光器输出对有源介质来说就是一种损耗)，此后的增益介质就具有净增益. 半导体激光器和其他激光器一样，激光器结构都包括三部分，即能产生粒子数翻转的工作物质，使光子不断反馈的振荡从而实现光增益达到阈值的光谐振腔，激励起粒子数反转的电源.

　　本实验主要研究半导体激光器的电光特性和测量阈值电流. 阈值是激光器的属性，它标志着激光器的增益和损耗的平衡点. 由于半导体激光器是电子-光子转换器，因此其阈值常用电流来表示. 阈值电流的测定可通过直线拟合法来实现.

　　当半导体激光器电流小于某值时，输出功率很小，一般地，我们认为输出的不是激光，只有当电流大于一定值(I_0)，使半导体增益系数大于阈值时，才能产生激光，I_0 称为阈值电流. 半导体激光器的电流与光输出功率的关系如图 G4.1 所示，曲线在阈值以上的直线部分延长而与电流坐标轴的相交点所对应的电流即为阈值电流. 当电流大于 I_0 时，激光输出功率急剧增大. 激光工作时，电流应大于 I_0，但也不可过大，以防损坏激光管(本实验中加了保护电路，防止功率过载). 对激光器的调制电流应在 I_0 附近，此时光功率对电流变化的灵敏度较高.

2. 光纤的结构与分类

　　一般裸光纤具有纤芯、包层及涂敷层(保护层)三层结构，如图 G4.2 所示. ①纤芯：由掺有少量其他元素(为提高折射率)的石英玻璃构成，对于单模光纤，直径约为 9 μm；而对于多模光纤，纤芯直径一般为 50 μm. ②包层：由石英玻璃构成，但由于成分的差异，它的折射率比纤芯的折射率略微低一些，以形成全反射条件，直径约为 125 μm. ③涂覆层：为了增加光纤的强度和抗弯性，并保护光纤，在包层外涂覆了塑料或树脂保护层，其直径约为 250 μm. 激光主要在纤芯和包层中传播. 光纤具有以下独特的优点.

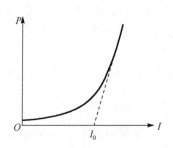

图 G4.1　电流与光输出功率的关系图

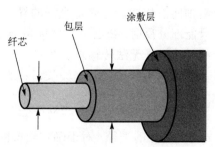

图 G4.2　光纤结构

(1)光纤具有良好的传光特性，它对光波的损耗目前可低到 0.2 dB/km.

(2)频带宽，信息量大；因为光纤传输的是光，现在使用的光纤的频率在 $10^{14} \sim 10^{15}$ Hz 的范围内，比微波高 5 个数量级，即光的频率高.

(3)光纤本身是一种敏感元件，当光在光纤中传输时，光的特性(如振幅、相位、偏振态等)将随检测对象变化而相应变化.

(4)光纤的电绝缘性好，它不受电磁干扰，无火花，能在易燃、易爆的环境中使用.

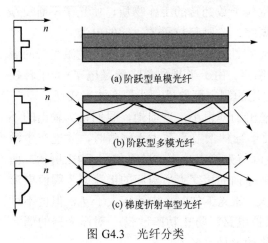

(a)阶跃型单模光纤

(b)阶跃型多模光纤

(c)梯度折射率型光纤

图 G4.3　光纤分类

(5)光纤极细，可塑性好. 光纤的总直径为 $100 \sim 200$ μm，可放置在小孔和缝隙等被监测点，而且对测量点扰动小.

(6)光纤原料资源丰富，价格低廉.

按纤芯径向介质折射率分布的不同，可将光纤分为均匀和非均匀两类. 如图 G4.3 所示，均匀光纤的纤芯与包层介质的折射率分别呈均匀分布，在分界面处折射率有一突变，故又称阶跃型光纤；非均匀光纤纤芯的折射率沿径向成梯度分布，而包层的折射率为均匀分布，故又称梯度折射率型光纤. 按照传输特性的不同，又可将光纤分为单模和多模两种. 单模光纤较细，只允许存在一种传播状态(模式)；多模光纤较粗，允许同时存在多种传播状态(模式).

3. 光纤的传光原理

当光线从折射率为 n_1 的介质入射到折射率为 n_2 的介质时，在介质分界面上将产生折射现象，其规律是：入射角与折射角的正弦之比与两种介质的折射率成反比，即 $\dfrac{\sin i_1}{\sin i_2} = \dfrac{n_2}{n_1}$，其中 n_1 为线芯的折射率，n_2 为包层介质的折射率. 因 $n_1 > n_2$ 则 $i_1 < i_2$，当入射角 i_1 增大到某一角度 i_c 时，折射角 i_2 将等于 90°，发生了全反射，于是光便在光纤中沿轴向前传播，这就是光纤的导光原理. 不满足全反射条件的光线，由于在界面上只能部分反射，势必有一些能量会辐射到包层中，致使光能量不能有效传播，溢出光纤，造成光无法传输.

对于一定的光纤结构和光波长，在光纤中能够传播的模式数目是有限的. 理论证明：可以传播的传播模数为 $M_{S1} = \dfrac{4V^2}{\pi^2}$，其中 $V = \dfrac{2\pi a}{\lambda}\sqrt{n_1^2 - n_2^2}$，通常 V 为归一化频率，a 为光波导的半径. 对于确定结构的单模光纤，通常对应 $V < 2.405$ 的光波长；对于确定结构的多模光纤，通常对应 $V > 2.405$ 的光波长. 由归一化频率表达式很容

易得到截止波长为 $\lambda_c = \dfrac{2\pi a}{2.405}\sqrt{n_1^2 - n_2^2}$，因此在光纤中，当传播的光波长 $\lambda > \lambda_c$ 时，处于单模工作状态；而当 $\lambda < \lambda_c$ 时，处于多模工作状态.

4. 光纤的数值孔径

由于全反射临界角 i_c 的限制，光纤对自其端面外侧入射的光束相应地存在着一个最大的入射孔径角，参考图 G4.4. 假设光纤端面外侧介质的折射率为 n_0，自端面外侧以 i_0 角入射的光线进入光纤后，其到达纤芯与包层分界面处的入射角 i_1 刚好等于临界角 i_c. 那么当端面外侧光线的入射角大于 i_0 时，进入光纤时将不满足全反射条件. 因此，i_0 就是能够进入光纤且形成稳定光传输的入射光束的最大孔径角. 可以证明，对于阶跃型光纤，有

$$i_0 = \arcsin\left(\frac{\sqrt{n_1^2 - n_2^2}}{n_0} \right) \tag{G4.1}$$

一般用光纤端面外侧介质折射率与最大孔径角正弦的乘积 $n_0 \sin i_0$，表征允许进入光纤纤芯且能够稳定传输的光线的最大入射角范围，称为光纤的数值孔径. 阶跃型光纤数值孔径大小为

$$NA = n_0 \sin i_0 = \sqrt{n_1^2 - n_2^2} \tag{G4.2}$$

光纤数值孔径的另一种定义是远场强度有效数值孔径，是通过测量光纤远场强度分布来确定的. 它被定义为光纤远场辐射图中光强下降到最大值的 $1/e^2$ 处的半角的正弦值，如图 G4.5 所示.

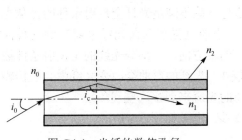

图 G4.4　光纤的数值孔径

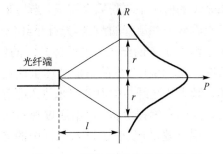

图 G4.5　远场强度有效数值孔径

当远场辐射强度达到稳态分布时，测量光线最大出射的光功率分布曲线及光纤端与探测界面的距离，利用光强下降到最大值的 $1/e^2$ 处的半张角的正弦值，计算光纤的数值孔径. n_0 为空气中的折射率，$n_0 \approx 1$.

$$NA = n_0 \sin i_0 = \frac{r}{\sqrt{l^2 + r^2}} \tag{G4.3}$$

5. 模式

根据光的波导理论，光在光纤中的传播，应可用电磁波的麦克斯韦方程来描述，在特定的边界条件下麦克斯韦方程有一些特定的解，这些解代表一些可在光纤中长期稳定传输的光束，这些光束或解被称为模式. 理论可以证明，对于波长为 1310 nm 或 1550 nm 的光波，当纤芯小于 10 μm 时，我们所使用的光线中只有一个基模可以稳定传输. 它沿径向的光强分布为高斯分布. 这种光纤被称为单模光纤. 光纤中的模式除了与光纤本身的参数折射率、直径有关外，还与光的波长有关. 本实验中采用的是单模光纤，但此"单模"是针对 1310～1550 nm 波长的，而本实验采用的是 650 nm 的可见激光，因此有时光纤中耦合模式将不是单模，而是一个简单的多模(如梅花状)，各模式间可能有不同的传输路径和偏振态. 不同的传输路径将导致光信号的脉冲展宽(色散).

6. 光纤的耦合和耦合效率

光纤的耦合是指将激光从光纤端面输入光纤，使激光可沿光纤进行传输. 一般来说，将激光的不对称发射光束与圆对称的光纤进行最优耦合，需要在光纤和光源之间插入透镜，即所谓的直接耦合. 直接耦合技术比较简单，但耦合效率比较低.

实验采用 5 个自由度的调整机构来进行光纤耦合. (半导体激光器被固定在一个 2 自由度的角度调整架上，光纤固定在一个 3 自由度的直线调整架上). 对 5 个自由度进行反复、细致的调整，使经过聚焦的激光焦点尽量准确地、垂直地落在光纤端面上，以使尽量多的激光进入光纤. 由于激光焦点和光纤的端面过于明亮和细小，因此无法用肉眼来判断耦合的情况. 从光纤的另一端(输出端)通过观察输出光的强弱(光功率)和光斑的情况来判断耦合情况. 当将激光耦合进光纤后，会在输入端面后的一段光纤壁上看到一些泄漏的激光(光纤呈红色)，这是一些不满足光纤全反射条件的光从光纤壁上泄漏出来的结果. 也可在光纤的任何一段通过强烈弯曲光纤来观察到这种泄漏情况. 这是由于强烈的弯曲破坏了该处光纤的轴方向，一部分光线的全反射条件被破坏，激光从光纤芯中泄漏出来进入了涂覆层中. 光纤的弯曲会改变光纤中光的传输模式、光强和偏振状态. 可以通过观察输出端的光斑来观察这些现象.

耦合效率 η 反映了进入光纤中的光的多少. 定义如下:

$$\eta = \frac{P_1}{P_0} \times 100\% \tag{G4.4}$$

其中，P_1 为进入光纤中的光功率；P_0 为激光的输出功率. 在理论上，η 与光纤的几何尺寸、数值孔径等光纤参数有直接的关系，在实际操作中它还与光纤端面的处理情况和调整情况有更直接的关系. 本实验采用光功率计直接测出 P_1 和 P_0，求出 η. η 同操作者的操作情况有很大关系.

7. 光纤的损耗

光纤的损耗是通信距离的固有限制,在给定发射功率和接收灵敏度条件下,它决定了从光发射机到光接收机之间的最大距离,损耗过大将严重影响通信系统的性能.

光纤的损耗用衰减系数表示,单位是 dB/km. 对于光纤损耗的测量,最简便和可靠的方法是剪断法. 剪断法是在耦合好的光纤输出端测量输出功率 P_2,然后在保持功率不变的前提下,剪断一截长为 L 的光纤,再测量输出端的光功率 P_1,则光纤的损耗定义式为 $\alpha = \dfrac{1}{L} 10 \lg \dfrac{P_1}{P_2}$. 光纤的损耗与光纤材料及光纤的结构有关,也与光纤的几何形状和缠绕方式等有关. 目前通信用的光纤在 1.5 μm 波段为 0.25 dB/km,已经接近光纤的固有损耗.

8. 光纤通信

由于 20 世纪 70 年代光纤制造技术和半导体激光器技术的突破性进展,同时光纤通信具有容量大、频带宽、光纤损耗低、传输距离远、不受电磁场干扰等优点,因此光纤通信已成为现代社会最主要的通信手段之一.

光纤通信的大致过程是:将要传输的信息(语言、图像、文字、数据)加载到载波上,经发送机处理(编码、调制)后,载有信息的光波被耦合到光纤中,经光纤传输到达接收机,接收机将收到的信号处理(放大、解码、整形)后,还原成原来发送的信息(语言、图像、文字、数据),如图 G4.6 所示,本实验将观察通过光纤传输声音信号的整个过程.

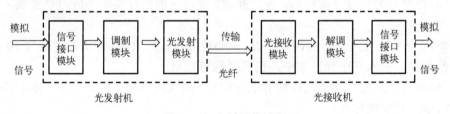

图 G4.6　光纤通信过程

从音频信号源(录音机)发出的信号,在示波器上观察是一串幅度、频率随声音变化的近似正弦波信号. 该信号经调制电路调制后加载在一个频率为 80 kHz 的方波上,对方波的脉冲宽度进行了调制,并以此调制信号驱动半导体激光器,使激光器发出一连串经声音调制的光脉冲. 该光脉冲进入光纤后经过光纤的传输,从光纤出光端输出,被光电二极管接收,还原成电信号. 这时我们可以从示波器上观察到一串与驱动信号相对应的脉冲信号,这种脉冲信号再经过解调电路的解调,最后还原成近似正弦波的电信号,这时,可以从示波器上观察到一系列与音频信号源输出信号相对应的波形. 这个近似正弦波的电信号经功率放大后驱动扬声器,便可以听到声音了.

实验内容

1. 半导体激光器的电光特性

(1)将导轨放置在稳定平台上,在导轨的一端放置半导体激光器及其调整架,另一端放置功率计探头.

(2)打开实验仪电源,将实验仪功能置于"直流"挡. 将电流调节旋钮缓慢地顺时针旋至最大,同时观测功率计变化,注意功率计变化很快的电流值.

(3)调整激光器的激光指向,使激光进入功率指示计探头,并使显示值达到最大.

(4)逆时针旋转电流旋钮,逐步减小激光器的驱动电流,并记录下电流值和相应的光功率值.

(5)用坐标纸绘出电流-功率曲线,即为半导体激光器的电光特性曲线. 曲线斜率急剧变化处所对应的电流即为阈值电流.

注意 为防止半导体激光器因过载而损坏,实验仪中装有保护电路,当电流过大时,光功率会保持恒定,这是保护电路在起作用,而非半导体激光器的电光特性.

2. 光纤的端面处理和夹持

(1)在导轨上依次放置半导体激光器及其调整架、三维光纤调整架、光纤座和功率计探头.

(2)用光纤剥皮钳剥去光纤两端的涂覆层.

(3)在 5 mm 处用光纤刀刻划一下. 用力不要过大,以不使光纤断裂为限.

(4)在刻划处轻轻弯曲纤芯,使之断裂. 处理过的光纤端面不应再被触摸,以免损坏和污染.

(5)在 5 mm 处用光纤刀刻划一下,小心地放入光纤夹中,伸出长度约为 10 mm,用簧片压住,放入三维光纤架中,用锁紧螺钉锁紧.

(6)将光纤的另一端用同样的方法处理后,放入光纤座上的刻槽中,伸出长度约为 10 mm,用磁吸压住.

(7)将光纤座中的光纤输出头进行调整,使光纤的输出对准功率计探头.

3. 光纤的耦合与模式

(1)将实验仪功能挡置于直流挡.

(2)调整半导体激光器的工作电流,使激光不太明亮,用一张白纸在激光器前面前后移动,确定激光焦点的位置.(激光过强会使光点太亮,反而不宜观察.)

(3)通过移动三维光纤调整架和调整 Z 轴旋钮,使光纤端面尽量逼近焦点.

(4)将激光器工作电流调至最大,通过仔细调节三维光纤调整架上的 X 轴、Y 轴、Z 轴调整螺钉和激光器调整架上的俯仰、扭摆角调整螺钉,使激光照亮光纤端面并耦合进光纤.

（5）用功率指示计监测输出光强的变化，反复调整各调整螺钉，直到光纤输出功率达到最大为止，记下功率值，此值与输入端激光功率之比即为耦合效率（不计吸收损耗）. 通常情况下，应该能够调节到 200 μW 以上，这样才能保证光纤通信实验顺利进行. 如多次调节不成功，检查光纤端面，可重新调节端面位置.

（6）取下功率指示计探头，换上白屏，轻轻转动各耦合调整旋钮，观察光斑形状变化（模式变化）.

（7）弯曲光纤，观察光斑形状变化（模式变化）.

4. 模拟（音频）信号的调制、传输和解调还原

（1）将激光耦合进光纤.

（2）将实验仪的功能挡置于"音频调制"挡.

（3）将示波器的 CH1 和 CH2 通道分别与"输出波形"端和"输入波形"端相连.

（4）将示波器"扫描频率"置于 10μs/Div 挡，示波器显示应为近似的稳定矩形波.

（5）从"音频输入"端加入音频模拟信号，这时观察到示波器上的矩形波的前后沿闪动.

（6）打开实验仪后面板上的"喇叭"开关，可听到音频信号源中的声音信号.（此时音频信号的强弱与耦合效率成正比，即耦合效率越高，传输的音频信号越清晰，反之音频信号越弱.）

（7）可分别观察实验仪发射模块"调制"前后的波形和接收模块"解调"前后的波形. 观察、了解音频模拟信号调制、传输、解调过程和情况.

（8）"喇叭"开关平时应处于"关"状态，以免产生不必要的噪声.

5. 光纤损耗的测量

（1）将耦合好的激光输出端与光功率计探头对准，用功率计读取光功率并记录.

（2）根据需要截取一段光纤，并用导轨的刻度记录光纤的长度.

（3）记录截取光纤后的输出端光的功率.

（4）通过计算得出光纤的损耗.

注意事项

（1）请勿直视激光光束.

（2）如在使用过程中，光纤断在光纤夹中，请务必剔除光纤断头（可用纸片或刀片刮净细缝底部），再安装新的光纤. 否则可能损坏光纤夹压片.

思考题

（1）在远距离光纤传输时，为什么一般采用单模光纤？光纤模式是如何影响带宽的？

（2）光纤中传输的信息可以被窃听吗？若可以，设计一种比较简单的方法.

实验 G5　微波光学实验

微波光学

　　微波是波长在 0.1 mm 和 1 m 之间的电磁波，其在我们日常生活中广泛存在，如我们常用的微波炉，其工作原理涉及微波与金属、有机分子之间的相互作用原理. 频率为 3～40 GHz 的微波被广泛用于通信中. 早在 1931 年，从英国多佛尔到法国加莱，就建立了一条横穿英吉利海峡的超短波通信线路. 如今，虽然光纤通信已成为主流，但在某些特殊应用场景下，如偏远地区的通信，需较强的具有抗自然灾害需求的通信设备，这时仍会采用微波进行数据传输. 此外，微波也是波长最长的光波，它也具有光波的主要特征，如直线传播、反射、干涉、衍射、偏振等. 特别是由于其波长量级与我们日常生活中的物体尺度相近，因此可以十分方便地利用微波来观察光学现象.

　　该实验将利用简单的身边随手可得的器物，如金属板、具有厘米量级宽度单/双狭缝的金属板等，来实现微波的反射、干涉、衍射、偏振现象的观测. 特别是，通过利用点缀有金属球阵列、尺寸约为 0.5 m³ 的塑料材质框架模拟晶体，我们可以利用微波与模拟晶体的散射实验来模拟真正晶体的 X 射线布拉格衍射现象. 学生需要分析衍射峰数据，并推导出模拟晶体的基本参数. 该实验将深奥的纳米科技的最常用表征手段用一种友好的且易于理解的方式直观地呈现给学生，有助于学生快速理解 X 衍射现象的本质，训练学生对晶体结构的分析能力，开拓其视野，并增进学生对纳米科学的兴趣.

实验目的

(1) 了解和学习微波产生的基本原理，以及传播和接收等基本特性.

(2) 掌握研究微波频率范围内的光学现象的方法.

(3) 了解光学的应用及在微波范围内的实现.

实验仪器

　　DHMS-1 型微波光学综合实验仪一套，包括：三厘米微波信号源、固态微波振荡器、衰减器、隔离器、发声喇叭、接收喇叭、检波器、检波信号数显器、可旋转载物平台和支架，以及实验用附件(如反射板、分束板、单缝板、双缝板、晶体模型等).

实验原理

1. 微波的反射实验

微波以某一入射角投射到此金属板上会发生反射效应，其原理与光的反射定律相似，满足入射角等于反射角.

2. 微波的单缝衍射实验

当微波入射到宽度和其波长可比拟的一个狭缝时，会发生如光波一般的衍射现象. 强度不均匀的衍射条纹，且中央条纹最强最宽，从中央向两侧条纹强度迅速减小. 与光的单缝衍射一样，当衍射强度为最小值，即极小值(暗纹)时，衍射角 φ 满足

$$a\sin\varphi = \pm k\lambda \qquad (k=1,2,3,\cdots) \tag{G5.1}$$

式中，a 为单缝的宽度；λ 为微波的波长. 如果测出衍射强度分布，根据第一级衍射极小值所对应的衍射角 φ，可求出微波波长.

除主极大外，每两个相邻极小值之间存在一个次极大值(中央条纹以外的明纹). 各级次极大所对应的衍射角 φ 为

$$\varphi \approx \pm\arcsin\left(\frac{2k+1}{2}\frac{\lambda}{a}\right) \qquad (k=1,2,3,\cdots) \tag{G5.2}$$

3. 微波的双缝干涉实验

当一平面波通过金属板的两条狭缝分成两个相干的波列，这两个波列沿不同的路径传播，在金属板后面的空间相遇时将产生干涉现象. 根据光的双缝衍射公式推导可知，干涉加强的位置(明纹)所对应的角度为

$$\varphi = \arcsin\left(\frac{k\lambda}{a+b}\right) \qquad (k=1,2,3,\cdots) \tag{G5.3}$$

干涉减弱的位置(暗纹)所对应的角度为

$$\varphi \approx \arcsin\left(\frac{2k+1}{2}\frac{\lambda}{a+b}\right) \qquad (k=1,2,3,\cdots) \tag{G5.4}$$

4. 微波的迈克耳孙干涉实验

迈克耳孙干涉仪是将单波分裂成两列波，透射波经再次反射后和反射波叠加形成干涉条纹. 根据此原理，在微波前进的方向上放置一个与波传播方向成 45°的半反半透的分束板. 入射波通过分束板，一束波向金属板 A 传播，另一束波向金属板 B 传播. 这两束波经金属板 A、B 的全反射再次回到分束板，并到达微波接收器处，于是接收装置收到两束频率和振动方向相同而相位不同的相干波，如图 G5.1 所示.

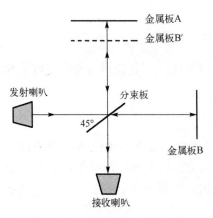

图 G5.1　迈克耳孙干涉原理图

若两束波相位差为 $\delta = 2k\pi, (k = \pm 1, \pm 2, \pm 3, \cdots)$，干涉加强；若相位差为 $(2k+1)\pi$，干涉减弱．

金属板 A、B 引起的干涉与金属板 A、B′ 之间的空气层引起的干涉等效．金属板移动的距离 Δd 与微波接收器所对应的极小（或极大）值改变数目 Δk 的关系为

$$\lambda = \frac{2\Delta d}{\Delta k} \tag{G5.5}$$

由此可见，只要测定金属板位置的改变量 Δd 和接收到信号幅度最大值的次数 Δk，可以求出微波波长．

5. 微波的偏振实验

电磁波是横波，它的电场强度矢量 $\boldsymbol{E}$ 和波的传播方向垂直．如果 $\boldsymbol{E}$ 始终在垂直于传播方向的平面上只沿一个确定的方向振动，这样的横电磁波叫极化波，在光学中也叫偏振光，偏振是光的波动性的重要特征之一．由于微波具有与光波相似的特性，我们可以利用微波来观察电磁波的偏振现象．

强度为 I_0 的偏振波通过偏振器时，若以波的传播方向为轴旋转偏振器，透射波的强度 I 随旋转角的改变而有规律地变化，即

$$I = I_0 \cos^2 \alpha \tag{G5.6}$$

式中，α 为偏振器的偏振轴与电磁波的偏振方向之间的夹角．上式称马吕斯定律．

在本实验中，信号源输出的电磁波经喇叭后电场矢量方向与喇叭的宽边垂直，相应的磁场矢量与喇叭的宽边平行，垂直极化．而接收器由于其物理特性，只能收到与接收喇叭口宽边相垂直的电场矢量(发射器和接收器类似于起偏器和检偏器)，所以当两喇叭的朝向(宽边)相差角度为 α 时，它只能接收一部分信号 $A = A_0 \cos \alpha$ (A_0 为两喇叭一致时电流表读数)．

6. 模拟晶体的布拉格衍射实验

当一束光照射到晶面族上时，光投射到每个原子上，每个原子都可看成子波源．各个晶面所对应的原子反射的衍射光都是相干光，它们相遇时会产生干涉效应．

如图 G5.2 所示，设相邻晶面间距为 d，入射线与晶面夹角为 α．从间距为 d 的两个晶面反射的两束波的光程差为 $2d \sin \alpha$，当满足条件

$$2d \sin \alpha = k\lambda \qquad (k = 1, 2, 3, \cdots) \tag{G5.7}$$

时产生干涉极大．这就是布拉格公式，其中 λ 为入射线波长．利用此公式，可在 d 已知时测量波长 λ．

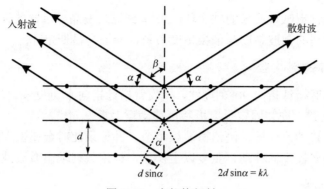

图 G5.2　布拉格衍射

　　因为实验中所用微波的波长为几厘米，所以在本实验中用一些铝制的小球模拟微观原子，制成晶体模型，来验证布拉格衍射的原理.

实验内容

　　1. 微波的反射

　　(1)将金属板安装在分度小平台上,安装时使金属板法线与发射臂(固定臂)在同一直线上.

　　(2)转动小平台,每转动一个角度后,再转动接收臂(活动臂),当接收臂上液晶显示器的指数最大时,记下此时接收臂的角度.

　　(3)做实验时,入射角最好取 30°~65°范围内 10 个数值,测量微波的反射角并记录,验证反射定律.

　　2. 微波的单缝衍射

　　(1)调整单缝衍射板的缝宽,将该板安装到支座上,使单缝衍射板和发射喇叭保持垂直.

　　(2)在衍射角 0°的两侧,每改变 1°~3°读取一次液晶显示器读数,并记录下来.

　　(3)根据记录数据,画出单缝衍射强度与衍射角度的关系曲线.

　　3. 微波的双缝干涉

　　(1)调整双缝干涉板的缝宽,将该板安装在支座上,使双缝板平面与发射喇叭保持垂直.

　　(2)在干涉角 0°的两侧,每改变 1°~3°读取一次液晶显示器的值,并记录下来.

　　(3)根据记录数据,画出双缝干涉强度与角度的关系曲线.

　　4. 微波的偏振干涉实验

　　(1)调整喇叭口面相互平行正对共轴.

(2)旋转接收喇叭短波导的轴承环，每隔 5°记录液晶显示器的读数.

(3)根据得到的微波强度与偏振角度关系，验证马吕斯定律.

5. 迈克耳孙干涉实验

(1)将固定臂指针指向 90°刻度线，接收臂指针指向 0°刻度线，玻璃板置于小平台上并在 45°位置，安装固定反射板和可移动反射板.

(2)移动可移动反射板，测出微波极小值，并记录此时金属板在标尺上的位置.

(3)再将金属板反向移动，重复以上操作，根据数据求出微波波长的平均值.

6. 布拉格衍射

(1)将模拟晶体架插在载物平台上的四颗螺柱上，使晶体(100)面与发射臂平行，活动臂指针指示晶体(100)面反射的微波的反射角.

(2)转动分度小平台，改变微波的掠射角，分度小平台每次转动 3°，读取接收臂液晶显示器的值.

(3)根据记录的数据，绘出微波强度与角度的曲线关系，验证布拉格定律.

注意事项

(1)实验前要检查电源线是否连接正确.

(2)电源线连接无误后，打开电源使微波源预热 10 min 左右.

(3)实验时，要先使两喇叭口正对，可从接收器看出正对时示数最大.

(4)为减少接收部分电池消耗，在不需要观察示数时，要把显示器关闭.

(5)实验结束关闭电源.

思考题

(1)在各实验中影响误差的主要因素是什么？

(2)金属是一种良好的微波反射器. 其他物质的反射特性如何？是否有部分能量透过这些物质还是被吸收了？比较导体与非导体的反射特性.

(3)在实验中使反射器和接收器与角度计中心之间的距离相等有什么好处？

(4)假如预先不知道晶体中晶面的方向，是否会增加实验的复杂性？又该如何定位这些晶面？

实验 G6　黑 白 照 相

　　黑白照相技术能真实、迅速地记录存储被摄物体的光信息，呈现被摄物体的内在或外在的影像. 它常被用来记录实物形象、实验过程或某些瞬变过程的图像, 以供日后分析研究或作为资料保存, 因此在 X 射线分析、金相结构、光谱分析、高能粒子的径迹分析、航天遥测和空间技术等方面获得了广泛的应用. 照相技术涉及光学、化学及机械的有关知识, 包括拍摄和暗室处理两部分, 每步操作都应严格遵守操作规则.

实验目的

(1) 了解照相机的结构和性能.

(2) 了解感光材料的成像过程和性能.

(3) 初步掌握摄影技术和暗室技术.

实验仪器

照相机、印相机、放大机、胶卷、印相纸、放大纸、显影液、定影液、暗室设备.

实验原理

拍摄是一个把来自被摄物体的光线经过透镜聚焦曝光于感光胶片的过程. 掌握好拍摄技术, 首先要了解照相机的结构.

1. 照相机的结构和性能

不同类型的照相机构造不尽相同, 但都是根据小孔成像原理并加上曝光量调节、焦距调节等功能设计而成. 它们都由镜头、光圈、快门、取景器和装感光片的暗匣等几个基本部分组成.

1) 镜头

镜头就是照相机的物镜, 一般由 4 至 6 个透镜胶合而成, 经过精心设计和校正, 尽量减少各种像差, 它的焦距一般标在镜头的边缘.

2) 光圈

光圈由一组金属薄片组成, 其通光孔径可通过调节增大或缩小, 控制到达感光底片上的光线强度 I_0. 光强 I_0 与光圈直径 d 和镜头焦距 f 之间的关系为

$$I_0 \propto \left(\frac{d}{f}\right)^2 \tag{G6.1}$$

d/f 称为镜头的相对孔径, 由于 $d/f < 1$, 故实际上取相对孔径的倒数 f/d 表示光圈的大小, 称为光圈数. 在照相机上刻有 3.5、4、5.6、8、11、16 和 22 等光圈数, 光圈数每改变一个刻度值, 曝光量近似地变化一倍. 光圈数大的, 实际光圈直径小,

照射在底片上的光强 I_0 也小,像就暗一些;反之,光圈数小的,则实际光圈直径大,照射在底片上的光强 I_0 也大,像就亮一些. 因此,拍摄时要根据景物的明暗情况选择适当的光圈数.

光圈的另一个作用是调节景深. 景深是指底片能够获得清晰像的最远和最近的物体之间的距离,光圈数小,景深也小;光圈数大,景深也大.

3)快门

快门是一种定时的开合机构,用以控制曝光时间. 快门上弦扳手和快门按钮用于启动开合机构,快门速度调节钮用于调节快门开启时间. 快门机构上附有刻度盘,上面刻有 1、2、4、8、15、30、60、125、300,它们分别表示快门开启时间为 1 s,1/2 s,…,1/300 s. 曝光时间大于 1 s,可用手控快门(B 门). 此时,若按下快门按钮,快门打开,若放开,快门闭合,快门开启时间由拍摄者控制.

快门按结构不同通常分为两类:中心快门和焦点平面快门.

中心快门位于复合透镜的中间,通过快门叶片开合时间的长短来控制曝光量,使用时必须先调好快门速度,再按下快门上弦扳手,否则容易损坏内部联动机构.

焦点平面快门装在感光片前面接近焦平面处,如海鸥 DF 型. 焦点平面快门由不透光的帘布制成,当开启快门时,帘布自左向右地闪动过去,光线在帘布闪开的瞬间射到感光片上. 焦点平面快门无快门上弦扳手,它与卷片机构联动,每卷过一张,快门即自动上弦,这样可避免出现重拍的现象. 但应注意,调节快门速度时一定要在卷好软片后进行,否则快门速度的指示值将不准确.

4)卷片机构

卷片机构是安装胶片和使之连续传动的机构. 胶片拍完后,按下倒片按钮,旋动倒片轴,将胶片全部倒入暗盒内方可把暗盒从照相机内取出.

5)取景器

取景器是用于观察和构图的装置,不仅能用来取景还能调焦. 双镜头反光式照相机的取景器由取景物镜、斜面反光镜和毛玻璃组成. 取景时,打开取景器上盖,可从毛玻璃上看到被摄景物,转动调焦钮直至毛玻璃上的图像变得最清晰为止. 这类取景器的取景物镜和摄影物镜的焦距相同且同步移动,故视差极小. 海鸥 DF 型为单镜头反光式照相机,它的取景器中取景物镜和摄影物镜合用一个镜头,取景时可以直接从取景目镜中观察,使用方便.

2. 感光材料的成像过程

胶卷、相纸和放大纸统称为感光材料. 胶卷是用感光乳剂均匀涂布在透明片上制成的. 其中,感光乳剂由悬浮在明胶中的卤化银晶粒和光谱增感剂组成. 曝光时,在光量子的作用下,卤化银中的银离子被还原成金属银,析出的银原子在胶片上将按光照强弱进行分布,形成潜像. 经显影后潜像就成为黑色的图像.

黑度与单位面积的含银量成正比. 感光材料上某点的黑度 D 的形成与该点吸收的光能有关，也与显影处理有关. 当显影条件相同时，黑度仅取决于吸收的光能，即曝光量 H，H 与照度 E 和曝光时间 t 成正比关系，照度太弱或曝光时间太短，底片的黑度跟原来未曝光时相比，变化不大. 曝光过度，底片全黑，也就没有黑度的变化. 只有曝光量与黑度近似按线性增长，景物的明暗层次才能按比例记录下来. 当黑度随曝光量近似呈线性增长时，景物的明暗层次才能按比例记录下来，而此时的曝光量的选择属于正常曝光区域. 印相纸和放大纸也是用感光乳剂均匀涂布在白纸片基上制成的，成像原理与感光胶片相同，只是前者曝光的光信息来自实物，后者来自底片. 在拍摄或印放时，曝光量一定要选在正常的曝光区域.

要选择最佳的曝光量，得到清晰的图像，还必须了解所用感光材料的性能，通常用以下几个指标来表示感光材料的性能.

1) 反差及反差系数

被摄物体的明暗差别叫反差，而反差系数表示曝光量改变时黑度改变的快慢，用 γ 表示. 印相纸或放大纸的 γ 值的大小，用 1、2、3、4 表示. γ 值越大，反差越强，印放图表、资料时，可选用 3 号或 4 号纸.

2) 宽容度

感光材料能按比例记录景物亮度的范围称为宽容度. 黑白感光材料的宽容度较大，一般来说，若曝光时间与标准值相差一倍，在暗室处理过程中采用适当的补救办法，也能制作出较满意的照片来.

3) 感光度

指感光底片对光的灵敏度，国际上用 ISO 表示，后面标的数字越大，感光度越高，感光越灵敏. 例如 ISO200/24° 的感光度就比 ISO100/21° 的感光灵敏度高一倍. 我国现在有些产品，只写出 100 或 21°，其感光度仍是相当的，拍摄时注意底片的感光度，才能得到正确的曝光组合.

4) 感色性

感光材料对光波有一定的敏感范围，并且对不同波长的光有不同的敏感程度，这种性质称为感色性. 胶卷都是全色片，即在可见光的范围内都能感光，暗室操作宜在全暗下进行. 黑白相纸对红光不敏感，故放大或印相可在暗红灯下进行操作.

5) 解像力

解像力(或称分辨本领)通常用 1 mm 宽度内能分辨出若干条平行线来表示. 解像力的高低与乳剂层的厚度、银粒粗细、反差大小有关，银粒细，感光层薄，反差大的底片的解像力高；反之，解像力低.

3. 暗室技术

暗室处理的一般程序是：显影—定影—水洗及晾干得到负片(底片)，再经印相或放大—显影—定影—水洗及晾干得到正片(相片).

显影过程是指把曝光后的感光材料放入显影液中,感光材料在显影液中还原剂的作用下,潜影中心附近的大量溴化银还原为金属银沉积在底片上,而不在潜影中心的溴化银不产生这种变化,最后在定影过程中被完全滤去,于是产生了可见的影像.

定影过程是利用定影液中的硫代硫酸钠对溴化银的溶解作用,将未曝光部分和曝光部分残留的溴化银清除. 定影时间要充分,一般可控制在 5～10 min 内. 如果底片上残存有溴化银,则见光后会析出银,如残存有硫化物,时间一长会变黄. 这些残留物会严重影响感光材料的质量和寿命,必须清除干净. 方法是把经显影、定影后的底片及相纸放在流水中冲洗 15 min,自然晾干.

印相时,把黑白底片的乳胶面和印相纸的乳胶面紧贴在一起,放在如图 G6.1 所示的印相机上曝光,再经显影、定影处理后水洗和烘干,就得到与实物黑白相同的相片. 若要得到比负片大的正片,就必须用图 G6.2 所示的放大机扩相,放大机物镜使负片在平板处呈像,调节物镜的高度可以获得所需的放大倍数. 仔细调焦使呈现的像最清晰时,装上放大纸进行曝光,同样再经显影、定影、水洗,放在上光机上烘干上光就得到放大的相片.

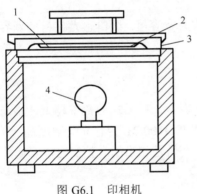

图 G6.1　印相机
1. 底片;2. 相纸;3. 毛玻璃;4. 乳白灯泡

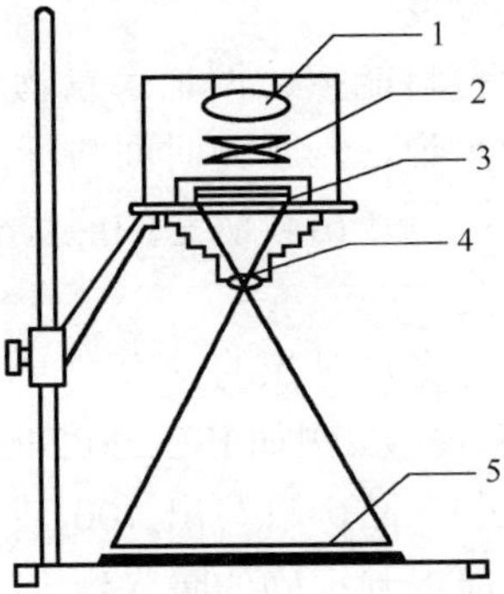

图 G6.2　放大机
1. 光源;2. 聚光镜;3. 底片夹;4. 物镜;5. 放大纸

实验内容

1. 拍摄照片

根据底片的感光特性及当时的照明条件,选择恰当的曝光量将底片曝光,使其在底片上形成潜像. 即装胶卷取景后,调节距离使图像清晰,调整光圈数、曝光时间使曝光量最佳,然后按快门拍摄. 记录天气情况、光圈数、曝光时间等.

2. 冲洗底片

在暗室中对底片进行显影和定影,并分析所得负片的反差和清晰程度,找到其不足之处的原因.

3. 晒印照片

注意底片的乳胶面应和相纸的药膜面相贴,否则相片会印反.用小块相纸试验曝光时间,将已曝光的相纸浸入显影液中,当室温为 18~20 ℃时,半分钟左右显出影像,表示曝光时间正常,若影像显出很快,则曝光时间太长;反之,则太短.

显影时间的掌握,主要靠观察照片显像的情况.先观察到景物出现,然后景物逐渐变黑,直到景物黑度合适,就要马上停显.由于在弱的红色灯光下将黑度合适的照片换到正常照明会感到黑度不足,所以显影时最好把一个质量较高的正片放在旁边,作为对比.

4. 放大照片

先把负片夹在放大机底片夹上,根据放大纸的大小调整好放大倍数,再调节聚焦使成像清晰,并选取好光圈数,然后用红玻璃把物镜挡住,装好放大纸试样,移开红玻璃,利用透过底片的光线使放大纸感光.适时曝光后,用红玻璃挡上物镜.对曝光后的相纸进行显影、定影、水洗和烘干.

记录冲洗底片、晒印和放大相片的条件,并分析实验条件对负片、正片质量的影响.

注意事项

(1)不能用手触摸镜头,轻轻旋转照相机上各部件和零件的旋钮,不能过于用力.
(2)对景物聚焦后,不要再移动照相机的位置.拍摄时,照相机不能抖动.

思考题

(1)如果洗出的照片整体发黑,可能是哪些原因引起的?
(2)若底片曝光不足,反差小,选相纸和晒印时应如何补救?

实验 G7　全息照相技术

"全息",是指物体发出或反射光波的全部信息,既包括光波的振幅或强度,也包括光波的相位.1839 年,法国美工达盖尔发明了第一台实用的银版照相机,宣告照相技术的诞生.从黑白照相到彩色照相,再到数码照相,人们现在可以方便地记录生活的点滴.但无论是胶片相机或数码相机,得到的都是二

伽博
(1900~1979)

维图像，缺乏空间感和立体感. 究其原因，是由于我们常用的相机只记录光波的强度，而不记录光波的相位. 但本实验所述的全息照相技术可以同时记录光波的强度和相位，能得到如同实物一样逼真的三维图像.

全息照相原理是 1948 年英国物理学家伽博(Gabor)为提高电子显微镜的分辨能力而提出的，是利用相干光干涉和衍射得到物体全部信息的两步成像技术，伽博也因此获得 1971 年的诺贝尔物理学奖. 不同于我们平常拍摄的照片，全息图记录的是物光与参考光的干涉条纹，具有可分割性，分割后的任一碎片都能再现被拍摄物体完整的三维影像. 正因如此，全息照相技术成为一门快速发展的光学分支.

全息照相技术

本实验通过拍摄物体的全息照片，使学生了解全息照相技术的基本原理与拍摄方法，回顾所学的光学与电磁学知识，对比普通图片与全息照片的不同，观察全息照片中所拍摄物体的三维图像，开拓学生的视野，增进学生对全息科学的兴趣.

实验目的

(1)理解全息照相的基本原理.
(2)学会设计全息照相的光路.
(3)学习拍摄全息图和观测再现物体的像.
(4)掌握全息照相技术.

实验仪器

全息平台及其光学附件、半导体激光器、平面镜、分束板、全息干板、扩束透镜、显影液、定影液.

实验原理

任何物体表面上所发出的光波，可以看成是由其表面上各物点所发出光波的总和，其表达式为

$$E = \sum_{i=1}^{n} E_i \cos(\omega_i t + \varphi_i) \tag{G7.1}$$

其中，光强 E 和相位 φ 为光波的两个主要特征，全息照相能够记录光波的振幅和相位，其原理可概括为"干涉记录，衍射再现". 它是通过相干光的干涉，在底片上以干涉条纹的形式存储被摄物的光强和相位信息，然后通过光的衍射原理重现物体的三维形状. 当两个主要特征都能被记录时叫全息照相. 综合而论，全息照相是利

用相干光干涉和衍射得到物体全部信息的两步成像技术，即第一步记录过程，第二步图像再现过程.

1. 物体光波的记录 —— 摄制全息图

在利用光的干涉进行全息记录时，要求光源满足相干条件，一般使用相干性极好的激光光源. 拍摄全息照片的光路如图 G7.1 所示，由激光器发出的高度相干的单色光经电磁快门和分束镜 S 被分成两束光，一束光经全反射镜 M_1 反射、扩束镜 L_1 扩束后，用来照明待记录的物体，称为物光束；另一束光经全反射镜 M_2 反射、扩束镜 L_2 扩束后，直接照射到全息干板 P 上，称为参考光束. 当参考光束与来自物体表面的散射光均照射到全息干板上时，物体散射光与参考光进行相干叠加，在全息干板上产生精细的干涉条纹. 到达全息干板 P 上的参考光波的振幅和相位是由光路确定的，与被摄物无关. 而物光的振幅和相位却与物体表面各点的分布和漫反射性质有关. 复杂的物光波可看成由无数物点发出的光的总和，不同物点对应不同的物光光程(相位)，因此参考光和物光干涉的结果与被摄物有对应关系. 全息干板 P 上记录的干涉图像就是由这些物点所发出的复杂物光波和参考光波相互干涉的结果. 一个物点的物光波形成一组干涉条纹，各不同物点对应的干涉条纹的疏密、走向和反差等分布均不相同. 这些干涉图像叠加在一起就形成常见的全息图. 其外貌是在均匀的颗粒状的背景上叠加不规则的、断续的一些细条纹.

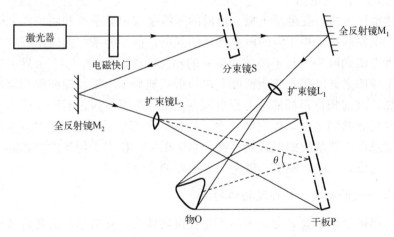

图 G7.1　全息照相光路

假设在全息干板平面上，由物体散射的物光波的复振幅为

$$O(x,y,t) = O_O(x,y)e^{i[\varphi_O(x,y)+\omega t]} \tag{G7.2}$$

式中，$O_O(x,y)$、$\varphi_O(x,y)$ 分别为与空间位置相关的振幅与相位.

同理参考光波也具有

$$R(x,y,t) = R_O(x,y)e^{i[\varphi_R(x,y)+\omega t]} \tag{G7.3}$$

则两列光波在全息干板平面上相干叠加时，产生的合振动为

$$E(x,y,t) = O(x,y,t) + R(x,y,t) = O_O(x,y)e^{i[\varphi_O(x,y)+\omega t]} + R_O(x,y)e^{i[\varphi_R(x,y)+\omega t]}$$

合振动的强度等于合振动乘以其共轭复数，即

$$I(x,y) = \left\langle E(x,y,t)E^*(x,y,t) \right\rangle = |O(x,y)|^2 + |R(x,y)|^2 + O(x,y)R^*(x,y) + O^*(x,y)R(x,y)$$

$$= |O(x,y)|^2 + |R(x,y)|^2 + 2|O(x,y)| \cdot |R(x,y)|\cos[\varphi_R(x,y) - \varphi_O(x,y)] \tag{G7.4}$$

式中，〈 〉表示对时间求平均. 观察式(G7.4)，在强度分布中与时间相关的项都自动消失了，所有保留的项都是空间相关项，其中第一项为物光的光强度，它在平面随不同位置而异；第二项为参考光的光强度，它构成干板平面上的背景，但在实际情况下，考虑反差，它的数值较第一项小得多；第三项则代表两个光波之间的干涉效应，结果将产生干涉条纹，它是被余弦因子所调制的. 其条纹对比度为

$$V = \frac{2|O(x,y)| \cdot |R(x,y)|}{|O(x,y)|^2 |R(x,y)|^2} \tag{G7.5}$$

条纹形状由 $\varphi_R - \varphi_O$ 决定.

　　从上述推导可知，在全息干板上形成的干涉条纹中亮条纹和暗条纹之间明暗程度的差异，主要取决于相干涉的两束光波的强度，而干涉条纹的疏密程度及哪个地方亮哪个地方暗则取决于相干涉的两束光的相位的差别(光程差). 全息干板经曝光及显影，干涉图案就以感光介质密度变化的形式被显示出来，即波前相位相同的地方密度增加，波前相位不同的地方密度减弱. 这种密度不同、明暗不等的干涉条纹和物体本身毫无共同之处，但它却包含了物体的全部信息. 记录过程的本质在于物体的全部信息以干涉条纹的形式储存在全息干板中，相当于物光波的调制过程，再经过水洗、定影、水洗、晾干，就是一张拍好的全息图.

　　2. 物体光波的重建——再现物体的像

　　全息照相在全息干板 P 上记录的不是被摄物体的直观形象，而是许多组复杂的干涉条纹的集合，故在重现观察时用原参考光束照明已拍好的全息图就可以得到清晰的物体的像，这个过程称为全息图的再现. 全息照片的再现观察方式，见图 G7.2. 在再现过程中，假设全息干板 P 工作在线性区内，它把曝光记录时入射光强分布线性地变换为显影后的振幅透射率分布，则经显影、定影处理后的全息图的振幅透过率与光强成正比，即

$$T(x,y) = T_0 + \beta I(x,y) \tag{G7.6}$$

其中，T_0 为常数，与底片灰雾有关；β 为常数，与底片灯光及显影过程有关.

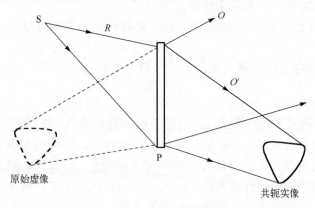

图 G7.2　波前再现

当用原参考光照明再现全息图时，通过全息图面后的光场分布为

$$E_T = R(x,y,t)T(x,y)$$

$$= R[T_0 + \beta(|R(x,y,t)|^2 + |O(x,y,t)|^2)] + \beta R(x,y,t)R^*(x,y,t)O(x,y,t)$$

$$+ \beta R(x,y,t)R(x,y,t)O^*(x,y,t) = E_1 + E_2 + E_3 \tag{G7.7}$$

其中，$E_1 = R[T_0 + \beta(|R(x,y,t)|^2 + |O(x,y,t)|^2)]$ 代表与再现光波相同的透射光场（通常称为零级衍射）；$E_2 = \beta R(x,y,t)R^*(x,y,t)O(x,y,t)$ 与原始物光波相同，因为是由物面散射形成的，所以它包含着与光轴成各种角度的各平面波，故观察到虚像（通常称为 +1 级衍射）；$E_3 = \beta R(x,y,t)R(x,y,t)O^*(x,y,t)$ 为共轭物光波（称为 -1 级衍射），其结果是一个空间倒置的原始物体的像（实像），此共轭像因为受到再现光波的相位调制，故将产生相位畸变. 当用原参考光的共轭光（保持波面相同，反方向传播）照明再现全息图时，通过全息图面后的光场分布，全息图将再现光衍射而产生表征原始物光波前特性的所有光学现象.

实验内容

1. 在全息台上布置全息实验光路

具体要求：

(1) 各光学元件的光轴与全息台平行且等高.

(2) 两束光的光程差尽可能接近于零，即参考光束的光程与物光束的光程差要在激光的相干长度内.

(3) 元件的振动会影响物光和参考光之间的光程差，导致干涉图像模糊不清. 因此，拍摄前应检查全息平台上各元件是否牢固，在全暗环境或极暗绿灯下放置好全息干板后要静等十几秒钟；拍摄过程中身体不要接触全息台，不要走动、说话，避免空气扰动，以保证干涉条纹无漂移.

(4)两束光在感光底片上相遇时，参考光和物光夹角不宜过大，其夹角控制在 $30°\sim60°$ 之间.

(5)参考光与物光的光强比要合适，一般为 1:4～1:10.

2. 曝光

将全息底片放置在照相框架上，药膜面向着被摄物体，放好底片后稍等几分钟，待整个系统稳定后开始曝光. 曝光时间由激光器功率、物体的大小和漫反射性能、底片的感光灵敏度等来定，最佳时间应通过试拍确定. 若曝光时间太短，底板上条纹太浅甚至没有，复杂的衍射光栅无法形成，当然也就无法再现像；若曝光时间太长，底板太黑，光线的透射率较低，也看不见像.

要求：

(1)分辨率较高、敏感峰值波长合适的全息记录干板.

(2)曝光量合适. 一般以 2～3 min 显影到合适的光学密度(一般光学密度为 0.5 左右时衍射效率较高)来确定曝光时间. 在曝光过程中，切勿走动，保持安静，以保证干涉条纹无漂移.

3. 冲洗

全息照相的冲洗方法与普通照片的冲洗方法完全相同. 要求：

(1)在照相暗室中，可在暗绿灯下操作，整个过程不能用手摸药面.

(2)用 D-19 显影液显影 2～3 min，不断摇晃显影盆.

(3)水洗后放在停显液中 20～30 s.

(4)在 F-5 定影液中定影 5 min，定影过程中不断摇晃定影.

(5)用自来水冲洗 1～2 min，晾干.

显影时间的长短与曝光时间长短直接联系在一起. 在曝光时间适当的情况下，若显影时间太短，底板上条纹不出现，无法形成复杂的衍射光栅，也就无法再现像；若显影时间太长，底板太黑，光线的透射率较低，也看不见像. 显影时间与实验温度、显影液的状态有关系.

4. 再现

1)再现虚像的观察

(1)将拍摄好的全息照片放回原照相底片架，挡住物光束，移走被摄物体，用原参考光照明，像即呈现在原物所在位置上，并使眼睛左右、前后慢慢移动，观察像的变化.

(2)改变全息图到扩束透镜之间的距离，观察再现虚像的位置和大小的变化.

(3)用一张有小孔的纸片覆盖在全息照片乳胶面一侧，通过小孔观察像的变化，注意有无放大、缩小、缺陷或其他变化.

2)再现实像的观察

将全息图绕垂直轴旋转 180°，使乳胶面向着观察者，移去参考光路中的扩束镜，用未经扩束的激光束照射全息照片的玻璃基面，在观察者一侧用毛玻璃屏接收并观察再现像. 分别改变入射光束的入射点及毛玻璃屏到全息照片的距离，观察并记录屏上所获得像的变化，找出像质最佳位置，即为实像位置，讨论它与虚像位置之间的关系.

*5. 在全息干板上记录两列有一定夹角的平面干涉条纹，经化学处理后就得到全息光栅

拍制全息光栅应在全息实验台上进行，利用马赫-曾德尔干涉仪光路，且化学处理过程在暗室中进行.

(1)在全息实验台上布置和调整马赫-曾德尔干涉仪光路，使屏上获得所需要的等距直条纹.

(2)将全息干板放在干涉场中，经曝光、显影、定影等处理制作不同常数的光栅.

(3)光栅常数的控制.

当入射到记录介质(干板)上的两束光满足对称入射，且会聚角很小时，有

$$d = \frac{\lambda}{2\sin\frac{\theta}{2}} = \frac{\lambda}{\theta} \tag{G7.8}$$

设会聚透镜焦距为 f_0，则两束光经透镜会聚的两光点间距离为 x_0. 其 $\theta = \frac{x_0}{f_0}$，$d = \frac{f_0\lambda}{x_0}$，空间频率 $\nu = \frac{1}{d} = \frac{x_0}{f_0\lambda}$，He-Ne 激光的波长一定($\lambda = 632.8\,\text{nm}$)，根据制作不同光栅常数的光栅，调整光路，使光亮点间距为对应的 x_0，分别拍制空频约为 10 线对/mm、20 线对/mm、50 线对/mm 的光栅.

(4)观察激光、白光通过全息光栅的衍射图像.

(5)实测全息光栅的空间频率 ν，并与设计要求比较.

思考题

(1)全息照相与普通照相两者有何异同？

(2)拍摄好一张全息图的关键是什么？

(3)拍摄全息照片时，为什么参考光的强度必须比物光大？

(4)为什么被打碎的全息图能出现被摄物的立体像？

实验 G8　全息存储实验

在生活中，我们可以使用相册薄来保存胶片照片，用存储介质(如硬盘、SD卡、U盘等)保存数码照片，那怎样保存大量的全息照片呢？或者能否在一块干板上保存多个物体的全息图像？全息存储正是 在激光全息照相技术的基础上，利用凸透镜的傅里叶变换性质，把物体的全息图像存储在干板的一点上，使得存储容量剧增.

与常见的磁存储和光存储相比，激光全息存储技术将信息记录在介质的体积内，可以在同样的区域内记录多个信息图像，并且可以并行读写数百万比特的信息，使其成为下一代高容量数据存储技术. 此外，全息存储技术还可以拓展到三维显示、增强现实及光学信息处理领域，为世界经济的发展发挥越来越大的作用.

本实验通过拍摄物体的傅里叶变换全息图，使学生回顾傅里叶变换和透镜的相关知识，了解全息存储的基本原理，加深对全息技术的理解，进一步熟练地操作各个光学元件，在培养学生的科学思维能力的同时，加强学生的动手能力.

实验目的

(1)学会分析实验光路中对各光学元件的要求，从而加深对光路设计的理解.
(2)理解透镜的傅里叶变换性质，学会拍摄傅里叶变换全息图.
(3)理解利用傅里叶变换全息图进行全息存储实验的原理及方法.
(4)学会观察全息存储信息的重现像.

实验仪器

激光器、电磁快门、反射镜、观察屏、扩束镜、准直镜、带移位器的干板架、带存储的图文资料的玻璃板、普通的干板架、全息干板透镜等光学器件.

实验原理

全息高密度、大容量的存储是利用透镜具有傅里叶变换的特点，把存储的图文信息以点阵形式存储在直径为 1 mm 的点上. 当把物体放在透镜的前焦面上时，在透镜的后焦面上就得到物光波的傅里叶变换频谱，直径约为 1 mm，如果再引入一束直径大于 1 mm 的参考光到谱面上与之干涉，便在该平面上记录下物光波的傅里叶变换全息图.

1. 傅里叶变换全息图的记录和重现

　　傅里叶变换全息图不是记录物光波本身,而是记录物光波的傅里叶频谱. 利用透镜傅里叶变换的性质,将物置于透镜的前焦平面上,而透镜的后焦面上就得到物光波的频谱,再引入参考光与之干涉,便可记录下物光波的傅里叶变换全息图. 采用平行光照明方式记录和重现傅里叶变换全息图的原理图如下.

　　图 G8.1 是用平行光照明方式记录和重现傅里叶变换全息图的原理光路. 在图 G8.1(a) 中,设物光波分布为 $g(x, y)$,则其频谱分布为

$$G(f_x, f_y) = \int_{-\infty}^{+\infty} \int g(x, y) \mathrm{e}^{-\mathrm{i}2\pi(f_x x + f_y y)} \mathrm{d}x \mathrm{d}y \tag{G8.1}$$

式中, $f_x = x_f / \lambda f$, $f_y = y_f / \lambda f$, f_x、f_y 是空间频率, f 是透镜焦距, x_f、y_f 是后焦面上的位置坐标. 参考光是由位于物平面上点 $(0, -b)$ 处的点源 $A_R \delta(0, y+b)$ 产生的,通过透镜后形成倾斜的平行光. 因此,在后焦面上记录的合光场及其光强分别是

$$A(f_x, f_y) = G(f_x, f_y) + A_R \mathrm{e}^{\mathrm{i}2\pi f_y b} \tag{G8.2}$$

$$I(f_x, f_y) = |G|^2 + A_R^2 + A_R G \mathrm{e}^{-\mathrm{i}2\pi f_y b} + A_R G^* \mathrm{e}^{\mathrm{i}2\pi f_y b} \tag{G8.3}$$

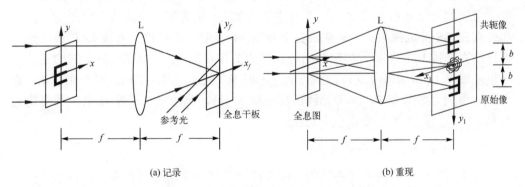

(a) 记录　　　　　　　　　　　　　　(b) 重现

图 G8.1　傅里叶变换全息图的记录与重现(平面波照明方式)

在线性记录条件下,全息图的振幅透过率为

$$\tau = \tau_0 + \beta I = \tau_0 + \beta(|G|^2 + A_R^2) + \beta A_R G \mathrm{e}^{-\mathrm{i}2\pi f_y b} + \beta A_R G^* \mathrm{e}^{\mathrm{i}2\pi f_y b} \tag{G8.4}$$

　　重现时,假定用振幅为 B_0 的平面波垂直照明此全息图(图 G8.1(b)),则其投射光波的复振幅为

$$A'(f_x, f_y) = \tau_0 B_0 + \beta B_0(|G|^2 + A_R^2) + \beta B_0 A_R G \mathrm{e}^{-\mathrm{i}2\pi f_y b} + \beta B_0 A_R G^* \mathrm{e}^{\mathrm{i}2\pi f_y b} \tag{G8.5}$$

式中,第 4 项包含原始物的空间频谱,第 5 项包含共轭频谱,这两个频谱分布在相

反的方向，各有一个相位倾斜，倾斜角为 $\alpha = \arcsin(b/f)$.

为了得到物体的重现像，必须对全息图的透射光场作一次逆傅里叶变换. 为此，可将全息图置于透镜的前焦面上，在透镜的后焦面上就得到物体的重现像. 根据傅里叶变换的有关定理，后焦面上的光场分布为

$$A(x_1, y_1) = \int_{-\infty}^{+\infty}\int A'(f_x, f_y)\mathrm{e}^{\mathrm{i}2\pi(f_x x_1 + f_y y_1)}\mathrm{d}f_x\mathrm{d}f_y$$
$$= \tau B_0\delta(x_1, y_1) + \beta B_0 g(x_1, y_1)g(x_1, y_1) + \beta B_0 A_R^2\delta(x_1, y_1) \qquad (G8.6)$$
$$+ \tau B_0 A_R g(x_1, y_1 - b) + \beta B_0 A_R g^*[-x_1, -(y_1 + b)]$$

式中，第 1、3 项是 δ 函数，表示直接透射光经透镜会聚在像面中心产生的亮点；第 2 项是物光分布的自相关函数，在焦点附近形成一种晕轮光；第 4 项是原始像的复振幅，中心位于反射坐标系的点 $(0, b)$；第 5 项是共轭像的复振幅，中心位于反射坐标系的点 $(0, -b)$，两者都是实像. 设物体在 y 方向的宽度为 ω_y，则其自相关函数的宽度为 $2\omega_y$，因此，欲使重现像不受晕轮光的影响，从图 G8.1(b)可见，必须使 $b \geqslant 3\omega_y/2$，在安排记录光路时应保证满足这一条件.

透镜具有傅里叶变换性质，当透镜置于透镜的前焦面上时，在透镜的后焦面上就得到物光波的傅里叶变换频谱. 并形成谱点，其线径约为 1 mm，如果引入参考光到频谱面上与之干涉，便可在该平面记录下物光波的傅里叶变换全息图. 拍摄傅里叶全息图的光路如图 G8.2 所示. 其基本原理如下：激光器发出的激光束经电子快门和分束镜 BS 分成两束，一束先经过全反射 M_1 反射，再经过扩束镜 L_1 扩束，然后通过准直透镜 L_2 准直后，用来照明待存储的图像和文字. 经图文资料衍射的光波由傅里叶透镜 L_3 做傅里叶变换，到达全息干板 H，这束光称为物光. 经分束器 BS 的另外一束光为参考光 R，参考光经过反射镜 M_2 后，到达全息干板 H 处，并与物光与相干涉，形成傅里叶变换点全息图.

2. 大容量全息信息存储的实现

在全息存储中，既要考虑高的存储密度，又要使重现像可以分离，互不干扰，实验中可采用空间分离多重记录实现大容量全息存储.

空间分离多重记录，把待存储的图文信息单独地记录在乳胶层一个一个微小面积元上，然后空间不重叠地移动全息图片，于是记录下另一个点全息图，如此连续不断地移位，便实现了信息的点阵式多重记录. 信息的读取是通过改变再现光入射点的位置来实现的.

全息存储的信息容量比磁盘存储高几个数量级，而体全息存储的存储密度又比平面全息图的存储密度大得多，用平面全息图存储信息时，理论存储密度一般可达 106 bit/mm^2.

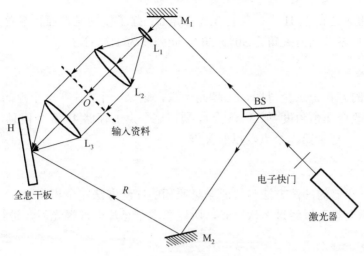

图 G8.2　全息高密度存储原理图

实验内容

1. 在全息台上布置傅里叶全息实验光路

具体要求如下：

(1) 按图 G8.2 将激光器输出光的高度调到与电子快门、分束镜 BS、反射镜 M_1、扩束镜 L_1、需存储的资料片、准直透镜 L_2、傅里叶变换透镜 L_3、干板架上毛玻璃、反射镜 M_2 等光具座等高.

(2) 调物光光路. 前后、左右移动扩束镜 L_1，用白屏在小孔后接收，直到光束在白纸上亮度很均匀为止.

(3) 调准直透镜 L_2，在白纸上画一个直径与透镜 L_2 口径相同的圆，在 L_2 后放置该白纸，前后移动白纸，白纸上的圆与从透镜 L_2 出来光束的圆相等，前后移动白纸，圆不变时，说明从 L_2 出来的光是准直光.

(4) 在准直光后加入需存储的资料片，光透过资料片，照到傅里叶变换透镜 L_3上 (注意透过资料片的光束完全落在傅里叶变换透镜 L_3 口径内. 傅里叶变换透镜的口径要稍大些，以免丢掉信息. 一般选相对孔径较大的透镜.

(5) 经过资料片的光束，通过傅里叶变换透镜 L_3，落在 L_3 的后焦面上，在透镜 L_3 的后焦平面处放置全息干板 H. 然后，将全息干板 H 向后移动一点，造成一定的离焦量 (离焦量的大小约为 $0.01f_1' : 0.03f_2'$). 离焦的目的是使物光束在干板上的光强分布均匀，从而避免造成记录的非线性.

(6) 用尺量物光光程.

(7) 根据物光的参考光程，调整分束镜 BS 的角度，使之正好射在反射镜 M_2 上，

调整 M_2 角度使之落在 H 上，与物光光点重合. 除了使物光光程和参考光 R 光程相等外，物光与参考光的夹角为 30°~50°，光强比为 1:2~1:5.

2. 曝光

以点阵的方式记录全息图，当曝光一次，记录一个点. 在这个点的位置，像全息照片一样改变几个角度(如 3~5 个)，则在这个点上存储 4~6 个信息,再移动 3~5 mm 全息片，记录第二个点，以此类推.

3. 冲洗

(1)全息存储的冲洗方法与普通全息照相的冲洗方法完全相同.
(2)由于全息干板经过多次曝光，所以要求全息片全部曝光后，进行冲洗.

4. 再现

傅里叶大容量全息图再现时，把处理好的全息干板放在干板架上，挡住物光，用原来参考光照亮全息片一个点，在原来放信息片的位置就可以看到信息片的虚像.改变全息片的位置，观察另外曝光点的信息，就可以看到另外信息. 在全息图的虚像另一面，用毛玻璃可以接收到信息的实像. 如果像不清晰，稍微转动全息片角度，即可找到清晰的像.

注意事项

(1)在排光路过程中，参考光的光点一定要和物光光点在底片上重合，参考光光点稍大于物光光点，以免造成信息丢失，否则获得的干涉效果差，甚至无干涉(再现时看不到像).
(2)由于记录的全息图是点阵的，特别是在每个点又改变角度(即一个点要曝光好几次)，每次曝光时间要短，在 1~2 s(参考)，时间长了会破坏乳剂层.

思考题

(1)能否用白光实现全息存储？为什么？
(2)如果用物光照明全息图将会看到什么情况？

实验 G9　非线性电路混沌实验

在各种非线性的现象中，最具代表性的就是混沌现象. 混沌是指确定的宏观的非线性系统在一定条件下所呈现的不确定的或不可预测的随机现象；是确定性与不确定性或规则性与非规则性或有序性与无序性融为一体的现象；其不可确定性或无序随机性不是来源于外部干扰，而是来源于内部的"非线性交叉耦合作用机制"，这种"非线性交叉耦合作用"的数学表达式是动力学方程中的非线性项. 正是由于这种"交叉"作用，非线性系统在一定的临界性条件下才表现出混沌现象，才导致其对初值的敏感性，产生内在的不稳定性. 本实验用一个非线性电路通过微调可变电阻来观察、研究电路中的混沌现象. 实验表明，一个非常简单的确定系统，由于自身的非线性作用，会产生随机性；若确定系统的初始条件发生微小改变，则整个系统的结果将会发生巨变.

非线性混沌
电路

实验目的

(1) 建立非线性电路系统，并在示波器上观察且记录周期分岔及混沌、单吸引子、双吸引子等现象.

(2) 对所观察的奇怪吸引子的各种图像进行探讨和说明.

实验仪器

非线性电路混沌仪、示波器、导线等.

实验原理

本实验利用非线性电路系统来形象地观察混沌现象. 非线性电路如图 G9.1 所示，图中只有一个非线性元件 R，它是一个有源非线性负阻器件. 电感器 L 和电容器 C_2 组成一个损耗可以忽略的谐振回路；可变电阻 R_V 和电容器 C_1 串联，将振荡器产生的正弦信号移相输出. 本实验所用的非线性元件 R 是一个三段分段线性元件. 图 G9.2 所示是该电阻的伏安特性曲线，特性曲线显示加在此非线性元件上的电压与通过它的电流极性是相反的. 由于加在此元件上的电压增加时，通过它的电流却减小，因而将此元件称为非线性负阻元件.

图 G9.1 所示电路的非线性动力学方程为

$$C_1 \frac{dU_{C_1}}{dt} = G(U_{C_2} - U_{C_1}) - gU_{C_1}$$

$$C_2 \frac{dU_{C_2}}{dt} = G(U_{C_1} - U_{C_2}) + i_L \tag{G9.1}$$

$$L \frac{di_L}{dt} = -U_{C_2}$$

式中，导纳 $G = 1/R_V$；U_{C_1} 和 U_{C_2} 分别表示加在电容器 C_1 和 C_2 上的电压；i_L 表示流过电感器 L 的电流；g 表示非线性电阻的导纳.

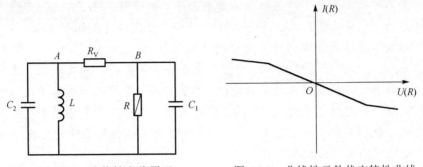

图 G9.1　非线性电路原理　　　　图 G9.2　非线性元件伏安特性曲线

　　有源非线性负阻元件实现的方法有很多，这里使用的是一种较简单的电路，采用两个运算放大器来实现，其电路如图 G9.3 所示，它的伏安特性曲线如图 G9.4 所示. 实验所要研究的是该非线性元件对整个电路的影响，而非线性负阻元件的作用是使振动周期产生分岔和混沌等一系列非线性现象.

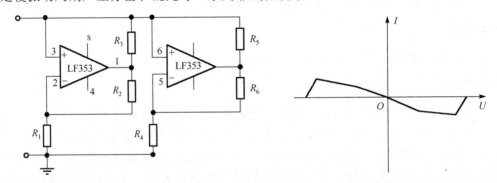

图 G9.3　有源非线性器件电路图　　　图 G9.4　双运放非线性元件的伏安特性曲线

实验内容

　　(1)按图 G9.5 接好实验面板图，并将 LC 振荡电路的信号和 RC 移相电路的信号输入到示波器中. 将方程(G9.1)中的 $1/G$ 即 $R_1 + R_2$ 值放到较大某值，这时观察示波器两个通道的信号，然后合成观察李萨如图，如图 G9.6(a)所示，并记录之.

　　(2)逐步减小 $1/G$ 值，开始出现两个"分裂"的环图，出现了分岔现象，即由原来 1 倍周期变为 2 倍周期，示波器上显示李萨如图，如图 G9.6(b)所示，并记录之.

　　(3)继续减小 $1/G$ 值，出现 4 倍周期(图 G9.6(c))、8 倍周期、16 倍周期与阵发混沌交替现象，阵发混沌见图 G9.6(d)所示，并记录 4 倍周期与阵发混沌李萨如图.

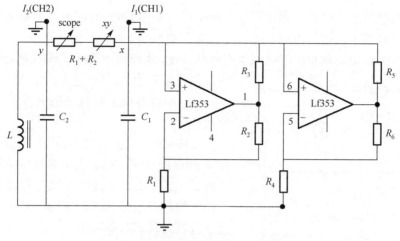

图 G9.5　非线性混沌实验电路图

(4) 再减小 $1/G$ 值，出现了 3 倍周期，如图 G9.6(e) 所示，图像十分清楚稳定，并记录之. 根据 Yorke 的著名论断"周期 3 意味着混沌"，说明电路即将出现混沌.

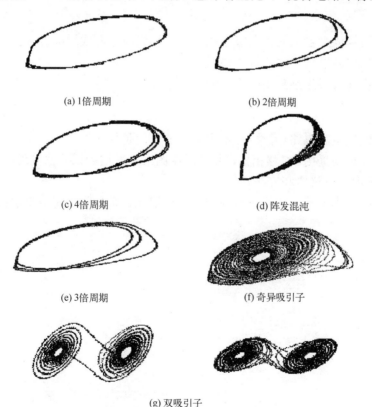

图 G9.6　倍周期分岔系列照片

(5)继续减小 $1/G$ 值，则出现单个吸引子，如图 G9.6(f)所示，并记录之.

(6)再减小 $1/G$ 值，出现双吸引子，如图 G9.6(g)所示，并记录之.

(7)分析讨论所观察的混沌现象有哪些特征，并列举一些所了解的混沌现象及发生混沌现象的途径.

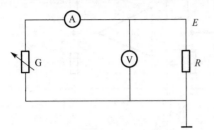

图 G9.7　非线性负阻测量原理图

*(8)绘制有源非线性负阻元件的伏安特性曲线.

如图 G9.7 所示，伏安表用来测量非线性元件 R 两端的电压，电流表用来测量流过非线性元件的电流. 由于非线性电阻是有源的，因此回路中始终有电流. G 为电阻箱，其作用是只改变非线性元件的对外输出.

(1)按照原理图 G9.7 连接线路，检查无误后开启电源.

(2)将电阻箱电阻从 99999.9 Ω起由大到小调节，记录电流表和数字电压表上对应的读数. 根据记录的读数绘制非线性负阻特性曲线(即 I-V 曲线).

注意事项

(1)双运算放大器上的正负极不能接反，地线与电源线地线必须接触良好.

(2)关掉电源以后，才能拆连接线路.

(3)使用前仪器先预热 10~15 min.

思考题

(1)非线性负阻电路(元件)在本实验中的作用是什么？

(2)为什么要采用 RC 移相器，并且用相图来观察倍周期分岔等现象？如果不用移相器，可用哪些仪器和方法？

(3)通过做本实验，请阐述倍周期分岔、混沌、奇异吸引子等概念的物理含义.

见微知著，观往知来

绘制于 32000 年前法国肖维岩洞中的壁画一经发现便震惊了世人. 这些原始人绘制的犀牛、狮子等动物，虽经岁月侵袭却仍栩栩如生. 然而，为了保护这些珍贵的人类遗产，相关单位不得不关闭了岩洞并禁止人们参观. 得益于全息照相技术，这些壁画得以通过光的形式重现世人面前. 根特兄弟利用全息照相机，以纳米尺寸的溴化银颗粒组为感光材料，并设计了一整套复制岩洞的拍摄方案，成功地帮助这些壁画重见天日. 全息照片的景物立体感强，形象逼真，借助激光器可以在各种展览会上进行展示，可以得到非常好的效果. 目前，珍贵的艺术品资料大多通过全息照相技术进行收藏和展览.

全息照相技术是一种独特的录像技术，其基本原理由伽博在 1948 年为改善电子显微镜的像质而提出，即对于波前的完整记录和再现. 但是由于缺乏明亮的相干光源，当时的全息图质量很差. 这个问题直到激光器问世之后，利思和乌帕特尼克斯在伽博全息技术的基础上引入载频概念，发明了离轴全息技术，才有效克服了导致相质较差的孪生相问题，使得三维物体显示变成了现实. 全息照相实现的奥秘在于光具有三种属性，分别是明暗强弱、颜色及光的传播方向. 早期的黑白照相只实现了记录光的明暗，而后来的彩色照相则进一步通过记录光的波长反映了颜色的变化. 而全息摄影则完整地记录了光的全部三种属性，通过激光技术，它能记录下光射到物体再折射出来的方向，从而可以逼真地再现物体在三维空间中的真实景象. 特别是，全息照相在拍摄时每一点都记录在全息图片的任何一点上，这样即使全息相片的底板大部分被损坏，未被损坏的一小部分底片仍包含图像的全部信息.

全息照相的方法可以从光学领域推广到其他领域，如微波全息、声全息等都得到了很大发展，这些技术成功地应用到了工业医疗等方面. 在军事上，普通雷达只能探测到观察目标的距离、方位等信息，而微波全息技术可以全方位地探测出目标的三维信息和立体影像，这对于识别隐藏的飞机、潜艇作用巨大. 地震波、电子波、X 射线等方面的全息技术也在深入研究中. 全息图有极其广泛的应用，如用于研究火箭飞行的冲击波、飞机机翼蜂窝结构的无损检验等. 激光全息、白光全息及彩虹全息，使人们能看到景物的各个侧面. 全息三维立体显示正在向全息彩色立体电视和电影方向迅速发展.

在科幻小说中经常出现利用全息成像技术实现人物动态三维形象存储. 可以

想见，这需要人们能够动态地改变光波之间的关系．而该技术在今天已经接近现实．2014 年，以色列特拉维夫大学的科学家开发了一种纳米天线技术，其核心包含一种小型金属纳米天线芯片及相适应的全息算法，可以检测动态光波的相图，使得成像具有深度感．该项技术利用光源本身的参数形成动态、复杂的全息图像．科学家们的研究成果发表于美国化学学会刊物《纳米快报》上．可以预见，在未来的实时视频通信、外科检查等领域，全息照相技术将不断地引领着技术变革的前进方向．

附 表

附表一 物理常量表（CODATA2014 年推荐值）

物理量	符号、公式	数值	单位	不确定度/$\times 10^{-8}$
光速	c	299 792 458	m·s^{-1}	精确
普朗克常量	h	$6.626\,070\,040\,(81) \times 10^{-34}$	J·s	1.2
约化普朗克常量	$\hbar = h/2\pi$	$1.054\,571\,800\,(13) \times 10^{-34}$	J·s	1.2
电子电荷	e	$1.602\,176\,6208\,(98) \times 10^{-19}$	C	0.61
电子质量	m_e	$9.109\,383\,56\,(11) \times 10^{-31}$	kg	1.2
质子质量	m_p	$1.672\,621\,898\,(21) \times 10^{-27}$	kg	1.2
氘质量	m_d	$3.343\,583\,719\,(41) \times 10^{-27}$	kg	1.2
真空介电常量	ε_0	$8.854\,187\,817 \cdots \times 10^{-12}$	F·m^{-1}	精确
真空磁导率	μ_0	$4\pi \times 10^{-7} = 12.566\,370\,614 \cdots \times 10^{-7}$	N·A^{-2}	精确
精细结构常量	$\alpha = e^2/(4\pi\varepsilon_0 hc)$	$7.297\,352\,5664\,(17) \times 10^{-3}$		0.0023
里德伯能量	$hcR_\infty = m_e c^2 \alpha^2/2$	13.605 693 009	eV	0.61
引力常量	G	$6.674\,08\,(31) \times 10^{-11}$	$\text{m}^3\text{·kg}^{-1}\text{·s}^{-2}$	4700
重力加速度(纬度45°海平面)	g	9.806 65	m·s^{-2}	精确
阿伏伽德罗常量	N_A	$6.022\,140\,857\,(74) \times 10^{23}$	mol^{-1}	1.2
玻尔兹曼常量	k	$1.380\,648\,52\,(79) \times 10^{-23}$	J·K^{-1}	57
斯特藩-玻尔兹曼常量	$\sigma = \pi^2 k^4/60\,h^3 c^2$	$5.670\,367\,(13) \times 10^{-8}$	$\text{W·m}^{-2}\text{·K}^{-4}$	230
玻尔磁子	$\mu_B = eh/(2m_e)$	$927.400\,9994\,(57) \times 10^{-26}$	J·T^{-1}	0.62
核磁子	$\varPhi_N = eh/(2m_p)$	$5.050\,783\,699\,(3) \times 10^{-27}$	J·T^{-1}	0.62
玻尔半径(无穷大质量)	$\alpha_4 = 4\pi\varepsilon_0 h^2/(m_e e^2)$	$0.529\,177\,210\,67\,(12) \times 10^{-10}$	m	0.023
电子伏特	eV	$1.602\,176\,6208\,(98) \times 10^{-19}$	J	0.61

附表二 国际单位制的基本单位

物理量名称	表示符号	单位名称	单位符号	定义
长度	l	米	m	1 米等于在真空中光线在 1/299792458 s 时间间隔内所经过的距离
质量	m	千克	kg	1 千克等于国际千克原器的质量
时间	t	秒	s	1 秒是铯-133 原子基态的两个超精细结构能级之间跃迁所对应的辐射的 9192631770 个周期的持续时间
电流	I	安[培]	A	安培是一恒定电流. 处于真空中相距 1 米的无限长平行直导线(截面可忽略), 若流过其中的电流使两导线之间产生的力在每米长度上等于 2×10^{-10} N, 则此时的电流为 1 A
热力学温度	T	开[尔文]	K	1 开尔文是水三相点热力学温度的 1/273.16
物质的量	v 或 n	摩[尔]	mol	摩尔是一系统的物质的量, 该系统中所包含的基本单元数与 0.012kg 碳-12 原子数目相等
发光强度	I	坎[德拉]	cd	坎德拉是一光源在给定方向上的发光强度, 该光源发出频率为 540×10^{12}Hz 的单色辐射, 且在此方向上的辐射强度为 (1/683) W·sr^{-1}

附表三 国际单位制的两个辅助单位

量	单位名称	单位符号	定义
平面角	弧度	rad	当一个圆内的两条半径在圆周上截取的弧长与半径相等时, 则其间夹角为 1 rad
立体角	球面度	sr	如果一个立体角顶点位于球心, 其在球面上截取的面积等于以球半径为边长的正方形面积时, 即为 1 sr

附表四 国际单位制中 21 个具有专门名称的导出单位

量的名称	单位名称/符号	单位换算	量的名称	单位名称/符号	单位换算
频率	赫[兹]/Hz	1 Hz=1 s^{-1}	磁通[量]密度磁感应强度	特[斯拉]/T	1 T=1 Wb·m^{-2}
力	牛[顿]/N	1 N= 1 kg·m·s^{-2}	电感	亨[利]/H	1 H=Wb·A^{-1}
压力, 压强, 应力	帕[斯卡]/Pa	1 Pa=1 N·m^{-2}	摄氏温度	摄氏度/℃	1 ℃=(1+273.15) K
能[量], 功, 热量	焦[耳]/J	1 J=1 N·m	光通量	流[明]/lm	1 lm=1 cd·sr
功率, 辐[射能]通量	瓦[特]/W	1 W=1 J·s^{-1}	光照度	勒[克斯]/lx	1 lx=1 lm·m^{-2}
电荷量	库[仑]/C	1 C=1 A·s	[放射性]活度	贝可[勒尔]/Bq	1 Bq=1s^{-1}
电压/电动势/电势	伏[特]/V	1 V=1 W·A	吸收剂量	戈[瑞]/Gy	1 Gy=1 J·kg^{-1}
电容	法[拉]/F	1 F=1 C·V^{-1}	比授[予]能		
电阻	欧[姆]/Ω	1 Ω=1 V·A^{-1}	比释动能		

量的名称	单位名称/符号	单位换算	量的名称	单位名称/符号	单位换算
电导	西[门子]/S	1 S=1 Ω^{-1}	剂量当量	希[沃特]/Sv	1 Sv=1 J·kg^{-1}
磁通[量]	韦[伯]/Wb	1 Wb=1 V·s			

附表五　中华人民共和国法定计量单位

中华人民共和国法定计量单位包括：

1. 国际单位制(SI)的基本单位；
2. 国际单位制的辅助单位；
3. 国际单位制中具有专门名称的导出单位；
4. 可与国际单位制单位并用的我国法定计量单位(表 1)；
5. 由以上单位构成的组合形式的单位；
6. 由词头和以上单位所构成的十进倍数和分数单位(表 2).

表 1　可与国际单位制单位并用的我国法定计量单位

量的名称	单位名称	单位符号	与 SI 单位的关系	备注
时间	分 [小]时 日(天)	min h d	1 min=60 s 1 h=60 min=3600 s 1 d=24 h=86400 s	
[平面]角	度	°	1°=(π/180) rad	在组合单位中用(°)、(′)、(″)的形式；与数字连用时去掉括号
	[角]分	′	1′=(1/60)°=(π/10800) rad	
	[角]秒	″	1″=(1/60)′=(π/648000) rad	
体积	升	L(l)	1L=1dm^3=10^{-3} m^3	字母 l 为备用符号
质量	吨 原子质量单位	t u	1t=10^3 kg 1 u≈1.660540×10^{-27} kg	
旋转速度	转每分	r/min	1 r/min=(1/60) s^{-1}	
长度	海里	n mile	1 n mile=1852 m(只用于航行)	
速度	节	kn	1kn=1n mile/h(只用于航行)	
能	电子伏特	eV	1 eV≈1.602177×10^{-19}J	
级差	分贝	dB		
线密度	特[克斯]	tex	1 tex=10^{-6} kg/m	
面积	公顷	hm^2	1 hm^2=10^4 m^2	公顷的国际通用符号为 ha

表2　构成词头的十进倍数和分数单位

因数	词头名称		符号	因数	词头名称		符号
	英文	中文			英文	中文	
10^{24}	yotta	尧[它]	Y	10^{-1}	deci	分	d
10^{21}	zetta	泽[它]	Z	10^{-2}	centi	厘	c
10^{18}	exa	艾[可萨]	E	10^{-3}	milli	毫	m
10^{15}	peta	拍[它]	P	10^{-6}	micro	微	μ
10^{12}	tera	太[拉]	T	10^{-9}	nano	纳[诺]	n
10^{9}	giga	吉[咖]	G	10^{-12}	pico	皮[可]	p
10^{6}	mega	兆	M	10^{-15}	femto	飞[母托]	f
10^{3}	kilo	千	k	10^{-18}	atto	阿[托]	a
10^{2}	hecto	百	h	10^{-21}	zepto	仄[普托]	z
10^{1}	deca	十	da	10^{-24}	yocto	幺[科托]	y

附表六　部分城市的重力加速度值

(单位：m·s^{-2})

地名	纬度/(°)	重力加速度	地名	纬度/(°)	重力加速度
北京	39°56′	9.81247	宜昌	30°42′	9.80261
张家口	40°48′	9.78041	武汉	30°33′	9.81036
烟台	40°04′	9.80561	安庆	30°31′	9.81206
天津	39°09′	9.83144	黄山	30°18′	9.82214
太原	37°47′	9.78069	杭州	30°16′	9.82347
济南	36°41′	9.81774	重庆	29°34′	9.82825
郑州	34°45′	9.78222	南昌	28°40′	9.78788
徐州	34°18′	9.78368	长沙	28°12′	9.78061
南京	32°04′	9.79930	福州	26°06′	9.81543
合肥	31°52′	9.79013	厦门	24°27′	9.80092
上海	31°12′	9.78270	广州	23°06′	9.82185

注：表中所列数值是根据公式 $g=9.780327(1+0.00530244\sin^2\varphi-0.00000585\sin^2 2\varphi)$ 算出的，其中 φ 为纬度.

附表七　在标准大气压下不同温度时水的密度

温度 t/℃	密度 ρ/(kg·m^{-3})	温度 t/℃	密度 ρ/(kg·m^{-3})	温度 t/℃	密度 ρ/(kg·m^{-3})
0	999.87	18	998.62	36	993.71
1	999.93	19	998.43	37	993.36
2	999.97	20	998.23	38	992.99
3	999.99	21	998.02	39	992.62
3.98	1000.00	22	997.77	40	992.24

续表

温度 t/℃	密度 ρ/(kg·m⁻³)	温度 t/℃	密度 ρ/(kg·m⁻³)	温度 t/℃	密度 ρ/(kg·m⁻³)
5	999.99	23	997.57	41	991.86
6	999.97	24	997.33	42	991.47
7	999.93	25	997.07	45	990.25
8	999.88	26	996.81	50	988.07
9	999.81	27	996.54	55	985.73
10	999.73	28	996.26	60	983.21
11	999.63	29	995.97	65	980.59
12	999.52	30	995.68	70	977.78
13	999.40	31	995.37	75	974.89
14	999.27	32	995.05	80	971.80
15	999.13	33	994.72	85	968.65
16	998.97	34	994.40	90	965.31
17	998.90	35	994.06	100	958.35

注：纯水在 3.98℃时密度最大.

附表八 不同温度时水的黏滞系数

温度/℃	黏滞系数 η		温度/℃	黏滞系数 η	
	(μPa·s)	(×10⁻⁶ kgf·s·mm⁻²)		(μPa·s)	(×10⁻⁶ kgf·s·mm⁻²)
0	1787.8	182.3	60	469.7	47.9
10	1305.3	133.1	70	406.0	41.4
20	1004.2	102.4	80	355.0	36.2
30	801.2	81.7	90	314.8	32.1
40	653.1	66.6	100	282.5	28.8
50	549.2	56.0			

附表九 水及部分固体的比热容简表

表1 不同温度时水的比热容

温度/℃	0	5	10	15	20	25	30	40	50	60	70	80	90	99
比热容/(J·kg⁻¹·K⁻¹)	4217	4202	4192	4186	4182	4179	4178	4178	4180	4184	4189	4196	4205	4215

表2 部分固体的比热容

固体	比热容/(J·kg⁻¹·K⁻¹)	固体	比热容/(J·kg⁻¹·K⁻¹)
铝	908	铁	460
黄铜	389	钢	450
铜	385	玻璃	670
康铜	420	冰	2090

附表十　不同温度时干燥空气中的声速

(单位：m·s^{-1})

温度/℃	0	1	2	3	4	5	6	7	8	9
60	366.05	366.60	367.14	367.69	368.24	368.78	369.33	369.87	370.42	370.96
50	360.51	361.07	361.62	362.18	362.74	363.29	363.84	364.39	364.95	365.50
40	354.89	355.46	356.02	356.58	357.15	357.71	358.27	358.83	359.39	359.95
30	349.18	349.75	350.33	350.90	351.47	352.04	352.62	353.19	353.75	354.32
20	343.37	343.95	344.54	345.12	345.70	346.29	346.87	347.44	348.02	348.60
10	337.46	338.06	338.65	339.25	339.91	340.43	341.02	341.61	342.20	342.78
0	331.45	332.06	332.66	333.27	333.87	334.47	335.07	335.67	336.27	336.87
−10	325.33	324.71	324.09	323.47	322.84	322.22	321.60	320.97	320.34	319.72
−20	319.09	318.45	317.82	317.19	316.55	315.92	315.28	314.64	314.00	313.36
−30	312.72	312.08	311.43	310.78	310.14	309.49	308.84	308.19	307.53	306.88
−40	306.22	305.56	304.91	304.25	303.58	302.92	302.26	301.59	300.92	300.25
−50	299.58	298.91	298.24	397.56	296.89	296.21	295.53	294.85	294.16	293.48
−60	292.79	292.11	291.42	290.73	290.03	289.34	288.64	287.95	287.25	286.55
−70	285.84	285.14	284.43	283.73	283.02	282.30	281.59	280.88	280.16	279.44
−80	278.72	278.00	277.27	276.55	275.82	275.09	274.36	273.62	272.89	272.15
−90	271.41	270.67	269.92	269.18	268.42	267.68	266.93	266.17	265.42	264.66

附表十一　部分固体的线膨胀系数

物质	温度范围/℃	$\alpha/(\times 10^{-6}℃^{-1})$	物质	温度范围/℃	$\alpha/(\times 10^{-6}℃^{-1})$
铝	0～100	23.8	铅	0～100	29.2
铜	0～100	17.1	锌	0～100	32
铁	0～100	12.2	铂	0～100	9.1
金	0～100	14.3	钨	0～100	4.5
银	0～100	19.6	石英玻璃	20～200	0.56
钢(0.05%碳)	0～100	12.0	窗玻璃	20～200	9.5
康铜	0～100	15.2			

附表十二　20℃时部分金属的弹性模量[①]

金属	弹性(杨氏)模量/$(\times 10^9 N·m^{-2})$	金属	弹性(杨氏)模量/$(\times 10^9 N·m^{-2})$
铝	68.7	铬	240
铜	108	铝合金 1100	68.7
金	75.6	不锈钢	196
银	73.6	合金钢	200
锌	88.3	钛合金	114
镍	206	碳钢 AISI$_{120}$	207

注：①弹性模量的值与材料的结构、化学成分及其加工制造方法有关. 因此，在某些情况下，其值可能与表中所列的平均值有所不同.

附表十三　常用光源的谱线波长表

（单位：nm）

一、H（氢）	447.15	589.592（D₁）
656.28	402.62	588.995（D₂）
486.13	388.87	五、Hg（汞）
434.05	三、Ne（氖）	623.44
410.17	650.65	579.07
397.01	640.23	576.96
二、He（氦）	638.30	546.07
706.52	626.25	491.60
667.82	621.73	435.83
587.56（D₃）	614.31	407.78
501.57	588.19	404.66
492.19	585.25	六、He-Ne 激光
471.31	四、Na（钠）	632.8

附表十四　全息照相显影液与定影液配方

表 1　显影液（D-19）配方

材料名称	用量
温水（52 ℃）	500 mL
米吐尔	2.0 g
对苯二酚	8.0 g
无水亚硫酸钠	90.0 g
溴化钾	5.0 g
无水碳酸钠	52.5 g
加蒸馏水至	1000 mL

表 2　定影液（F-5）配方

材料名称	用量
水（50 ℃）	600 mL
硫代硫酸钠	240.0 g
硼酸	7.5 g
无水亚硫酸钠	15.0 g
28%冰醋酸	48 mL
钾矾	15.0 g
加蒸馏水至	1000 mL